普通高等教育"十一五"国家级规划教材
材料科学与工程专业系列教材

材料物理性能

郑冀 梁辉 马卫兵 许鑫华 刘晓非 编著

天津大学出版社
TIANJIN UNIVERSITY PRESS

内容提要

本书为普通高等教育“十一五”国家级规划教材。全书以金属材料、无机非金属材料、高分子材料的物理性能为中心，从大材料的角度体现材料物理性能的本质规律。从材料的成分、组织结构和性能之间的关系出发，以固态材料的量子力学基础及电子能量理论为基础，分析材料的导电、介电、磁学、光学、热学、弹性和阻尼性能。在内容上突出微观结构与宏观物理性能的相互联系，结合性能详细介绍常用材料物理性能的测试方法和在材料科学与工程中的应用。

本书适用于材料科学与工程专业本科生教学，也可作为功能材料领域相关工程技术人员的参考书。

图书在版编目(CIP)数据

材料物理性能/郑冀等编著.—天津：天津大学出版社，2008.2(2021.8 重印)
ISBN 978-7-5618-2623-2

Ⅰ.材… Ⅱ.郑… Ⅲ.工程材料－物理性能 Ⅳ.TB303

中国版本图书馆 CIP 数据核字(2008)第 009973 号

出版发行 天津大学出版社
出 版 人 杨欢
地　　址 天津市卫津路 92 号天津大学内(邮编：300072)
电　　话 发行部：022-27403647　邮购部：022-27402742
网　　址 www.tjup.com
印　　刷 北京虎彩文化传播有限公司
经　　销 全国各地新华书店
开　　本 185mm × 260mm
印　　张 16.5
字　　数 412 千
版　　次 2008 年 2 月第 1 版
印　　次 2021 年 8 月第 4 次
定　　价 32.00 元

前　言

现代科学技术的日新月异和高速发展,对材料的性能提出了更高的要求。近年来,以电子、生物、航天和能源为应用对象的材料科学已经从过去的单一性金属材料、无机非金属材料和高分子材料转向以功能材料、复合材料、纳米材料等高性能、多功能材料为主的发展趋势,因此,对材料的性能提出了更高的要求。

当前材料科学发展的主要领域——功能材料,包含光学材料、电子材料、磁性材料、半导体材料、生物材料、力学功能材料、化学功能材料、纳米材料等。它们绝大多数是以材料的物理性能为重要指标,应用高技术研究开发出来的新型材料。材料物理性能为材料的研究和发展提供理论基础和应用基础,其目的在于通过材料设计,从原子、分子、量子级去组建材料,以达到要求的使用性能,而物性分析和测量在材料研究上也是必不可少的。

材料物理性能是材料类学科的重要基础课。本教材将立足于大材料这个根本点,在内容上重点阐述金属、无机非金属、高分子材料共有的物理性能,旨在使学生了解整个材料物理性能的基本原理以及材料成分、组织结构与性能的关系和规律。本教材力求使读者熟悉常用材料物理性能的测试方法及其在材料科学与工程中的应用;分清各种材料的物理性能特点,将材料物理性能的变化规律和具体材料结合起来学习,从而认识不同材料、不同环境条件下材料物理性能的应用规律,为今后从事新材料的研究与开发打下扎实、宽厚的基础。从材料发展的趋势来看,高新技术领域,信息和能源技术的发展,都离不开各种功能材料和复合材料,它们都是多学科的融合,不仅涉及金属和陶瓷材料,而且高分子材料也是必不可少的组成部分。

本课程以强化基础理论、突出共性和拓宽专业基础为主要目的。因此,教材中前两章重点介绍了微观粒子的运动规律,即量子力学和固体材料的电子理论,它们与固体材料的电、磁、光及热学性能密切相关;其后几章分别对材料的电学、介电、光学、热学、磁学、弹性和阻尼性能的理论、性能、影响因素、性能测定方法和功能材料应用等进行全面介绍。

全书共8章,第1、4章由梁辉编写,第2、3章由郑冀编写,第5、7章由马卫兵编写,第6章由许鑫华编写,第8章由刘晓非编写。王凤娟参与了第6章的编写。

由于编者学识和经验有限,书中难免有不当之处,恳请读者批评指正。

编者

2007年6月

前言

目　　录

绪　言

材料的作用和意义是不言而喻的，可以说人类的历史就是一部材料及其技术演变史。

人们利用材料时，有的是利用其具有抵抗外力的作用而保持自己的形状和结构不变的优良的力学性能，用来制造工具、机械、车辆、房屋、桥梁等，这些材料统称为结构材料。最早的结构材料是木材、石头等天然材料，随着青铜器和铁器出现，金属成了主要结构材料之一，至今仍然在广泛地应用。结构材料的特征是以强度、刚度、韧性、耐磨性、疲劳强度等力学性能为特征的材料。

还有一类材料，人们在使用的过程中主要是利用其某些特殊的性能，如通过光、电、磁、声、热、化学、生物化学等作用，材料具有特定的功能，包括光学功能、电磁功能、声学功能、分离功能、形状记忆功能、自适应功能，等等，人们将这种材料统称为功能材料。

根据材料的应用领域不同，常把材料分为结构材料和功能材料两大类。结构材料主要是以材料的力学性能为主要衡量指标，这类材料应用于机械制造、交通运输、航天航空、建筑工程等基础工业领域。功能材料主要是以材料的物理性能为主要衡量指标，具有优良的电学、声学、热学、光学、磁学、力学、化学、生物化学等功能及其相互转化的功能，并且用于非结构目的的材料。

功能材料的使用和结构材料一样有着悠久的历史，但是人们使用功能材料这个概念还是近 40 年的事情。1965 年美国贝尔研究所的 Morton 博士率先采用这一名词，以后得到广大学者的认同。随着 20 世纪高技术产业的迅猛发展，各种各样的新型功能材料大量出现，同时也进一步推动科学技术的发展。

近年来，功能材料取得了迅猛发展，现已开发的物理功能材料主要有：①单功能材料，如导电材料、介电材料、铁电材料、磁性材料、磁信息材料、光学材料、非线性光学材料、红外材料、光信息材料、发热材料、隔热材料、弹性材料和阻尼材料等；②功能转换材料，如压电材料、光电材料、热电材料、磁光材料、磁电材料、磁敏材料、声光材料、电流变体和磁流变体、磁致伸缩材料、电致伸缩陶瓷、光致变色玻璃、电致变色材料等；③复合功能材料，如形状记忆材料、梯度材料、隐身材料、传感材料、智能材料、环境材料等。除此之外，化学和生物医药材料、仿生材料、储氢材料等也正在迅速发展，并取得越来越广泛的应用。

自从 20 世纪 70 年代以来，日本和欧美各国对功能材料的研究十分重视，因为功能材料在未来社会发展中具有重大战略价值。可以说，功能材料是能源、计算技术、通信、电子、激光和空间科学等现代技术的基础。近 10 多年来，功能材料成为材料科学和工程领域中最活跃的部分。

种类繁多的功能材料正在渗透到科技、社会生活中的各个领域，未来世界需要各种性能优异的功能材料，而且要求使用的材料多功能化、智能化，人们正在朝着这个方面不断探索。

当前新型功能材料涉及的基础科学领域范围很广，在此做一下简单的介绍。

1)光电子信息材料

光电子信息材料是指光电技术中所需的材料,它对于满足计算机、通信、国防、航空工业等领域的应用至关重要。光电子技术是现代信息科学技术的重要组成部分,信息的传输由光子负担,而信息的产生、处理、检测、存储和显示等功能由电子和光子共同完成,如晶体激光材料、光存储介质材料、光纤材料等。

2)功能陶瓷材料

功能材料包括高介电系数、低损耗、大容量的陶瓷电容器材料,高性能敏感陶瓷材料,用于微型机械驱动的压电陶瓷材料,等等。

3)生物医学材料

随着人们物质文明和生活质量提高以及人类社会逐渐进入老龄化社会,生物技术得到较快的发展,而生物医用材料技术也进入了一个快速发展的阶段。预计20年内,生物材料所占的市场份额会赶上药物市场,成为国民经济的一个支柱产业。生物材料必须具有优秀的生物功能性和生物相容性。

4)能源材料

能源材料是当今材料发展的三大领域之一。目前,最主要的能源还是石油和煤炭这类不可再生的能源(一次能源)。能源需求量的增加和现存能源的减少,迫使人类必须寻找新的能源。师昌绪先生称:新能源快速的发展在于新能源材料的突破,能源材料是支撑新能源体系的建立、满足各种新能源及节能技术所要求的一类材料,可分为新能源材料、节能材料和储能材料。

太阳能电池材料是新能源材料开发的热点,是一种光电转化功能材料。

氢能是人类未来的理想能源,资源丰富、干净、无污染。其关键技术在于制备和储存。储氢材料,如储氢合金、碳纳米管是一个研究的热点。

燃料电池材料、可控核能源材料、惯性约束聚变材料的研究也取得重大进展。

5)智能材料

智能材料是指能够感知环境变化并通过自我判断,得出结论并执行相应指令的材料。它是继天然材料、合成材料、人工设计材料之后的第四代材料,是现代材料科学发展的重要方向之一,将支撑着未来高新技术的发展,使传统意义上的功能材料和结构材料的界限逐渐消失,实现结构功能化,功能多样化。目前,研究开发的智能材料系统和结构主要有形状记忆材料、压电材料、电致伸缩材料等。这些只能算作机敏材料,通过对这些机敏材料的复合和仿生设计,可使其具有智能属性。

目前智能材料的研究还处于初级阶段,可以称为刺激响应材料,如变色窗等。

6)纳米材料

纳米材料是指材料的微观尺寸在10~100 nm之间的材料。按照纳米结构被约束的空间维数,纳米材料可以分为4种:①0维的纳米团簇;②一维的纤维状纳米结构,长度明显大于宽度,如碳纳米管;③二维的纳米结构,材料的两个尺度比另一个尺度大许多,晶粒在一个尺寸上属于纳米级,如层状纳米结构;④三维纳米结构。

纳米材料的晶体尺寸小于纳米量级时,材料性质的改变不是渐变的,而是一种质变,传统意义上的材料科学的理论基础可能都不太适用,纳米材料的研究会为基础科学带来新的研究内涵。

目前研究较多的是纳米磁性材料、纳米相复合材料、碳纳米管、纳米半导体材料、纳米陶瓷,等等。

材料科学的主要研究目标是材料的成分、结构、性能、应用及其相互之间的关系。结构和成分是材料物理性质的基础,而材料的物理性能取决于成分、结构、工艺以及材料对外部刺激的反应或抵抗。有人认为,21世纪将逐渐实现按需要设计材料。设计材料是个很复杂的过程,如材料的制备与存在状态往往属于非平衡的热力学状态;有些材料是结构敏感材料,微小的缺陷对其功能的实现会产生很大的影响等。因此,材料设计的实现是一个长期的过程。材料物理性能反映了材料结构与材料电学、磁学、光学和热学性能之间的相互联系和作用。

第1章 量子力学基础

从17世纪末牛顿力学的建立开始到19世纪末,近200年的时间内,经典物理学不仅在各个方面得到了迅速发展,而且其基本原理已经成为人们认识世界的基础。然而,到了19世纪末、20世纪初,随着实验物理的进展和科学家们对于原子结构的深入研究,人们发现一些新的实验现象很难用经典物理学的理论原理去理解和解释,其中包括固体的比热问题、黑体辐射问题、光电效应的实验现象、原子光谱的发现等。至此,科学家们认识到,经典物理学的理论无法解释"高速运动和小线度范围"的物质世界的运动规律。

1900年普朗克(Planck)在研究黑体辐射时的辐射能量按照频率分布的实验规律时,发现用经典的热力学理论无法解释这些规律,因此提出:吸收与辐射是固体中的带电粒子进行谐振运动时与周围电磁场交换能量的结果,而这些谐振子只能处于某些特定的状态,在这些状态中,它们的能量是最小能量 E_0 的整数倍。也就是说,这些谐振子只能处于 $E_0, 2E_0, 3E_0, \cdots, nE_0, \cdots$ 状态中,并且得出这个最小能量 E_0 与谐振子的固有频率 ν_0 成正比,即

$$E_0 = h\nu_0 \tag{1-1}$$

普朗克把上式中的比例常量 h 称为"作用量子",后来又被称作普朗克常数,它的测量值是

$$h = 6.626 \times 10^{-34}\ \mathrm{J \cdot s}$$

普朗克常数是量子效应尺度的表征。普朗克的这一工作,第一次在物理学里引进了物理量的不连续性的概念,标志着量子论的诞生。

1.1 波粒二象性

1.1.1 从光子说到概率波

普朗克的能量量子化理论冲击了经典物理学对微观领域的束缚。尽管普朗克本人起初并不明确常数 h 究竟只是一个数学上的巧合还是有深刻的物理意义,并试图使量子概念适合经典理论,但是,却受到了爱因斯坦(A. Einstein)的重视。1905年,爱因斯坦对黑体辐射进行理论分析时提出,不仅腔壁振子的能量分布是不连续的,而且光(即电磁辐射)本身就是由大小为 $h\nu$ 的"能量子"所组成的;然后他进一步研究"是否光的产生和转化也具有这样的性质,就像光是由这样一些'能量子'所组成的一样"。爱因斯坦提出的"光子说"成功地解释了光电效应的实验结果,使得人们第一次对同一客体使用两种图像来描述:光虽然确定是一种电磁波,但同时亦是由光子组成的微粒流。爱因斯坦的工作表明,光和物质相互作用时,"光的能量在空间中不是连续分布的",而是表现为"个数有限的、局限在空间各点的能量子","这些能量子不能再分割,而只能整个地被吸收和产生出来"。

爱因斯坦在解释光电效应时提出的“光电子的动能与电磁辐射频率的线性关系定律”，于 1916 年被密立根的实验所证明，于是，能量

$$E = h\nu \tag{1-2}$$

的“光量子”概念被广泛地接受了。

1916 年爱因斯坦又提出，在电磁辐射同物质粒子相互作用时，每个光量子在传递一份能量 $h\nu$ 的同时，还传递一份大小为

$$p = \frac{h\nu}{c} = \frac{h}{\lambda} \tag{1-3}$$

的动量(式中的 c 是光速)。

1923 年前后，康普顿的实验(康普顿散射)亦证实了这种设想的正确性。

上述这些研究结果表明，表征波的波动性的量(振动频率 ν 和波长 λ)可以通过普朗克常数 h 与表征粒子性的量(能量 E 和动量 p)定量地联系起来。也就是说，这种“波”具有粒子性，但是它又不服从经典的牛顿(Newton)定律(例如，光在真空中的运动速度是一常数，永远为 c，所以加速度对它根本没有意义)，也没有经典的运动轨迹。这种概念建立以后，就可以把频率一定的光量子看作是具有确定能量和动量的一种粒子。不久之后，人们把这种新认识到的粒子起名为“光子”。

1923 年法国年轻的物理学家德布罗意(L. de Broglie)在光的波粒二象性思想的启发下，指出:“几个世纪以来，在光学方面，人们过于重视波动的研究方法，而过于忽视粒子的研究方法;在实物的理论(例如原子结构的理论)方面，是否犯了相反的错误呢? 是否我们过多地围绕着粒子的图像做思考，却忽视了波的图像?”于是他提出:“任何运动着的物体都会有一种波动伴随着，因此不可能将物体的运动同波动的传播分拆开来。”他把这种设想的波动称为“相位波”，并且认为，为了使实物粒子的能量和动量同时满足量子化条件和狭义相对论的要求，就必须存在着这种包围着粒子的相位波。基于这种设想，他推导出了德布罗意关系式如下:

$$\lambda = \frac{h}{p} = \frac{h}{mv} \tag{1-4}$$

即

$$p = \frac{h}{\lambda} = \frac{2\pi\hbar}{\lambda} = \hbar k \tag{1-5}$$

式中 $\hbar = \frac{h}{2\pi}$, $k = \frac{2\pi}{\lambda}$称为波数。

可以看出式(1-3)和式(1-4)没有本质的区别，因此后来有一种说法是:德布罗意所做的，不过是简单地把关于光子的波长公式(1-4)“推广”给了电子。然而事实上，德布罗意当时并不是简单地套用光量子的概念及规律，而是进行过一种以相对论和量子论为基础的具体推导。德布罗意的原意并不是认为电子有波长，它的波长公式是属于伴随着电子的“相位波”的。按照德布罗意的设想，相位波本身并不携带能量，只是起到引导电子运动的作用。德布罗意还证明了在他的理论中，当满足波尔-索末菲量子化条件时，原子中电子轨道的周长，正好等于伴随着电子的相位波的波长的整数倍，即当相位波沿着闭合的电子轨道形成驻波时，电子的运动状态就达到了稳定。德布罗意由此宣称:“我们相信这是对波尔-索末菲稳定性法则合理的第一个物理学的解释。”

1927 年戴维逊(Davisson)和革末(Germer)采用 54 eV 的电子束在镍单晶上进行反射实

验，测得的入射电子束的波长与计算值吻合得很好，从而证实了电子束德布罗意波的存在。同时，汤姆逊(Thomson)父子的电子衍射实验也证实了电子的运动具有波粒二象性的事实。后来，人们进一步测定了其他基本粒子(如原子、分子和质子等)的德布罗意波长都与式(1-4)相符合。这些实验都证实了“波粒二象性”是微观世界物质运动的基本规律。

随着量子力学的诞生和发展，人们普遍地把德布罗意波说成是描写电子等实物粒子本身的一种“物质波”。事实上，基于电子衍射实验使人们对于这种物质波的理解，可知所谓德布罗意波的实际意义，指的是电子运动的波动性，反映了它在空间不同区域出现的几率。正是在这种意义上，在现代量子力学的教科书中，把它当作一种“概率波”来理解。

1.1.2 波粒二象性的必然结果——“不确定关系”

在经典力学中，质点的运动总是有一个确定的可以预测的轨迹存在。因此人们常常用它在任意瞬间，同时具有的确定的坐标、速度或动量来描述其运动状态。量子力学建立以后，人们认识到，实物微粒的运动具有波粒二象性的规律。基于这种认识，海森堡(W. Heisenberg)首先提出，具有波动性的粒子不能同时具有确定的坐标和动量。

下面通过电子束的单缝衍射来说明这种“不确定关系”的存在。

如图1-1所示，当速度为 v 的一束电子沿着 y 方向通过宽度为 d 的狭缝后，就会在 EF 屏上观察到和光的单缝衍射相似的衍射花样的强度分布。其零级极大在 $\alpha=0$ 的方向上，在其他方向上也有强度分布，但是和中心极大处相比，一些次级的极大都可以略而不计。假设 Cx_1 和 Dx_1 分别为单缝的上缘 C 和下缘 D 到屏上 x_1 处的距离，并设法使单缝和屏的距离 $l \gg d$，通过 C 作 Dx_1 的垂线，并与 Dx_1 相交于 H 点，则可以认为 $Cx_1 \approx Hx_1$，因此 DH 就可以近似地看作是该物质波通过单缝时，缝的上缘和下缘到达屏上同一点 x_1 时所走过的路程差。如果这个路程差 DH 恰好等于一个波长 λ，则从缝的中央发出的物质波到 x_1 的距离即比从下缘(或上缘)到达 x_1 的距离减少(或增加) $\lambda/2$，于是在 x_1 处即相互抵消。同样从中心和下缘同时向上移动相等的距离，所得各对应点发出的物质波在 x_1 处也会相互抵消，因此屏上 x_1 处就成为第一级极小的位置，并可由下式确定之：

$$DH = d\sin\alpha = \lambda \tag{1-6}$$

$$\sin\alpha = \frac{\lambda}{d}$$

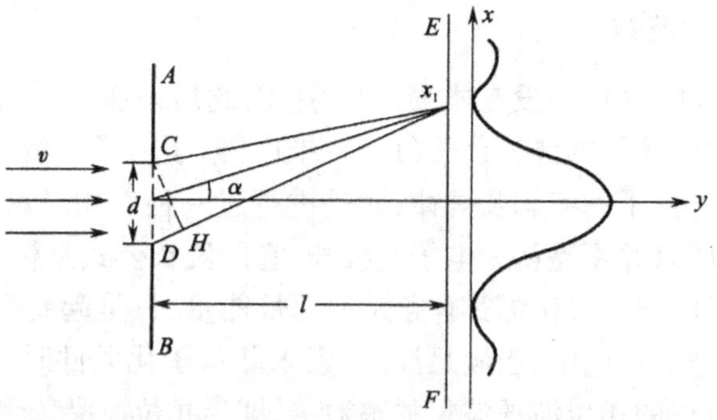

图1-1 电子束单缝衍射

式(1-6)表明，d 越小，α 越大。这说明，狭缝越小，电子经狭缝后散射得越厉害。这种散射实际上表明了由于电子的衍射而使粒子的速度发生了方向的改变,也就是粒子的动量 $\boldsymbol{p}$ 在 x 方向上出现了分量 $\boldsymbol{p}_x$。假若只考虑在这个极小处和零级极大区间内的电子,则 $\boldsymbol{p}_x$ 的变化范围为 $0 \leqslant \boldsymbol{p}_x \leqslant p\sin\alpha$。由此可见,动量在 x 轴方向上的分量 $\boldsymbol{p}_x$ 是不确定的,其不确定程度为

$$\Delta \boldsymbol{p}_x = \boldsymbol{p}\sin\alpha = \frac{h}{\lambda}\sin\alpha = \frac{h}{d} \tag{1-7}$$

就在电子通过单缝而引起动量不确定的同一时刻,它们的位置也有一个不确定程度 Δx,即为单缝的宽度 d。因此有

$$\Delta x \cdot \Delta \boldsymbol{p} = d \cdot \frac{h}{d} = h$$

若将所有次级极大也考虑在内,则应有

$$\Delta x \cdot \Delta \boldsymbol{p}_x \geqslant h \tag{1-8}$$

这就是所谓的“不确定关系”,也被称为“测不准原理”。它是由海森堡首先提出来的。式(1-8)说明,具有波动性的粒子,不能同时有确定的坐标和动量,当它的某个坐标被确定得越精确,则其相应的动量就越不确定,反之亦然。

例如,在原子或分子内运动的电子,由于它被局限在 10^{-8} cm 的空间内运动,故其动量方面的不确定程度达

$$\Delta p_x \approx \frac{h}{\Delta x} = 6.626 \times 10^{-24}\ \mathrm{kg \cdot m \cdot s^{-1}}$$

其速度方面的不确定性达

$$\Delta v_x = \frac{\Delta p_x}{m} \approx \frac{6.626 \times 10^{-24}}{0.910\,9 \times 10^{-31}} \approx 7.274 \times 10^6\ \mathrm{m \cdot s^{-1}}$$

显然,由于电子的运动的波动性在起着重要的作用,故不可能再用轨道的概念来描述它的运动状态。这正是量子力学得以建立和发展的客观要求。

1.2　波函数

1.2.1　波函数 Ψ

在经典力学中,任何质点的运动都有一定的轨迹。在每一个时刻,它的坐标和动量都同时具有确定的值。因此如果知道了某一时刻质点的运动状态,就可以计算出其在另一时刻的状态。例如,在经典力学中,粒子的一维运动服从牛顿第二定律

$$F = m\frac{\mathrm{d}^2 x}{\mathrm{d}t^2}$$

式中:F 为作用于质量为 m 的粒子的力。这是一个二阶微分方程,它的通解包含两个待定常数 C_1 和 C_2,因此粒子的坐标 x 可以以如下的形式写成时间 t 的函数:

$$x = f(t, C_1, C_2)$$

如果知道有关粒子运动的两个边界条件,如粒子在 t_0 时刻的位置 x_0 和速度 v_0,则解下面的联立方程

$$\begin{cases} x_0 = f(t_0, C_1, C_2) \\ v_0 = \left.\dfrac{\mathrm{d}f(t, C_1, C_2)}{\mathrm{d}t}\right|_{t=t_0} \end{cases}$$

可以求出 C_1 和 C_2 的值，并用这个表示粒子运动轨迹的函数 $x = f(t, C_1, C_2)$ 来确定粒子的运动状态，从而计算粒子处于某种运动状态时的各种力学参量，如能量、动量等。

对于具有波粒二象性的微观粒子的运动来说，情况就不一样了。因为受到不确定关系的限制，使微观粒子不能同时具有确定的坐标和动量，只能采用空间某处波的强度来确定它以微粒的形式出现在该处的几率，而不能确定它在什么时候究竟到达什么地方。为此，实物微粒的运动状态应该考虑按照波的概念来描述，建立起能够描述其波动性的运动方程。

在经典物理学中，一般通过一个函数的形式来描述波的运动状态。例如，弦上的驻波就是用弦上各点的位移随时间和位置而变的函数来表示，电磁波则可以用 t 时刻在 (x, y, z) 点的电场或磁场强度 $U(x, y, z, t)$ 来描述，而 $|U|^2$ 就代表 t 时刻在该点波的强度。由于光的波粒二象性，$|U|^2$ 也可以表示光子在 t 时刻、在 (x, y, z) 位置上出现的几率密度。实物微粒的波虽然和经典的波有所不同，但是凭其所代表的几率意义，可以决定微观粒子在空间不同地点出现的几率。当然这种波也应该是时间 t 和空间位置 (x, y, z) 的函数，可以把它记作 $\Psi(x,y,z,t)$ 或 $\Psi(\boldsymbol{r},t)$，称作波函数，用波函数 Ψ 来描述任何微观体系的运动状态，以此作为对物质波的定量数学表示。例如，对于一个自由运动的电子的平面波，量子力学假定其波函数可以写成下列复函数的形式：

$$\Psi = A\exp\left\{\frac{\mathrm{i}}{\hbar}(\boldsymbol{p}\cdot\boldsymbol{r} - Et)\right\} \tag{1-9}$$

式中：$\boldsymbol{p}$ 为电子的动量矢量；$\boldsymbol{r}$ 为坐标矢量；E 为能量。类似于 $|U|^2$，体系在时间 t 出现于空间某点 (x, y, z) 的几率也正比于波函数的绝对值平方 $|\Psi|^2$（当波函数为复数时，即为负数的模的平方）。

对于化学上常见的稳定态的原子、分子体系，其能量具有确定的值，其粒子在系统中出现的几率也不随时间而变化，于是可以用不包含时间的波函数 $\psi(x,y,z)$ 来表示体系的运动状态，$|\psi(x,y,z)|^2$ 正比于粒子出现在空间某点 (x, y, z) 的几率，故在该点附近 $\mathrm{d}\tau$ 微体积内，粒子出现的几率

$$\mathrm{d}w = c|\psi(x,y,z)|^2\mathrm{d}\tau \tag{1-10}$$

由于在体系的全空间内找到一个粒子的几率恒等于 1，即

$$\int_\infty \mathrm{d}w = c\int_\infty |\psi(x,y,z)|^2\mathrm{d}\tau = 1 \tag{1-11}$$

于是

$$c = \frac{1}{\int_\infty |\psi(x,y,z)|^2\mathrm{d}\tau}$$

如果使

$$\int_\infty |\psi(x,y,z)|^2\mathrm{d}\tau = 1 \tag{1-12}$$

则 $c = 1$，于是

$$\mathrm{d}w = |\psi(x,y,z)|^2\mathrm{d}\tau \tag{1-13}$$

式(1-13)中的 ψ 被称为归一化了的波函数，而 $|\psi(x,y,z)|^2$ 则为几率密度。

由以上的讨论可以看出,用波函数 $\Psi(\boldsymbol{r},t)$来描述实物微粒的运动状态是必要的,也是可能的。在量子力学的书中常常把这个思想作为量子力学的第一个基本假设。事实上,除了上面所看到的关于波函数的“几率”的概念以外,波函数还隐含着它所描述的体系的很多重要的性质。

1.2.2 波函数的性质

基于用波函数 $\psi(r)$可以全面地描述具有统计规律性的物质波的状态,又通过它的平方来代表体系的粒子的几率密度分布的性质,波函数本身应该具有以下性质。

1.合格波函数的条件

①ψ 必须是连续的。因为粒子在空间各点出现的几率是连续变化的,而且在某一点上几率的值应为一个确定的值,故 ψ 本身以及 ψ 随坐标的变化都应是坐标的连续函数。

②ψ 必须是单值的。因为$|\psi|^2$ 表示几率密度,实物微粒在 $d\tau$ 内出现的几率$|\psi|^2 d\tau$ 应该只有一个值,而不能同时取几个值。

③ψ 必须是有限的。这是指在全空间中,任一点波函数 $\psi(r)$的值必须是有限的,否则就会得出,由$|\psi|^2$ 所代表的某点附近 $d\tau$ 内,粒子出现的几率为无限大的结果,而这个结果显然是不符合实际情况的。这里的“合格波函数的条件”实际上就是指 ψ 必须是平方可积的。在实际问题的讨论中常使它满足式(1-12)的归一化条件。

2.$c\psi$ 和 $\psi(r)$描写同一个状态(c 为常数)

既然$|\psi|^2$ 所代表的是粒子在空间某点附近出现的几率密度,所以起决定作用的是$|\psi|^2$在空间不同点的比值,而不是各点 ψ 的绝对值的大小。粒子在空间各点出现的几率密度之比等于波函数 ψ 在这些点的模的平方比,故 ψ 乘上一个常数 c 后,粒子在空间各点出现的几率密度之比不变,于是粒子所处的物理状态也不会改变。这和经典物理的波中,波函数乘以常数 c 后,振幅将改变$|c|$倍,能量将改变 c^2 倍就完全不同了。

3.波函数 ψ 乘以一个数 $e^{i\delta}$(δ 为常数),不会影响它所表示的物理状态

设 ψ 为已经归一化的波函数,当用一个数 $e^{i\delta}$(δ 为实数)去乘这个波函数时,就会得到一个新的波函数 $\psi' = e^{i\delta}\psi$。

对于原来的波函数 ψ,在空间各点找到粒子的几率为

$$|\psi|^2 = \psi \cdot \psi^* \tag{1-14}$$

对于新的波函数 $e^{i\delta}\psi$,在空间各点找到粒子的几率为

$$|\psi'|^2 = e^{i\delta}\psi \cdot e^{-i\delta}\psi^* = \psi \cdot \psi^* \tag{1-15}$$

比较式(1-14)和式(1-15),显然 ψ' 和 ψ 所表示的物理状态是一样的。这就是说,波函数 ψ 乘上一个数 $e^{i\delta}$,不会影响其所表示的物理状态。$e^{i\delta}$ 称为相因子。

从这个分析可以看到,波函数能唯一地确定微观粒子的物理状态;但是反过来,同一种物理状态却可以写出不止一个波函数,或者说不同的波函数可以代表同一种物理状态。

4.态的叠加原理

这个原理是:如果一个体系(粒子或粒子的集合)能在由波函数 ψ_1 所表示的态中找到,又能在 ψ_2 所表示的态中找到,则它也能在 $\psi = c_1\psi_1 + c_2\psi_2$ 的态中找到。其中 c_1 和 c_2 是任意常数。这个原理说明波函数可以作为线性微分方程的解而求得。

1.3 薛定谔方程

对于每一种波,都会有能描写其运动状态的方程式,例如对于平面波有

$$\frac{1}{c^2}\frac{\partial^2 y}{\partial t^2}=\frac{\partial^2 y}{\partial x^2} \tag{1-16}$$

式中:c 为波传播的速度。有了波动方程和初始条件,就能够研究该平面波中的质点运动随着时间变化的规律。

在前面的讨论中,已经知道了微观粒子的运动也具有波动性,可以用波函数来表示它们的运动状态,量子力学通过建立关于这种波函数的波动方程来研究在某种环境下的微观粒子的运动规律。在实际问题中的微观粒子通常都不是简单的自由运动,而是在一定的势场中的运动。例如,原子中的电子是受原子核的库仑引力束缚的。因此研究在一定的势场中运动的电子的物理状态就显得尤为重要,也就是说,建立关于在一定的势场中运动的微观粒子的波函数的波动方程是研究微观粒子运动规律的有效方法。奥地利物理学家薛定谔(Schrödinger)在德布罗意关于物质波的概念的启发下,通过对经典力学和光学的分析对比后,提出了关于波函数的微分方程,用以研究微观粒子的运动规律。这里,只介绍薛定谔方程建立的思路。

1.3.1 含时薛定谔方程

既然物质波的波函数的概念来自于经典物理学中的波函数,那么,从经典物理学中的平面波波函数移植得来的自由粒子的平面单色波波函数便可以采取下列的形式:

$$\boldsymbol{\Psi}_p(\boldsymbol{r},t)=A\exp[\mathrm{i}(\boldsymbol{p}\cdot\boldsymbol{r}-Et)/\hbar] \tag{1-17}$$

希望这一形式的函数能够描写具有确定动量 $\boldsymbol{p}$ 值的单粒子的自由状态。就像在电学理论的类似计算所做过的那样,容易看出:$\boldsymbol{\Psi}_p$ 对时间 t 求微商,相当于对 $\boldsymbol{\Psi}_p$ 乘以因子 $-\mathrm{i}E/\hbar$,即

$$\frac{\partial}{\partial t}\boldsymbol{\Psi}_p=-\frac{\mathrm{i}}{\hbar}EA\exp[\mathrm{i}(\boldsymbol{p}\cdot\boldsymbol{r}-Et)/\hbar]=-\frac{\mathrm{i}}{\hbar}E\boldsymbol{\Psi}_p$$

$$\mathrm{i}\hbar\frac{\partial}{\partial t}\boldsymbol{\Psi}_p=E\boldsymbol{\Psi}_p \tag{1-18}$$

$\boldsymbol{\Psi}_p$ 对坐标 $\boldsymbol{r}$ 求梯度,相当于对 $\boldsymbol{\Psi}_p$ 乘以因子 $\mathrm{i}\boldsymbol{p}/\hbar$,即

$$\boldsymbol{\nabla}\boldsymbol{\Psi}_p=\frac{\mathrm{i}\boldsymbol{p}}{\hbar}\boldsymbol{\Psi}_p \tag{1-19}$$

$$\boldsymbol{\nabla}^2\boldsymbol{\Psi}_p=\frac{\mathrm{i}^2\boldsymbol{p}^2}{\hbar^2}\boldsymbol{\Psi}_p=-\frac{\boldsymbol{p}^2}{\hbar^2}\boldsymbol{\Psi}_p \tag{1-20}$$

式(1-19)中,$\boldsymbol{\nabla}$ 是梯度运算符号,例如,在三维坐标系里有

$$\boldsymbol{\nabla}=\frac{\partial}{\partial x}\boldsymbol{i}+\frac{\partial}{\partial y}\boldsymbol{j}+\frac{\partial}{\partial z}\boldsymbol{k} \tag{1-21}$$

式(1-20)中的 $\boldsymbol{\nabla}^2=\boldsymbol{\nabla}\cdot\boldsymbol{\nabla}$ 是拉普拉斯算符,例如,在三维坐标系里有

$$\boldsymbol{\nabla}^2=\frac{\partial^2}{\partial x^2}+\frac{\partial^2}{\partial y^2}+\frac{\partial^2}{\partial z^2} \tag{1-22}$$

运用自由粒子的非相对论性能量—动量关系

$$E=\frac{p^2}{2m} \tag{1-23}$$

式(1-23)的两端乘以 $\boldsymbol{\Psi}_p$，运用式(1-18)和式(1-20)，可以得到

$$\mathrm{i}\hbar\frac{\partial}{\partial t}\boldsymbol{\Psi}_p(\boldsymbol{r},t)=-\frac{\hbar^2}{2m}\nabla^2\boldsymbol{\Psi}_p(\boldsymbol{r},t) \tag{1-24}$$

现在，假设在量子力学中，自由粒子的运动方程采取与式(1-24)相同的形式

$$\mathrm{i}\hbar\frac{\partial}{\partial t}\boldsymbol{\Psi}(\boldsymbol{r},t)=-\frac{\hbar^2}{2m}\nabla^2\boldsymbol{\Psi}(\boldsymbol{r},t) \tag{1-25}$$

那么，满足式(1-17)的特定形式的 $\boldsymbol{\Psi}_p$，一定是方程(1-25)的一个解，但是，不应该因此认为 $\boldsymbol{\Psi}_p$ 是方程(1-25)的唯一解。也就是说，如果以上的假设成立，那么就可以确定 $\boldsymbol{\Psi}_p$ 是描写一种自由粒子的态函数，但是在量子力学里，它不是自由粒子的唯一的态函数。事实上，凡是满足式(1-25)的 $\boldsymbol{\Psi}$，都是在量子力学里描写自由粒子的态函数。

下面讨论推广到非自由粒子的一般情况。式(1-23)里的 E，实际上只是粒子的动能，如果粒子在一定的位势场 $V(\boldsymbol{r},t)$中运动，经典物理学里的单粒子能量式变成

$$E=\frac{\boldsymbol{p}^2}{2m}+V(\boldsymbol{r},t) \tag{1-26}$$

同样，运用微分运算规则式(1-18)，可以将方程(1-24)式扩展为

$$\mathrm{i}\hbar\frac{\partial}{\partial t}\boldsymbol{\Psi}(\boldsymbol{r},t)=\left[-\frac{\hbar^2}{2m}\nabla^2+V(\boldsymbol{r},t)\right]\boldsymbol{\Psi}(\boldsymbol{r},t) \tag{1-27}$$

式(1-27)就是含时的薛定谔方程。以上的阐述不应该看成是薛定谔方程的推导，薛定谔在提出这个波动方程时，大胆地把自由粒子的平面波函数的表达式推广到微观粒子受任意力场的作用下的一般情况，写出了在一定的位势场中的微观粒子的运动所应满足的波动方程。所以，从逻辑的角度看，应该认为薛定谔方程是量子力学里的基本假设之一。

这个方程提供了求解在一定条件下运动的微粒的波函数 $\boldsymbol{\Psi}$ 的途径。对于运动的微观粒子来说，知道了它的波函数也就唯一地确定了它的物理状态。但事实上，除了一些较简单的情况以外，要解这个偏微分方程还是比较困难的。

1.3.2　定态薛定谔方程

假若在粒子运动的整个过程中，总的能量项 E 始终是确定不变的，即 E 不随时间而变化，这种类型的问题称之为定态。最简单的例子是氢原子中电子结构的问题，就是一个定态的问题。下面介绍定态薛定谔方程是如何建立的。

对于定态的情况，可以认为表示粒子运动状态波函数只是坐标的函数，这时式(1-20)可以写成如下的形式：

$$-\hbar^2\nabla^2\psi(r)=p^2\psi(r) \tag{1-28}$$

两边同除以 $2m$，可得到

$$-\frac{\hbar^2}{2m}\nabla^2\psi=\frac{p^2}{2m}\psi \tag{1-29}$$

因为粒子的总能量 $E=\frac{p^2}{2m}+V$，即$\frac{p^2}{2m}=E-V$，代入式(1-29)得到

$$\left(-\frac{\hbar^2}{2m}\nabla^2+V\right)\psi=E\psi \tag{1-30}$$

这就是质量为 m 的粒子在三维空间运动的定态薛定谔方程，或称为不含时的薛定谔方程。

方程(1-30)的等号左边括号内的部分包含对 ψ 进行二次求导运算的符号，所以可以用一个算符 $\hat{H}$ 来表示，$\hat{H}$ 称为哈密顿算符(Hamiltonian operator)，即

$$\hat{H} = -\frac{\hbar^2}{2m}\nabla^2 + V \tag{1-31}$$

式(1-30)因此可以写成下面简单的形式

$$\hat{H}\psi = E\psi \tag{1-32}$$

式(1-32)就是定态薛定谔方程的算符表达式。它表示哈密顿算符作用到波函数 ψ 就等于粒子的总能量 E 乘以 ψ。因此哈密顿算符又称为能量算符。经典力学中的物理量如动量、速度、能量等在量子力学中都有相应的算符来表示。关于力学量的算符及其性质的理论在量子力学中是很重要的，这里不能作详细介绍。

定态薛定谔方程的物理意义：对于一个质量为 m 的粒子来说，当它处于位能为 $V(r)$ 的位场中运动时，其每一个定态可以用满足这个方程合理解的波函数 ψ 来描述，与每一个 ψ 相应的常数 E 就是粒子处在该定态时的总能量。由于边界条件的要求，能量 E 常常只能取一系列特定分立的值，满足薛定谔方程的这些特定的 E 值称为能量的本征值，与这些本征值相应的波函数 ψ 称为本征函数。本征态也就是物理量有确定值的状态。

若几个不同的状态所对应的能量值是同一个 E，那么这几个状态称为简并化状态；对应于同一个本征值 E，这样状态的数目称为简并度。

以上是针对总能量 E 来讨论的，但是所涉及的这些概念对于其他的力学量，例如对于动量 p，也是合适的，而且方程(1-32)的形式也是类似的，只要把总能量算符 $\hat{H}$ 换成动量算符 $\hat{p}$，把方程右边的 E 换成 p 即可。

薛定谔方程是量子力学研究中的重要成果，对于研究材料中的微观粒子的运动状态具有重要的作用。

复习题

1. 用经典物理学研究微观物体的运动时遇到过哪些困难？举例说明之。
2. 实物微粒兼具波动性的实验基础是什么？宏观物体有没有波动性？
3. 怎样描述微观质点的运动状态？为什么？波函数有哪些重要的性质？为什么？
4. 写出薛定谔方程的算符表达式。怎样理解这个表达式？
5. 量子力学中的算符和力学量的关系是怎样的？
6. 如何理解海森堡的测不准关系？

第 2 章　固体材料的电子理论

材料物理性能与材料的晶体结构、电子能量状态以及原子间的键合方式有密切的关系。由于固体中原子、分子、离子的排列方式不同，因此固体材料的电子结构和能量状态呈现不同的运动状态，这也就对材料的电学、光学和磁学性质将产生很大影响。固体材料的电子理论从微观上探讨了原子和电子的结构与宏观物理性质之间的关系及其相应机制，能够更深入地理解各种材料物理性质的起因。例如：金属、半导体、绝缘体的电阻率相差 10^{28} (10^{-6} ~ 10^{22}) Ω·cm，为什么会有如此大的差别呢？主要是由于晶体中的电子分布在各个能带上，而在能带和能带之间存在着带隙。本章以在周期势场中电子的运动状态，推导出能带理论的主要结果；通过介绍固体电子的能量结构与状态，给出了金属、半导体、绝缘体的导电基础。

2.1　固体电子模型

固体是由很多原子组成的复杂体系。在考察材料的宏观物理性质时，通常涉及的是大量原子所组成的统计平均值。能带理论是目前研究固体中电子运动的一个主要理论基础。除晶格振动外，固体中电子的运动状态同样对固体的力学、热学、电磁学、光学等物理性质有重要影响。材料的能带结构以及相关的费米面、能态密度和电子云的分布，总称为材料的能带结构或电子结构。周期场中运动的电子的能量状态形成一系列被禁带隔开的能带，这是能带理论中最重要的结论，它提供了导体和非导体的理论说明。

2.1.1　能带理论的一般性介绍

能带理论是关于材料中电子运动规律的一种量子力学理论。它是在量子力学研究金属导电理论的基础上发展起来的，它的成功之处在于定性地阐明了晶体中的电子运动的规律。

在固体中存在着大量的电子，它们的运动都是互相关联的，每个电子运动都要受到其他电子运动的牵连，因此要想严格求解多电子系统几乎不可能。所以能带理论是一个近似理论。它采用单电子近似的方法来处理复杂的多电子问题。

所谓单电子近似就是把每个电子的运动看成是独立的在一个等效势场中运动。等效势场是指在原子结合成固体的过程中，变化最大的是价电子，而内层电子的变化较小，所以可以把原子核和内层电子看成是一个离子实(ion core)与价电子(valence electron)构成的等效势场。金属自由电子理论中忽略了离子的作用，认为电子是在金属内部的均匀势场中运动。事实上，固体中电子是在由离子组成的非均匀势场中运动。

我们知道，晶体中原子排列具有周期性，那么晶体中的势场也具有周期性，称为周期性势场。在周期性势场中运动的电子的能量状态受到周期性势场的影响，将产生一系列变化。

周期性势场具有以下特点。

①能带理论的出发点是固体中的电子不再束缚于个别的原子,而是在整个固体内运动,称为共有化电子。

②在讨论共有化电子的运动状态时,假定原子实处在平衡位置,而把原子实偏离平衡位置的影响看成微扰。

根据不同的处理方法,能带理论主要有三种近似理论,它们分别是:近自由电子近似;赝势法;紧束缚近似法。本章只介绍近自由电子近似模型。因为这个模型给出了固体中电子运动行为的几乎所有定性问题的答案,而且,近自由电子理论能满意地解释绝大多数金属、半导体的导电特性,但不能正确解释绝缘体。

2.1.2 晶体中电子的运动

对于理想晶体，原子规则排列成晶格，晶格具有周期性,使得晶体中产生周期性场势,因而它的等效势场 $V(\boldsymbol{r})$也具有周期性。晶体中的电子就是在一个具有周期性的等效势场中运动,其波动方程可用薛定谔方程表示

$$\left[-\frac{\hbar^2}{2m}\nabla^2+V(\boldsymbol{r})\right]\psi=E\psi(\boldsymbol{r}) \tag{2-1}$$

由于势场具有周期性,势能

$$V(\boldsymbol{r})=V(\boldsymbol{r}+\boldsymbol{R}_n) \tag{2-2}$$

$\boldsymbol{R}_n$ 为任意晶格矢量,反映晶体的平移对称性。波矢 $\boldsymbol{k}$ 和相差任意倒易晶格矢量 $\boldsymbol{G}_n$ 有

$$\boldsymbol{k}'=\boldsymbol{k}+\boldsymbol{G}_n \tag{2-3}$$

由薛定谔方程可知,相应的本征方程和本征值,均描写同一状态,即

$$\psi(\boldsymbol{k})=\psi(\boldsymbol{k}+\boldsymbol{G}_n) \tag{2-4}$$

$$E(\boldsymbol{k})=E(\boldsymbol{k}+\boldsymbol{G}_n) \tag{2-5}$$

上式说明,能量 $E(\boldsymbol{k})$是波矢 $\boldsymbol{k}$ 的周期函数,只能在一定范围变化,有能量的上、下限,从而构成能带。$E(\boldsymbol{k})$的总体称为晶体的电子能带结构。

为了求出电子在周期性势场中的运动状态,采用量子力学的微扰理论。按照微扰理论,晶体中的电子和自由电子的区别就在于有无周期势场。由于它是一个很弱的势,所以可以把它作为自由电子恒定势场的一般微扰来处理,从而推导出自由电子近似下的电子能带结构。

2.1.3 近自由电子近似的一维模型

首先对最简单的一维周期性势场中电子运动的状态进行讨论,然后推广到三维周期性势场,从而得到三维的近自由电子近似的能带理论。考察由 N 个间距 a 的正离子周期性排列所形成的一维晶体点阵,其势能如图 2-1 所示。从图中可以看到晶体点阵具有相同的周期性。对于弱的周期性势场,把它看成微扰,因此可以采用量子力学的微扰方法来处理。

晶体势场 $V(x)$具有周期性,那么它的平面波也具有周期性。在一维势场的势能 $V(x)$的展开式中,波矢

$$k=2\pi n/a$$

则晶体周期势场电子的势能 $V(x)$是周期函数,用傅里叶级数展开,写成

$$V(x)=\sum_n V_n e^{i\frac{2\pi}{a}nx}=V_0+\sum_n{}' V_n e^{i\frac{2\pi}{a}nx} \tag{2-6}$$

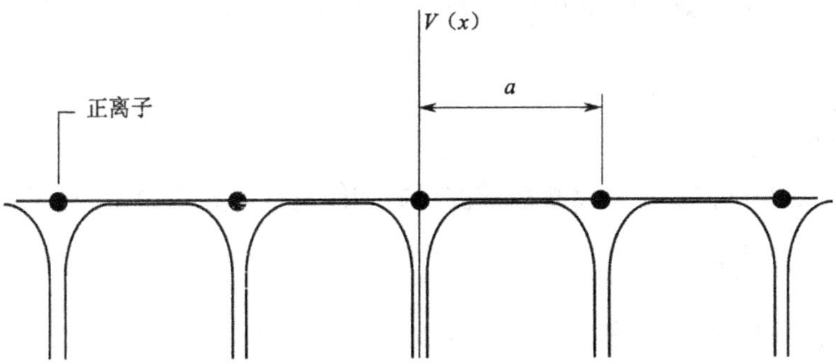

图 2-1　一维周期势场

式中：V_0是势能的平均值，求和号后带“′”表示求和不包括 $n=0$ 项。

选取能量平衡零点，使 $V_0 = 0$，则

$$V_n = \frac{1}{L}\int_0^L V(x)\mathrm{e}^{-\mathrm{i}\frac{2\pi}{a}nx}\mathrm{d}x \tag{2-7}$$

对于弱周期势场，可以用微扰理论处理，单电子哈密顿算符为

$$\hat{H} = \hat{H}_0 + \hat{H}' \tag{2-8}$$

其中

$$\hat{H}_0 = -\frac{\hbar^2}{2m}\frac{\mathrm{d}^2}{\mathrm{d}x^2} \tag{2-9}$$

微扰项

$$\hat{H}' = V(x) = \sum_n V_n \mathrm{e}^{\mathrm{i}\frac{2\pi}{a}nx} \tag{2-10}$$

则

$$\hat{H} = -\frac{\hbar^2}{2m}\frac{\mathrm{d}^2}{\mathrm{d}x^2} + V(x) = -\frac{\hbar^2}{2m}\frac{\mathrm{d}^2}{\mathrm{d}x^2} + \sum_n V_n \mathrm{e}^{\mathrm{i}\frac{2\pi}{a}nx} \tag{2-11}$$

对于一维点阵的薛定谔方程，在零级近似下

$$\left[-\frac{\hbar^2}{2m}\frac{\mathrm{d}^2}{\mathrm{d}x^2} + V(x)\right]\psi_k^{(0)} = \varepsilon\psi^{(0)} \tag{2-12}$$

可以求出薛定谔方程的本征值（能量）

$$\varepsilon^{(0)}(k) = \frac{\hbar^2 k^2}{2m} \tag{2-13}$$

相应的本征函数（归一化波函数）

$$\psi^{(0)}(x) = \frac{1}{\sqrt{L}}\mathrm{e}^{\mathrm{i}kx} \tag{2-14}$$

式中：L 为一维点阵的长度，$L = Na$；$k = 2\pi h/Na$。

由式(2-13)和式(2-14)，能量在无周期性势场影响时，$E^0(k)$与 k 的函数关系为一完整的抛物线。图 2-2 为零级近似时，自由电子的抛物线能带曲线。

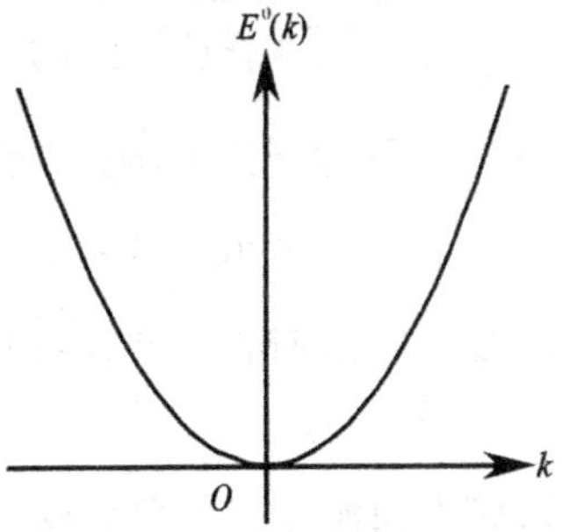

图 2-2　自由电子的能带曲线

2.1.4　周期势场中自由电子的运动

考虑了周期势场的影响后，自由电子的运动模型就需要用量子力学的微扰来计算。量子力学的微扰理论的思

路是:对自由电子的波函数和能量状态 E 进行逐级修正,得到最终的在周期势场中自由电子的运动形式

$$\psi = \psi^{(0)} + \psi^{(1)} + \psi^{(2)} + \cdots \tag{2-15}$$

$$E = E^{(0)} + E^{(1)} + E^{(2)} + \cdots \tag{2-16}$$

由式(2-13)、式(2-14)可知,零级微扰后的波函数和能量状态分别为

$$\psi^{(0)}(x) = \frac{1}{\sqrt{L}}\mathrm{e}^{\mathrm{i}kx} \tag{2-17}$$

$$E^{(0)}(k) = \frac{\hbar^2 k^2}{2m} \tag{2-18}$$

一级微扰后的能量为

$$\begin{aligned} E^{(1)} = H'_{kk'} &= \int_0^L \psi_k^{(0)*}(x)\Delta V \psi_k^{(0)}\mathrm{d}x \\ &= \int_0^L \psi_k^{(0)*}(x)[V(x) - \bar{V}]\psi_k^{(0)}\mathrm{d}x \\ &= \int_0^L \psi_k^{(0)*}(x)V(x)\psi_k^{(0)}\mathrm{d}x - \bar{V} = \bar{V} - \bar{V} = 0 \end{aligned} \tag{2-19}$$

由式(2-19)可见一级微扰后的能量为零,需要对其进行二级微扰。

能量的二级微扰

$$E^{(2)}(k) = \sum_n \frac{|H'_{kk'}|^2}{E^{(0)}(k) - E^{(0)}(k')} = \sum_n{}' \frac{2m|V_n|^2}{\hbar^2 k^2 - \hbar^2\left(k - \frac{2\pi}{a}n\right)^2} \tag{2-20}$$

微扰后经二级修正的电子总能量

$$E(k) = \frac{\hbar^2 k^2}{2m} + \sum_n{}' \frac{2m|V_n|^2}{\hbar^2 k^2 - \hbar^2\left(k - \frac{2\pi}{a}n\right)^2} \tag{2-21}$$

计入微扰后电子的波函数

$$\begin{aligned} \psi(k) &= \psi_k^{(0)}(x)\sum_{k'} \frac{H'_{kk'}}{E^{(0)}(k) - E^{(0)}(k')}\psi_{k'}^{(0)}(x) \\ &= \frac{1}{\sqrt{L}}\mathrm{e}^{\mathrm{i}kx}\left[1 + \sum_n{}' \frac{2mV_n \mathrm{e}^{-\mathrm{i}\frac{2\pi}{a}nx}}{\hbar^2 k^2 - \hbar^2\left(k - \frac{2\pi}{a}n\right)^2}\right] \end{aligned} \tag{2-22}$$

其中

$$1 + \sum_n{}' \frac{2mV_n \mathrm{e}^{-\mathrm{i}\frac{2\pi}{a}nx}}{\hbar^2 k^2 - \hbar^2\left(k - \frac{2\pi}{a}n\right)^2} = u_k(x) \tag{2-23}$$

$u_k(x)$称为周期性函数。由布洛赫定理知,$u_k(x)$是晶格的周期函数,有

$$u_k(x) = u_k(x + na) \tag{2-24}$$

因此,微扰后得到的波函数由两部分叠加而成。第一部分,波矢为 $\boldsymbol{k}$ 的平面波$\frac{1}{\sqrt{L}}\mathrm{e}^{\mathrm{i}kx}$;第二部分,该平面波受到周期势场作用产生的散射波,其散射因子为$\frac{2mV_n \mathrm{e}^{-\mathrm{i}\frac{2\pi}{a}nx}}{\hbar^2 k^2 - \hbar^2\left(k - \frac{2\pi}{a}n\right)^2}$。

散射因子代表散射波的振幅，在一般情况下，各原子所产生的散射波的相位之间没有什么关系，彼此互相抵消，周期势场对前进的平面波影响不大，散射波中各成分的振幅较小，这是适合微扰论的情况。但是，如果相邻原子的散射波相位相同，情况将大不相同。若前进的平面波的波长 $\lambda=\dfrac{2\pi}{k}$ 正好满足条件 $2a=n\lambda$ 时，两个相邻原子的反射波就会有相同的相位，它们相互加强，使平面波受到很大干涉。此时周期势场不适合用微扰论处理。

当 $k=n\pi/a$ 时，

$$E^{(1)}(k)=E^{(0)}(k)-E^{(0)}(k-2n\pi/a) \tag{2-25}$$

散射波的振幅变成无限大，即 $E_k^{(2)}\to\pm\infty$ 结果没有意义。说明上述微扰方法在 $k=n\pi/a$ 时是发散的。原因是当 $k=n\pi/a$ 时，还有另一状态 $k'=-n\pi/a$，相差 $k'-k=(2\pi)n/a$。说明 $\psi(k)$ 能量越接近，$E_k^{(0)}-E_{k'}^{(0)}$ 越小，态差距越大，产生级数发散不能用。因此需要用简并微扰法对电子在周期势场中运动的波函数 ψ 和能量状态进行线性组合，使简并的能级产生变化。

2.1.5 简并微扰理论

上节出现的，当 $k=n\pi/a$ 和 $k'=-n\pi/a$ 时，这两个状态能量相等，因此应当按照简并微扰理论来处理。简并微扰理论的方法：零级近似的波函数是相互简并的零级波函数的线性组合。当 $k=n\pi/a$ 时，则有另外一个状态 $k'=-n\pi/a$，它们相差 $k'-k=2n\pi/a$。

因此，能量差为零，即 $E_k^{(0)}=E_{k'}^{(0)}$，代表 k 态和 k' 态能级是简并的，从而导致了发散的结果。

当零级波函数为两个波函数的线性组合时，若 $k=\dfrac{n\pi}{a}(1+\Delta)$，$k'=\dfrac{n\pi}{a}(1-\Delta)$，令

$$\psi=A\psi_k^{(0)}+B\psi_{k'}^{(0)} \tag{2-26}$$

$$\psi_k^{(0)}(x)=\frac{1}{\sqrt{L}}e^{ikx},\ \psi_{k'}^{(0)}=\frac{1}{\sqrt{L}}e^{ik'x} \tag{2-27}$$

其中 A、B 是线性组合系数，将线性组合波函数代入薛定谔方程

$$\left\{-\frac{\hbar^2}{2m}\frac{d^2}{dx^2}+V(x)\right\}\psi_k^{(0)}=E\psi_k^{(0)}$$

对两边取共轭后，对 x 积分得到线性方程

$$\left.\begin{aligned}(E_k^{(0)}-E)A+V_n^*B=0\\ V_nA+(E_{k'}^{(0)}-E)B=0\end{aligned}\right\} \tag{2-28}$$

A、B 有非零解的条件为

$$\begin{vmatrix}E_k^{(0)}-E & V_n^*\\ V_n & E_{k'}^{(0)}-E\end{vmatrix}=0 \tag{2-29}$$

解得

$$E_\pm=\frac{1}{2}\{(E_k^{(0)}+E_{k'}^{(0)})\pm[(E_k^{(0)}-E_{k'}^{(0)})^2+4|V_n^2|]^{\frac{1}{2}}\} \tag{2-30}$$

式(2-30)就是自由电子在周期势场的影响下，电子的能量状态。

下面分三种情况讨论。

1) $k=\dfrac{n\pi}{a}$，$k'=-\dfrac{n\pi}{a}$

此时 $E_k^{(0)}=E_{k'}^{(0)}$，表明电子能量的状态在微扰作用下相互影响，原来较高的能量升高，

原来较低的能量下降,其表达式为

$$E_{+} = E_k^{(0)} + |V_n| = \frac{\hbar^2}{2m}\left(\frac{n\pi}{a}\right) + |V_n|$$
$$E_{-} = E_k^{(0)} - |V_n| = \frac{\hbar^2}{2m}\left(\frac{n\pi}{a}\right) - |V_n| \quad (2\text{-}31)$$

说明在弱周期势场的作用下,原来简并的能级,一个升高了$|V_n|$,一个降低了$|V_n|$,二者之间能量差

$$E_g = E_{+} - E_{-} = 2|V_n| \quad (2\text{-}32)$$

$|V_n|$是周期势场的傅里叶展开式中的第 n 个分量。

原来自由电子的连续能谱,在晶格的周期势场的作用下,分裂成为被能隙分开的许多能带(在 $k = \pm\frac{n\pi}{a}$处产生了能级分裂),能隙的大小等于周期势场的傅里叶分量$|V_n|$的 2 倍;中间断开 E_g称为禁带宽度。

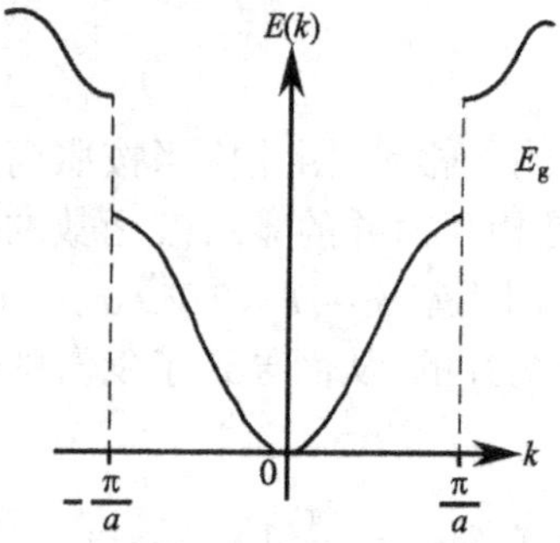

图 2-3 一维点阵的能带

在 E_g能量范围内,没有容许的能量状态。这是在晶体弱周期势场中运动的电子产生的新现象。图 2-3 为一维周期势场中运动的电子能级分裂后的能带。

那么为什么会产生禁带呢?由于把电子看成是近自由电子,它的零级近似波函数就是平面波,它在晶体中的传播就像 X 射线通过晶体一样,当波矢 $\boldsymbol{k}$ 不满足布拉格条件时,晶格的影响很弱,电子几乎不受阻碍地通过晶体。但当 $k = \frac{n\pi}{a}$时,波长 $\lambda = 2\pi/k = 2a/n$,正好满足布拉格反射条件,受到晶格的全反射。反射波与入射波的干涉形成驻波。ψ_{+}与ψ_{-}分别代表二个方向的波(方向相反,振幅、频率相同),其波函数可以表示为

$$\psi_{\pm} = \frac{1}{\sqrt{L}}\left(e^{i\frac{n\pi}{a}x} \pm e^{-i\frac{n\pi}{a}x}\right) \quad (2\text{-}33)$$

两状态所对应的电子分布密度(几率密度)表达式为式(2-34)、式(2-35),图 2-4 为电子运动状态的几率密度分布。

$$|\psi_{+}|^2 \propto \cos^2\left(\frac{n\pi}{a}x\right) \quad (2\text{-}34)$$

$$|\psi_{-}|^2 \propto \sin^2\left(\frac{n\pi}{a}x\right) \quad (2\text{-}35)$$

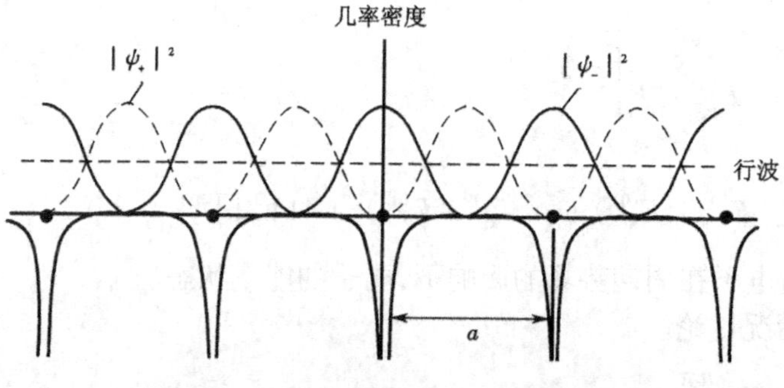

图 2-4 电子运动状态的几率密度分布

由图 2-4 可知，当电子处于 ψ_+ 态时，电子的电子云主要分布在原子实之间（离子之间），相互作用的结果使势能升高；当电子处于 ψ_- 态时，电子集中分布在原子实周围，电子带负电，原子实带正电，相互作用的结果使势能降低，因而出现能隙，产生禁带。

综上所述，波矢在布里渊区边界上电子波发生布拉格反射，在布里渊区边界上产生能量跳变，导致禁带的出现。

2）$|E_k^{(0)} - E_{k'}^{(0)}| \gg |V_n|$

这表示 k 远离 $-\dfrac{n\pi}{a}$，散射波的因子 $\dfrac{2mV_n \mathrm{e}^{-\mathrm{i}\frac{2\pi}{a}nx}}{\hbar^2 k^2 - \hbar^2\left(k - \frac{2\pi}{a}n\right)^2}$ 可以忽略，$E_k = \dfrac{\hbar^2 k^2}{2m}$。因此，波矢 k 远离布里渊区边界时，周期势场的影响可以忽略，电子的运动仍以近自由电子的状态存在。

3）$|E_k^{(0)} - E_{k'}^{(0)}| \ll |V_n|$

这表示 k 很接近 $-\dfrac{n\pi}{a}$ 的布里渊区边界，设接近量的差为一无穷小量 Δ，则

$$k = \frac{n\pi}{a}(1+\Delta),\ k' = \frac{n\pi}{a}(1-\Delta)$$

将波函数代入薛定谔方程，求解线性方程，得

$$E_{\pm} = \frac{\hbar^2}{2m}\left(\frac{n\pi}{a}\right)^2(1+\Delta) \pm \sqrt{|V_n|^2 + 4\Delta\left[\frac{\hbar^2}{2m}\left(\frac{n\pi}{a}\right)^2\right]^2} \tag{2-36}$$

令 $T_n = \dfrac{\hbar^2}{2m}\left(\dfrac{n\pi}{a}\right)^2$，代表 $k = \dfrac{n\pi}{a}$ 态的电子动能，则

$$E_+ = T_n + |V_n| + T_n\left(\frac{2T_n}{|V_n|} + 1\right)\Delta^2 \tag{2-37}$$

$$E_- = T_n - |V_n| - T_n\left(\frac{2T_n}{|V_n|} - 1\right)\Delta^2 \tag{2-38}$$

表示在接近 $\pm\dfrac{n\pi}{a}$（布里渊区边界），即 $\Delta \to 0$ 时，E_+、E_- 分别以抛物线的形式趋近于 $T_n + |V_n|$ 和 $T_n - |V_n|$，变化大小只与 Δ 的大小有关，而与 Δ 的正负无关。

图 2-5 表示 $E(k)$ 能谱曲线。

2.1.6　能带及其一般性质

由上面的推导和讨论，可以得出以下几点能带的一般性质。

①在零级近似（无周期势场的作用时），能谱 $E(k)$—k 是一个连续的抛物线

$$E_k = \frac{\hbar^2 k^2}{2m}$$

②考虑晶体的弱周期势场微扰（近自由电子能谱），在布里渊区边界（$k = \pm\pi/a$，$\pm 2\pi/a$，…）处发生跳变，产生带隙（禁带），它的宽度为 $2|V_1|$，$2|V_2|$……

③在接近布里渊区边界，E_+、E_- 随 Δ 变化，产生向上和向下的弯曲变化。

④在远离布里渊区边界，近自由电子能谱与在零级近似抛物线相同。

⑤每个波矢 $\boldsymbol{k}$ 有一个量子态，可以画出所有量子态的能级，当 N 很大时，k 的取值非常密集，有时称为准连续的。

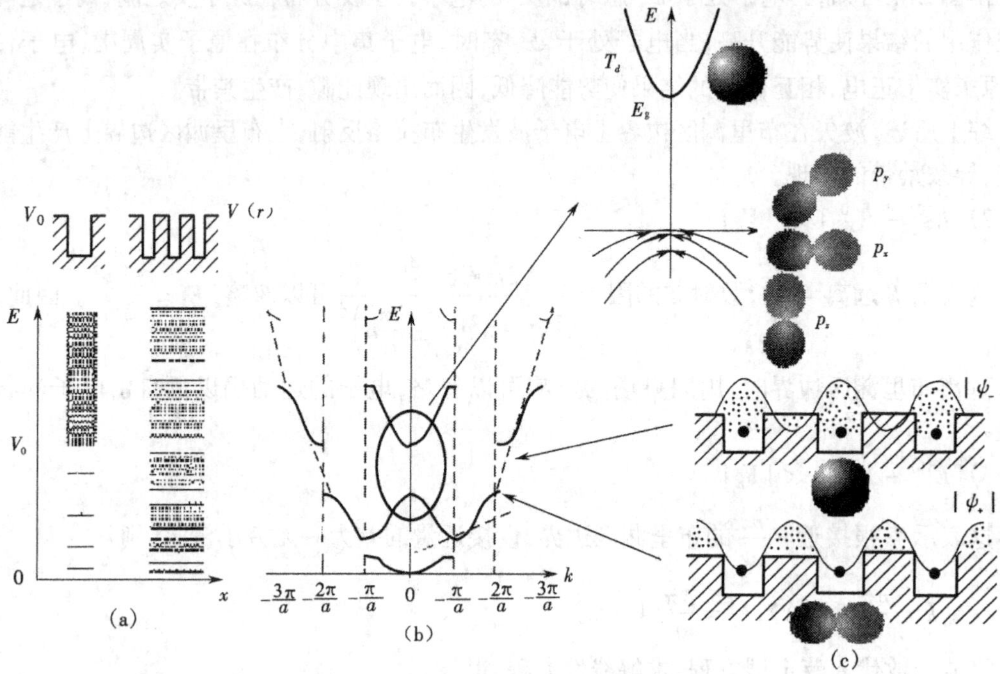

图 2-5 $E(k)$能谱图

(a)能级图 (b)能带图 (c)电子分布图

E_1 $k=(-\pi/a),\cdots,(\pi/a)$ 带 1 (布 1)

E_2 $k=(-2\pi/a),\cdots,(-\pi/a),(\pi/a),\cdots,(2\pi/a)$ 带 2 (布 2)

E_3 $k=(-3\pi/a),\cdots,(-2\pi/a),(2\pi/a),\cdots,(3\pi/a)$ 带 3 (布 3)

各带之间间隙对应于 $k=n\pi/a$，k 的取值范围是一个倒易点阵原胞的长度。

⑥周期势场变化越激烈，各傅里叶系数越大，禁带越宽。禁带宽度 $E_g=2|V_n|$，因此禁带宽度为：

$$2|V_n|=\left|\frac{2}{a}\int_0^a e^{-i2\pi\frac{n}{a}\zeta}V(\zeta)d\zeta\right| \tag{2-39}$$

在理想晶体中，禁带内不存在能级。周期场中运动的电子的能量状态形成一系列被禁带隔开的能带，这是能带理论中最重要的结论，它提供了导体和非导体的理论说明。

2.2 三维周期场中电子运动模型

三维周期场中电子运动的近自由电子近似，处理方法与一维相似。三维周期场中电子运动的微扰问题的数学处理比较复杂，但处理方法与一维相似。这里只介绍它的思路和重要结果。

2.2.1 三维周期场中电子运动

首先，由周期场的薛定谔方程$\left(-\frac{\hbar^2}{2m}\nabla^2+V(\boldsymbol{r})\right)\psi(\boldsymbol{r})=E\psi(\boldsymbol{r})$即波动方程求出零级近似解，其波函数和相应的能量本征值为

$$\psi^0(x)=\frac{1}{\sqrt{V}}e^{i\boldsymbol{k}\cdot\boldsymbol{r}} \tag{2-40}$$

$$E^0(k)=\frac{\hbar^2 k^2}{2m} \tag{2-41}$$

其次，根据周期性边界条件，$\boldsymbol{k}$ 的允许值为

$$\boldsymbol{k}=\frac{l_1}{N_1}\boldsymbol{b}_1+\frac{l_2}{N_2}\boldsymbol{b}_2+\frac{l_3}{N_3}\boldsymbol{b}_3 \tag{2-42}$$

$\boldsymbol{k}$ 是空间中均匀分布的点，密度为 $V/(2\pi)^3$。

最后，与一维类似，用简并微扰对 ψ 和 E 进行修正，微扰计算的结果由 $\boldsymbol{k}$ 和 $\boldsymbol{k}'$ 态的线性组合波函数代入薛定谔方程。在

$$\boldsymbol{G}_n\cdot\left(\boldsymbol{k}+\frac{1}{2}\boldsymbol{G}_n\right)=0 \tag{2-43}$$

的条件下，同样得到

$$E_{\pm}=E_k^0\pm|V_n| \tag{2-44}$$

式中：V_n 为三维周期场的傅里叶分量。

式(2-43)和式(2-44)表明，能量的本征值在 $\boldsymbol{k}^2=(\boldsymbol{k}+G)^2$ 布里渊区边界上发生能量跳变，可能出现禁带，禁带的宽度 $E_g=2|V_n|$。

2.2.2　三维周期场中电子运动的特殊性质

与一维晶体不同的是，三维晶体的能带具有一些特殊的性质。

①三维晶体的能带也具有周期性和反演对称性

$$E_n(\boldsymbol{k})=E_n(\boldsymbol{k}+\boldsymbol{G}_n) \tag{2-45}$$

$$E_n(\boldsymbol{k})=E_n(-\boldsymbol{k}) \tag{2-46}$$

由于 $E_n(\boldsymbol{k})$在 $\boldsymbol{k}$ 空间的对称性，使能带结构的计算可以限制在一个原胞内。

②三维晶体能带与一维晶体能带的重要区别：一维晶体在布里渊区边界上发生能量跳变，必然出现禁带；而三维晶体在布里渊区边界上发生能量跳变，却不一定出现禁带。究其原因，主要是由于在三维晶体中，不同能带在能量上不一定分隔开，可能会产生能带之间的交叠。以二维晶体为例，图 2-6 为 二维简单立方布里渊区边界，图 2-7 为二维简单立方能带的交叠图。三维晶体的能带交叠更多也更复杂。

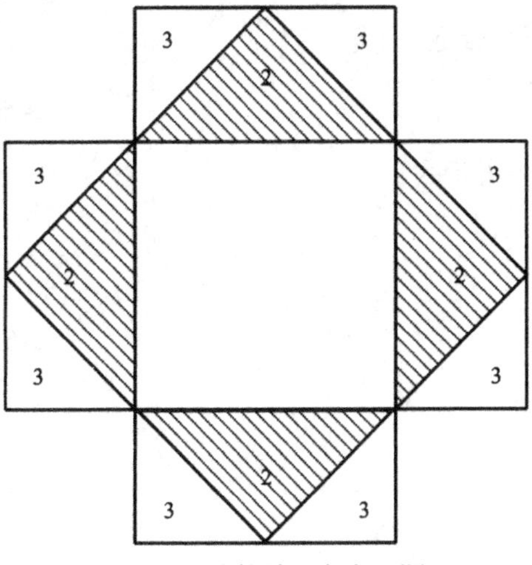

图 2-6　二维简单立方布里渊区

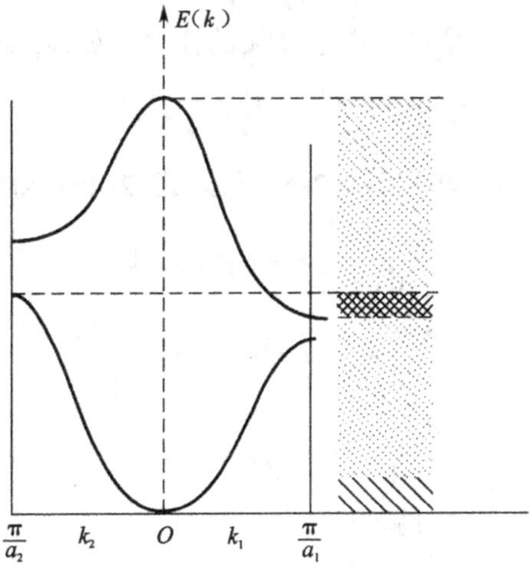

图 2-7　二维简单立方能带的交叠

以上为根据近自由电子近似模型推导出的固体中电子运动的能带理论。除此之外,能带理论还有其他理论模型的处理方法,比较常用的有赝势法和紧束缚近似法(原子轨道线性组合法)。由于篇幅所限,这里不作介绍。

2.3 固体材料电子论基础

固体是由许多原子组成的复杂体系。按照能带理论的近似,把固体中的原子分为离子核和价电子两部分。实际上,在固体中的电子运动是相互关联的多体问题 。特鲁特等通过对其物理本质的研究,提出了金属的自由电子气体模型。特鲁特模型指出:金属中的价电子如同气体分子那样,组成电子气体,它们可以和离子碰撞,在一定温度下达到热平衡,因此电子气体可以用具有确定的平均速度和平均自由时间的电子来表示。它成功地说明了欧姆定律、热导、电导和其他现象。

2.3.1 电子气的能量状态——金属中自由电子的能级和状态密度

1928年索末菲(Sommerfeld)发展了量子的金属自由电子气体模型,克服了经典模型的不足。索末菲提出:金属中的价电子好比理想气体的分子,彼此之间没有相互作用,各自独立地在势能等于平均势能的场中运动。要使金属中的自由电子逸出体外,就必须对它做足够的功,因此每个自由电子的运动状态就是在一定深度的三维势阱中运动的粒子所具有的能态。

为了计算方便,设:①金属中自由电子的平均势能为零;②势阱的深度是无限的;③金属体是边长为 L 的立方体。这样,金属中自由电子的势能函数可以表示为

$$\left.\begin{aligned} &V(x,y,z)=0 \quad (0<x,y,z<L) \\ &V(x,y,z)=\infty \quad (x,y,z\leqslant 0, \text{且 } x,y,z\geqslant L) \end{aligned}\right\} \tag{2-47}$$

在势阱内粒子的能量 E 和表示粒子运动状态的波函数 $\psi(x,y,z)$ 由薛定谔方程确定

$$-\frac{\hbar^2}{2m}\nabla^2\psi(x,y,z)=E\psi(x,y,z) \tag{2-48}$$

用分离变量法解式(2-48),令

$$\psi(x,y,z)=\varphi_1(x)\varphi_2(y)\varphi_3(z) \tag{2-49}$$

再令 k 是自由电子波矢的模,k_x、k_y、k_z 是波矢的三个分量,则有

$$E=\frac{\hbar^2k^2}{2m}=\frac{\hbar^2}{2m}(k_x^2+k_y^2+k_z^2) \tag{2-50}$$

把式(2-49)和式(2-50)代入式(2-48),得到下面三个方程式:

$$\left.\begin{aligned} &\frac{d^2\varphi_1(x)}{dx^2}+k_x^2\varphi_1(x)=0 \\ &\frac{d^2\varphi_2(y)}{dy^2}+k_y^2\varphi_2(y)=0 \\ &\frac{d^2\varphi_3(z)}{dz^2}+k_z^2\varphi_3(z)=0 \end{aligned}\right\} \tag{2-51}$$

式(2-51)的解为

$$\left.\begin{aligned}\varphi_1(x)&=A_x e^{ik_x x}+B_x e^{-ik_x x}\\ \varphi_2(y)&=A_y e^{ik_y y}+B_y e^{-ik_y y}\\ \varphi_3(z)&=A_z e^{ik_z z}+B_z e^{-ik_z z}\end{aligned}\right\}\tag{2-52}$$

其中 A_x、B_x、A_y、B_y、A_z、B_z 等 6 个系数是任意常数,它们可以由所选择的边界条件来确定。

如果采用周期性边界条件:假设在三维空间有无限多个三维限度都是 L 的势阱相连接,在各个势阱的相应位置上,电子波函数相等,即总的边界条件为

$$\left.\begin{aligned}&\text{在 } x=nL \text{ 处}(n\text{ 为零,或正负整数}),\ \varphi_1(x)=0\\ &\text{在 } y=nL \text{ 处}(n\text{ 为零,或正负整数}),\ \varphi_2(y)=0\\ &\text{在 } z=nL \text{ 处}(n\text{ 为零,或正负整数}),\ \varphi_3(z)=0\end{aligned}\right\}\tag{2-53}$$

以及

$$\left.\begin{aligned}\varphi_1(x+L)&=\varphi_1(x)\\ \varphi_2(y+L)&=\varphi_2(y)\\ \varphi_3(z+L)&=\varphi_3(z)\end{aligned}\right\}\tag{2-54}$$

那么,将该周期性边界条件代入式(2-52),同时采用式(2-49),可以得到电子波函数具有行波解的形式

$$\psi=Ae^{i\boldsymbol{K}\cdot\boldsymbol{r}}=Ae^{i(k_x x+k_y y+k_z z)}\tag{2-55}$$

式中,$A=1/L^{3/2}$是归一化常数。波矢 $\boldsymbol{K}$ 的分量为

$$\left.\begin{aligned}k_x&=\frac{2\pi n_x}{L}\\ k_y&=\frac{2\pi n_y}{L}\\ k_z&=\frac{2\pi n_z}{L}\end{aligned}\right\}\tag{2-56}$$

式中,$n_x, n_y, n_z=0, \pm1, \pm2, \cdots$,但是 n_x, n_y, n_z 不能同时为零。

式(2-56)说明,在周期性边界条件下(即理想晶体的情况),具有平面波运动状态的自由电子的波矢 $\boldsymbol{K}$,可由一组量子数(n_x, n_y, n_z)确定。自由电子的每个许可的状态可以用以 k_x、k_y、k_z 为坐标轴的空间(称为波矢空间)中的一个点来代表,由式(2-56)可知,沿 k_x 轴、k_y 轴、k_z 轴相邻的两个代表点间的间距均为 $2\pi/L$(图 2-8),因而在波矢空间每个状态的代表点占有的体积为$\frac{2\pi}{L}\times\frac{2\pi}{L}\times\frac{2\pi}{L}=\left(\frac{2\pi}{L}\right)^3$。

由于在波矢空间中,状态的代表点是均匀分布的,因此波矢空间单位体积中含有的代表点数目应等于$\left(\frac{L}{2\pi}\right)^3$。

在 $\boldsymbol{K}$ 到 $\boldsymbol{K}+\mathrm{d}\boldsymbol{K}$ 的体积元 $\mathrm{d}\boldsymbol{K}=\mathrm{d}k_x\mathrm{d}k_y\mathrm{d}k_z$ 中,含有的状态数目是$\left(\frac{L}{2\pi}\right)^3\mathrm{d}\boldsymbol{K}$。计及每个波矢状态可容纳自旋相反的两个电子,则在体积元 $\mathrm{d}\boldsymbol{K}$ 之中可容纳的电子数

$$\mathrm{d}\boldsymbol{Z}=2\times\left(\frac{L}{2\pi}\right)^3\mathrm{d}\boldsymbol{K}=\frac{V_C}{4\pi^3}\mathrm{d}\boldsymbol{K}\tag{2-57}$$

式中:V_C 是晶体的体积,$V_C=L^3$。所以在波矢空间(也称为 $\boldsymbol{K}$ 空间)中的状态(量子态)密度

$$D(\boldsymbol{K})=\mathrm{d}\boldsymbol{Z}/\mathrm{d}\boldsymbol{K}=\frac{V_C}{4\pi^3}=\text{常数}\tag{2-58}$$

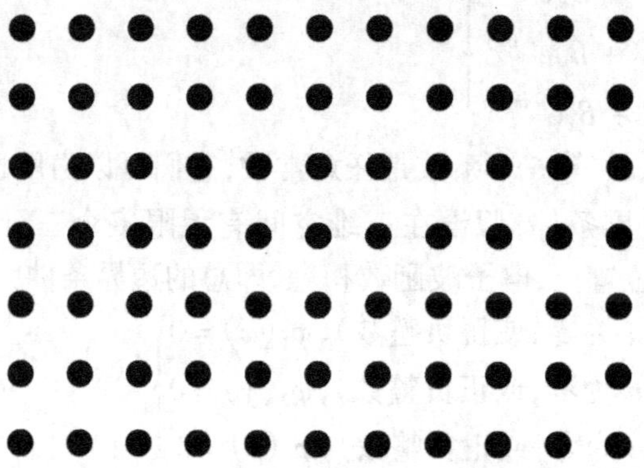

图 2-8 在 $k_x—k_y$ 空间中状态代表点的分布

在能量 $E \sim E+\mathrm{d}E$ 之间的区域是 $\boldsymbol{K}$ 空间中半径为 K 和 $K+\mathrm{d}k$ 的两个等能球面之间的球壳，其体积为 $2\pi k^2\mathrm{d}K$。在该球壳中的状态数

$$\mathrm{d}Z(\boldsymbol{K})=\frac{V_{\mathrm{C}}}{4\pi^3}\cdot 4\pi K^2\mathrm{d}\boldsymbol{K} \tag{2-59}$$

利用量子力学的关系式

$$K^2=\frac{2mE}{\hbar^2},\mathrm{d}K=\frac{\sqrt{2m}}{2\hbar}\cdot E^{-\frac{1}{2}}\mathrm{d}E$$

代入式(2-59)，得

$$\mathrm{d}Z(E)=\frac{V_{\mathrm{C}}}{2\pi^2}\left(\frac{2m}{\hbar^2}\right)^{\frac{3}{2}}\cdot E^{\frac{1}{2}}\mathrm{d}E \tag{2-60}$$

因此单位能量间隔的状态数，即能级密度

$$D(E)=\frac{\mathrm{d}Z(E)}{\mathrm{d}E}=\frac{V_{\mathrm{C}}}{2\pi^2}\left(\frac{2m}{\hbar^2}\right)^{\frac{3}{2}}\cdot E^{\frac{1}{2}}=C\cdot E^{\frac{1}{2}} \tag{2-61}$$

其中 $C=4\pi V_{\mathrm{C}}\cdot\left(\frac{2m}{\hbar^2}\right)^{\frac{3}{2}}$。

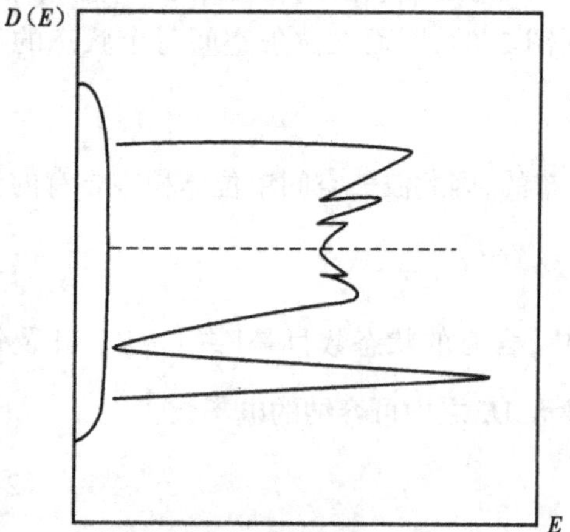

图 2-9 三维晶体中自由电子气的能级密度和能量的关系

式(2-61)说明，在三维金属中，自由电子气的能级密度 $D(E)$随着能量 E 呈抛物线性变化，如图 2-9 所示。

2.3.2 电子气的费米能量及有关参量

1.费米统计分布函数

费米-狄拉克统计法是在量子理论的基础上建立起来的适用于描述光子和电子分布规律的量子统计法。

费米分布函数表述了在温度 T 时，能量为 E 的量子态被电子占据的几率：

$$f_{\mathrm{F}}(E)=\frac{1}{\exp[(E-E_{\mathrm{F}})/k_{\mathrm{B}}T]+1} \tag{2-62}$$

式中：E_F 是系统中自由电子的化学势，它是温度和电子数的函数，即 $E_F = E_F(T, N)$（体积不变）。它的物理意义是在体积和温度不变的热平衡条件下，系统增加一个电子引起的系统自由能的改变。在固体电子论中，称 E_F 为费米能。

2. 费米分布函数的特点

费米分布函数具有如图 2-10 所示的形式。

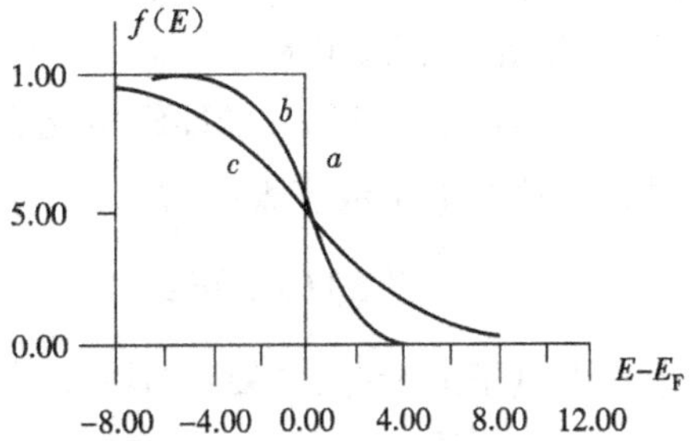

图 2-10　不同温度的费米分布函数

a—$T=0$　b—$T=1$　c—$T=2.5$

1）当 $T \neq 0$ 时

如果 $E = E_F$，那么 $f(E) = \frac{1}{2}$；

如果 $\exp[(E - E_F)/k_B T] \gg 1$，那么 $f(E) \approx 0$，表明这样的本征态基本上是空的；

如果 $\exp[(E - E_F)/k_B T] \ll 1$，那么 $f(E) \approx 1$，表明这样的本征态被电子填满。

$E - E_F$ 在 $(-nK_B T, nk_B T)$ 的取值范围内（n 为决定于温度 T 的正数），$f(E)$ 由 1 下降为接近于 0。

2）$T \to 0$ K 时

当 $E - E_F \to 0$ 时，$f(E)$ 由 1 降为 0，或由 0 升为 1。也就是说 $f(E)$ 在 E_F 上下由 1 降为接近于 0 的转变区域将无限地变窄，所有 $E < E_F$ 的本征态将完全被电子填满，所有更高的状态都是空的。

可以理解为，在 0 K 的极限状态下，E_F 就是电子填充的最高能级。

2.3.3　费米能 E_F 的确定

系统中能量在 E 和 $E + dE$ 之间的电子数可以表示为

$$dN = f(E)D(E)dE \tag{2-63}$$

讨论在绝对零度时的情况：由于

$$\begin{cases} f(E) = 1 & (E < E_F) \\ f(E) = 0 & (E > E_F) \end{cases}$$

因此根据式(2-63)，对于自由电子的情况，在 $E < E_F$ 时有

$$dN = D(E)dE = C\sqrt{E}dE$$

于是系统的总电子数可以表示为

$$N = \int_0^{E_F^0} C\sqrt{E}dE = \frac{2}{3}C(E_F^0)^{\frac{3}{2}} \tag{2-64}$$

由于 $C = 4\pi V_C\left(\frac{2m}{h^2}\right)^{\frac{3}{2}}$，并且令系统的电子浓度 $n = \frac{N}{V_C}$，代入式(2-64)可以得到

$$E_F^0 = \frac{h^2}{2m}\left(\frac{3n}{8\pi}\right)^{\frac{2}{3}} = \frac{\hbar^2}{2m}(3n\pi^2)^{\frac{2}{3}} \tag{2-65}$$

设固体中的自由电子浓度 $n = 10^{28}$ 个/m^3，由于电子的质量 $m = 9 \times 10^{-31}$ kg，则代入式(2-65)可以计算出 E_F^0 的数量级是几个电子伏。那么系统中每个电子的平均动能

$$E_{Kin}^0 = \frac{\int EdE}{B} = \frac{C}{N}\int_0^{E_F^0} E^{\frac{3}{2}}dE = \frac{3}{5}E_F^0 \tag{2-66}$$

由式(2-66)可知,即使是在绝对零度,电子仍有相当大的平均能量(即平均动能),而依照经典统计理论,此平均能量应等于零。这是由于电子必须满足泡利不相容原理,每个状态只许可容纳两个自旋方向相反的电子,因此即使在绝对零度下,也不可能所有的电子都填在最低的能量状态。这一结果也是量子理论的一个成就。

现讨论温度 $T \neq 0$ K,但 $k_B T \ll E_F$ 的情况。

这时能量 E 大于 E_F 的能级可能有电子,而能量 E 小于 E_F 的某些能级也可能是空的,这时系统总的电子数应表示为

$$N = \int_0^\infty f(E) D(E) \mathrm{d}E \tag{2-67}$$

对于自由电子的情况,式(2-67)可以写成

$$N = \int_0^\infty C f(E) E^{\frac{1}{2}} \mathrm{d}E \tag{2-68}$$

将式(2-68)经过适当的数学处理可以得出下面的关系式:

$$N = \frac{2}{3} C E_F^{\frac{3}{2}} \left[1 + \frac{\pi^2}{8} \left(\frac{k_B T}{E_F} \right)^2 \right] \tag{2-69}$$

将式(2-65)代入式(2-69)得到下面的关系式:

$$(E_F^0)^{\frac{3}{2}} = E_F^{\frac{3}{2}} \left[1 + \frac{\pi^2}{8} \left(\frac{k_B T}{E_F} \right)^2 \right]$$

$$E_F = E_F^0 \left[1 + \frac{\pi^2}{8} \left(\frac{k_B T}{E_F} \right)^2 \right]^{-\frac{2}{3}} \tag{2-70}$$

在式(2-70)中,将$\left[1 + \frac{\pi^2}{8} \left(\frac{k_B T}{E_F} \right)^2 \right]^{-\frac{2}{3}}$项以$\left(\frac{k_B T}{E_F} \right)^2$为自变量进行级数展开,考虑到 $k_B T \ll E_F$,而且在一般的温度条件下,$k_B T \ll E_F^0$ 的条件总是成立的。因此在级数展开式中,以 E_F^0 替代 E_F,并且在展开式中保留到$\left(\frac{k_B T}{E_F^0} \right)^2$项,那么所得到的关系式具有足够高的近似程度,则

$$E_F \approx E_F^0 \left[1 - \frac{\pi^2}{12} \left(\frac{k_B T}{E_F^0} \right)^2 \right] \tag{2-71}$$

由上式可以看出,当绝对温度不等于零时,E_F 不等于 E_F^0,但是它们的数值非常接近。在有些情况下,E_F 随温度的微小变化往往可以有重要的影响。

2.3.4 费米参量

从上面的讨论可以知道,固体中自由电子的费米能 E_F^0 就是按照泡利不相容原理填充电子的最高能级。对于自由电子的情况,由于有 $k^2 = \frac{2mE}{\hbar^2}$,因此在 $\boldsymbol{K}$ 空间,等能面是球面。能量等于费米能 E_F 的球面称为费米面,是指在 $\boldsymbol{K}$ 空间中占有电子与不占有电子区域的分界面。它所对应的球为费米球,它在 $\boldsymbol{K}$ 空间对应的球面半径 K 称为费米半径。

对于自由电子来说,在绝对零度时,费米球的半径为 $K_F^0\left(K_F^0 = \frac{2mE_F^0}{\hbar} \right)$,这时费米面以内的状态都被电子占据,球面外没有电子。当 $T \neq 0$ 时,由于 $E_F < E_F^0$,因此 $K_F < K_F^0$,此时在费

米面以内能量离费米能 E_F 约 $k_B T$ 范围的能级上的电子被激发到 E_F 之上约 $k_B T$ 范围的能级中。

费米面上电子的速度称为费米速度,其大小为 $v_F = \dfrac{\hbar K_F}{m}$。

费米面上电子的动量称为费米动量,其大小为 $p_F = \hbar K_F$。

费米温度 $T_F = \dfrac{E_F}{k_B}$。

2.4　电子热容量

知道电子的能量分布,可以直接写出电子的总能量

$$U = \int_0^{\infty} Ef(E)N(E)\mathrm{d}E \tag{2-72}$$

引入

$$R(E) = \int_0^{E} EN(E)\mathrm{d}E \tag{2-73}$$

这个函数表示 E 以下的量子态被电子填满时的总能量,这时 $f(E)=1$。

利用式(2-72)和式(2-73),经过适当的数学推导,可以得到电子总能量简化的近似表达式为

$$U = R(E_F^0) + \frac{\pi^2}{6}N(E_F^0)(k_B T)^2 \tag{2-74}$$

根据 $R(E)$的定义,$R(E^0)$等于 0 K 时电子的总能量。因此式(2-74)的第二项$\frac{\pi^2}{6}N(E_F^0)(k_B T)^2$ 表示热激发能。

上式对温度 T 求导,就可以得到电子热容量

$$C_V^e = \left[\frac{3\pi^2}{2}N(E_F^0)(k_B T)\right]k_B \tag{2-75}$$

这是一个量子统计的结果。与经典值$\frac{3N\pi}{2}$相比,它是十分微小的。

对于近自由电子的情况,能态密度函数公式为

$$N(E) = 4\pi V\left(\frac{2m}{h}\right)^{\frac{3}{2}}E^{\frac{1}{2}} \tag{2-76}$$

由于 $E_F^0 = \dfrac{h^2}{2m}\left(\dfrac{3n}{8\pi}\right)^{\frac{2}{3}}$,因此得到

$$N(E_F^0) = \frac{3N}{2E_F^0} \tag{2-77}$$

式中:N 代表系统的总电子数。

将式(2-77)代入式(2-75)得

$$C_V^e = N\cdot\frac{\pi^2}{2}\cdot\left(\frac{k_B T}{E_F^0}\right)k_B \tag{2-78}$$

为了同实验结果比较,这里计算金属中每个摩尔原子中自由电子对热容量的贡献。若每个原子中有 Z 个自由电子(也就是有 Z 个价电子),N_0是每个摩尔中的原子数,显然有

$N_0 k_B = R$（R 是气体普适常数，$R = 8.314$ J/(mol·K)）。于是电子气的摩尔热容量为

$$C_F^e = N\cdot\frac{\pi^2}{2}\cdot\left(\frac{k_B T}{E_F^0}\right)\cdot k_B \tag{2-79}$$

$$= ZN_0\cdot\frac{\pi^2}{2}\cdot\left(\frac{k_B T}{E_F^0}\right)\cdot k_B \quad (N = ZN_0)$$

$$= Z\cdot R\cdot\frac{\pi^2}{2}\cdot\left(\frac{k_B T}{E_F^0}\right) \quad (R = N_0 k_B)$$

$$= \gamma T$$

而

$$\gamma = Z\cdot R\cdot\frac{\pi^2}{2}\cdot\frac{k_B}{E_F^0} = \frac{ZR\pi^2}{2T_F^0} \tag{2-80}$$

式中：T_F^0 为费米温度，$T_F^0 = \frac{E_F^0}{k_B}$；$\gamma$ 为金属的电子比热常数，其数量级为几个 mJ·mol·K^{-2}。

但是在低温范围内（即 $T < \frac{1}{30}\Theta_D$），晶格振动的比热贡献随着温度的变化规律为

$$C_V^a = \frac{12}{5}R\pi^4\left(\frac{T}{\Theta_D}\right)^3 = bT^3 \tag{2-81}$$

电子气和晶格振动对摩尔热容量贡献之比为

$$\frac{C_V^e}{C_V^a} = \frac{5Z}{24\pi^2}\cdot\frac{k_B T}{E_F^0}\cdot\left(\frac{\Theta_D}{T}\right)^3 \tag{2-82}$$

在温度非常低的时候，金属的摩尔热容量是上述两部分的贡献之和，即

$$C_V = C_V^e + C_V^a = \gamma T + bT^3 \tag{2-83}$$

所以有

$$\frac{C_V}{T} = \gamma + bT^2 \tag{2-84}$$

如果用实验数据作图，那么$\frac{C_V}{T}$对 T^2 的关系是一条直线，见图 2-11。该直线在纵坐标轴上的截距就是 γ，直线的斜率就是 b。这样，就可以通过实验具体测定电子的热容量 γT（许多参考书都给出了许多金属的电子比热系数 γ 的实验值）。（在很低温度时，定容摩尔热容量 C_V 和定压摩尔热容量 C_p 近似相等。）

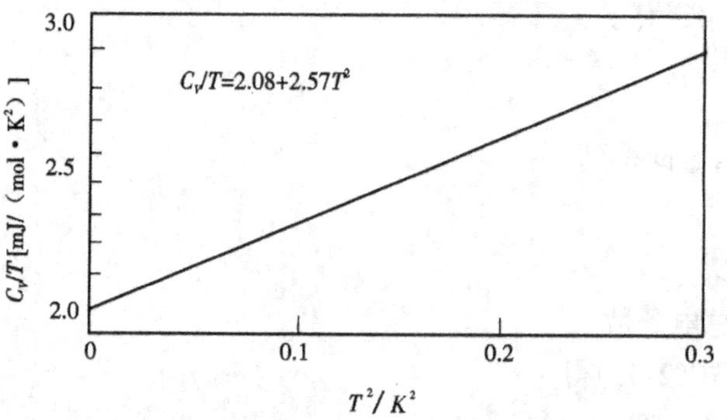

图 2-11　低温下 C_V/T—T^2/K^2 关系

2.5　功函数和接触电势

2.5.1　热电子发射和功函数

以下介绍热电子发射现象。

图 2-12 是费米能为 E_F 的固体中的电子处在深度为 E_0 的势阱中的示意图。由该图可以看到，电子离开金属至少需要从外界得到能量

$$W = E_0 - E_F \tag{2-85}$$

式中：W 称为脱出功(或称为功函数)。

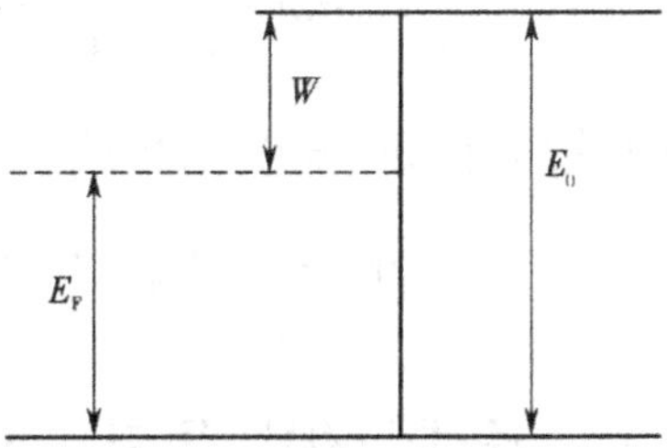

图 2-12　金属中电子气的势阱和脱出功

当金属丝被加热到很高温度时，有一部分电子获得的能量大于 W，它们就可以逸出金属，产生热发射电子流，其电流密度的大小可以表示为

$$j = AT^2 \exp\left(-\frac{W}{k_B T}\right) \tag{2-86}$$

式中：A 是常数。该式被称为“里查孙-杜师曼”公式。

根据实验数据作 $\ln\left(\frac{j}{T^2}\right)$—$\frac{1}{T}$图，则可以得到一条直线，通过计算直线的斜率即可确定金属的脱出功。

依据近自由电子模型，可以推导出“里查孙-杜师曼”公式的具体形式为

$$\left.\begin{aligned} & j = -\frac{4\pi m(k_B T)^2 e}{h^3}\exp\left(-\frac{E_0 - E_F}{k_B T}\right) = AT^2 \exp\left(-\frac{W}{k_B T}\right) \\ & W = E - E_F \end{aligned}\right\} \tag{2-87}$$

2.5.2　不同金属中电子的平衡和接触电势

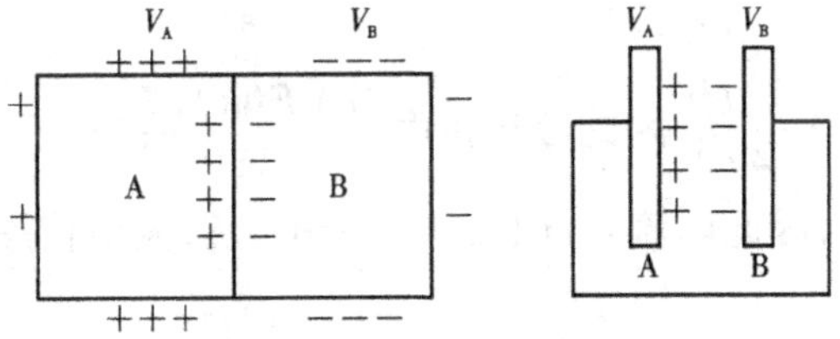

图 2-13　接触电势示意图

接触电势的定义：两块不同的金属导体 A 和 B 相接触，或者以导线相连接，两块金属就会彼此带电，并且产生不同的电势 V_A 和 V_B，这种电势称为接触电势，如图 2-13 所示。

设两块金属的温度都是 T，当它们相接触时，每秒钟内从金属 A 的单位面积所逸出的电子数为

$$\Delta N_A = \frac{4\pi m(k_B T)^2}{h^3}\exp\left(-\frac{W_A}{k_B T}\right) \tag{2-88}$$

从金属 B 的单位面积所逸出的电子数为

$$\Delta N_B = \frac{4\pi m(k_B T)^2}{h^3}\exp\left(-\frac{W_B}{k_B T}\right) \tag{2-89}$$

若 $W_A > W_B$，则有 $V_A > 0$ 和 $V_B < 0$。

这样两块金属中的电子分别具有附加的静电势能为 $-eV_A<0$ 和 $-eV_B>0$，它们发射的电子数分别变成

$$\Delta N'_A=\frac{4\pi m(k_B T)^2}{h^3}\exp\left(-\frac{W_A+eV_A}{k_B T}\right) \tag{2-90}$$

和

$$\Delta N'_B=\frac{4\pi m(k_B T)^2}{h^3}\exp\left(-\frac{W_B+eV_B}{k_B T}\right) \tag{2-91}$$

当平衡时有 $\Delta N'_A=\Delta N'_B$，由此得到 $W_A+eV_A=W_B+eV_B$，所以接触电势差为

$$V_A-V_B=\frac{1}{e}(W_B-W_A) \tag{2-92}$$

2.6 金属的电导理论

费米函数表述的是在统计平衡状态下，固体中的电子的分布规律。如果以波矢 $\boldsymbol{k}$ 标志电子的运动状态，那么根据关系式(2-57)，在波矢空间的体积元 $\mathrm{d}\boldsymbol{k}$ 内状态数目为 $2V_C\frac{\mathrm{d}\boldsymbol{k}}{2(\pi)^3}$。如果用 $f_0[E(\boldsymbol{k}),T]$ 表示费米函数(T 表示温度)，那么在体积元 $\mathrm{d}\boldsymbol{k}$ 内的电子数

$$\mathrm{d}N=f_0[E(\boldsymbol{k}),T]\cdot\frac{2V_C}{(2\pi)^3}\mathrm{d}\boldsymbol{k} \tag{2-93}$$

式中：N 表示电子数。如果考虑单位体积内的电子数，即设单位体积内的电子数 $n=\frac{N}{V_C}$，那么由式(2-93)可以得到

$$\mathrm{d}n=\frac{2f_0[E(\boldsymbol{k}),T]}{2(\pi)^3}\mathrm{d}\boldsymbol{k}$$

$$\frac{\mathrm{d}n}{\mathrm{d}\boldsymbol{k}}=\frac{2f_0[E(\boldsymbol{k}),T]}{(2\pi)^3} \tag{2-94}$$

这种分布可以形象地表示为在 $\boldsymbol{K}$ 空间的密度分布，即表示在一定温度下，$\boldsymbol{K}$ 空间某处电子密度的大小。

在平衡状态分布时，由于 $E(\boldsymbol{k})=E(-\boldsymbol{k})=\frac{\hbar^2k^2}{2m}$，因此分布密度 $\frac{2f_0[E(\boldsymbol{k}),T]}{(2\pi)^3}$ 对于 $\boldsymbol{K}$、$-\boldsymbol{K}$ 是对称的，而此时由于 $\boldsymbol{v}(\boldsymbol{k})=-\boldsymbol{v}(-\boldsymbol{k})$，因此电流 $-e\boldsymbol{v}(\boldsymbol{k})$ 与 $-e\boldsymbol{v}(-\boldsymbol{k})$ 大小相等方向相反，相互抵消后，电流为零。

当在上述的平衡系统上外加一个恒定外场 $\boldsymbol{E}$ 时，很快会形成一个稳定电流密度 $\boldsymbol{j}$，并且服从欧姆定律

$$\boldsymbol{j}=\sigma\boldsymbol{E} \tag{2-95}$$

式中：σ 为电导率。

这个稳定电流实际上反映了在稳定外场作用下，电子达到了一个新的定态统计分布状态。这种定态分布也可以用一个与平衡时相似的分布函数 $f(\boldsymbol{k})$ 来描述，即单位体积内在 $\mathrm{d}\boldsymbol{k}$ 中的电子数

$$\mathrm{d}n^*=\frac{2f(\boldsymbol{k})}{(2\pi)^3}\mathrm{d}\boldsymbol{k} \tag{2-96}$$

由于电子的速度为 $\boldsymbol{v}(\boldsymbol{k})$，因此它们对于电流密度的贡献可以写为

$$\mathrm{d}\boldsymbol{j} = -e\boldsymbol{v}(\boldsymbol{k})\mathrm{d}n^* = \frac{-2ef(\boldsymbol{k})\boldsymbol{v}(\boldsymbol{k})}{(2\pi)^3}\mathrm{d}\boldsymbol{k} \tag{2-97}$$

积分上式可得到总的电流密度

$$\boldsymbol{j} = -2e\int\frac{f(\boldsymbol{k})\boldsymbol{v}(\boldsymbol{k})}{(2\pi)^3}\mathrm{d}\boldsymbol{k} \tag{2-98}$$

上式说明只要确定了分布函数 $f(\boldsymbol{k})$，就可以直接计算电流密度。

通过这种非平衡情况下的分布函数来研究电子输运过程的方法，就是分布函数法。

这里应注意的是，要准确地区别“平衡统计分布”与“定态统计分布”。平衡统计分布是指宏观上电子处于相对静止状态，各处的状态密度相同；定态统计分布是指宏观上电子做定向运动，各处状态密度不变。

2.7　固体导电性能的能带论解释

固体能带理论获得成功的重要原因之一，是它对于固体的显著不同电学性质提供了简单的解释。根据上面能带理论的讨论，可以通过考察晶体中电子的填充能带的情况，判断晶体的导电性能。

2.7.1　能带电子填充情况与导电性

在能带理论中，对每个能带都有

$$E_n(k) = E_n(-k) \tag{2-99}$$

处于同一能带上的 k 和 $-k$ 两个态上的电子具有大小相等、方向相反的速度，即 $\boldsymbol{v}(\boldsymbol{k}) = \boldsymbol{v}(-\boldsymbol{k})$，这两个态上的电子对电流的贡献相互抵消。因此在无外电场作用时，无论是满带还是非满带电子对电流的贡献均为零，故晶体中无宏观电流，如图 2-14 所示。

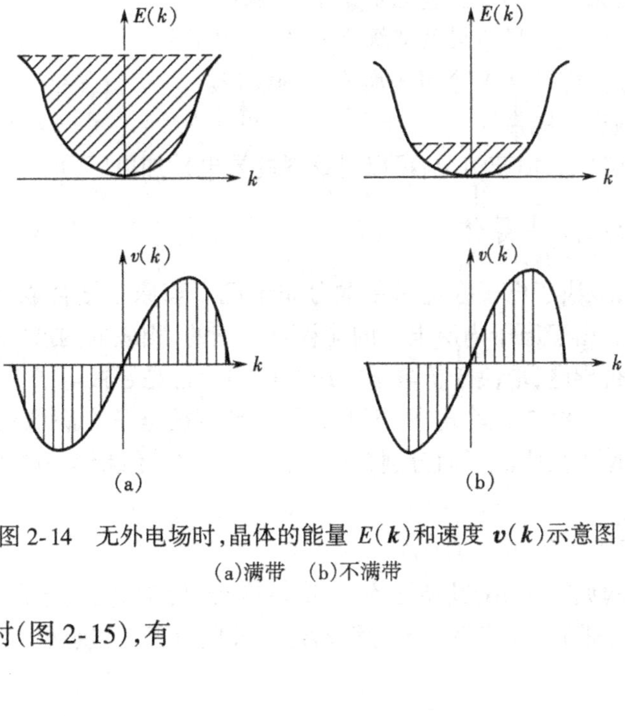

图 2-14　无外电场时，晶体的能量 $E(\boldsymbol{k})$和速度 $\boldsymbol{v}(\boldsymbol{k})$示意图

(a)满带　(b)不满带

当加上外电场时(图 2-15)，有

$$\frac{\mathrm{d}\boldsymbol{k}}{\mathrm{d}t}=-\frac{eE}{\hbar} \tag{2-100}$$

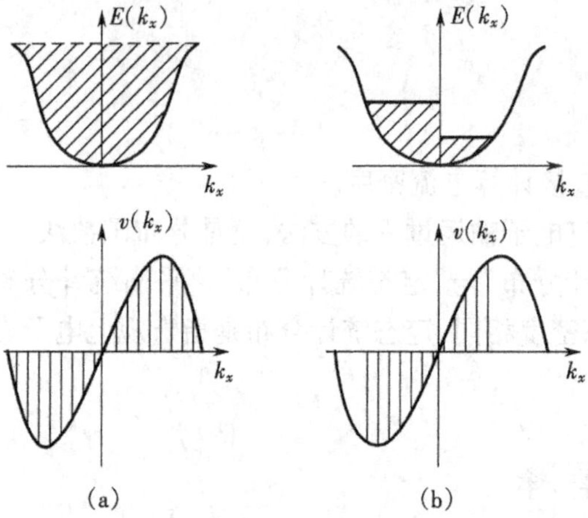

图 2-15 有外电场时,晶体的能量 $E(k)$和速度 $v(k)$分布
(a)满带 (b)不满带

可以看出,充满了电子的能带和不满的能带对电流的贡献有很大差别。如果电子的每一状态 $\boldsymbol{K}$ 都以相同的速度在 $\boldsymbol{K}$ 空间运动,但在外电场的作用下,状态分布发生整体平移,使充满了电子的能带和未充满的能带对电流的贡献是不同的。

对于满带,电子占据了能带中各个状态,在电场的作用下,所有电子都以同样的速度从一个状态 $\boldsymbol{K}$ 到另一个状态,并且 $\boldsymbol{K}$ 在布里渊区分布是均匀的,但由于 $\boldsymbol{K}$ 空间具有周期性,从布里渊区一边出去的电子相当于从另一边又同时填进来,所以就整个能带来说,电子在各状态的分布情况实际并没有发生变化,故满带电子没有导电作用。说明在电场的作用下,一个充满了点值的能带,不可能产生电流。

对于非满带,电子只占据了能带中的部分态,外电场的作用使电子在 $\boldsymbol{K}$ 空间发生平移,破坏了原来的对称分布,沿电场反方向运动的电子数目不等,这时电子的电流只是部分抵消,故总电流不等于零。所以在电场的作用下,如果能带不满,则在晶体中有电流,即在非满带中的电子的运动,可以产生电流。

下面介绍几个常用能带术语。

导带:电子未填满的能带。它通常指最低的不满带。

价带:导带下的第一个满带。它通常指最高的满带。

禁带:价带最高能级与导带最低能级之间的能量间隙。

满带:所有能级全部被 2 N 个电子所充满的能带。

空带:无电子填充的能带。

根据电子在能带中的填充情况,可以对材料的导电性加以区分。

2.7.2 导体、绝缘体、半导体

晶体是否导电,取决于电子在能带中的分布情况。当原子结合成晶体后,原子的能级转化为相应的能带。由于原子内层电子的能级是充满的,相应的内层能带就是满带,是不导电的。所以晶体是否导电,取决于价电子能级对应的价带是否被电子充满。

由于每个能带可容纳 2 N 个电子,因此,价带是否被电子充满取决于每个原胞所含的价电子数目和能带是否交叠。下面分别介绍导体、半导体、绝缘体中电子填充情况和它与导电性能的关系。

1.导体(电阻率 $10^{-10}\sim10^{-2}$ Ω·cm)

导体的能带结构见图 2-16,其特征为:最高占有带(价带)仅部分充满,即除了满带和空带外,存在不满带(导带)。在能带费米能级附近的某些电子,在热激发下或在外电场的作用

下，产生定向运动，从而导电，形成部分填充的能带通常有两种情况：

①对原胞内只包含一个价电子（金属 Li、Na、K、Cu、Ag 等组成的晶体），由碱金属特鲁德假设，价电子数等于不满带中的电子数；

②原胞内有偶数个价电子，但能带产生交叠，晶体的禁带消失。

由于能带的交叠，导致原来的满带变成了不满带，原来的空带也填进电子，表现出导电性。但它们不是好的导体，称为半金属。碱土金属就是这种情况。如二价金属 Be、Mg、Zn 等，它们都具有半金属性。

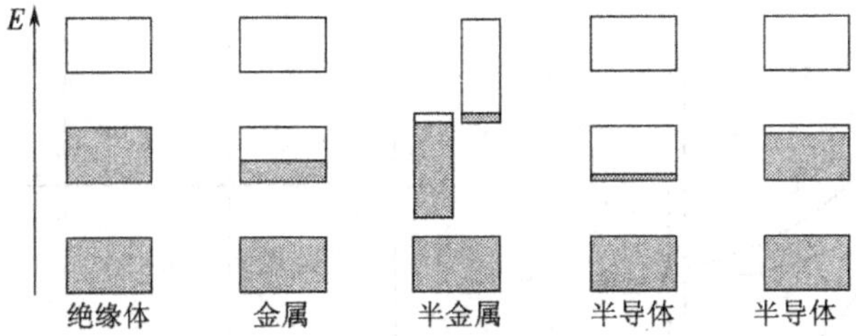

图 2-16　导体、绝缘体、半导体中电子的填充情况

2. 半导体（电阻率 $10^{-2} \sim 10^{9}$ Ω·cm）

常见的半导体元素主要有 Si、Ge、Cu_2O、PbS、SiC、C 等。在绝对零度下，大多数半导体的纯净完整晶体都是绝缘体，它的能带填充情况和绝缘体相似，差别仅在于禁带的宽度较窄。当禁带的宽度 $E_g < 2$ eV 时，晶体为半导体；而绝缘体的禁带的宽度 $E_g > 5$eV。由于半导体的禁带的宽度很窄，因此可以依靠热激发，把满带（价带）的电子激发到本是空带的能带，使之成为导带。由于热激发的电子数目随温度按指数规律变化，所以半导体的导电率随温度变化也是指数型的，这是半导体的重要特征。

硅是目前应用最多的半导体材料，它的结构是金刚石结构，每个原胞有两个原子。每个原子有 4 个价电子，在硅原子的外层电子态结构中，有 2 个 3s 和 6 个 3p 态。当晶体中原子间距较大时，8 N 个价电子各自构成 ns 和 np 能级，随着原子间距的缩短，杂化了的 s、p 态（sp^3 态）能带发生交叠，且分裂成两个能带，每一个能带有 4 N 个能级，正好 8 N 个电子都填到下面一个能带，因而使半导体禁带宽度为 1.17 eV。

图 2-17、图 2-18 为半导体硅晶体的能带结构。表 2-1 是常用半导体材料的禁带宽度。

因此，当半导体的能隙将满带和空带隔开，在弱电场的作用下不导电。当温度升高时，半导体中的电子受热激发（产生光子），把满带（价带）的电子激发到本来是空的能带，即从价带跃迁到导带。导带产生自由运动的电子，而价带产生自由运动的空穴（统称为载流子），从而具备导电能力，因而称其为半导体。而载流子浓度决定了半导体的导电能力。

3. 绝缘体（电阻率 $10^{14} \sim 10^{22}$ Ω·cm）

电子恰好填满了最低的一系列能带，能量更高的能带都是空的，而且最高的满带（价带）与最低的空带之间存在一个很宽的禁带（$E_g \geqslant 5$ eV）。由于没有不满带，在外电场的作用下，不能引起电流的流动，而且满带之间被能隙隔开，每一个容许的态都被充满，电子的总动量无法改变，因此在电场的作用下，不会有电流，即不能导电。

那么，什么样的晶体是绝缘体？只有在晶体的原胞内价电子的数目是偶数时，且没有能带重叠，才是绝缘体。例如：金刚石，每个原胞内有 2 个电子，晶体中有 8 N 个价电子，正好

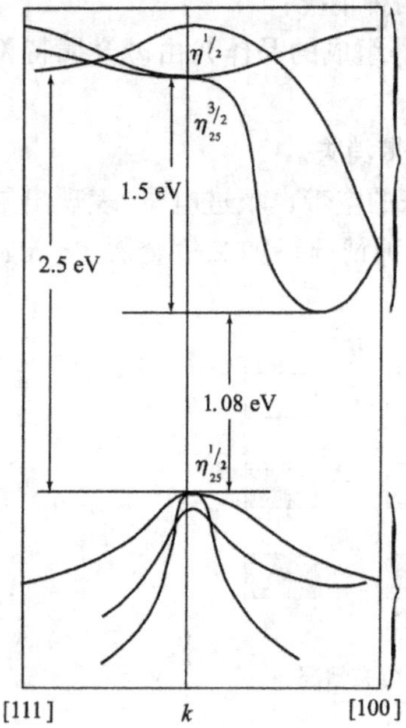

图 2-17 硅晶体的能带结构

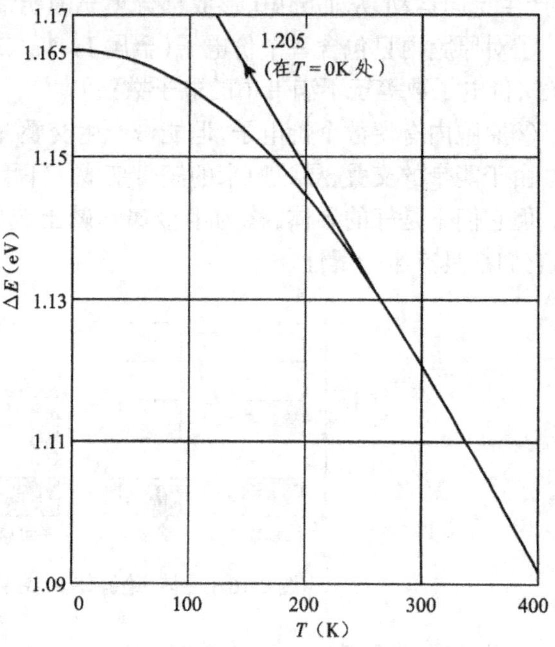

图 2-18 硅的禁带宽度随温度的变化

填满下面的 4 个能带,上面的 4 个价电子全空,它的带隙在空带和满带之间,所以金刚石是典型的绝缘体。

表 2-1 常用材料的禁带宽度

半导体	禁带宽度 E_g(eV) 300 K	禁带宽度 E_g(eV) 0 K	电子有效质量
Si	1.11	1.16	0.024
Ge	0.67	0.74	1.6
BP	2		
GaN	3.5		0.19
GaAs	1.35	1.53	0.067

从上面的讨论得知,可以从晶体原胞的价电子数目判断导体、半导体和绝缘体的类型。

①晶体的原胞内包含奇数个价电子——必为导体。

②晶体的原胞内包含偶数个价电子,有两种情况:第一种情况,如果存在能量交叠,晶体是导体或半金属;第二种情况,如果不存在能量交叠,禁带窄的晶体就是半导体,禁带宽的晶体就是绝缘体。

当然,能带理论有它的局限性。因为它利用了两个近似,即单电子近似和平均势场。因此它在解释一些金属氧化物(如 Mn_2O_5)和金属 Na 的导电性等方面,不能给出很好的解释。

复习题

1. 试述导体、半导体、绝缘体的导电性的差别产生的原因。

2.设一维晶体的电子能带（a 为晶格常数）

$$E(k)=\left(\frac{\hbar}{ma^2}\right)\left(\frac{7}{8}-\cos ka+\frac{1}{8}\cos 2ka\right)$$

试求：(1)能带宽度；

(2)电子在波矢 $\boldsymbol{k}$ 状态时的速度；

(3)能带底部和顶部电子的有效质量。

3.设电子的等能面

$$\varepsilon=\frac{\hbar^2k_1^2}{2m_1}+\frac{\hbar^2k_2^2}{2m_2}+\frac{\hbar^2k_3^2}{2m_3}$$

外加磁场 H 相对于椭球主轴的方向余弦 α,β,γ。

(1)写出电子的运动方程；

(2)证明电子绕磁场回旋的频率 $\omega=\dfrac{qB}{m^*c}$，其中

$$m^*=\left(\frac{m_1\alpha^2+m_2\beta^2+m_3\gamma^2}{m_1m_2m_3}\right)^{-\frac{1}{2}}$$

4.设一非简并半导体有抛物线型的导带极小，有效质量 $m^*=0.1\ m$，当导带电子在温度 $T=300$ K 时，计算其能量、动量、波矢和德布罗意波长。

5.由相同原子组成的一维原子链，每个原胞中有两个原子，原胞的长度为 a，原胞内两个原子的相对距离为 b。

(1)写出 s 态的晶体波函数的形式；

(2)求出相应能带的 $E(k)$ 函数。

6.有一一维原子链，间距为 a，总长度为 Na。

(1)求出其能态密度函数的表达式；

(2)若每个原子 s 态上只有一个电子，求 $T=0$ K 时的费米能级 E_F^0 及 E_F^0 处的能态密度。

7.设有二维正方晶格，晶体势场

$$U(x,y)=-4U\cos\left(\frac{2\pi}{a}x\right)\cos\left(\frac{2\pi}{a}y\right)$$

用近自由电子近似的微扰理论，近似求出布里渊区顶角 $\left(\dfrac{\pi}{a},\dfrac{\pi}{a}\right)$ 处的能隙。

8.已知某简单立方晶体的晶格常数为 a，其价电子的能带

$$E(k)=A\cos(k_xa)\cos(k_ya)\cos(k_za)+B$$

已测出带顶电子的有效质量 $m^*=-\dfrac{\hbar^2}{2a^2}$，试求：

(1)参数 A；

(2)能带宽度；

(3)布里渊区中心点附近电子的状态密度。

第 3 章　材料的导电性能

材料的电性能的差别主要由其外层电子来决定，而外层电子由于受原子核和周围势场的影响，使电子分布在不同能带上，从而导致了不同材料电性能的差别。

理想完整的晶体在绝对零度时的电阻为零。电阻的产生总是伴随着晶体的不完整性。通常有：①温度引起晶格的热振动加大，使晶格对自由电子的散射增大，产生电阻；②其他组元的加入及晶格畸变引起晶格周期性势场的规律性和能带结构的改变等。

本章主要介绍材料导电性能的基本概念及其影响因素，重点介绍金属、半导体、聚合物的导电机制以及导电功能材料的应用和导电性的测量方法。

3.1　材料的导电性

3.1.1　电导的定义

导电性源于载流子在电场作用下的迁移运动。电荷的定向运动产生了电流，电荷的载体称为载流子。载流子是具有电荷的自由粒子，在电场作用下可产生电流。通常载流子为电子和空穴，也可以为正、负离子。金属导体中的载流子是自由电子；无机材料载流子可以是电子（负电子、空穴），称为电子电导，也可以是离子（正、负离子，空穴），称为离子电导。

在一定温度下，自由电子作无规则的热运动，没有定向的流动。当有电场 E 的存在时，电子产生定向运动，形成电流，电流的大小用电流强度 I 度量。根据导电性原理，可以用载流子的数量、迁移率及所带电量来反映电流的大小。电流强度 I 或电流密度 j 分别为

$$I=\frac{Q}{t}=\frac{nqlS}{t}=nvqS \tag{3-1}$$

$$j=\frac{I}{S}=nvq=nq\mu E \tag{3-2}$$

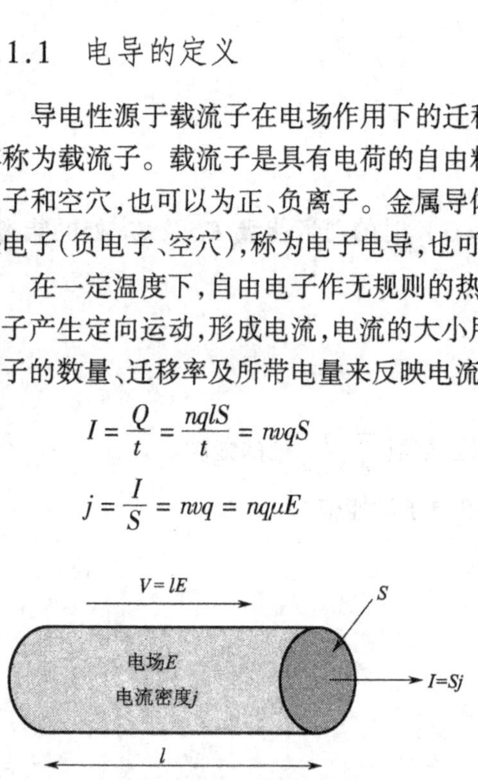

图 3-1　欧姆定律示意图

式中：n 为载流子的数量；q 为载流子电量；v 为载流子的平均迁移速度；l 和 S 分别为导体的长度和横截面面积；μ 为载流子的平均迁移率；E 为电场强度。

材料的导电性通常用欧姆定律来描述。如果施加在材料两端的电位差为 U，流过材料的电流为 I，由欧姆定律可以确定材料的电阻大小，即

$$R = \frac{U}{I} \tag{3-3}$$

式中：U 的单位为伏特，V；I 的单位为安培，A；R 的单位为欧姆，Ω。

欧姆定律的另一种表示形式如下式，它表示单位时间内流过某一截面的电荷量，它与电压的关系服从欧姆定律

$$I = \frac{U}{R} \tag{3-4}$$

材料的导电性还可以用电导率 σ 来描述。电导率是描述物质导电性强弱的物理参数。电导率正比于载流子的数量 n、所带电量 q 及迁移率 μ，有

$$\sigma = nq\mu \qquad \text{(一种载流子)} \tag{3-5}$$

$$\sigma = \sum n_i q_i \mu_i \qquad \text{(多种载流子)} \tag{3-6}$$

电导率的定义也可由欧姆定律描述。当施加的电场产生电流时，电流密度 J 正比于电场强度 E，其比例常数 σ 即为电导率。

$$J = \sigma E \tag{3-7}$$

式中：J 为电流密度，A/cm^2；E 为电场强度，V/cm；σ 为电导率，S/m。

电阻产生的原因是由于温度引起离子的热振动和晶体中的异类原子、位错、点缺陷等使理想晶体点阵的周期性被破坏，从而使电子波的定向运动在这些地方受到散射而产生电阻。

3.1.2 电阻率和电导率

通常用电阻的大小来评价材料导电性的好坏。对于不同的材料，电阻不仅与材料的性能有关，还与材料的尺寸有关。由欧姆定律有

$$R = \rho \frac{l}{S} \tag{3-8}$$

式中：R 为导体的电阻；l、S 分别为导体的长度和横截面积；ρ 为导体的电阻率。

除了电导率外，电阻率也是表征材料导电性能的重要参数，电阻率与材料本质有关。电阻率的单位有 Ω·m 、Ω·cm，对于导电性好的材料，如金属材料常用 μΩ·cm，而工程技术上常用 $\Omega \cdot mm^2/m$。它们之间的换算关系为

$$1\ \mu\Omega \cdot cm = 10^{-9}\ \Omega \cdot m = 10^{-6}\ \Omega \cdot cm = 10^{-2}\ \Omega \cdot mm^2/m$$

电阻率与电导率关系为

$$\sigma = \frac{1}{\rho} \tag{3-9}$$

σ 的单位为 $\Omega^{-1} \cdot m^{-1}$、$\Omega^{-1} \cdot mm^{-2} \cdot m$ 或 S/m。

工程中也常用相对电导率(IACS%)来表示材料的导电能力。国际上把标准软铜(在室温 20 ℃下的电阻率 $\rho = 0.017\ 24\ \Omega \cdot mm^2/m$)的电导率作为 100%，其他导体材料的电导率与之相比的百分数为该材料的相对电导率。

表 3-1 给出各种金属的电阻率 ρ 和平均温度系数 $\alpha_{0,100}$。表 3-2 是常用绝缘体的电阻率。

表 3-1 常用金属的电阻率 ρ 和平均温度系数 $\alpha_{0,100}$

金属	温度(℃)	$\rho(\times 10^{-3}\mu\Omega\cdot cm)$	$\alpha_{0,100}(\times 10^{-3})$
锌	20	5.9	4.2
铝(软)	20	2.75	4.2
铝(软)	−78	1.64	—
锑	0	38.7	5.4
铱	20	6.5	3.9
铟	0	8.2	5.1
锇	20	9.5	4.2
镉	20	7.4	4.2
钾	20	6.9	5.1
钙	20	4.6	3.3
金	20	2.4	4.0
银	20	1.62	4.1
铬(软)	20	17	—
镍铬合金(克露美尔)	20	70~110	0.11~0.54
钴	0	6.37	6.58
康铜	20	50	−0.04~1.01
铜	20	1.72	4.0
黄铜	20	5~7	1.4~2
水银	0	94.08	0.99
水银	20	95.8	—
锡	20	11.4	4.5
锶	0	30.3	3.5
青铜	20	13~18	0.5
铯	20	21	4.8
铋	20	120	4.5
铊	20	19	5
钨	20	5.5	5.3
钨	1 000	35	—
钨	3 000	123	—
钨	−78	3.2	—
钽	20	15	3.5
铂	20	10.6	3.9
铂	1 000	43	—
铂	−78	6.7	—
铂铑合金	20	22	1.4
钯	20	10.8	3.7
镍铜锌电阻线	20	34~41	0.25~0.32

续表

金属	温度(℃)	$\rho(\times 10^{-3}\mu\Omega\cdot cm)$	$\alpha_{0,100}(\times 10^{-3})$
铍(软)	20	6.4	—
镁	20	4.5	4.0
锰铜	20	42 ~ 48	−0.3 ~ +0.02
钼	20	5.6	4.4
洋银	20	17 ~ 41	0.4 ~ 0.38
锂	20	9.4	4.6
磷青铜	20	2 ~ 6	—
铷	20	12.5	5.5
铑	20	5.1	4.4

表 3-2　常用绝缘体的电阻率

名称	$\rho(\Omega\cdot m)$	名称	$\rho(\Omega\cdot m)$
云母	$10^{13} \sim 10^{15}$	羊毛	$10^{9} \sim 10^{11}$
钠玻璃	$10^{8} \sim 10^{15}$	丙烯纤维	$10^{10} \sim 10^{12}$
硬橡胶	2.7×10^{24}	木棉	10^{9}
酚醛树脂	1.3×10^{15}	汽油	2.5×10^{13}
天然橡胶	2×10^{15}	苯	4.2×10^{12}
聚氯乙烯	2.5×10^{12}	煤油	7.3×10^{14}
聚乙烯	4.5×10^{15}	轻油	1.3×10^{14}
尿素树脂	1.5×10^{13}	航空汽油	2.1×10^{14}
聚苯乙烯	3.3×10^{16}	二甲苯	2.4×10^{12}
木材	2.5×10^{10}	甲苯	1.1×10^{12}
尼龙布	$10^{11} \sim 10^{13}$	庚烷	4.9×10^{13}
纸	$10^{5} \sim 10^{10}$	石油醚	8.4×10^{14}

3.2　金属的导电性

金属的导电是靠自由电子的定向运动,因此金属导体中的载流子是自由电子。

3.2.1　金属的导电机制

由第 2 章能带理论可知,材料的导电性取决于能带的结构和电子填充情况。实际上,对金属的导电有贡献的仅仅是费米面附近的电子,只有它们可以在电场的作用下进入能量较高的能级;能量比费米能级 E_F 低得多的电子,其附近的状态已被电子占据,没有空的状态而不能从电场中获得能量来改变状态,这种电子不参与导电。因此,金属的电导与电子在费米面处的能态密度和弛豫时间有密切关系。

利用经典自由电子理论可推导出金属的电导率表达式为

$$\sigma = \frac{ne^2\tau}{m^* v_F} \tag{3-10}$$

式中：n 为金属电子密度；τ 为电子的平均自由程；e 为电子电荷；v_F 为费米面附近电子的平均运动速度；m^* 为电子的有效质量。

根据导电实验，在常温条件下，$\sigma \propto \frac{1}{T}$，因此，温度的变化对电子运动产生影响。这是因为随温度的升高，晶格点阵的离子的热振动增强，而且金属晶体中的异类原子、位错和点缺陷等使得电子波受到散射，减低了金属的导电性。

3.2.2 电阻率和温度的关系

金属或合金的电阻率（或电导率）随温度而变化，通常金属的温度越高，电阻也越大。如果以 ρ_0 和 ρ_T 表示 0 ℃和温度 T 下金属的电阻率，则电阻率与温度的关系为

$$\rho_T = \rho_0(1+\alpha T) \tag{3-11}$$

上式一般在高于室温下对大多数金属适用。由式(3-11)得电阻温度系数表达式

$$\bar{\alpha} = \frac{\rho_T - \rho_0}{\rho_0 T} \quad (1/℃) \tag{3-12}$$

式中：$\bar{\alpha}$ 是 0 ℃至 T 温度区间的平均电阻温度系数。

如果温度间隔趋于零，可以得到在温度 T 时的真电阻温度系数

$$\alpha_1 = \frac{d\rho}{dT}\frac{1}{\rho_1} \quad (1/℃) \tag{3-13}$$

普通金属的电阻温度系数 $\bar{\alpha} \approx 4\times10^{-3}$，过渡族金属 $\bar{\alpha}$ 值较高，在 6.0×10^{-3} 左右。

理想金属在 0 K 时电阻为零，当温度升高时，电阻率随温度升高而增加。实际上，在不同温度范围内，金属电阻率与温度的关系是不同的，如图 3-2 所示。许多纯金属的电阻率在一定的温度范围内变化，遵循布鲁赫-格林爱森公式：

$$\rho(T) = \frac{AT^5}{M\Theta_D^6}\int_0^{\Theta_D/T}\frac{x^5 dx}{(e^x-1)(1-e^{-x})} \tag{3-14}$$

式中：A 为金属的特性参数；M 为金属原子的质量；Θ_D 为德拜温度，$\Theta_D = \frac{\hbar w}{k}$。

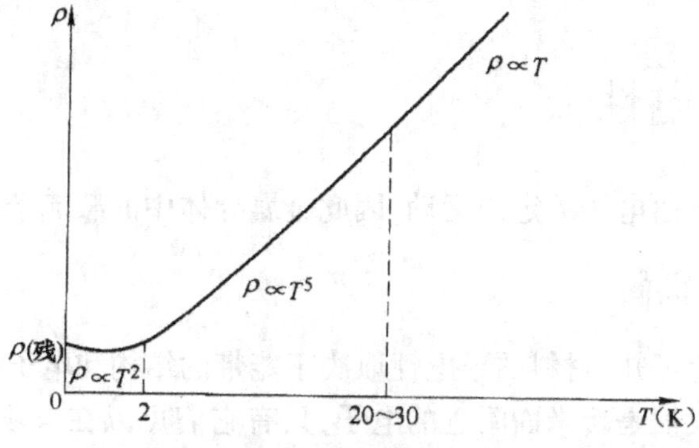

图 3-2　金属电阻率与温度的关系曲线

由电阻率—温度曲线可知，在不同温度范围，电阻率与温度的关系不同。

①当温度 $T>\frac{2}{3}\Theta_D$ 时，$\rho(T)\approx\frac{A}{4}\frac{T}{M\Theta_D}$，即金属在高温下的电阻率正比于温度，即 $\rho\propto T$，或表示为 $\rho(T)=\alpha T$。

②当 $T<\Theta_D$ 时，$\rho(T)\approx 124.4\frac{AT^5}{M\Theta_D}$，即电阻率与温度成 5 次方关系，即 $\rho\propto T^5$。这是由于在低温下，电子与晶格振动产生的声子相互作用，产生电子散射的结果。

③在极低温度(2 K)时，电阻率与温度的二次方成正比关系，即 $\rho\propto T^2$。

当金属的温度升至熔化点时，电阻会比常温下增高 1.5～2 倍。因为熔化时金属原子规则排列破坏，增强了电子散射的几率，所以使电阻增高。也有个别的如金属锑的电阻会反常降低，这是因为其熔化时原子结合由共价键变为金属键的缘故。

过渡族金属的电阻随温度的变化也经常出现反常，如铅、铂、钽随温度的升高电阻下降。莫特认为，可以用 s 带到 d 带的电子散射来解释。

对于铁磁性金属，随温度的升高电阻率反而下降，这主要是由于铁磁性金属 s 壳层和 d 壳层电子云相互作用的结果。此外，在居里点以下，电阻温度不满足线性关系。电阻率的改变与自发磁化强度 M_s 平方成正比，即

$$\Delta\rho=\alpha M_s^2 \tag{3-15}$$

式中：$\Delta\rho$ 为电阻率的改变量；M_s 为自发磁化强度。

当温度高于居里点($T>T_C$)时，电阻率与温度是一次方的关系。

3.2.3　固溶体与电阻率的关系

金属材料多为合金，而合金通常是固溶体，它是由以一种组元为溶剂，另一种较少组元为溶质构成的。电阻率与合金的成分和组织有密切关系。当形成固溶体时，合金导电性能降低，即使导电性好的金属溶剂中溶入导电性很高的溶质金属也是如此。这是因为当溶入第二相溶质时，溶质破坏了溶剂原有的晶体点阵，使晶格畸变，从而破坏了晶格势场的周期性，增加了电子散射几率，使电阻率增高。另一方面，固溶体组元之间的相互作用，使其能带及电子云分布等发生改变。人们对合金的电阻做了大量的研究，总结出以下几方面的规律。

1. 低浓度固溶体的电阻率

马榛森根据对固溶体电阻的研究指出，低浓度固溶体的电阻率可以分为两部分，即

$$\rho=\rho_0+\rho' \tag{3-16}$$

式中：ρ_0为固溶体溶剂组元的电阻率；ρ'为剩余电阻，

$$\rho'=C\Delta\rho \tag{3-17}$$

式中：C 为杂质原子含量；$\Delta\rho$ 为 1% 原子杂质引起的附加电阻。

对于同一溶剂的低浓度固溶体，掺入不同溶质原子会导致金属的电阻增高，通常情况下与温度无关。图 3-3 是铜及铜合金电阻率—温度的关系。可以看出，它们的电阻率—温度曲线的斜率相同，且相互平行，而且 $d\rho/dT$ 为常数，与溶质浓度无关。

诺伯利通过实验证明，除过渡族金属外，同一溶剂中溶入 1% 原子溶质金属引起的电阻率增加，与溶质和溶剂之间的原子价数差有关，价数差越大，电阻率增加越大。

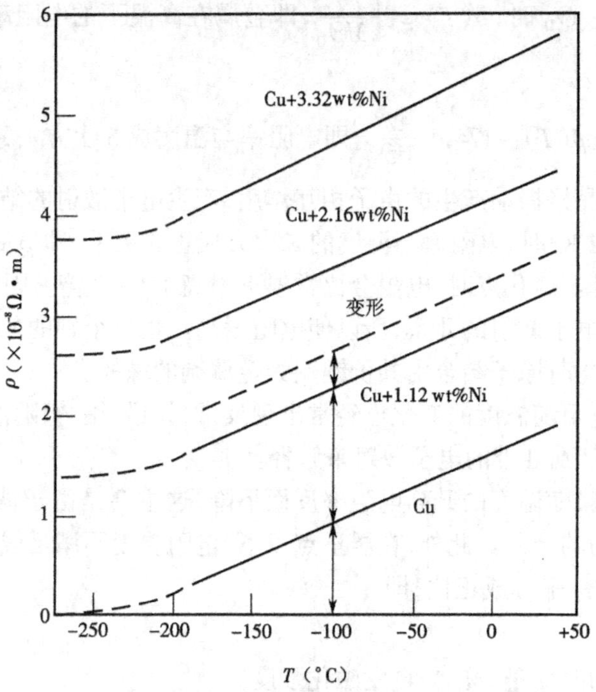

图 3-3 铜及铜合金的电阻率—温度曲线

诺伯利定则

$$\Delta\rho = a + b(\Delta Z)^2 \tag{3-18}$$

式中：a、b 是随元素而异的常数；ΔZ 为溶剂和溶质间的价数差。

2. 高浓度固溶体的电阻率

在连续固溶体中，电阻随合金成分连续变化而无突变。当组元 A 溶入组元 B 时，电阻率逐渐增大；二元合金最大电阻值在 50% 原子浓度处，它比纯组元高几倍。图 3-4、图 3-5 分别为一种和几种合金的电阻率与成分的关系图。

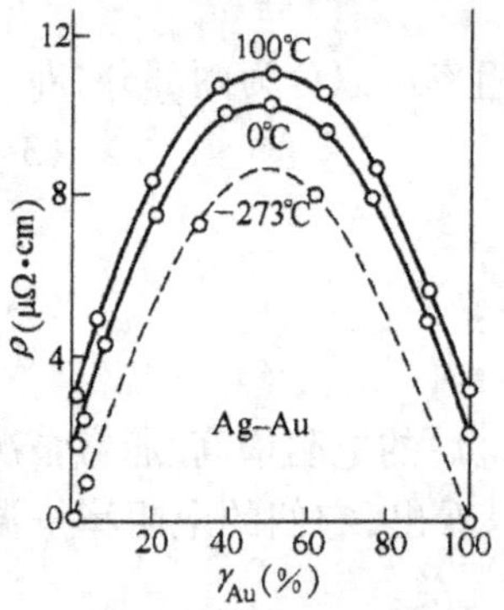

图 3-4 Ag-Au 合金电阻率与成分的关系

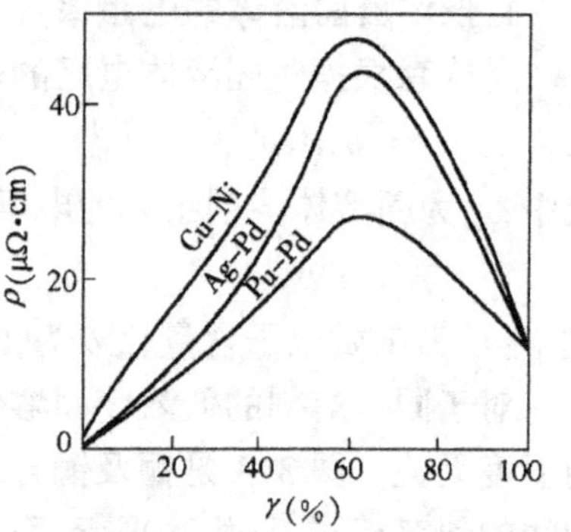

图 3-5 几种合金电阻率与成分的关系

合金的电阻率随成分而变化，其电阻率为

$$\left.\begin{array}{l}\rho=\rho_0+\rho(T)\\ \rho_0\propto x(1-x)\end{array}\right\}\tag{3-19}$$

式中：x 为某一元素组分，$x=\dfrac{N_A}{N_A+N_B}$；N_A、N_B 分别是元素 A 与 B 的原子浓度。

在一定温度下，晶体结构、原子体积、有效电子浓度不变，则可以认为二元合金随成分变化的电阻率

$$\rho_0=常数\times x(1-x)\tag{3-20}$$

当固溶体有序化后，一方面合金组元之间的化学作用加强，电子的结合比无序状态更强，使导电电子数减少，剩余电阻率增加；另一方面晶体势场的有序化时对称性增加，使电子散射几率大大降低，使有序合金的剩余电阻减小；这两者相反的影响以后者占优势，所以当合金有序化时，电阻率降低。

3.化合物、中间相、多相合金的电阻率

化合物、中间相、多相合金的电阻率有如下规律。

①当两种金属形成化合物时，电阻率比纯组元高很多。原因是原子键合方式发生改变，绝大多数由金属键转变为离子键或共价键，使得电阻率增加。此外，晶体结构的变化也会产生电阻的变化，因此金属化合物多为半导体或绝缘体。

②中间相的导电性介于固溶体和化合物之间。电子化合物的电阻率比较高，随着温度的升高，电阻率增加。间隙相的导电性与金属相似，部分间隙相还是良导体。

③多相合金的电阻率是组成相电阻率的组合。但计算多相合金的电阻率很困难，因为它是组织敏感性的，晶粒度大小、夹杂物的大小和分布都会影响多相合金的电阻率。图 3-6 为合金电阻率与状态关系示意图。

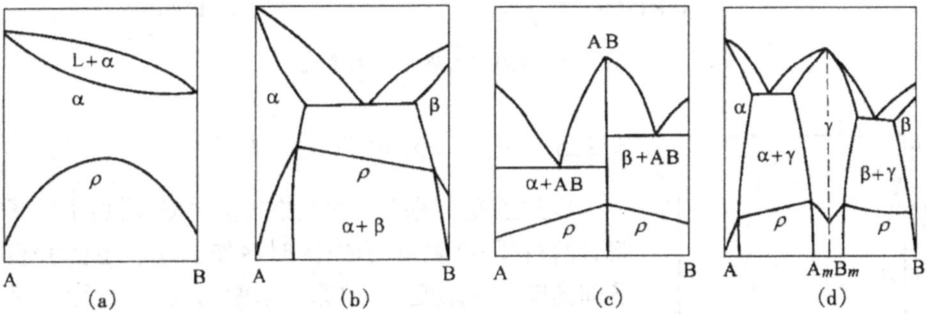

图 3-6　合金电阻率与状态关系示意图

(a)连续固溶体　(b)多相合金　(c)化合物　(d)间隙相

如果合金是等轴晶粒的两相混合物，且电阻率比较接近时，合金的电导率

$$\sigma_c=\sigma_a\varphi_a+\sigma_b(1-\varphi_a)\tag{3-21}$$

式中：σ_c、σ_a、σ_b为多相合金的电导率；φ_a、φ_b为各相的体积分数。

上式表明：多相合金的电导率是各相组元的体积分数与其电导率的乘积，它们呈线性关系。

3.2.4 电阻率与应力的关系

大多数金属在流体静压力(高于 1.2 GPa)作用下,引起电阻率下降。因为巨大的压力使原子间距缩小,能带结构发生变化,内部缺陷、电子结构都将改变,从而影响金属的导电性。

电阻率与应力的关系为

$$\rho_p = \rho_0(1+\varphi p) \tag{3-22}$$

式中:ρ_0为真空条件下的电阻率;φ 为压力系数,为负值,数量级为 $10^{-5}\sim10^{-6}$。

根据压力对金属导电性的影响,可以把金属分为两种,即正常金属和反常金属。

①正常金属:随压力增大,金属电阻率下降。它们是铁、钴、镍、铜、银、金、钽、钨、钒、铌等。

②反常金属:随压力增大,金属电阻率上升。它们是碱金属、碱土金属及钙、锶、锑等。

当压力很大时,可使许多物质由半导体和绝缘体变为导体,甚至超导体。例如:氢气在高压下,变为金属氢;S 在 40 GPa、Si 在 16 GPa、金刚石在 60 GPa 下转变为导体。但当压力不大时,电阻率下降是非常小的。应力对金属电阻的影响见图 3-7。

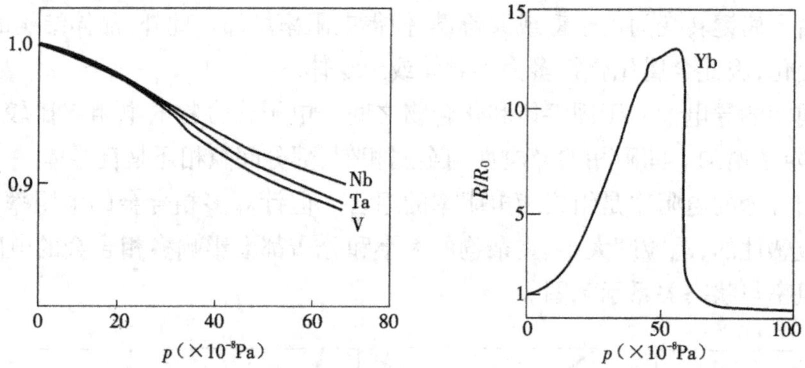

图 3-7 应力对金属电阻的影响

3.2.5 冷加工对电阻率的影响

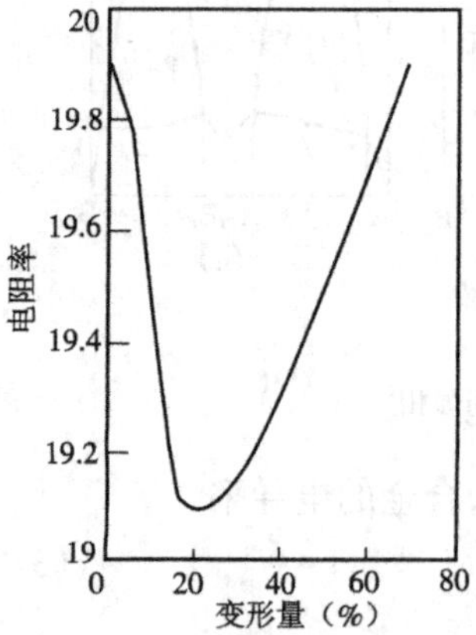

图 3-8 冷加工变形对碳钢电阻率的影响

冷加工变形使金属的晶格发生畸变,增加了电子散射几率,使材料的电阻率增加;同时冷加工变形还会引起金属原子间的键合的改变,导致原子间距的改变。因此,冷加工变形使金属电阻率增大。对于不同的材料,电阻率的增加也不尽相同。通常冷加工变形后纯金属的电阻率比未经变形的最多增加 6%;而单相固溶体经冷加工变形后,电阻率增加 10% ~ 20%;有序固溶体电阻率增加 100% 以上,甚至更高。但也有部分合金如:Ni-Cr、Ni-Cu-Zn、Fe-Cr-Al 经冷加工变形后,电阻率降低。图 3-8 为冷加工变形对碳钢电阻率的影响。

如果将冷加工金属进行退火,可使电阻恢复到冷加工前的电阻值。因此,当导电金属材料冷轧或冷拉拔后,都要进行退火,除了消除应力外,更重要的是恢复材料的原有导电率。当温度降到 0 K 时,未经冷加工的纯金属电阻率将趋向于零,而冷加工的金属在任何温度均保留高于退火态金属的电阻率。在 0 K 时,冷加工的金属仍保留某一极限电阻率,此电阻率称为剩余电阻率。剩余电阻率是由晶体内部缺陷产生的。

根据马西森定律,冷加工金属的电阻率可写成

$$\rho = \rho' + \rho_T \tag{3-23}$$

式中:ρ_T表示与温度有关的退火金属的电阻率;ρ'为剩余电阻。

实验证明,ρ'与温度无关,因此 ρ'/ρ 随温度的降低而增加。

3.2.6 晶体缺陷对电阻率的影响

范性变形会在金属内部产生大量空位、间隙原子、位错等晶体缺陷,引起点阵周期势场的破坏,使金属电阻率增加。根据马西森定律,缺陷引起电阻率的增值

$$\Delta\rho = \Delta\rho_{空位} + \Delta\rho_{位错} \tag{3-24}$$

式中:$\Delta\rho_{空位}$为空位对电子散射引起的电阻率增量;$\Delta\rho_{位错}$为位错对电子散射引起的电阻率增量。

在退火时,如果温度升高到能使空位扩散复合时,$\Delta\rho_{空位} \approx 0$;而位错引起的电阻率的增量则需加热到再结晶温度以上方可消除。

在极低温度下,纯金属电阻率主要由晶体内部缺陷(包括杂质原子)决定,即由剩余电阻决定。因此研究晶体缺陷对电阻率的影响,可以估算金属的纯度,掌握和控制材料的电阻值。此外,不同类型的缺陷对金属电阻率影响程度不同。表 3-3 列出几种常用金属中的空位、位错与电阻率的关系。通常用 1% 单位体积中位错线的单位长度和 1% 原子浓度中空位(间隙)原子的单位长度所引起电阻率变化来表征。

表 3-3　几种常用金属中的位错和空位对电阻率的影响

金属	$\Delta\rho_{位错}/\Delta N_{位错}$ (10^{-19} Ω·cm^3)	$\Delta\rho_{空位}/\Delta N_{空位}$ (10^{-6} Ω·cm^3)
Cu	1.3	2.3
Ag	1.5	1.9
Au	1.5	2.6
Al	3.4	3.3
Fe	—	2.0

表中 $\Delta\rho_{位错}$、$\Delta\rho_{空位}$分别为位错和空位引起的电阻率变化;$\Delta N_{位错}$、$\Delta N_{空位}$分别为位错和空位密度。

由表(3-3)知,空位和位错对金属电阻率的影响相似,其影响大小为同一数量级。对多数金属,变形量不大时,位错引起的电阻率变化 $\Delta\rho_{位错}$与位错密度 $\Delta N_{位错}$之间呈线性关系。一般金属在变形量为 8%时,位错密度 $\Delta N \approx 10^5 \sim 10^8/\mathrm{cm}^2$,位错影响电阻率的增加值很小。当退火温度接近再结晶温度时,位错对电阻率的影响可以忽略。

3.2.7 尺寸效应和晶体各向异性对电阻率的影响

当导电电子的自由程与试样尺寸是同一量级时,材料的导电性与试样几何尺寸有关。这对于金属薄膜和细丝材料的电阻尤其重要。因为电子在薄膜表面会产生散射,构成了新

的附加电阻。因此,薄膜材料电阻率由材料本身的电阻率 ρ_0 和附加电阻 ρ_d 构成,即

$$\rho = \rho_0 + \rho_d \tag{3-25}$$

薄膜试样的电阻率

$$\rho_d = \rho_\infty (1 + L/d) \tag{3-26}$$

式中:ρ_∞ 为大尺寸试样的电阻率;L 为试验表面的电子自由程;d 为薄膜厚度。

电阻率的各向异性通常在对称性较高的立方晶系中表现不明显,因此金属的电阻表现为各向同性。但在对称性较差的六方、四方、斜方晶系中,导电性表现为各向异性。电阻率在垂直或平行于晶轴方向数量有差异,即电阻率各向异性系数 $\rho_\perp/\rho_{/\!/}$ 不等于 1,如表 3-4 所示。

表 3-4　几种金属电阻率的各相异性

金属	晶体结构	$\rho_\perp$ (μΩ·cm)	$\rho_{/\!/}$ (μΩ·cm)
Be	密排六方	4.2	3.83
Mg	密排六方	4.48	3.74
Zn	密排六方	5.83	6.15
Cd	密排六方	6.54	7.79
Ga	斜方	54(c 轴)	8(b 轴)
Sn	四方	9.05	13.3

晶体不同方向(各向异性)的电阻率的表达式为

$$\rho_{多晶} = \frac{1}{3}(2\rho_\perp + \rho_{/\!/}) \tag{3-27}$$

3.3　半导体的电导

半导体在室温下的电阻率介于 $10^{-2} \sim 10^{9}$ Ω·cm。在绝对零度下,大多数半导体的纯净完整晶体都是绝缘体,由于半导体的禁带的宽度很窄($E_g < 2$ eV),因此可以依靠热激发,把价带的电子激发到导带。由于热激发的电子数目随温度按指数规律变化,所以半导体的导电率随温度变化也是指数型的,这是半导体的特征之一。半导体的另一个重要特征是对光照、电场、磁场的敏感性和对自身成分结构的敏感性。因此,半导体材料具有光电、压电、光致发光、电子发光效应,广泛应用于计算机集成电路、自动化控制等领域。

3.3.1　半导体的本征导电

我们知道,半导体的能带类似于绝缘体,只是禁带的宽度很窄。因此,在室温下几乎不导电,随着温度的升高,部分电子产生带间跃迁跳到导带,在价带上留下等量的空穴。在电场的作用下,电子和空穴沿相反的方向运动,它们都能导电。电子和空穴称为本征载流子,它们的导电称为本征导电。

导电的前提是在外界能量的作用下,价带中的电子获得能量跃迁到导带中,形成载流子。因此,半导体的导电载流子是电子和空穴。由(3-6)式可知,半导体的本征电导率

$$\sigma = \frac{1}{\rho} = \frac{ne^2\tau}{m} = ne\mu \tag{3-28}$$

式中：τ 为电子的平均自由程；e 为电子电量；μ 为电子的迁移率。

在半导体电导中，电子和空穴的浓度与迁移率是十分重要的量。本征载流子浓度表达式为

$$n_e = p_0 = k_B T^{3/2} \exp\left(-\frac{E_g}{2k_B T}\right) \tag{3-29}$$

式中：n_e、p_0分别为电子和空穴的浓度；T 为绝对温度；k_B 为玻耳兹曼常数，$k = 4.82 \times 10^{15}$ $K^{-3/2}$。

半导体中载流子是电子和空穴的本征电导率，其表达式为

$$\sigma_i = n_i e(\mu_e + \mu_n) \tag{3-30}$$

式中：μ_e 为电子的迁移率；μ_n 为空穴的迁移率；n_i 为载流子的浓度。

由于热激发不断产生电子和空穴，同时电子和空穴也不断地复合而消失。因此，本征导电的载流子数目很少，电导率很低，基本没有使用价值。为了提高半导体的导电性，掺杂是最为有效的方法。表 3-5 列出了一些重要的半导体性质。

表 3-5 重要的半导体性质

半导体	禁带宽度 E_g(eV)		迁移率 μ(m^2/(V·s))		结构
	0 K	300 K	电子	空穴	
Ge	0.74	0.67	0.38	0.18	Ge
Si	1.16	1.11	0.145	0.05	Si
α-SiC	3.1	3	0.04	5×10^{-3}	Si
GaSb	0.81	0.67	0.4	0.14	GaAs
GaAs	1.53	1.35	0.85	0.04	GaAs
GaP	2.40	2.24	0.03	0.015	Si
InSb	0.24	0.17	8.0	0.045	GaAs
ZnO	3.44	3.2	0.018	—	GaAs
PbS	0.29	0.37	0.06	0.062	—

3.3.2 载流子浓度

在绝对零度时，半导体的价带是被填满的，导带是全空的，此时材料的电导率为零。随着温度的升高，价带中的部分电子跃迁到导带，并在价带中留下等量的空穴。导带中的电子和价带中的空穴具有相反的电荷，在电场的作用下沿着相反的方向运动，它们都是载流子。这种由本征热激发产生的载流子称为本征载流子。本征载流子一方面不断由热激发成对产生，另一方面却不断复合而成对消失，因此，本征半导体中的载流子浓度很低。本征电导电导率也很低。

由于本征电导中，导带中的电子导电和价带中的空穴导电同时存在，载流子电子和空穴的浓度是相等的。它们由半导体晶格本身提供，是由热激发产生的，其浓度与温度呈指数关系。图 3-9 为本征半导体的能带填充情况。

由费米统计理论，半导体中平衡时的电子浓度 n_e可由下式计算：

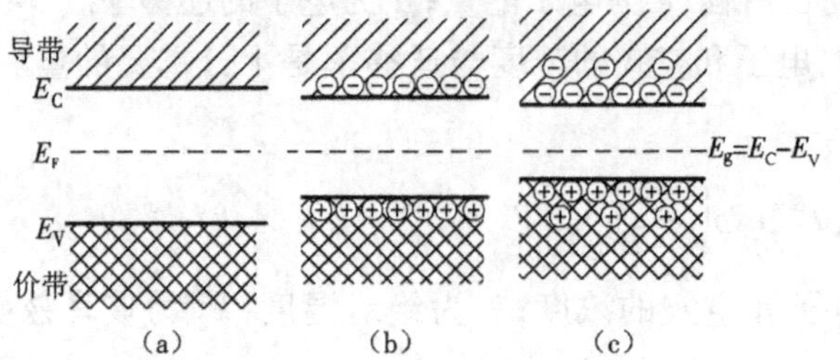

图 3-9 本征半导体的能带结构
(a) $T=0$ K (b) $T_1>0$ K (c) $T_2>T_1$

$$n_e=\int_{E_C}^{\infty} G_C(E)F_e(E)\mathrm{d}E \tag{3-31}$$

式中：$G_C(E)$为导带底的电子状态密度，即导带底附近单位能量间隔的量子态数；$F_e(E)$为电子的统计分布函数，它给出了能量为 E 的电子态上电子占据的几率。

一般情况下，当 $E-E_F\gg k_BT$ 时，$F_e(E)$费米分布函数为

$$F_e(E)\approx \exp[-(E-E_F)/kT] \tag{3-32}$$

式中：E_F 为费米能。

电子状态密度为

$$G_C(E)=\frac{1}{2\pi^2}\left(\frac{8\pi^2 m_e^*}{h^2}\right)^{3/2}(E-E_C)^{1/2} \tag{3-33}$$

式中：$m_e{}^*$ 为电子有效质量；h 为普朗克常数；E_C 为导带底能量。

将式(3-32)和式(3-33)带入式(3-31)，可得平衡时的电子浓度

$$n_e=N_C\exp\left[\frac{-(E_C-E_F)}{k_BT}\right] \tag{3-34}$$

其中：N_C 为导带底的有效状态密度，可按下式计算

$$N_C=\left(\frac{2}{h^3}\right)(2\pi m_e^* k_BT)^{3/2} \tag{3-35}$$

同理，平衡时的空穴浓度

$$p_0=\int_{-\infty}^{E_V}[1-F_e(E)]G_V(E)\mathrm{d}E \tag{3-36}$$

式中：E_V 为价带顶的能量；$G_V(E)$为价带顶附近的状态密度。同理可得

$$p_0=N_V\exp\left[\frac{-(E_F-E_V)}{k_BT}\right] \tag{3-37}$$

N_V 为价带顶的有效状态密度，可按下式计算

$$N_V=\left(\frac{2}{h^3}\right)(2\pi m_p^* k_BT)^{3/2} \tag{3-38}$$

式中：m_p^* 为空穴的有效质量。

对于本征半导体，导带的电子数等于价带的空穴数，即

$$n_e=p_0=(N_CN_V)^{1/2}\exp\left(\frac{-E_g}{2k_BT}\right) \tag{3-39}$$

其中，$E_F = E_g \approx \frac{E_C + E_V}{2}$，室温下本征费米能级近似位于禁带的中间。

由此可见，本征半导体中的载流子浓度 n_e 和 p_0 随禁带宽度 E_g 的增加而下降。当禁带宽度大到一定程度，半导体就成为了绝缘体。此外，由式(3-39)还可以看到，半导体中本征载流子浓度随温度升高而呈指数上升，这便是半导体的热敏性。

3.3.3 掺杂半导体

掺杂对半导体的导电性能影响很大，以单晶硅为例，单晶硅中掺(10^{-5})硼，导电能力将增大 1 000 倍。掺杂半导体可分为 N 型(可提供电子)和 P 型(吸收电子，形成空穴) 半导体。

1. N 型半导体——可提供电子的施主能级

在本征半导体中掺入Ⅴ族元素(P、Sb、As 等)，可以提供导电电子，称为施主杂质；而在本征半导体中掺入Ⅲ族元素(B、Al、Ga、In 等)，可以提供价带空穴，这些杂质称为受主杂质。例如，在四价的 Si 单晶中掺入五价的元素磷。Si 原子最外层有 4 个电子，形成四面体型的共价键，一个磷原子外层有 5 个电子，取代一个硅原子后，4 个同相邻的 4 个硅原子形成共价键，还剩余 1 个电子，它离导带很近，只差 $E_1 = 0.05$ eV，为硅禁带宽度的 5%，很容易激发到导带。这种“多余”电子的掺杂称为施主杂质。这种半导体称为 N 型半导体。显然掺杂施主杂质后，半导体中电子浓度增加。在 N 型半导体中，电子又称为多数载流子(简称多子)；而空穴则称为少数载流子(简称少子)。形成 N 型半导体的杂质主要为Ⅴ族的 P、Sb、Bi、As 等。图 3-10 为 N 型半导体的掺杂与能带情况。

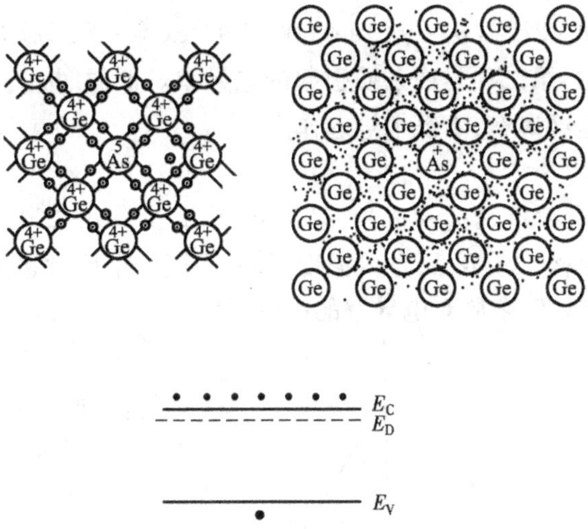

图 3-10　N 型半导体的掺杂与能带

通过理论计算可以得到 N 型半导体中的电子的浓度

$$n_e = (N_C N_D)^{\frac{1}{2}} \exp[-(E_C - E_D)/2kT] \tag{3-40}$$

式中：E_C 为导带底能级；E_D为施主(价电子)能级，非常靠近带底；N_C、N_D分别为导带、价带能级密度；$E_C - E_D$为施主电离能。

2. P 型半导体——吸收电子形成空穴

若在 Si 中掺入第Ⅲ族元素(如 B、Al、In、Ga 等)，因其外层只有三个价电子，这样它和硅形成共价键就少了1个电子，从而出现了一个空穴能级，这个能级距价带很近，只差 $E_1 = 0.045$ eV，价带中的电子激发到此能级上比越过整个禁带容易(1.1 eV)。这种杂质称为受主杂质，这种半导体称为P型半导体。图3-11为P型半导体的掺杂与能带情况。在P型半导体中空穴的浓度为

$$p_0 = (N_V N_A)^{\frac{1}{2}} \exp[-(E_A - E_V)/2kT] = (N_V N_A)^{\frac{1}{2}} \exp(-E_i/2kT) \tag{3-41}$$

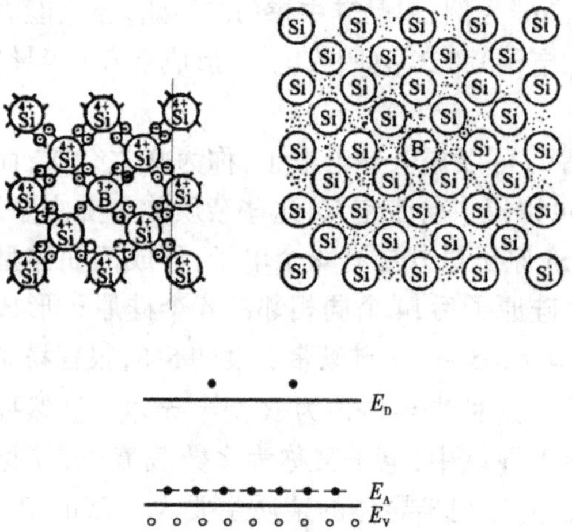

图3-11 P型半导体的掺杂与能带

式中：E_V 为价带顶能级；N_V 为价带有效能级密度；N_A为受主能级；E_A为受主有效能级密度。

3.3.4 半导体的导电性与温度的关系

由于半导体的特征之一是其导电性随温度指数变化，因此本征半导体、高温时的杂质半导体的电导率与温度的关系为

$$\sigma = \sigma_0 \exp(-E_g/2kT) \tag{3-42}$$

$$\rho = \rho_0 \exp(-E_g/2kT) \tag{3-43}$$

由以上二式可知，电导率的对数 $\ln \sigma$ 与 $1/T$ 呈直线关系；$\ln\rho$ 与 $1/T$ 也呈直线关系。

N型半导体电导率

$$\sigma = N\exp(-E_g/2kT)(\mu_e + \mu_n)e + (N_C N_D)^{1/2}\exp(-E_i/2kT)\mu_e e \tag{3-44}$$

式中第一项与杂质无关，第二项是由杂质引起的电导率。低温时，$E_g > E_i$，杂质电导起主要作用；高温时，杂质已全部离解，本征电导起作用。

P型半导体电导率为

$$\sigma = N\exp(-E_g/2kT)(\mu_e + \mu_n)e + (N_V N_A)^{1/2}\exp(-E_i/2kT)\mu_e e \tag{3-45}$$

实际晶体的导电机构比较复杂，不同温度区间，不同的杂质含量呈现不同的电导－温度特性。图3-12说明了温度、杂质对电导率的影响。

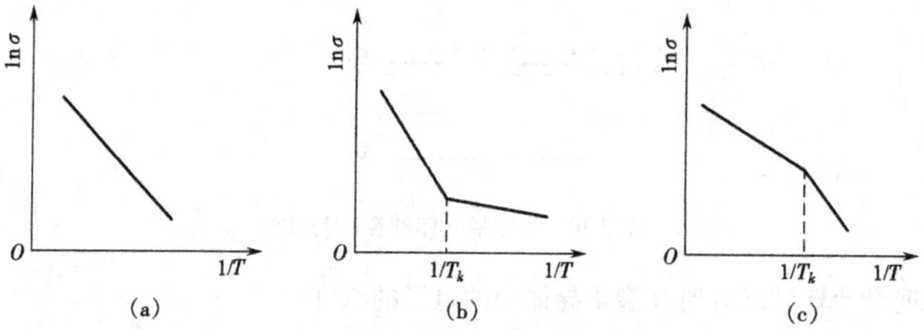

图3-12 温度、杂质对电导率的影响

(a)表示在该温度区间具有始终如一的电子跃迁机构

(b)表示在低温区以杂质电导为主，高温区以本征电导为主

(c)表示在同一晶体中同时存在两种杂质时的电导特性

3.4 离子电导

离子导电是带电荷的离子载流子在电场的作用下的定向运动。参与电导的载流子为离子和杂质。它们的导电可分为两类，即本征电导和杂质电导。

本征电导源于晶体点阵的基本离子的热运动。离子自身随着热振动离开晶格，形成热缺陷。这些热缺陷(离子、空位)在电场的作用下成为导电载流子，这种导电称为本征电导，在高温下本征电导起主要作用。

杂质电导参与电导的载流子主要是杂质。由于杂质离子与晶格联系较弱，故在较低温度下杂质电导是作为离子电导的主要贡献者。

3.4.1 离子载流子的浓度

本征电导中，载流子由晶体本身的热缺陷提供。晶体的热缺陷主要有两类，即弗朗克尔缺陷和肖特基缺陷。通常情况下，弗朗克尔缺陷中填隙离子和空位的浓度是相等的。弗朗克尔缺陷载流子的浓度

$$n_F = n\exp\left(-\frac{E_F}{2k_B T}\right) \tag{3-46)}$$

式中：E_F为形成弗朗克尔缺陷所需能量；n 为缺陷载流子的总浓度。

肖特基缺陷中载流子的浓度

$$n_S = n\exp\left(-\frac{E_S}{2k_B T}\right) \tag{3-47}$$

式中：E_S为离解一个阳离子和一个阴离子到达表面所需能量。

在低温下，$KT < E$，故 n_S 与 n_F 都较低。只有在高温下，热缺陷的浓度才明显增大。因此，本征电导在高温下才会显著地增大。由于形式缺陷所需能量与晶体结构有关，通常 $E_S < E_F$，因此只有在结构很疏松、离子半径很小的情况下，才容易形成弗朗克尔缺陷。

杂质离子载流子的浓度决定于杂质的数量和种类。杂质离子的存在，不仅增加了载流子数目，而且使点阵发生畸变。杂质离子解离能一般较小，故低温下，离子晶体的电导主要由杂质载流子浓度决定。

3.4.2 离子电导机制

离子导电的机制是离子类载流子在电场的作用下的定向扩散运动。由于离子的尺寸和质量比电子要大得多，当间隙离子处于间隙位置时，受周围离子的作用，处于一定的平衡位置。如果要从一个间隙位置跃迁到相邻间隙位置，需克服高度为 U_0 的势垒完成一次跃迁，达到新的平衡位置。这种跃迁过程就形成了离子的宏观迁移。间隙离子的势垒见图 3-13。

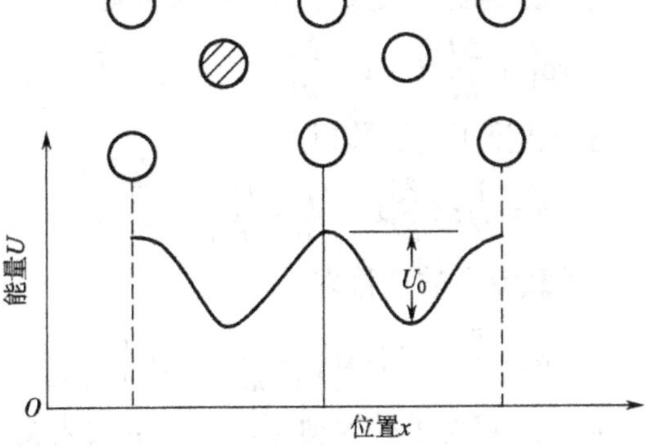

图 3-13　间隙离子的势垒

离子导电是离子类载流子的扩散迁移

过程。离子晶体中有正、负两种电荷相反的离子。无外加电场时,正负离子运动方向相反,迁移的次数相同,互相抵消,宏观上无电荷的定向运动。当加上外电场时,由于电场力的作用,使得晶体中间隙离子的势垒不再对称。正离子沿电场方向迁移容易,反电场方向迁移困难。因此,产生了离子的定向漂移运动。离子晶体的势垒变化见图 3-14。

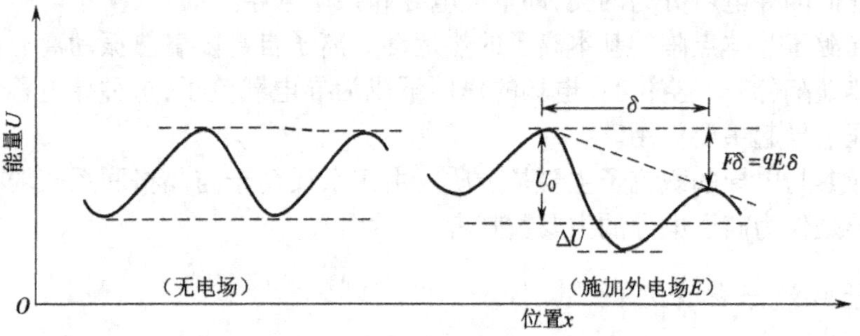

图 3-14 离子晶体的势垒变化

考虑离子沿正方向的迁移几率为 P^+,沿负方向的迁移几率为 P^-,在电场力的作用下,沿电场方向势能将降低 ΔU,反电场方向势能将升高 ΔU,因此有

$$P^+ = \frac{1}{2}\alpha\frac{kT}{h}\exp\left[-\frac{(U_0-\Delta U)}{kT}\right] \tag{3-48}$$

$$P^- = \frac{1}{2}\alpha\frac{kT}{h}\exp\left[-\frac{(U_0+\Delta U)}{kT}\right] \tag{3-49}$$

式中:α 为不可逆跳跃的适应系数;$\frac{kT}{h}$为离子在势阱中的振动频率;U_0为无外电场时间间隙离子的位垒。

定向迁移次数为

$$\Delta P = P^+ - P^- = \frac{1}{2}\alpha\frac{kT}{h}\exp\left(-\frac{U_0}{kT}\right)\left[\exp\left(\frac{\Delta U}{kT}\right)-\exp\left(\frac{-\Delta U}{kT}\right)\right] \tag{3-50}$$

载流子沿电场方向的迁移速度(平均漂移速度)

$$\bar{v} = \Delta P\delta = \frac{1}{2}\alpha\frac{kT}{h}\delta\exp\left(-\frac{U_0}{kT}\right)\left[\exp\left(\frac{\Delta U}{kT}\right)-\exp\left(\frac{-\Delta U}{kT}\right)\right] \tag{3-51}$$

式中:δ 为相邻半稳定位置间的距离,cm。它等于晶格间距。

当电场强度不太大时,$\Delta U \ll kT$,则

$$\exp\left(-\frac{\Delta U}{kT}\right) \approx 1-\frac{\Delta U}{kT} \tag{3-52}$$

离子载流子的迁移速度

$$\bar{v} = \frac{1}{2}\alpha\delta\frac{q\delta}{kT}E\exp\left(-\frac{U_0}{kT}\right) \tag{3-53}$$

离子载流子的迁移率

$$\mu = \frac{\bar{v}}{E}\frac{\nu_0\delta}{2}\frac{q\delta}{kT}\exp\left(-\frac{U_0}{kT}\right) = \mu_0\left(-\frac{U_0}{kT}\right) \tag{3-54}$$

式中:ν_0为间隙离子的振动频率,s^{-1};q 为电荷数,C;$k = 0.86\times10^{-4}$ eV/K。

3.4.3 离子电导

离子电导率的一般表达方式为

$$\sigma = nq\mu \tag{3-55}$$

如果本征电导主要由肖特基缺陷引起，其本征电导率

$$\sigma_S = A_S \exp\left(-\frac{W_S}{kT}\right) \tag{3-56}$$

式中：W_S为电导的活化能。

电导率与电导的活化能之间具有指数函数的关系。

本征离子电导率一般表达式为

$$\sigma = A_1 \exp\left(-\frac{W}{kT}\right) = A_1 \exp\left(-\frac{B_1}{T}\right) \tag{3-57}$$

含有杂质的离子电导也可按上式表示为

$$\sigma = A_2 \exp\left(-\frac{B_2}{T}\right) \tag{3-58}$$

$$A_2 = \frac{N_2 \nu_0 q^2 \sigma^2}{6kT} \tag{3-59}$$

式中：N_2为杂质离子的浓度。

一般情况下，$N_2 \ll N_1$，但 $B_2 < B_1$，故有 $\exp(-B_2) \gg \exp(-B_1)$。这说明杂质电导率要比本征电导率大得多。因此，只有一种载流电导率可表示为

$$\sigma = \sigma_0 \exp\left(-\frac{B}{T}\right) \tag{3-60}$$

两边取对数得

$$\ln \sigma = \ln \sigma_0 - \frac{B}{T} \tag{3-61}$$

绘出 $\ln \sigma$ 和 $1/T$ 的关系曲线为一直线，从直线斜率即可求出活化能 $W = Bk$。

当晶体中有两种载流子时，如碱卤晶体，总电导可表示为

$$\sigma = A_1 \exp\left(-\frac{B_1}{T}\right) + A_2 \exp\left(-\frac{B_2}{T}\right) \tag{3-62}$$

有多种载流子时，总电导可表示为

$$\sigma = \sum A_i \exp\left(-\frac{B_i}{T}\right) \tag{3-63}$$

3.4.4 影响离子电导的因素

1.温度

离子电导随温度升高，电导率迅速增大，并呈指数关系。随着温度由低温到高温，$\ln \sigma$ 和 $1/T$ 的曲线出现拐点 A，把曲线分为两部分，见图 3-15。图中 1 代表低温区域是杂质导电，2 代表高温区域是本征导电。例如：NaCl 在低温下，是杂质离子电导，在高温下主要为离子电导，也会出现转折点。

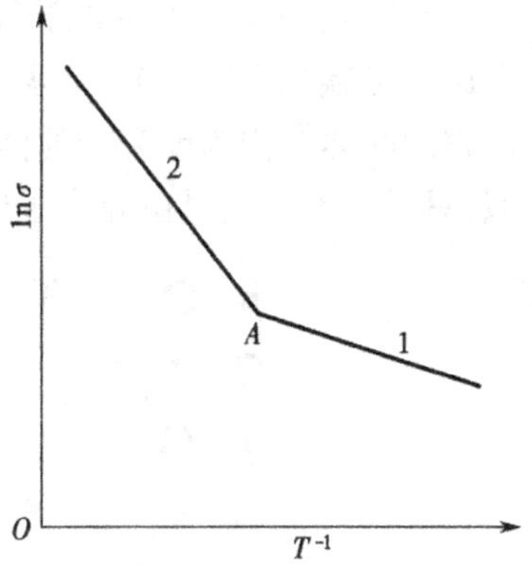

图 3-15　杂质离子电导与温度的关系

2.离子性质和晶体结构

离子性质和晶体结构对离子电导的影响是通过改变导电活化能来实现的。活化能大小又取决于晶体间

各粒子结合力。而晶体结合力受以下因素影响。

①熔点。熔点高的晶体，原子间的结合力大，相应的活化能也高。因此，熔点高的晶体离子载流子的迁移率低，电导率也就低。

②离子化合价。一价正离子的尺寸小，荷电小，相应活化能也小。因此，离子载流子的迁移率高，电导率也高。高价正离子的价键强，活化能高，电导率就低。

③晶体结构。晶体结构提供离子移动的通路。堆积越紧密，晶体的结合能越高，可供移动的离子数目就越少，而且移动也越困难。因此，晶体结构致密的导致较低的电导率。例如，体心立方结构的晶体比面心立方结构的晶体电导率要高。

3.晶体缺陷

在离子晶体中，点缺陷是由于热振动产生的。由于热的活化作用，使晶体产生肖特基缺陷和弗朗克尔缺陷。随着缺陷中空位的增加，电导率提高。因此，离子电导与金属电导相反，缺陷越多，电导率越高。

3.4.5　快离子电导

具有离子电导的固体物质称为固体电解质，它以高的离子电导率及低的激活能为特征。快离子导体(FIC)的电导率比正常固体离子的电导率高出几个数量级；而激活能低于0.5 eV/离子。很多固体电解质经过相变后才能达到高的电导率，而好的电导材料具有大致相同的结构，如α-AgI和β-Al_2O_3。表3-6列出了几种快离子导体的电导率和激活能。

表3-6　几种快离子导体的电导率和激活能

材料	电导率($\Omega^{-1}\cdot cm^{-1}$)	激活能(eV)
α-AgI(146 ℃以上)	1	0.05
β-Al_2O_3	0.35	0.01
AgS(170 ℃以上)	3.8	0.05

近年来，固体快离子导体在科学和技术中已取得大量的实际应用，如燃料电池电极、超导体、气敏传感器等。

材料产生快离子传导的原因是由于晶体结构的特殊性，最典型的快离子导体是银和铜的卤族和硫族化合物。AgI高温相(146 ℃以上)是最早发现的离子电导率非常高的材料之一。它的晶体结构为碘离子的体心立方排列，银离子在其中间隙式地运动。AgS结构与AgI类似，只是银离子通过由硫离子体心立方排列形成的隧道作间隙运动。图3-16为离子扩散

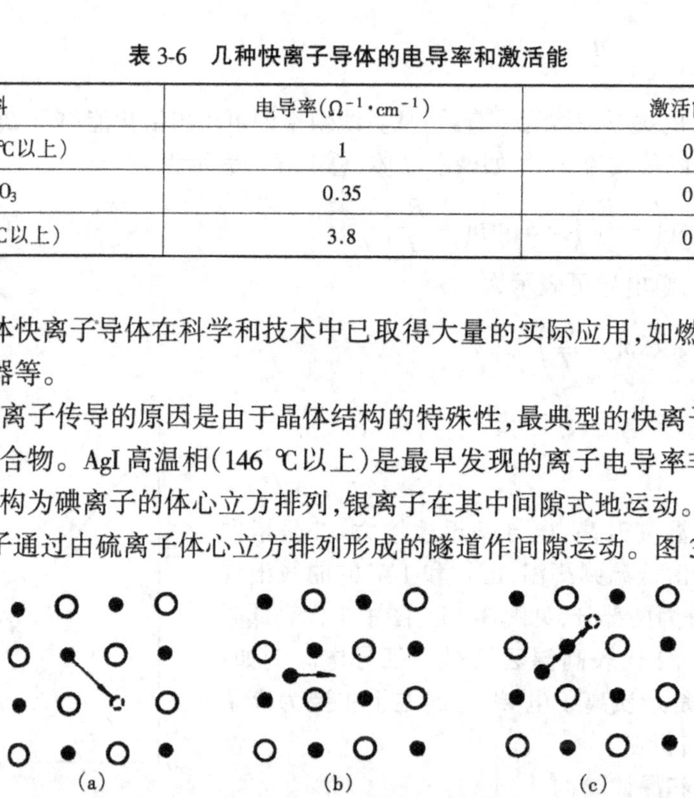

图3-16　离子扩散的模型图

(a)空位扩散　(b)间隙扩散　(c)亚晶格间隙扩散

的模型图。图 3-17 为 α-AgI 中阴离子沿隧道排列图。

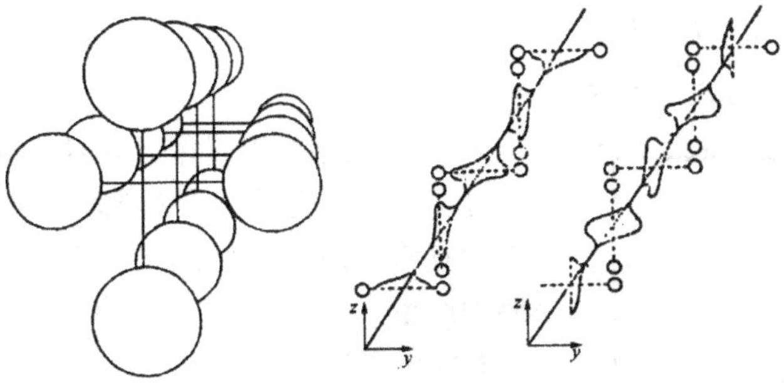

(a)　(b)

图 3-17　α-AgI 中阴离子沿隧道排列及能量轨迹示意图
(a)α-AgI 中阴离子沿隧道排列　(b)α-AgI 中离子能量轨迹

另一类快离子电导是由掺杂 CaO、Y_2O_3 等的 ZrO_2 中产生。通过无序掺杂形成离子之间的电荷差。在这种结构中氧空位是必需的，掺杂浓度高，则氧空位浓度高。例如：ZrO_2 靠氧离子点阵中的缺陷运动来传输电荷。掺杂的 ZrO_2 可以作为电化学传感器来进行热力学和动力学测量。

3.4.6　高分子电导

与无机晶体材料不同，高分子材料是由许多经共价键结合起来的小分子的重复单元组成。在聚合过程中，由于催化剂、高温、高压的作用，常含有杂质或各种分解物，它们对离子性电导有贡献；另外，高分子材料中的电子性载流子的浓度一般很少，它们通常被能级势阱所俘获而不易移动，因此高分子材料的导电性很差。一般来说，聚合物中离子电导和电子电导同时存在，只是程度不同。

当只有一种载流子时，$\sigma = nq\mu$；有多种载流子时，$\sigma = \sum n_i q_i \mu_i$。

在求离子电导率时，载流子浓度及离子迁移率的确定是十分重要的。

1. 离子电导

对于离子电导来说，作为载流子离子的正、负符号及其价态（一价或二价）非常重要。

在催化剂离子中，对电导有贡献的主要是正离子，如 Na^+、K^+、Ca^{2+}、Zn^{2+}、Al^{3+}、Mg^{2+}，而负离子 Cl^-、ClO_4^-、SO_3^{2-} 等，由于其离子半径较大，迁移率低，对电导的贡献也小。但对于加热分解时的高分子材料，负离子被释放，高分子变成正离子，则此时对离子电导的贡献主要是负离子。

许多聚合物在玻璃化点时的电导率十分接近，$\sigma(T_g) \approx 10^{-17}\,S^{-1}$。此时离子的迁移率取决于其结构的熵。

由于热激发产生的低分子物质和离子载流子同时生成，因此，正负离子的载流子浓度 n 相等，可以用下式表示

$$n(+) = n(-) = n_0 \exp\left(-\frac{\Delta E}{2k_B T}\right) \tag{3-64}$$

式中：ΔE 为分子电离为离子所需的能量；n_0 为常数。

由于离子对解离时必须克服库仑力，因此离子对完全解离成自由离子时所作的功与材

料的介电系数 ε 成反比,可表示为

$$n = n_0 \exp\left(-\frac{W}{2\varepsilon k_B T}\right) \tag{3-65}$$

式中:W 为解离能;ε 为介电系数。

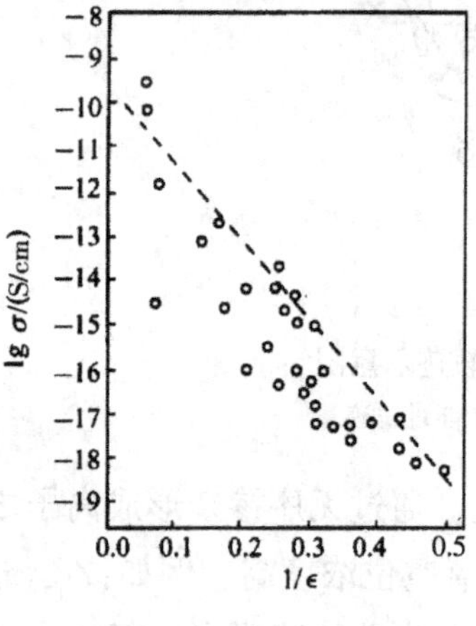

图 3-18 离子电导率与介电系数的关系

图 3-18 为离子电导率与介电系数的关系。

介电系数 ε 愈大,电导率愈高。离子性载流子可以由聚合物链的热分解、离子性不纯物、催化剂残留物等的单体中产生。

2. 电子电导

在高分子材料中,聚合物的主链是共价键或配位键,而分子链间由较弱的范德华力结合,其能带结构接近于无定形半导体。因此,可以近似用能带理论来讨论聚合物导电。

1)本征载流子

在聚合物中简单的聚合物可以用量子化学来计算其能带结构。例如:聚乙炔$(CH)_x$的禁带很窄,E_g = 1.4 eV,当用能量比 E_g 大的光照射时,聚合物表面生成的载流子浓度很大。一种情况是电子与空穴相互碰撞并且复合,导致光电流减少。另一种情况,电子从导带激发后与同时生成的空穴配对,由库仑力作用相互组成电子 – 空穴对,称为激子。激子可以由热激发、电场作用等成为自由载流子。

2)非本征载流子

本征载流子是由价带与导带之间直接激发,而非本征载流子则是即使激发能低于 E_g 也能产生自由载流子。通常通过掺杂的方法促进载流子的迁移或电荷转移来提高导电率。表 3-7 列出了部分聚合物的迁移率。

表 3-7 部分聚合物的迁移率

聚合物	温度(K)	迁移率($cm^2/(V\cdot s)$)
聚乙烯	368	9×10^{10}
聚苯乙烯	295	1.3×10^{-6}
聚氯乙烯	293	7×10^{-4}
聚乙烯醇	293	1×10^{-4}
聚碳酸酯	368	2×10^{-12}

从表 3-7 可以看出,高分子材料的电导率通常比半导体(迁移率 $10^2\sim10^5$)低好几个数量级。其原因是一方面高分子材料的载流子浓度小($10^{-2}\sim10^{-1}$);另一方面迁移率也有数量级的差别。

按载流子的迁移率与聚合物分子链的动力学方法处理,可得到玻璃化转变点处的电导率与压力的关系。图 3-19 为几种聚合物的电导率与压力的关系

$$\sigma = \sigma_0 \exp\left(-\frac{\Delta H + p\Delta V}{RT}\right) \tag{3-66}$$

式中：σ_0 为常数；ΔH 为活化能；ΔV 为活化能体积；p 为压力；R 为气体常数。

高分子材料的电导率与压力的关系在聚合物发生玻璃化转变点处产生一拐点，说明玻璃化抑制了载流子的迁移。

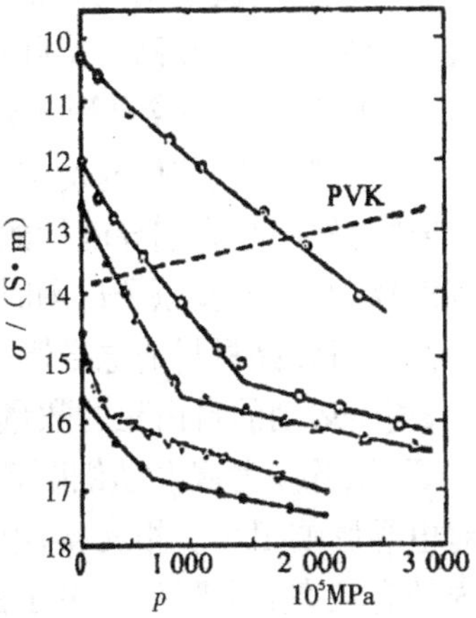

图 3-19　几种聚合物的电导率与压力的关系

3.5　无机非金属材料的电导

无机非金属材料往往是多晶多项的结构，含有晶粒、晶界、气孔等。因此，无机非金属材料的电导要比均质材料复杂。

3.5.1　玻璃态的电导

含有碱金属离子的玻璃表现为离子电导。因为玻璃体的结构比晶体疏松，碱金属离子能够穿过大于其原子大小的距离而迁移，同时克服一些位垒。玻璃体与晶体不同，碱金属离子的能阱不是单一的数值，而是有高有低，这些位垒的体积平均值就是载流子的活化能。图 3-20 为一价正离子在玻璃中的势垒。

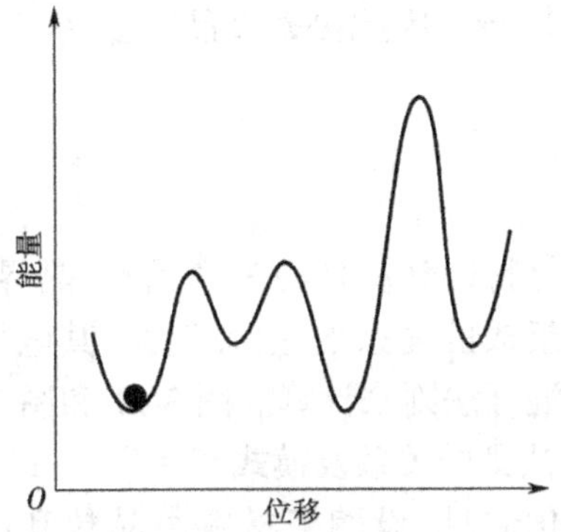

图 3-20　一价正离子在玻璃中的势垒

纯净玻璃的电导率一般较低，但加入少量的碱金属离子可使电导增加。这是由于玻璃的结构疏松，碱金属离子与两个氧原子联系很弱，从而造成碱金属离子在一定限度内迁移，增加了载流子的数目，从而使材料电导率增加。在玻璃体中，电导率 σ 与碱金属含量间的关系，有以下 2 种情况。

①碱金属含量不大时，电导率 σ 与碱金属含量呈直线关系，碱金属只增加离子数目。

②碱金属含量超过一定限度时，σ 与碱金属含量呈指数关系。这是因为碱金属含量的增加破坏了玻璃的网络，而使玻璃结构更加松散，因而活化能降低，导电率呈指数增长。

无机材料中的玻璃相，往往具有复杂的组成，如氧化物玻璃、硫化物玻璃等。通常玻璃相的电导率比晶体相高，因此，对电介质材料应尽量减少玻璃相的电导。上述规律对陶瓷中的玻璃相也是适用的。

含变价过渡金属离子的某些氧化物玻璃，可呈现电子电导，如磷酸钒和磷酸铁玻璃。硫属化物玻璃是以 As、Te、S、Se 等为主，添加 Si、Ge、Sb 等形成多成分系玻璃。硫属化物多成分系玻璃由于成分不同，在玻璃化区域内呈现出半导体性质；在玻璃化区域以外晶化形成多晶体，表现出金属电导性。

3.5.2　多晶多相固体材料的电导

陶瓷材料主要由晶相、玻璃相和气孔相三大部分构成，三者间量的大小及其相互间的关系，决定了陶瓷材料电导率的大小。微晶相、玻璃相电导较高，因为玻璃相结构松弛，微晶相缺陷较多，活化能较低。

含玻璃相的陶瓷的电导很大程度上决定于玻璃相。含有大量碱性氧化物的无定形相的陶瓷材料的电导率较高。实际材料中，作绝缘用的陶瓷含有大量碱金属氧化物，因而电导率较大，刚玉瓷(Al_2O_3)含玻璃相较少，电导率就低。

无机材料的固溶体与均匀混合体的导电机制较复杂，既有电子电导，也有离子电导。此外，杂质与缺陷是影响导电性的主要因素。这可具体问题作具体分析。对于多价型阳离子的固溶体，当非金属原子过剩时，形成空穴半导体；当金属原子过剩时，形成电子半导体。

晶界对多晶材料的电导影响应联系到离子运动的自由程及电子运动的自由程。对离子电导，离子运动的自由程的数量级为原子间距；对电子电导，电子运动的自由程为 100 ~ 15 nm。因此，除了薄膜及超细颗粒外，晶界的散射效应比晶格小得多，因而均匀材料的晶粒大小对电导影响很小。相反，当半导体材料急剧冷却时，晶界在低温已达平衡，结果晶界比晶粒内部有较高的电阻率。由于晶界包围晶粒，所以整个材料具有很高的直流电阻。例如Al_2O_3厚膜电路基片，该类陶瓷的玻璃相成分主要是 SiO_2—MgO，晶界中 SiO_2—MgO 越多，电阻越大。当基片表面少量气孔形成微小分散时，材料的电导率降低。这是由于气孔相电导率较低。当气孔量很大，形成连续相时，电导主要受气相控制，使得电阻增高；同时，气孔形成通道，使环境中的潮气、杂质很易进入，对电导有很大的影响。因此提高多晶陶瓷密度是非常重要的。

3.5.3 无机材料电导的混合法则

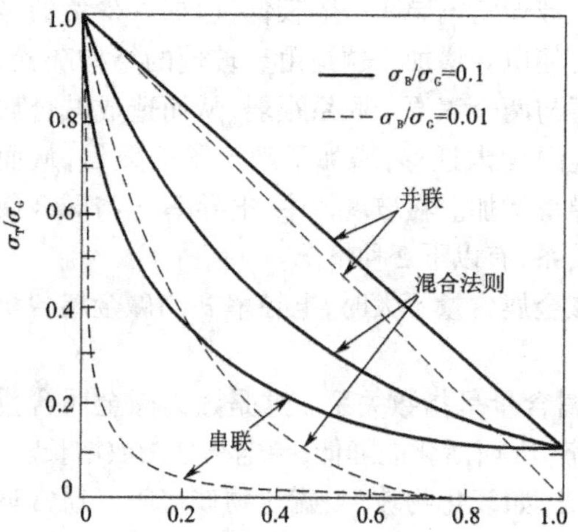

图 3-21 各种模式的 σ_T/σ_G和 V_B的关系

无机材料(陶瓷材料)是由晶粒、晶界、气孔等所组成的复杂的显微结构。其电导通常运用混合法则来计算。图 3-21 和图 3-22 为混合法则的关系及模式。

为简化起见，设陶瓷材料由晶粒和晶界构成，则总电导率为

$$\sigma_T^n = V_G\sigma_G^n + V_B\sigma_B^n \tag{3-67}$$

式中：σ_G 为晶粒电导率；σ_B 为晶界的电导率；V_G、V_B为晶粒、晶界的体积分数；n 的取值范围为$(-1,+1)$。

当 $n=-1$ 时，相当于图 3-21 的串联状态，当 $n=1$ 时，为并联状态。当晶粒均匀分散于晶界中时，则对应于混合状态 $n\to0$。对式(3-67)微分，得

$$n\sigma_T^{n-1}\mathrm{d}\sigma_T = nV_G\sigma_G^{n-1}\mathrm{d}\sigma_G + nV_B\sigma_B^{n-1}\mathrm{d}\sigma_B \tag{3-68}$$

因为 $n\to0$，则

$$\frac{\mathrm{d}\sigma_T}{\sigma_T} = V_G\frac{\mathrm{d}\sigma_G}{\sigma_G} + V_B\frac{\mathrm{d}\sigma_B}{\sigma_B} \tag{3-69}$$

即

$$\ln\sigma_T = V_G\ln\sigma_G + V_B\ln\sigma_B \tag{3-70}$$

式(3-70)为陶瓷电导的对数混合法则。

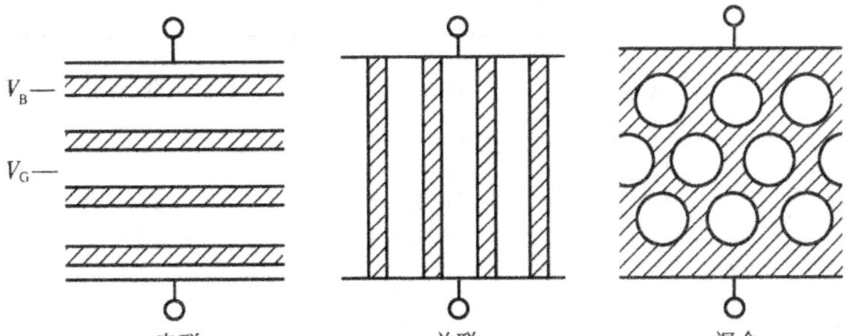

图 3-22　层状与混合模式

例如：ZnO 是 N 型半导体，电阻率较小。在半导体中，Bi_2O_3 接近绝缘体的高电阻。在 ZnO 晶粒中，自由电子跃过晶界壁垒而跃迁到相邻晶粒上比较困难，为了越过这层壁垒，通常需要 2 V。要构成 200 V 的压敏电阻电压的材料，需要存在 100 个晶界的壁垒。

在氧化气氛中烧结，形成 N 型半导体（价控型），其最大特征是存在着"正方相与立方相"相变的相变点（居里点），在其附近，电阻率随温度上升而发生突变，增大 3～4 个数量级。因为在晶界附近，当温度超过相变温度时，电阻急剧增大，而在低于相变温度时，电阻消失。没有晶界或者只取出晶界来，都不存在这种效应。

3.6　导电功能材料

导电功能材料是指以材料的导电性能为主要特性指标的材料，主要应用于电子信息领域。它们承担传输、发射、吸收、转换、存储、控制等作用功能。本章主要介绍半导体材料、超导材料、导电材料、电阻材料、电接触材料等。

3.6.1　半导体材料

半导体材料在电子信息技术中占有极其重要的地位，在光通信设备，信息存储、处理、加工等方面都有重要应用，如半导体激光器、半导体集成电路、光电二极管等。半导体工业的发展水平是衡量一个国家先进程度的重要标志。

根据能带理论，半导体和绝缘体的差别在于禁带较窄，一般在 1 eV 左右。价带中的电子受能量激发后，如果能量大于 E_g，电子可以从价带跃迁到导带上，同时在价带中留下空穴，因而具有不同程度的本征导电性。本征半导体是高纯度、无缺陷的元素半导体，其杂质小于十亿分之一。表 3-8 列出了元素半导体的性质。

表 3-8　元素半导体的性质

族	元素	熔点（℃）	禁带宽度（eV）	迁移率（$cm^2 \cdot V^{-1} \cdot s^{-1}$）	
				电子	空穴
ⅢA	B	2 030.0	1.6	—	—
ⅣA	C	3 727.0	5.47	1 800	1 200.0
	Si	1 410.0	1.12	1 500	450.0
	Ge	937.4	0.66	3 900	1 900.0
	Sn	231.9	0.08	1 400	1 200.0

续表

族	元素	熔点(℃)	禁带宽度(eV)	迁移率($cm^2 \cdot V^{-1} \cdot s^{-1}$)	
				电子	空穴
ⅤA	P	44.2	2.00	220	350.0
	As	817.0	1.20	65	60.0
	Sb	630.5	0.10	3	—
ⅥA	S	119.0	2.40	—	—
	Se	217.0	1.80	1	0.2
	Te	449.5	0.30	900	570.0
ⅦA	I	113.7	1.30	—	

由于本征半导体电子的数目很少,电导率只有到高温时才有所增大,因此目前本征半导体的应用很少。

通常将纯的半导体称为本征半导体,掺杂后称为非本征(杂质)半导体。半导体的导电性往往是由于存在一定的杂质,对能带填充情况加以改变,使导带中增加少数电子或价带中缺少少数电子,从而产生一定的导电性。半导体的电导率对纯度非常敏感,1/1 000 000 的硼含量就能使硅的电导率增加上万倍。

1.掺杂半导体

半导体中不存在任何杂质,由于热激发使少数电子从价带激发到导带,产生所谓的本征导电。当人为地掺入杂质后产生额外能级处于禁带中间,对实际半导体的性能起决定性的作用。根据对导电性能的影响,半导体分为 N 型半导体和 P 型半导体。

N 型半导体是由杂质提供带有电子的能级,电子由施主能级激发到导带远比价带激发到导带更容易,所以 N 型半导体主要是依靠电子导电的半导体。主要的施主杂质有 P、Sb、Bi、As 等。

P 型半导体是由杂质提供禁带中空的能级,用来接受空穴;电子由价带激发到施主能级比激发到导带更容易。所以 P 型半导体主要是依靠空穴导电的半导体。主要含受主杂质的半导体材料有 B、Al、In、Ga 等。

2.半导体材料的分类

半导体材料种类很多,有无机半导体材料和有机半导体材料。而无机半导体材料又分为元素型、化合物型。从晶态上分又可分为多晶、单晶、非晶等。

1)元素半导体材料

元素周期表中 Si、Ge、B、Se、Te 、金刚石、石墨、碘及 P、Cs、Sn、S 的同素异构体,都具有半导体的性质,但目前为止,已获得应用的只有 Si、Ge、Se 三种,而硅占半导体器件和电路的 90%。

硅是最重要的元素半导体,是电子工业的基础材料。现在直径 200(250) mm 的硅单晶已成为集成电路的主要材料。近年我国已掌握了制造 350 mm 硅单晶的制造技术。硅处于元素周期表第三周期 ⅣA 族,原子序数 14,原子量 28.085。其原子的电子排布为 $1s^2 2s^2 2p^6 3s^2 3p^2$。与同族的碳不同,就目前所发现,硅原子只以共价单键与其相邻的四个硅原子相结合,而导致正四面体晶体学特征。在常压下,硅晶体具有金刚石结构,晶格常数 $a = 0.543\,0$ nm。它的一些物理化学性质如表 3-9 所示。

表 3-9　硅的物理化学性质(300 K)

性质	硅(Si)	单位
原子量	28.085	
晶体结构	金刚石型	
晶格常数	0.543	nm
本征载流子浓度	1.5×10^{10}	个/cm^3
本征电阻率	2.3×10^5	Ω·cm
密度(固/液)	2.329/2.533	g/cm^3
临界温度	4 886	℃
临界压强	53.6	MPa
硬度(摩氏/努氏)	6.5/950	
表面张力	736(熔点)	mN/m
折射率	3.87	

2)化合物半导体材料

化合物半导体材料种类繁多,性质各异,有广阔的应用前景。它制备容易,尤其是它们具备了 Si、Ge 所没有的特性。化合物半导体材料最突出的特点是禁带的宽度范围(0.13～0.30 eV)和迁移率范围(－7.625～　＋0.010)。化合物半导体材料在发光、激光方面有重要应用。此外,化合物半导体最大优点是可以按任意比例组合为两种以上的化合物半导体,材料选择的自由度大。其中Ⅲ-Ⅴ族,Ⅱ-Ⅵ族,Ⅲ-Ⅳ族化合物半导体的应用最为广泛也最重要。常用化合物半导体的特性参数和应用见表 3-10。

表 3-10　常用化合物半导体特性参数和应用

化合物半导体类型	化合物	禁带宽度(eV)(300 K)	晶体类型	特点和应用
Ⅲ-Ⅴ族	AlSb	1.63	闪锌矿	具有优异的高温动作性能,优良的热稳定性和耐辐射性。用于高频、高速开关,用于集成电路时,工作效率比 Si 高
	BN	7.50	闪锌矿	
	BP	2.00	闪锌矿	
	GaAs	1.35	闪锌矿	
	InAs	0.35	闪锌矿	
	InP	1.35	闪锌矿	
	InN	0.17	纤维锌矿	
Ⅱ-Ⅵ族	CdS	2.41	纤维锌矿	禁带宽度较大,发光色彩丰富。用于激光器、荧光管、发光器等
	CdSe	1.74	纤维锌矿	
	ZnO	3.20	纤维锌矿	
	ZnS	3.54	纤维锌矿	
Ⅳ-Ⅵ族				宽带半导体。可制成 P-N 结,作为整流器、场效应管和发光二极管
	α－SiC	2.86	立方结构	
	β－SiC	1.90	立方结构	

3)薄膜半导体材料

随着电子器件小型化、微型化,新型薄膜半导体材料越来越引起人们的关注。它的优点是提高半导体的纯度和完整性,减少固溶体的偏析,解决了生长单晶无法解决的特殊、异质结构,用于制造三维电路,成为集成电路的重要发展方向。薄膜半导体材料的一般厚度在几个微米,它主要有以下几种类型。

①同质外延型,如 Si/Si,GaAs/GaAs。

②异质外延型,如 Si/GaAs,GaAlAs/GaAs。

③超晶格薄膜,是由两种不同掺杂的半导体薄膜或成分不同的薄膜交替生长而成的周期性多层结构材料,具有独特的物理特性。如 GaAs - GaAlAs/ GaAs,可用来制作量子阱激光器、调制发光管、高电子迁移率晶体管等。

④非晶薄膜,非晶态具有长程无序而短程有序性,因此非晶态半导体具有短程有序才可以测量到的光吸收、激活电导率等。非晶态薄膜半导体由于其结构上的独特性质,在电导率、温差电动势、霍尔效应、光学性质和能量存储方面显示突出特性,如 As_2Se_3 的光学性质。

3.半导体材料的应用

1)半导体材料在集成电路上的应用

①锗单晶。锗单晶是开发最早的半导体材料,用于制造二极管、三极管。锗是非常好的红外材料和光导材料,用于制造激光和红外及高频和低噪音器件,但热稳定性不如硅。

②硅单晶。硅单晶应用广泛,禁带较宽,使用温度较高,用于制造可控硅整流器、集成电路等。它还是太阳能电池材料。

③砷化镓单晶。砷化镓单晶是应用广泛的化合物单晶,禁带比硅更宽,电子的迁移率较高,适于制作高速集成电路、固体微波器件,在计算机、微波通信(雷达、广播、卫星通信等)中得到广泛应用。砷化镓、磷化镓广泛用于发光二极管,发出红、绿、黄、橙光。

2)半导体材料在光电子器件中的应用

很早就有半导体发光二极管的应用。最新有半导体太阳能电池材料,用于吸收太阳光的能量,转换为能量和动力。太阳能电池 GaAs 、AlSb 转换效率达 28% 以上,单晶硅为 23.1%,非晶硅为 12.7%。半导体激光器材料,双异质结激光器材料(GaAs-AlAs-GaAs)是非常优质的激光器材料。

3)半导体材料在微波器件上的应用

在通信系统的信息接收或发送中,半导体器件和集成电路的工作频率覆盖了中波、短波、厘米波、毫米波等无线电波段,广泛应用于雷达、广播、通信等方面。

4)半导体材料在电声耦合器上的应用

由于 GaAs 的电子迁移率高,压电耦合系数较小,使增益和动态范围扩大。因此半导体材料是制作电声耦合器的优良材料。

5)半导体材料在传感器中的应用

传感器是利用某种变换功能,将被测物理量变换为可测量的器件。半导体材料具有:变换功能大、感应范围广、灵敏度高、稳定性好、体积小、寿命长的特点,是电子器件微型化、数字化、高精度化不可缺少的材料。

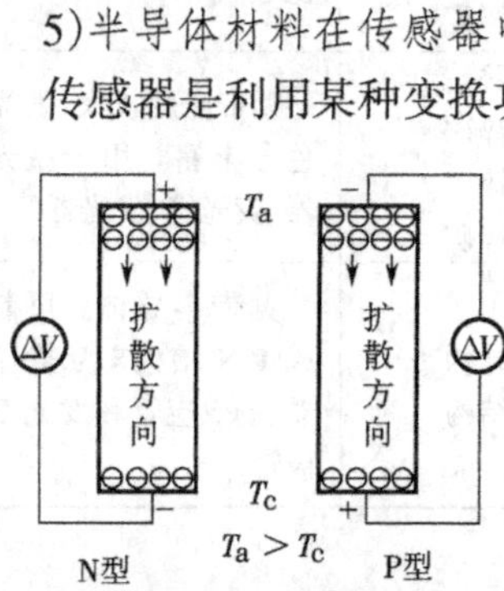

图 3-23 半导体陶瓷的贝克西效应

6)温差电动势

半导体两端有温差时,高温区电子易激发到导带中去,热电子则趋于扩散到较冷的区域中去。当其化学势梯度和电场梯度相等,且方向相向时,达到稳定状态。由于多数载流子要扩散到冷端,产生 $\Delta V/\Delta T$,结果就产生了温差电动势。温差电动势系数

$$\alpha = \frac{\mathrm{d}V}{\mathrm{d}T} = \frac{-(V_h - V_c)}{T_h - T_c} \tag{3-71}$$

温差电动势系数的符号同载流子带电符号一致，可据此判断半导体的类型。

7）温差发电

该装置整体连接着两个温度不同的热源，T_1 为 400 ~ 800 K，T_2 为 900 ~ 1 300 K，工作物质是 Na，借助于泵在两个热源间循环。

在 Na 的循环中，必须通过 Na^+ 传导性的 β-Al_2O_3 薄板，使 β-Al_2O_3 板一面与温度为 T_2 的液态钠接触，另一方面则与温度为 T_1 的处于气液平衡的稀薄钠蒸气(0.1 mPa ~ 1 kPa)接触。在与 Na 蒸气接触的 β-Al_2O_3 的表面装上多孔电极（如 Mo）。由于它和液体 Na 一侧之间的压力差，从而产生电动势，其热效率可望达 20% ~ 40%。输出功率可望达 0.5 kW/kg。

3.6.2　超导体材料

1911 年荷兰物理学家卡茂林·恩涅斯（Kamerlingh Onnes）在温度降至 4.2 K 时发现水银的电阻突然消失。这种当温度降至某一温度以下，材料的电阻突然降为零的特性称为超导性。具有超导性的材料称为超导材料。超导态的电阻小于能检测到的 10^{-25} Ω。电阻消失时的温度称临界温度 T_c。超导状态除了温度以外，磁场强度 H、电流密度 J 都必须处于临界值以下时才显示超导性，所以临界值越高，实用性就越强，利用价值就越高。

1986 年以前超导一直处于低温超导，从开始发现的 Hg、Pb、Nb 到后来的金属化合物 Nb_3Ge，最高临界转变温度 T_c 为 23.2 K，这些材料被称为低温超导体。1986 年高温超导陶瓷 Ba-La-Cu 的发现，临界转变温度达到 35 K，获当年诺贝尔物理奖，使超导技术跨入崭新的阶段。其后相继发现的高温超导多为氧化物，目前 T_c 达 132 K。因此人们称高温超导为氧化物超导体。迄今为止，已在金属、金属间化合物、陶瓷和有机高分子中发现了超导现象。

1. 超导体的基本特性

超导体有三个重要的特性。

1）超导体具有完全导电性（零电阻效应）

对于超导体来说，当温度降至某一温度以下，电阻突然消失的特征，称为零电阻效应。即进入超导态时没有电阻，超导电流将持续流动（有电流无电阻），说明超导体是等电位，它的体内没有电场。超导体的这种完全导电性是对直流而言的，在交流电的情况下，超导体不再具有完全导电性，而是出现交流损耗，即高频损耗，频率越高，损耗越大，当损耗增大到一定程度，材料即从超导态恢复到正常态。

2）超导体具有完全抗磁性（迈斯纳效应）

把处于超导状态的超导体置入磁场中，如磁场强度 H 不超过临界值 H_c，磁力线就无法穿过试样，超导体中磁感应强度 B 始终为零，称为完全抗磁性。把超导体做成圆球，当它处于正常态时，磁通通过超导体；当球处于超导态时，磁通被屏蔽到球外，内部磁场为零即超导体中磁感应强度 B 始终为零，能屏蔽磁场。图 3-24 为超导态对磁通的屏蔽。

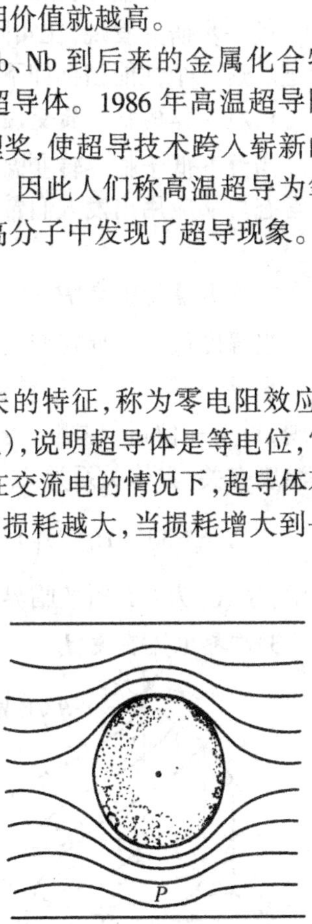

图 3-24　超导态对磁通的屏蔽

3）超导体具有通量量子化（约瑟夫逊效应）

1960 年，查威尔在测量金属-绝缘层-超导体夹层结的伏安特性时发现，当超导体处于超导态时，结的电阻急剧下降。1962 年，剑桥大学的约瑟夫逊预言，当两块超导体之间的绝缘层薄至接近原子尺寸时，超导电子对可以穿过绝缘层产生隧道电流,即超导体-绝缘体-超导体(SIS)具有超导电性。这就是所谓通量量子化。约瑟夫逊器件及其特性见图 3-25 和图 3-26。

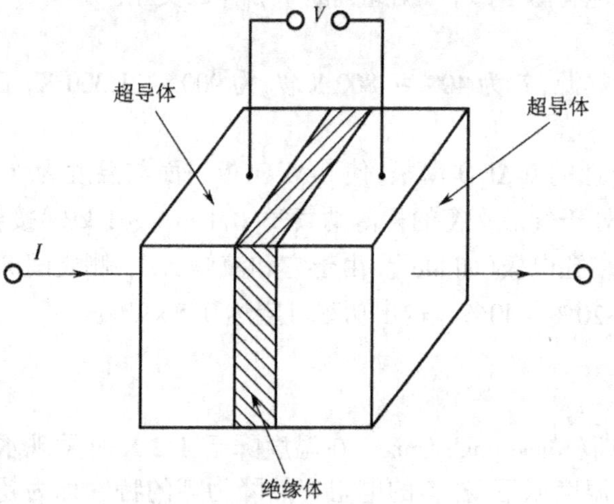

图 3-25 约瑟夫逊器件

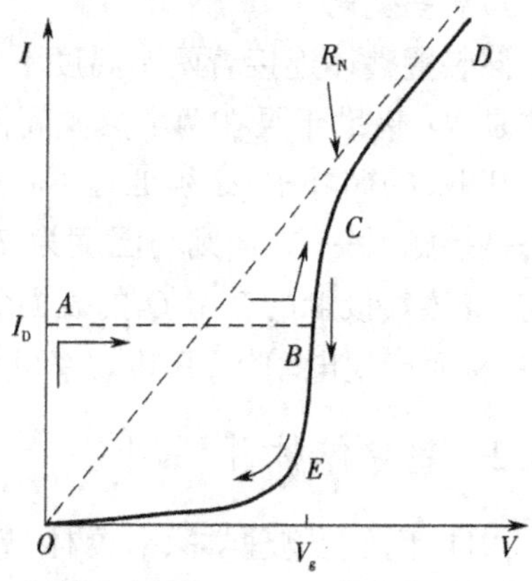

图 3-26 约瑟夫逊器件的 I/V 特性

2.超导体的临界参数

进一步研究发现,在实际使用的超导材料中,有三个临界性能参数决定材料是否处于超导态。这三个性能指标如下。

1)超导体的临界转变温度 T_c

当温度低于临界转变温度时,材料处于超导态,当温度高于临界转变温度时,它会恢复正常态。从应用出发人们希望 T_c越接近室温越好。目前已证实高温超导体的 T_c 已达 132 K。

2)临界磁场强度 H_c

当温度低于临界转变温度时($T < T_c$),若磁场强度 H 大于某一个临界值 H_c时,磁场将破坏超导态,使材料从超导态转变为正常态,此时的磁场强度称为临界磁场强度 H_c。实验发现,对于一种超导材料,当它处于一个低于临界温度 T_c 的温度时,其临界磁场强度$H_c(T)$与温度有关,具体关系为

$$H_c(T) = H_c(0)\left(1 - \frac{T^2}{T_c^2}\right) \tag{3-72}$$

式中:$H_c(0)$为 0 K 时的临界磁场强度。

3)临界电流密度 J_c

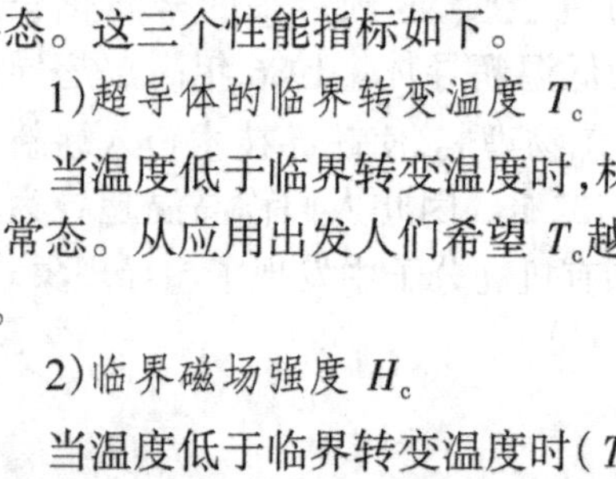

图 3-27 超导体的性能指标示意图

除磁场强度影响超导转变温度外,电流密度也影响超导的状态。当样品的电流密度 J 超过某一值 J_c 时,超导体就出现电阻,J_c 称为临界电流密度。研究发现,临界电流密度不仅是温度的函数,而且与磁场有密切关系。如果外磁场增加,则临界电流密度 J_c 必须相应减小。如果温度下降,则超导体的临界磁场随之增加。

因此,通常把 T_c、H_c 和 J_c 称为超导体的三个临界参数,三者具有明显的相关性,只有当超导体同时

处于三个临界条件以内，即处于图(3-27)所示的三角锥形曲面内侧，才具有超导电性。

表 3-11、表 3-12 列出了一些金属超导体的临界温度和临界磁感应强度。

表 3-11　金属超导体的临界温度

物质	临界温度 T_c(K)	物质	临界温度 T_c(K)
钨(W)	0.012	铊(Tl)	2.39
铪(Hf)	0.134	铟(In)	3.403 5
铱(Ir)	0.140	锡(Sn)	3.722
钛(Ti)	0.39	汞(Hg)	4.153
钌(Ru)	0.49	钽(Ta)	4.483 1
锆(Zr)	0.546	镧(La)	4.92
镉(Cd)	0.56	钒(V)	5.30
锇(Os)	0.655	铅(Pb)	7.193
铀(U)	0.68	锝(Tc)	8.22
锌(Zn)	0.75	铌(Nb)	9.25
钼(Mo)	0.92	铌三铝(Nb_3Al)	17.2

表 3-12　几种常见超导体的临界温度和临界磁感应强度

材料	临界温度 T_c(K)	临界磁感应强度 B_c(T)
Sn	3.72	0.030 5
Pb	7.19	0.080 3
Nb-Zr 合金	10.8	11
Nb-Ti 合金	10.2	12
Nb_3Sn	18.3	22
$YBa_2Cu_3O_7$	92	
$Bi_2Sr_2Ca_2Cu_3O_{10}$	110	

3. 超导材料的分类

超导材料按其在磁场中的磁化行为分成两类。

1）第一类超导体

这类超导体在磁场中有不同的规律，磁矩与外磁场的关系如图 3-28(a)所示。当磁场强度低于临界磁场强度时($H < H_c$)，磁感应强度 $B = 0$，为完全超导态；当磁场强度高于临界磁场强度时($H > H_c$)，磁感应强度 $B = \mu H$，不具有超导电性。具有这一特性的超导材料称为第一类超导材料，除 Nb、V、Ru 外的所有元素都为一类超导体。

2）第二类超导体

该类超导体如图 3-28(b)所示。当 $H < H_{c1}$ 时，超导体内磁感应强度 $B = 0$，为完全超导态；当 $H > H_{c1}$ 时，有部分磁场穿入导体内，此时 $0 < B < \mu H$；当 $H > H_{c2}$ 时，磁感应强度 $B = \mu H$，磁场完全穿透，超导电性才消失。当磁场介于 H_{c1} 与 H_{c2} 之间时，超导体既不是迈斯纳态，也不是正常态，此态称为混合态。具有这一特性的超导材料称为第二类超导材料。非金属元素和大部分过渡金属(除 Nb、V、Ru 外)都属于此类超导体。大多数合金及 Nb、V、Ru 元素和化合物属于这类超导体。

实验证明,第二类超导体的临界转变温度 T_c、临界磁场强度 H_c 和临界电流密度 J_c 要比第一类超导体高得多。因此,第二类超导体在应用技术上更为重要。

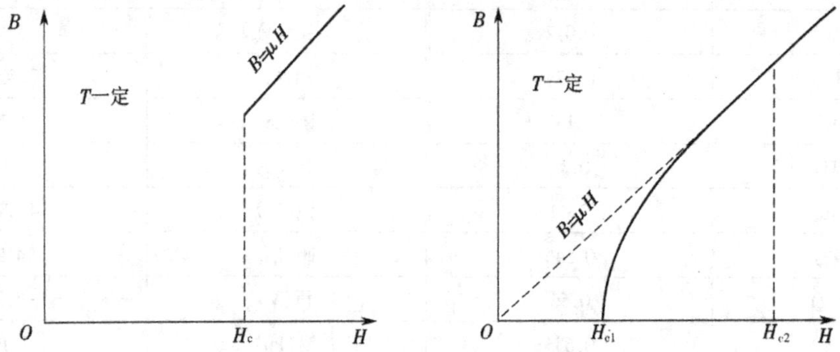

(a) (b)

图 3-28 超导体磁化曲线

(a)第一类超导体 (b)第二类超导体

4.超导材料的类型

超导体材料通常有三大类。

1)元素超导体

元素周期表中有 28 种元素及合金(Ti,V,Nb,Mo,W,Zn,Cd,Al,Pb,In 及合金 NbTi)(见图 3-29),其中 Nb 的临界温度最高,为 9.2 K 。

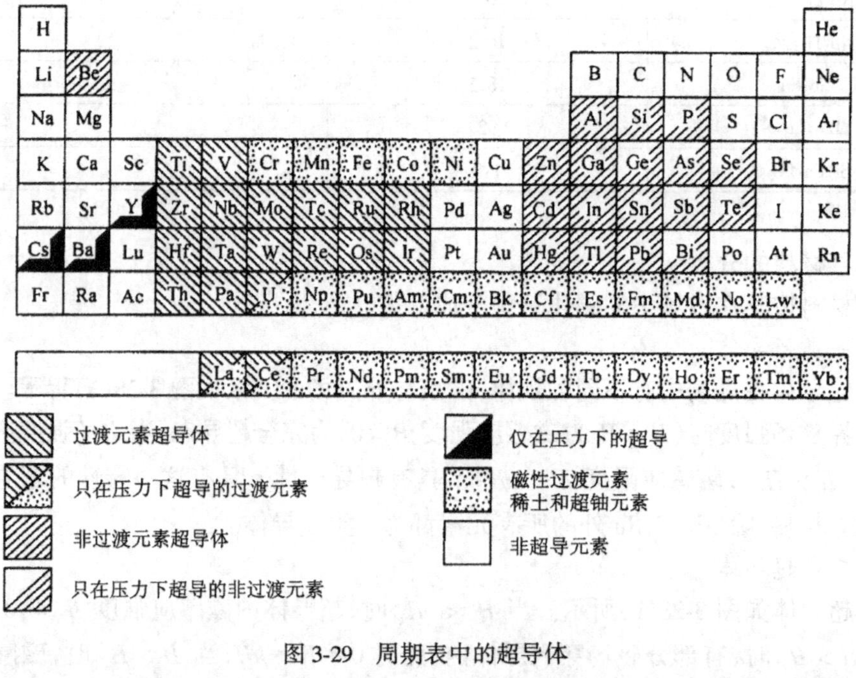

图 3-29 周期表中的超导体

2)合金超导体

最早发现的 Nb-Zr 和 Nb-Ti 二元合金,20 世纪 70 年代以后发现的三元超导合金 NbZr-Ti V-ZrH等,已作为磁流体发电机的大型磁体。合金超导材料具有强度高、应力应变小、临界磁场强度高、成本低、易于生产的优点。表 3-13 列出了几种重要超导合金的临界参数。

表 3-13　几种重要超导合金的临界参数

合金	临界温度 T_c(K)	临界磁场强度 H_c(10^{-4}kT)
Nb - 25Zr	11	91
Nb - 75Zr	10.8	>87
Nb - 25Ti	9.8	73
Nb - 60Ti	9.3	115(4.2 K)
Nb - 40Zr - 10Ti	10.7	100
Nb - 15Hf	9.85	110
Nb - 60Ti - 4Ta	9.8	128

3) 氧化物超导体

氧化物超导体具有较高的临界温度、临界磁场强度和临界电流密度,又称高温超导体。高温超导被认为是 20 世纪科学上最伟大的发现之一。已经发现的高温超导材料很多,最典型的有 Hg-Ba-Ca-Cu-O 系(133 K),Y-Ba-Cu-O 系(93 K),Bi-Sr-Ca-CuO 系(110 K)等。其中 Y 123 相在 9 特斯拉(T)的磁场中,$J_c = 10^5$ A/cm^2,利用化学气相沉积方法制备大块的 Y 123 是目前高温超导材料应用的重点方向。但高温超导材料的最大障碍是韧性和强度低,机械加工难度大,高温超导材料的应用关键在于解决成材工艺问题。

除了以上三类超导体外,现在新近研究发现的还有:有机超导体、非晶超导体、掺杂 C_{60} 超导体等。

5.超导体的应用

1986 年,研究工作者发现,原来是绝缘体的某几种陶瓷材料在较低的温度下竟然成了超导体,而且它们的临界温度 T_c 还高于普通的超导体,这类陶瓷就被称为高温超导体。如 $YBa_2Cu_3O_7$ 的 T_c 在 90 K 左右。高温超导体的发现,使超导技术的应用进入了新的时代。超导器件以其超高速、特宽频带、低功耗、超高灵敏度、极低噪声和抗干扰能力等优点,将在自动化电子领域得到广泛的应用。

超导体在电力系统应用于发电机、电力输送、电力磁能储存、磁分离技术等方面。例如,超导发电机的尺寸可减小 1/2,效率提高到 99.6%,热损耗降低,还可降低成本 40%。超导体 Nb-Ti 合金制作核聚变超导磁体,成为新开发的能源。

利用超导体的完全抗磁性,可以开发出超导陀螺、超导磁轴承、高能加速器、磁悬浮列车、核磁共振成像、舰船发动机等。

在电子方面,基于超导体的隧道效应,超导材料将在超导计算机、超导量子干涉器、超导磁强针、超导表面波器件、超导红外微波探测器等应用上实现突破。

3.6.3　电导功能材料

电导功能材料主要是指具有导电功能的导电材料、电阻材料及电接触材料等。

1.导电材料

导电材料是指用来传导输送电流的材料，而且要求在传输电流过程中仅有很小电能损耗。导电材料包括两大类：一类是电力工业中应用的强电材料，它的代表材料是电线电缆。另一类是电子工业中应用的弱电导电材料，主要是高分子导电材料。

1）强电材料

强电材料主要以 Cu、Al 及其合金为主，它们具有电导率高、延展性好、阻抗损失小等特点。

①铜系导电材料以无氧铜为主要代表，Cu 含量在 99.97% ~ 99.99%，相对电导率(IACS)96% ~ 99%。无氧铜性能稳定，抗腐蚀、抗疲劳，是优良的导线材料。

表 3-14　无氧铜的牌号及用途

牌号	代号	含铜量(%)	杂质(%)		杂质总量(%)	主要用途
			Bi	Pb		
一号铜	T1	99.95	0.002	0.005	0.05	电线、电缆、导电螺灯、雷管、化工用蒸发器、贮藏器和各种管道
二号铜	T2	99.90	0.002	0.005	0.1	
三号铜	T3	99.70	0.002	0.01	0.3	一般用的铜材，如电气开关、垫圈、垫片、铆钉、管嘴、油管、管道
四号铜	T4	99.50	0.003	0.05	0.5	

②铝系导电材料主要作为送电线、配电线。国际上通用的铝线为硬铝(HAl)线，其相对电导率为 61%，但它的密度只有铜的 1/3，单位电导率比铜高。因此高压线通常用合金增强铝线。

2）弱电材料

弱电材料主要以高分子导电材料为主，高分子导电材料有结构型导电材料和复合型导电材料两类。

结构型高分子导电材料简称导电高分子，它是高分子结构本身或经过掺杂而成的。例如，聚乙炔掺杂 AsF_5后，电导率从 10^{-9} S/cm 提高到 10^3 S/cm 量级。结构型高分子导电材料种类很多，主要有共轭高聚物、离子聚合物、金属高聚物、非碳高聚物等。目前最新发展的可溶性导电高分子材料、分子导电型高分子材料及生物导电高分子材料已取得了一定进展，具有看好的应用前景。表 3-15 列出了一些典型的导电高分子材料及性能。

表 3-15　几种典型的导电高分子材料

聚合物	掺杂剂	电导率(S/cm)
聚乙炔	AsF_5	1 200.0
聚苯胺	ClO_4^-	10.0
聚苯乙烯	AsF_5	500.0

复合型导电材料又称导电高分子复合材料，它们是由高分子材料和导电物质通过分散复合或制成表面膜。主要包括导电膜、导电涂料、导电橡胶、导电塑料、导电黏结剂等。导电高分子复合材料的电阻率为 $10^4 \sim 10^{-3}$ Ω·cm。表 3-16 列出了几种导电高分子复合材料及性能。

表 3-16　几种导电高分子复合材料及性能

单体	聚合物性状	电导率(S/cm)
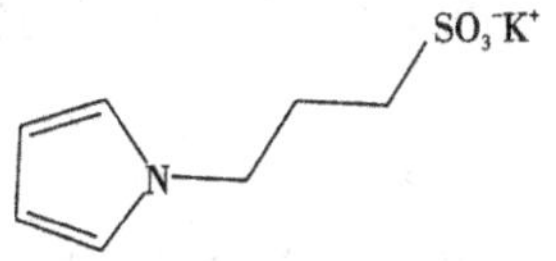	粉末	1×10^{-6}
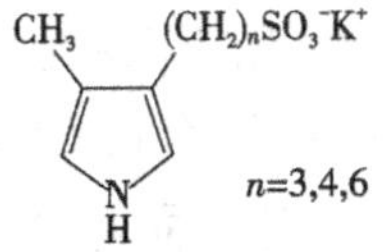	粉末	$(1\sim100)\times10^{-3}$
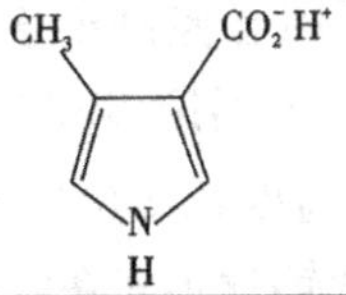	膜	1×10^{-5}

2. 电阻材料

利用材料固有的电阻特性制造不同功能电阻元件的材料称为电阻材料。电阻材料主要包括电热材料、精密电阻材料、应变电阻材料、热敏电阻材料等。电阻材料是制作电子仪器、测量仪表及其他工业装置中的基础材料。

电阻材料有金属的、半导体的、碳素的；形状有直线、绕线、薄膜等。电阻材料因用途不同，对材料的要求也不同。如：通信设备中的绕线电阻器体积小、重量轻，要求高电阻率、耐温；标准电阻器要求电阻温度系数小、阻值稳定性好；大功率电阻器要求耐热、热稳定性好；线绕电位器电阻合金线除有上述要求外，还要求耐磨、抗氧化性强等。所以必须根据不同的用途，选择相应的电阻合金材料。

1）线绕电阻材料

线绕电阻材料通常是用金属元素 Cu 、Ag、Au、Cr 、Mn 的合金拉制、线绕而成，主要用于各种电子产品和仪器仪表的控制回路中，因此它的精度直接影响着产品的最终性能指标。线绕电阻材料的品种繁多，可归纳为贱金属合金和贵金属合金两大类。表 3-17 列出了常用金属合金线的牌号、成分和性能指标。

表 3-17　常用金属合金线的牌号、成分和性能指标

名称	牌号	成分(%)	$\rho(10^{-6}\ \Omega\cdot m)$	电阻温度系数(10^{-6}/ °C)		适用温度(°C)
				α	β	
锰铜线	6J12	86Cu-12Mn-2Ni	0.47 ~ 0.03	−3 ~ +5	−0.7 ~ 0	5 ~ 45
硅锰铜线	6J102	Cu-10Mn-2Si	0.35 ~ 0.04	−10 ~ +10	+ −0.25	0 ~ 100
新康铜线	6J11	Cu-11Mn-3Al	0.48 ~ 0.03	−40 ~ +40		20 ~ 200
镍铬线	6J10	Cu-10Cr	0.69	350		
镍铬铝线	6J24	Cu-20Cr-4Al	1.24 ~ 1.42	+ −20		−55 ~ 150

锰铜合金线的温度系数小，稳定性好，焊接加工性良好，电阻率中等，是优良的精密电阻材料，适用于制造各种标准电阻器、分流器或电阻元件；但使用温度范围窄，一般用于室温范围中低阻值的精密电阻器。

锰铜合金线的耐热性好,具有良好的抗氧化性和力学性能,温度系数较低,适用温度范围较宽,使用于大功率、中低阻值的线绕电阻器和电位器。

贵金属电阻合金线具有良好的化学稳定性、热稳定性和电性能,在精密线绕电阻器材料中占有重要地位。

2)电热合金(电阻发热体)

电热合金作为高温加热元件和电极,主要用于高温炉及耐火材料。它的工作温度较高,通常在900~1 500 ℃。主要的加热材料有Ni-Cr合金、Fe-Cr-Al合金,用于高温(>1 500 ℃)炉子。SiC可作为耐火材料、加热元件、可变电阻等。$MoSi_2$加热元件可工作到1 800 ℃,室温电阻率为$2.5\times10^{-7}\Omega\cdot m$。碳化硅温度<800 ℃时,电阻值随温度的升高而降低(半导体特征);温度>800 ℃时,则随温度的升高而升高(金属导体特征)。可用于控制温度,最高可达1 650 ℃。$MoSi_2$可迅速加热,最高温度达1 700 ℃,价格较贵。铬酸镧温度>800 ℃,电阻不再随温度的变化而变化,可制作更易控温的发热体电阻,最高使用温度达1 800 ℃,价格高,目前利用率不高。镍铬耐热合金最高使用温度达1 200 ℃。Mo丝或钨丝不能在空气中使用。

当前,电阻材料的发展方向有以下两方面。

① 线绕精密电阻材料向高精度、高可靠性、低温方向发展。

② 电阻合金材料向高阻值、超细化、薄膜化方向发展。如:美国Vishoy公司研制成功了超精密贴箔电阻器,最近研制的非晶高阻合金$W_{70}Si_{20}B_{10}$电阻率高达$3.4\ \mu\Omega\cdot m$,而电阻温度系数接近零。随着非晶技术的不断发展,非晶电阻合金将具有巨大的前景。

3.6.4 电接触材料

任何电系统将电信号或能量从一个导体传向另一个导体,在导体与导体的连接处就会产生接触电阻。电接触指的是在导体接触处所产生的物理化学现象,而接触电阻的大小与材料的表面特性、表面膜、接触力F、弹性极限σ_e有关。

1.电接触的分类

工程应用中电接触材料形状、结构各异,有长条形、铆钉形、圆片形等。根据电接触材料工作的原理不同分为三类,即固定接触、滑动接触和开闭接触。固定接触主要指导线连接铆钉、电缆头、插头、连接器等;滑动触点有电刷与滑环、滑动触点、变阻器、电车和火车的受电弓等;开闭接触有各种交直流断路器、继电器的触点。图3-30为电力机车受电弓的照片。

图3-30 电力机车的受电弓照片

2. 电接触现象

在电接触材料的工作过程中，将产生一系列的新现象和问题。

1）接触电阻

电流流过两导体的接触表面时，由于表面的粗糙不平，实际的接触面积要小于名义接触面积（图 3-31），即接触区表面只有少数点产生接触。当电流通过接触区时，电流线收缩而出现局部的附加电阻，称为“收缩电阻”，如图 3-32 所示。

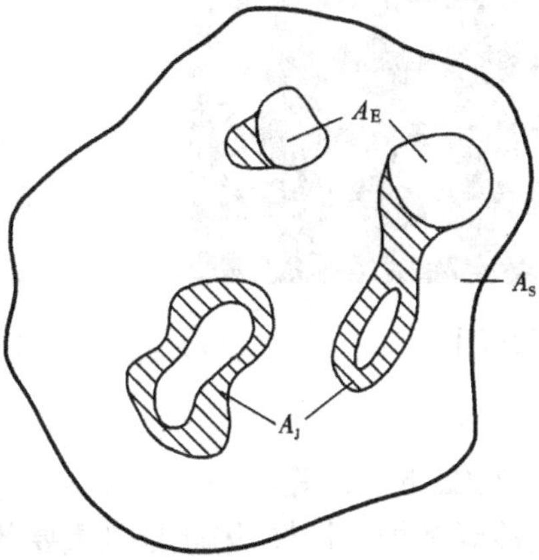

图 3-31　实际接触面积与名义接触面积

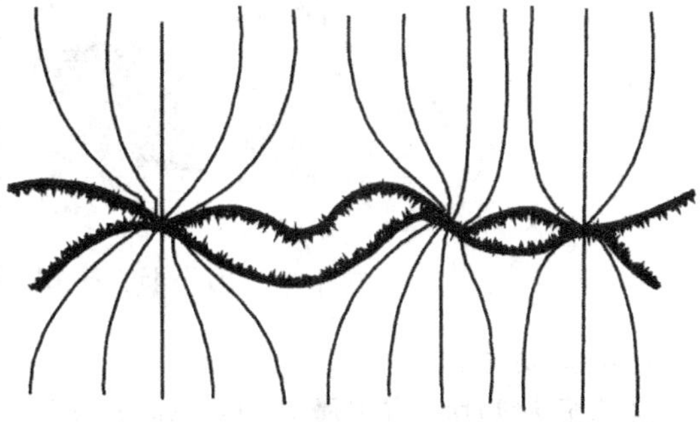

图 3-32　收缩电阻模型

两个同种材料的导体，在弹性范围内相互接触时，收缩电阻

$$R=\frac{\rho}{2}\sqrt{\frac{\pi\sigma_e}{nF}} \tag{3-73}$$

式中：F 为接触力；σ_e为弹性极限；ρ 为导体材料的电阻率。

由式（3-73）可知，在弹性极限内，接触压力越大，收缩电阻越小；弹性极限越小，电阻率越低，收缩电阻愈小。

除了收缩电阻外，由于金属表面一般都覆盖着氧化膜和其他异物吸附层，因此导体相互接触往往首先接触到的是异物膜，当电子通过异物膜时，也会产生附加电阻，称它为“膜电阻”。以上两部分附加电阻，即收缩电阻和膜电阻，总称为接触电阻。

2）电弧、熔焊和电磨损

触点在开闭过程中，由于火花放电或辉光放电，在触点分离瞬间将产生电弧，一旦闭合电弧便消失。电弧温度很高，往往超过材料的熔点，因此会产生触点表面的熔化和飞溅，破坏接触表面，极大地影响触点的工作寿命。

如果通过触点的电流增大，或接触电阻较高，在工作中会产生接触温升。当温度达到金属的软化点或熔点时，会使发生软化或熔化的金属熔焊在一起。

电磨损主要指由于电弧产生局部熔化，导致材料从一个触点转移到另一个触点上去。在滑动接触中，还有摩擦磨损的问题。

因此作为衡量电接触材料好坏的主要指标为接触温升、熔焊、电弧、电磨损等。

3. 电触点材料的分类

常见电接触材料主要分为三大类：纯金属材料、合金材料和复合材料。图 3-33 为常见电接触材料的照片。

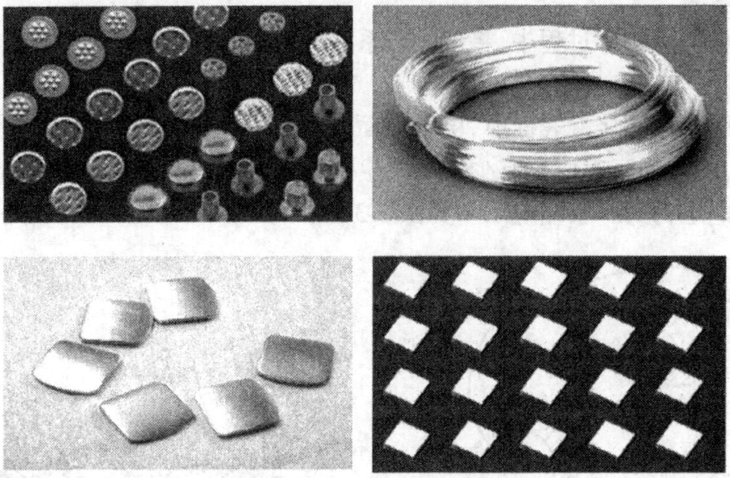

图 3-33 常见电接触材料的照片

1)纯金属材料

纯金属材料中,使用最多的是 Ag,其次还有 Pt、Au、W、Cu、Ni、Co 等。

银的导电率、导热率在金属中最高,而且抗氧化、抗冷焊和加工性好,因此是最重要的贵金属触点材料。单纯银的熔点低,不耐磨,因此多用于弱电开关或制成银合金或复合材料。

铜的导电、导热性能仅次于银,它也是应用最广的触点材料。但铜在空气中易氧化,多与钨、钼制成复合材料。

2)合金触头材料

作为合金触头材料,可以提高纯金属材料的力学性能、抗腐蚀性能,减少熔焊等。最常用的方法是制成 Ag-Cu、Ag-W, Ag-Ni、Cu-W、Pt-Tr 等,可用于高中负荷的继电器、断路器触点材料。常用纯金属和合金触点材料的主要性能见表 3-18。

表 3-18 部分常用纯金属和合金触点材料的主要性能

材料	密度(g/cm^3)	熔点(℃)	硬度(MPa)	电阻率($\mu\Omega\cdot cm$)	电阻温度系数($\times 10^{-3}K^{-1}$)	热导率($W\cdot m^{-1}K^{-1}$)
Ag	10.5	960	500	1.59	4.1	419
AgCu(10)	10.3	830	925	2.08	2.8	335
AgNi(0.15)	10.5	960	675	1.7	4.0	414
AgCd(10)	10.3	917	680	4.3	1.4	150
AgPd(30)	10.9	1 185	1 050	15.6	0.4	60
AuAg(10)	17.8	1 058	600	6.3	1.25	147
PtRu(10)	20.6	1 800		33.3	0.83	

3)复合材料

复合材料由金属和金属氧化物构成。通常加入的氧化物有 SnO_2、ZnO、MgO、PbO 、Bi_2O_3 等,它们在银或铜中添加 5% ~ 15%(wt%),可以明显提高触点的抗熔焊性、抗烧损性,而且还具有灭弧的功效。此外,还可以加入一些高熔点金属(如 Ta 、W 、石墨等),以提高熔点,改善耐磨性等。常用复合触点材料的主要成分和性能见表 3-19。

表 3-19　常用复合触点材料的主要成分和性能

材料	密度(g/cm^3)	熔点(℃)	硬度(MPa)	电阻率($\mu\Omega \cdot cm$)	电阻温度系数($\times 10^{-3}K^{-1}$)	热导率($W \cdot m^{-1}K^{-1}$)
AgCdO(10)	10.2	960	800	2.1	3.6	330
$AgSnO_2$(10)	9.9	960	750	2.1	3.5	335
Ag $SnO_2In_2O_3$(10)	10	960	840	2.4		
AgZnO (8)	10.2	960	770	2.0		
AgNi(10)	10.2	960	840	2.0	3.5	310
AgC(10)	7.4	960	310	2.9	3.3	318
AgW(30)	11.9	960	1 200	2.6	1.9	326
AgWC(40)	11.9	960	1 550	3.8		
CuW(50)	12.0	1 083	1 400	4.2		
CuW(80)	15.4	1 083	2 300	5.6		

电接触材料广泛应用于大型电力系统、自动控制系统、通信系统中,例如汽车接触器、微型开关、光控开关、交直流继电器、电缆头、电机电刷、航空仪表控制开关等。它的工作是否正常,直接关系到电器系统的稳定性,如果一个或几个触点失效,将导致整个系统的紊乱和瘫痪,造成的损失是无法估量的。因此,电接触材料是重要的、不可缺少的导电材料。

3.7　电性能测量及其应用

电性能的测量主要是测量材料的电阻。测量材料电阻的方法很多,有高阻($>10^6\,\Omega$)测量和低阻($<10^{-2}\,\Omega$)测量。根据材料的电阻大小不同,采用的测量方法各异,包括惠斯通单电桥法、双电桥测量法、电位差计测量法和直流四探针法。它们主要测量材料的电阻率。本节重点介绍低电阻($<10^6\,\Omega$)的测量方法。

3.7.1　惠斯通(Wheatstone)单电桥法

惠斯通单电桥测量原理见图 3-34。图中 CD 之间串联一检流计 G,R_P 为调节桥路电流的滑线电阻器,当 C、D 两点同电位时,通过检流计 G 的电流为零。R_2、R_3、R_4 的电阻均已知,被测电阻 R_x 的计算为

$$R_x = \frac{R_3}{R_4} R_2 \tag{3-74}$$

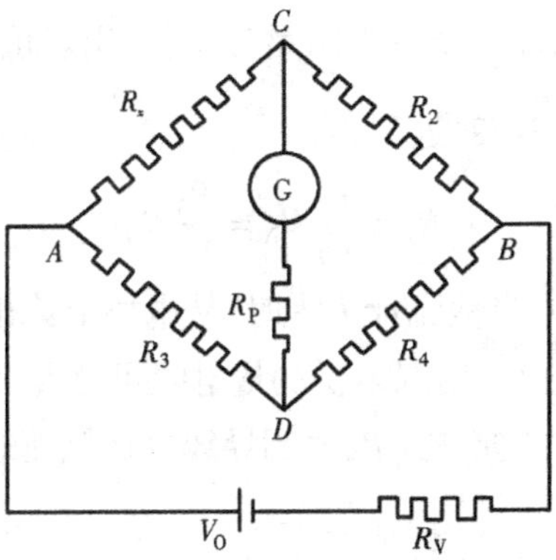

图 3-34　惠斯通单电桥测量原理图

在上面的测量中 R_x 实际并非真正的被测电阻,测出的电阻包括 A、B 两点的导线电阻和接触电阻。当测量低电阻时,由于结构和接触电阻无法消除,灵敏度不高、测量数值偏差较大,只有当被测电阻相对于导线电阻和接触电阻相当大时,R_x 才接近于$\frac{R_3}{R_4}R_2$。因此惠斯通单电桥的测量很少用于测量金属电阻,其测量电阻范围通常在在 $10 \sim 10^6\,\Omega$。

3.7.2 双电桥法

双电桥法是目前测量金属室温电阻应用最广的方法,用于测量低电阻($10^2 \sim 10^{-6}\Omega$)。双电桥测量原理见图 3-35。

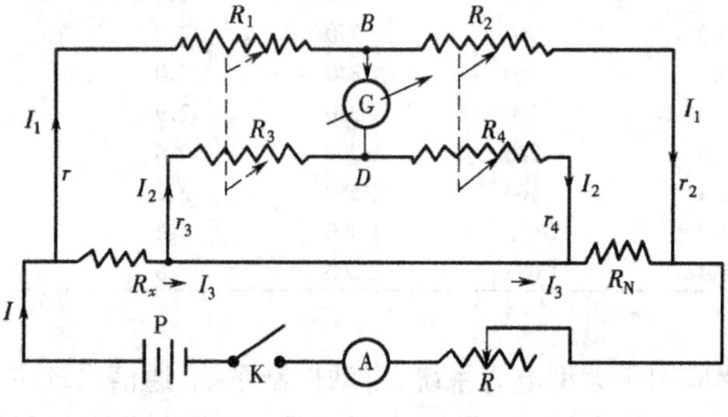

图 3-35 双电桥测量原理图

双电桥法测量时,待测电阻 R_x 和标准电阻 R_N 相互串连后,串入一有恒电流的回路中。将可调电阻 R_1、R_2、R_3、R_4 组成电桥四臂,并与 R_x、R_N 并连;在其间 B、D 点连接检流计 G,那么测量电阻 R_x 归结为调节 R_1、R_2、R_3、R_4 电阻使电桥达到平衡,则检流计为零(G=0),即 $V_{DB}=0$。

$$I_3 R_x + I_2 R_3 = I_1 R_1 \tag{3-75}$$

$$I_3 R_N + I_2 R_4 = I_1 R_2 \tag{3-76}$$

$$I_2(R_3 + R_4) = (I_3 - I_2) r \tag{3-77}$$

$$R_x = \frac{R_1}{R_2} R_N + \frac{R_4 r}{R_3 + R_4 + r}\left(\frac{R_1}{R_2} - \frac{R_3}{R_4}\right)(\text{附加项}) \tag{3-78}$$

为了使式(3-78)简化,在设计电桥时,使 $R_1 = R_3$,$R_2 = R_4$,并将它们的阻值设计得比较大,而导线的电阻足够小(选用短粗的导线),这样使 $\frac{R_1}{R_2} - \frac{R_3}{R_2}$ 趋向于零,则附加项趋近于零,式(3-78)近似为

$$R_x = \frac{R_1}{R_2} R_N = \frac{R_3}{R_4} R_N \tag{3-79}$$

当检流计为零时,从电桥上读出 R_1、R_2,而 R_N 为已知的标准电阻,用式(3-79)可求出 R_x 值。用双电桥测量电阻可测量 $100 \sim 10^{-6}\Omega$ 的电阻,测量精度为 0.2%。在测量中应注意:连接 R_x、R_N 的铜导线尽量粗而短,测量尽可能快。

3.7.3 电位差计法

电位差计法广泛应用于金属合金的电阻测量,可测量试样的高温和低温电阻,还可以测试电位差、电流和电阻,它的精度比双电桥法精度高。它还可以测量 10^{-7} 的微小电势。电位差计是以被测电位差与仪器电阻的已知电压降平衡的原理为基础。电位差计的工作原理见图 3-36,电位差计测量原理见图 3-37。

电位差计测量电阻的原理:当一恒定电流通过试样和标准电阻时,测定试样和标准电阻

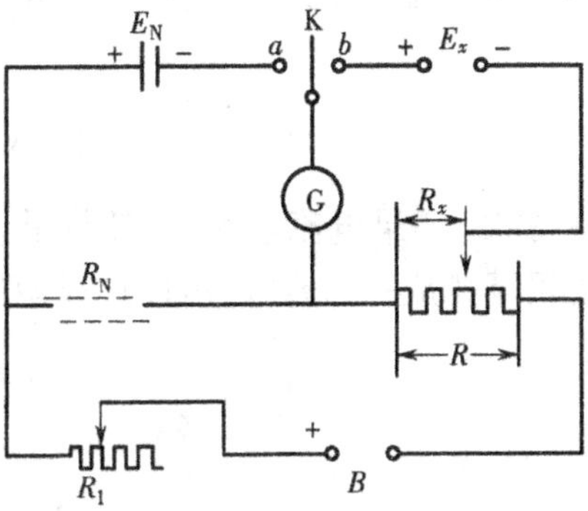

图 3-36　电位差计的工作原理图

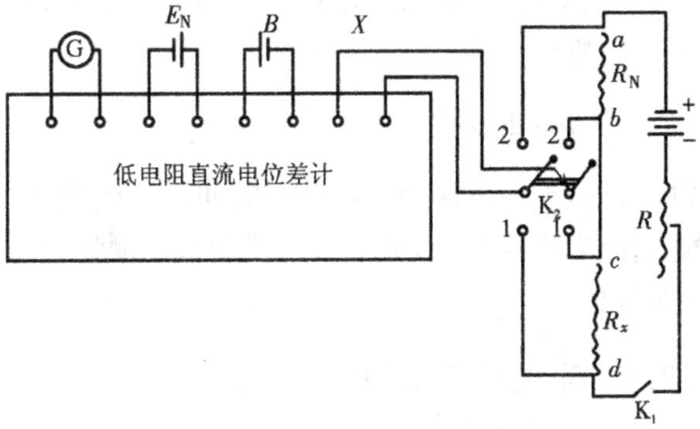

图 3-37　电位差计测量原理图

两端的电压降 V_x和 V_N，R_N已知，通过下式计算出 R_x

$$R_x = R_N \frac{V_x}{V_N} \tag{3-80}$$

电位差计法优点：导线（引线）电阻不影响电位差计的电势 V_x、V_N的测量，而双电桥法由于引线较长和接触电阻很难消除，所以在测金属电阻随温度变化，不够精确。

3.7.4　直流四探针法

直流四探针法主要用于半导体材料或超导体等的低电阻率的测量。它具有设备简单、操作方便，测量较精确等优点。常用于半导体单晶硅掺杂的电阻率测量。图 3-38 为四探针法的测量线路原理图及其接线探针排列。

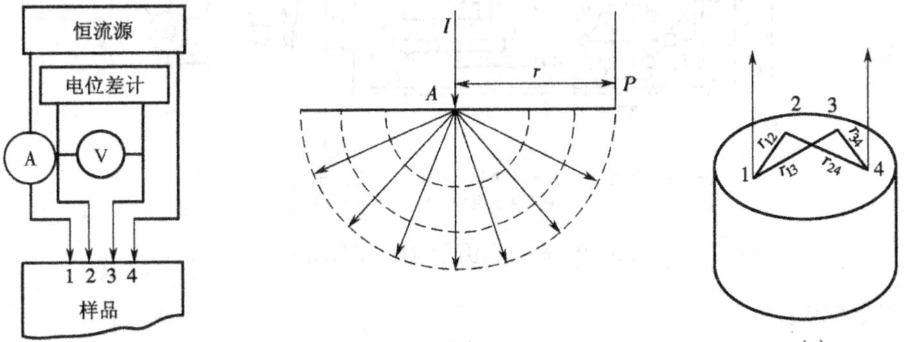

(a)　(b)　(c)

图 3-38　四探针法的测量线路原理图

(a)仪器接线　(b)点电流源　(c)四探针排列

图 3-38 中 1、2、3、4 四根金属探针彼此相距 1 mm，排在一条直线上，要求四根探针与样品表面接触良好。由 1、4 探针通入小电流，当电流通过时，样品各点将有电位差，同时用高阻静电计、电子毫伏计测出 2、3 探针间的电位差 V_{23}，由下式可直接计算出样品的电阻率

$$\rho = C \frac{V_{23}}{I} \tag{3-81}$$

式中：C 是与被测样品的几何尺寸及探针间距有关的测量系数，称为探针系数，cm；I 是探针通入的电流。

当被测样品的几何尺寸相对于探针间距大得多时,即把样品看成半无限大,探针间距足够小时,则电阻率

$$\rho \approx 2\pi S \frac{V}{I} \tag{3-82}$$

式中:S 是等距离四探针两针间的间距。电流 I 的选择很重要,如果电流过大,会使样品发热,引起电阻率改变,使测量误差变大。测量时,四探针也可不排成一条直线,可以排成矩形或四方形。

3.7.5 高电阻率测量

测试一些超高值绝缘陶瓷片材料和高分子薄膜的电阻率,常采用超高值绝缘电阻测试仪(简称高阻仪)进行测量。它可以测定材料的体积电阻、表面电阻和绝缘电阻。实验仪器为高阻计 ZC36 型,高阻计是一种直流式的超高电阻计和微电流两用仪器。仪器的最高量限为 $10^{17}\,\Omega$ 电阻值和 10^{-14} A 微电流,适用于对绝缘材料、电工产品、电子设备以及元件的绝缘电阻的测量和高阻兆欧电阻的测量,也可用于微电流测量。

仪器作为高电阻测量时,其主要原理如图 3-39 所示。测试时,被测试样与高阻抗直流放大器的输入电阻串联并跨接于直流高压测试电源上(由直流高压发生器产生)。高阻抗直流放大器将其输入电阻上的分压信号经放大输出至指示仪表,由指示仪表直接读出被测绝缘电阻值。

仪器作为微电流测量时,仅利用高阻抗直流放大器,将被测微电流信号进行放大,由指示仪表直接读出。

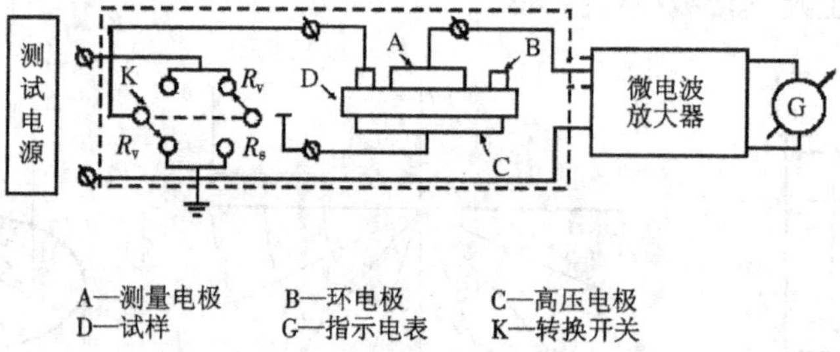

图 3-39 高电阻测量电路原理示意图

流过试样的电流

$$I_R = \frac{U}{R_x + R_i} \approx \frac{U}{R_x}$$

式中:U 为测试电源输出电压;R_x 为试样电阻;R_i 为微电流放大器的等效输入阻抗。

电路结构主要由五部分组成(图 3-40)。

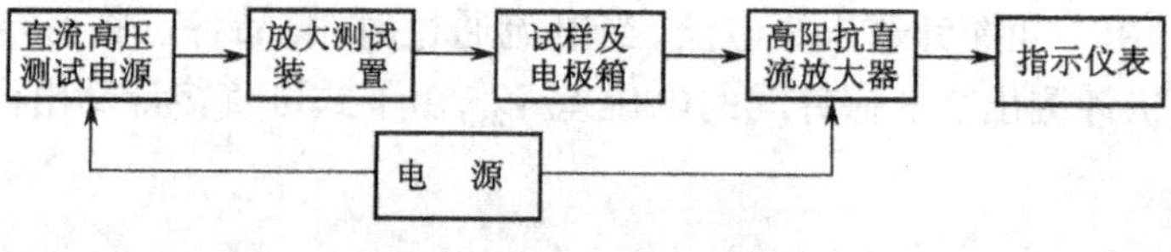

图 3-40 高电阻测量原理图

计算体积电阻率,公式如下:

$$\rho_V = R_V \frac{\pi \cdot r^2}{h} \tag{3-83}$$

式中：r 为测量电极的半径，cm；h 为陶瓷试样的厚度，cm。

计算表面电阻率，公式如下：

$$\rho_s = R_s \frac{2\pi}{\ln \frac{D_2}{D_1}} \tag{3-84}$$

式中：D_2为保护电极的内径，cm；D_1为测量电极的直径，cm。

3.8 电阻分析法在材料中的应用

通过测量材料电阻率变化来研究材料内部组织结构及缺陷的方法称为电阻法。电阻法在科学研究和生产中应用非常广泛。

1)测量固溶体溶解曲线

根据纯金属的电阻率最小，当溶入其他元素形成固溶体后电阻率增加，而且随着溶入量的增大，电阻率增大越多。当合金组织形成两相机械混合物时，随着某一相数量的增加，电阻率将沿直线变化，依此特点可以测量出固溶体的溶解曲线。

2)研究马氏体相变

当形成马氏体时，合金电阻会急剧增加，当马氏体消失时，电阻下降。因此可以根据电阻的改变，判断马氏体相变的温度范围(图 3-41)。

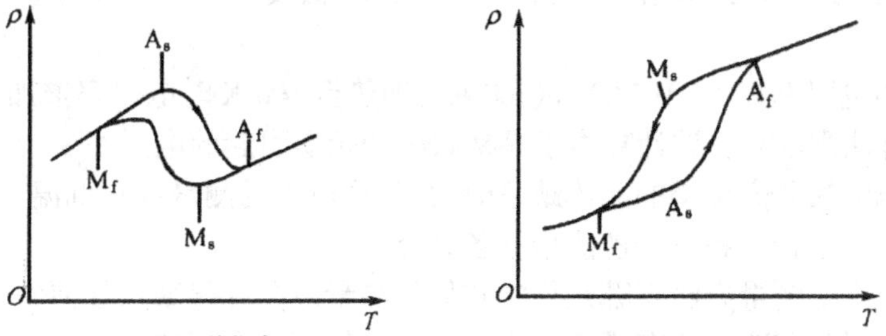

图 3-41　马氏体相变时电阻率—温度曲线示意图

(a)马氏体相变　(b)马氏体逆相变

3)研究合金的有序—无序转变

合金的有序—无序转变会引起电阻的明显变化(图 3-42)。

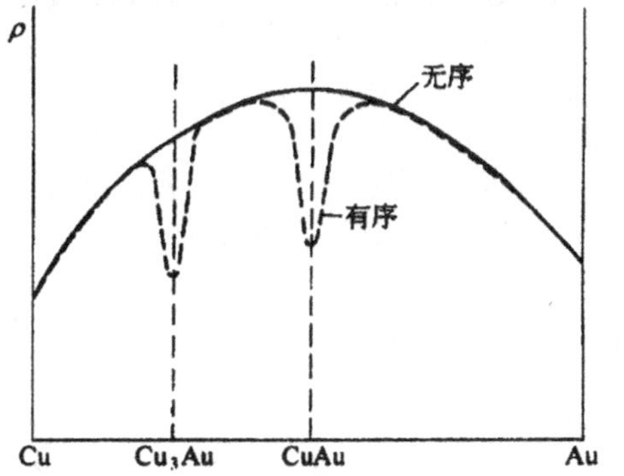

图 3-42　Cu-Au 合金的有序—无序转变

4)研究合金时效

将合金进行高温淬火后，得到过饱和的固溶体，电阻将升高。在进行时效处理时，随着从过饱和固溶体中析出新相量的增加，合金电阻率大幅度下降。在图 3-43 和图 3-44 中，根据合金电阻率的变化，可以找出时效的最佳温度区。

除此之外，电阻法还可以研究疲劳裂纹的扩展、相变动力学的研究等。

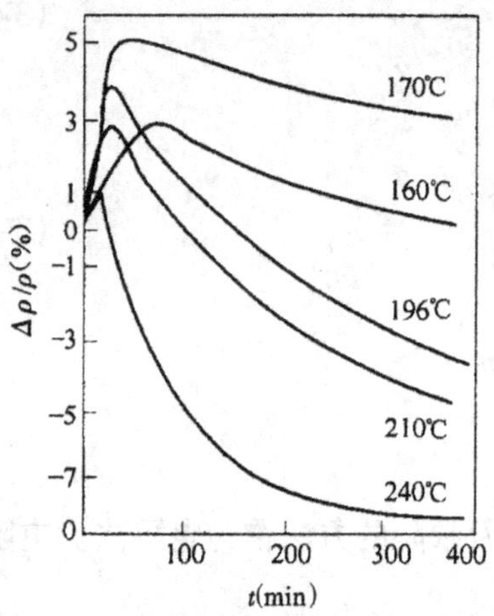

图 3-43 铝合金时效过程电阻的变化

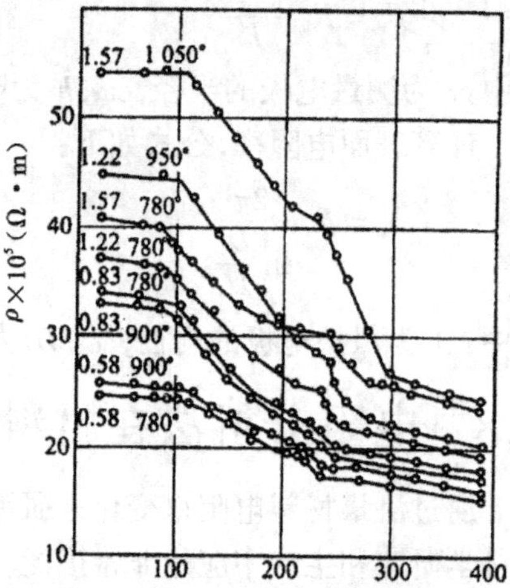

图 3-44 淬火钢回火时电阻的变化

复习题

1. 试验测出离子型的电导率与温度的相关数据，经数学处理后为

$$\lg\sigma = A + B\frac{1}{T}$$

试求：电导激活能的表达式。

2. 金属铜线 300 K 时的电阻率为 $1.8\times10^{-7}\Omega\cdot m$，假设铜线的成分为理想纯度，计算 800 K 时的电阻率。

3. 镍铬丝的电阻率为 $1\times10^{-6}\Omega\cdot m$(300 K)，加热至 400 K 时电阻率增加 5%，假定在 400 K 温度下马西森法则成立。试计算由于晶格缺陷和杂质引起的电阻率。

4. 解释用电阻法研究金属的晶体缺陷时，为什么电阻的测量要在低温下进行？

5. 超导体的三个特性和三个性能指标各是什么？

6. 常用电阻率的测量方法有哪几种？它们的测量范围和优缺点如何？

7. 电接触材料的制备方法有哪些？主要的电接触现象有哪些？

8. 用能带理论阐述半导体材料的半导特性。

9. 什么是本征半导体？什么是掺杂半导体？说明其导电机理。

10. 超导性的产生机理是什么？画图说明超导材料处于超导态应具备哪些条件。

第 4 章　材料的介电性能

与导电材料相伴而生的另一类材料是电介质材料。早期的电介质材料指的是电路中起分隔电流作用的绝缘材料。随着电子技术、激光、红外、声学以及其他新技术的出现和发展，电介质材料的应用领域早已超出了仅仅作为电绝缘介质的应用范畴，然而表征材料介电性能的基本参数仍然是早期研究材料的绝缘性能时提出来的四大参数，即介电系数、介电损耗、电导率和击穿强度，只是随着电介质理论研究的不断深入和发展，对固体材料介电性能的研究已经发展成为以上述四大参数为基础，研究物质内部的电极化过程的一门学科。

电介质的基本特征是：它们以感应而并非以传导的方式传递电的作用和影响。在电介质中起主要作用的是束缚着的电荷，在电的作用下，这些束缚电荷以正、负电荷重心不重合的电极化方式传递和记录电的作用和影响。因此电介质也可以狭义地定义为：在对电场作用的响应中，束缚电荷起主要作用的物质。

本章主要介绍材料的宏观介电性能与微观极化机制之间的关系的基本研究方法。

4.1　介质极化和静态介电系数

4.1.1　电极化的概念

1. 电介质极化的宏观特性——介电系数

早期的电介质是以绝缘材料的身份出现的。实际上，电介质除了绝缘性能以外，其在电场的作用下将产生极化并贮存电荷。图 4-1 为一个静电场中的理想平行板电容器示意图，其中图(a)两平行板间为真空。当施加电压 V 时，电极板上将出现充电电荷 Q_0。设极板面积为 A，极间距为 d，则极板上的充电电荷的面密度

$$\sigma_0 = \frac{Q_0}{A} \tag{4-1}$$

该电容器的电容量

$$C_0 = \frac{Q_0}{V} \tag{4-2}$$

根据静电场中的高斯定理，两平行板之间的任一点的电场强度

$$E = \frac{\sigma_0}{\varepsilon_0} \tag{4-3}$$

式中：ε_0 为真空介电系数，在 SI 单位中，$\varepsilon_0 = 8.854 \times 10^{-12}\ \mathrm{F \cdot m^{-1}}$。

若在两个平行板之间充满均匀的电介质，如图 4-1(b)所示，在外电场的作用下，与外电场垂直的电介质表面上出现与极板上的电荷符号相反的感应电荷。由于这些电荷不能自由

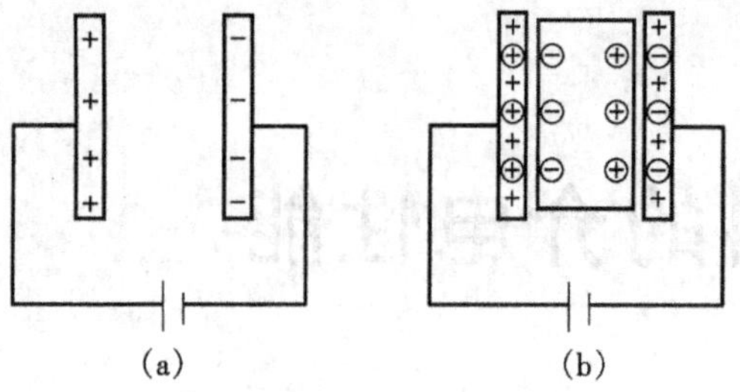

图 4-1 静电场中的电介质示意图
(a)两极板之间为真空 (b)两极板之间充满均匀的电介质

移动,总值保持电中性,故该电荷也被称为束缚电荷,或极化电荷,而极板上的充电电荷此时也被称为自由电荷。产生这种极化电荷的原因是:在外电场的作用下,在电介质的内部沿着电场方向产生了感应电偶极矩。这种在电场中介质的表面出现感应电荷的现象称为电介质的电极化。

电介质极化以后,电介质表面的感应电荷所形成的电场与极板上的自由电荷所形成的电场方向相反,因此感应电荷的出现将削弱极板上的自由电荷所形成的电场。由感应电荷所产生的场强被称为退极化场,可表示为

$$E = -\frac{\sigma'}{\varepsilon_0} \tag{4-4}$$

式中:σ'表示束缚电荷的面密度。

由于在极化过程中,外加极化电压未变,极板之间的距离不变,而两极板之间的电场强度为 $E=\frac{V}{d}$,也就是说场强 E 是保持不变的。事实上,为了保持场强的不变,两个极板上的电荷必须得到补充,以补偿电介质中的极化电荷的抵消作用。此时极板上的电荷面密度增加到

$$\sigma = \sigma_0 + \sigma' \tag{4-5}$$

此时,平板电容器的电容量为

$$C = \frac{\sigma A}{V} = \frac{(\sigma_0 + \sigma')A}{V} = C_0 + \frac{\sigma' A}{V} \tag{4-6}$$

为了计及电介质的极化对电容器容量变化的影响,定义电容器充以电介质时的电容量 C 与真空时的电容量 C_0 的比值为该电介质的相对介电系数,即

$$\varepsilon_r = \frac{C}{C_0} \tag{4-7}$$

对于上述的平行板电容器来说

$$\varepsilon_r = \frac{\sigma A/V}{\sigma_0 A/V} = \frac{\sigma}{\sigma_0} = \frac{\sigma_0 + \sigma'}{\sigma_0} = 1 + \frac{\sigma'}{\sigma_0} \tag{4-8}$$

将式(4-3)代入式(4-8)得

$$\left.\begin{aligned} \varepsilon_r &= \frac{\varepsilon_0 E + \sigma'}{\varepsilon_0 E} \\ \sigma' &= \varepsilon_0(\varepsilon_r - 1)E = (\varepsilon_0\varepsilon_r - \varepsilon_0)E = (\varepsilon - \varepsilon_0)E \end{aligned}\right\} \tag{4-9}$$

其中

$$\varepsilon = \varepsilon_0 \varepsilon_r \tag{4-10}$$

式中:ε 称为电介质的绝对介电系数;ε_r 称为电介质的相对介电系数。

介电系数是综合反映介质内部电极化行为的一个主要的宏观物理量。

2. 与介质的电极化相关的物理概念——电极化率、极化强度、电位移

电介质材料产生电极化现象的微观本质是,在外电场的作用下,在电介质中产生了大量的沿着电场方向取向的电偶极子。这些电偶极子的生成机制也就是电介质的极化机制,将

在后文中详细说明。单位体积中电偶极矩的矢量和是用来衡量电介质极化强弱的一个参数,该参数被称为极化强度 $\boldsymbol{P}$,表示为

$$\boldsymbol{P} = \frac{\sum \boldsymbol{\mu}}{\Delta V} \tag{4-11}$$

式中:$\sum \boldsymbol{\mu}$ 是体积中的电介质的电偶极矩的矢量和。极化强度是一个矢量,它是一个具有平均意义的宏观物理量,在 SI 单位中极化强度的单位是 C/m^2。可以证明,电极化强度的值等于介质表面的面电荷密度。

式(4-11)表明,极化强度的大小取决于介质中电偶极子的数量、在电场作用下的取向以及每一个偶极子的偶极矩的大小。其中每一个电偶极子的感应电偶极矩的大小不仅与外加电场的强度有关,还将受到电介质中其他电偶极矩的场强的影响。因此通常把引起电介质产生感应电偶极矩的电场称为有效电场。理论分析表明,感应电偶极矩的大小与有效电场成正比,它们之间的关系可以表示为

$$\boldsymbol{\mu} = \alpha \boldsymbol{E}_{\text{eff}} \tag{4-12}$$

式中:$\boldsymbol{E}_{\text{eff}}$表示电介质中的有效电场;$\alpha$ 称为微观极化率,它与电介质中组成粒子的性质有关,单位是 $F \cdot m^2$。

如果单位体积的电介质内的组成粒子数是 N,那么由式(4-11)和式(4-12)可以得出各向同性的电介质的极化强度的数值为

$$P = N\alpha E_{\text{eff}} \tag{4-13}$$

式(4-13)表明,影响电介质电极化强度的主要因素是电介质中组成粒子的种类和数量,以及在外加电场的作用下电介质中的有效内电场的性质。式(4-13)称为克劳修斯(Clausius)方程。

在静电学中,为了描述电介质的高斯定理而引入了一个矢量,称为电位移 $\boldsymbol{D}$,其定义为

$$\boldsymbol{D} = \varepsilon_0 \boldsymbol{E} + \boldsymbol{P} \tag{4-14}$$

电位移通常也被称为电感应强度。

式(4-14)中,$\boldsymbol{P}$ 可以被认为是由电场强度 $\boldsymbol{E}$ 所引起的一种响应,它们之间的关系可以写为

$$\boldsymbol{P} = \chi \varepsilon_0 \boldsymbol{E} \tag{4-15}$$

在无外加电场时,极化强度 $\boldsymbol{P} = 0$。

在各向同性的线性电介质中,χ 为标量,称之为极化系数,或宏观电极化率。它是一个没有单位的纯数,是表示电介质极化特性的一个宏观物理量。反之,如果一个电介质的极化强度和外电场之间符合式(4-15)的线性关系式,则该电介质被称为线性电介质。

由于图 4-1(a)的两极板之间为真空,则在 SI 单位制中,电位移

$$\boldsymbol{D}_0 = \varepsilon_0 \boldsymbol{E}_0 \tag{4-16}$$

当两板之间充以均匀电介质时,根据麦克斯韦(Maxwell)方程组可知,电位移只决定于自由电荷 $\pm Q$,而与电介质中的束缚电荷无关,于是在 SI 单位制中,电位移

$$\boldsymbol{D} = \varepsilon_0 \varepsilon_r \boldsymbol{E} \tag{4-17}$$

于是由式(4-14)、式(4-15)和式(4-17)可以得到

$$\varepsilon_r = 1 + \chi \tag{4-18}$$

上式表明,用相对介电系数 ε_r 和用宏观电极化率 χ 来描述物质的介电性质是等价的。

为了更加明确地说明电位的概念,下面计算电场使电介质极化所做的功。电场使正、负电荷 q 相对位移 $\mathrm{d}\boldsymbol{l}$ 所做的功

$$\mathrm{d}W_\mathrm{p} = q\boldsymbol{E}\cdot\mathrm{d}\boldsymbol{l} = \boldsymbol{E}\cdot\mathrm{d}\boldsymbol{\mu} \tag{4-19}$$

其中,$\mathrm{d}W_\mathrm{p}$ 是电场对单个粒子所做的功。将式(4-19)对单位体积中所有的粒子求和,可以得到电场对单位体积电介质所做的功

$$\mathrm{d}W_\mathrm{P} = \boldsymbol{E}\cdot\mathrm{d}\boldsymbol{P} \tag{4-20}$$

如果计入建立电场所需要的对单位体积自由空间所做的功,则有

$$\mathrm{d}W_E = \varepsilon_0\boldsymbol{E}\cdot\mathrm{d}\boldsymbol{E} \tag{4-21}$$

因此电场对充满电介质的空间的单位体积所做的功

$$\mathrm{d}W = \mathrm{d}W_P + \mathrm{d}W_E = \boldsymbol{E}\cdot(\varepsilon_0\mathrm{d}\boldsymbol{E} + \mathrm{d}\boldsymbol{P}) \tag{4-22}$$

根据式(4-14),即电位移的定义,上式可以写成

$$\mathrm{d}W = \boldsymbol{E}\cdot\mathrm{d}\boldsymbol{D} \tag{4-23}$$

式(4-23)很清楚地描述了电位移 $\boldsymbol{D}$ 的物理意义:如果把电场 $\boldsymbol{E}$ 理解为一种广义的力,而把 $\mathrm{d}\boldsymbol{D}$ 理解为广义的微位移,则其标积就是外界对系统所做的功,这就是 $\boldsymbol{D}$ 被称为电位移的原因。

4.1.2 电极化的微观过程

如上所述,从宏观上看,电极化就是在电场的作用下,固体中的正、负电荷的重心不再重合,在固体的表面出现了明显的电荷分布;从微观上看,电介质材料在外加电场的作用下产生电极化现象的本质是,在电介质中产生了大量的沿着电场方向取向的电偶极子。这种电偶极子主要产生于两种机制:一是产生于“感应电矩”,二是产生于“固有电矩”。

其中,感应电矩指的是由于组成介质的原子(或离子)中的电子壳层在电场的作用下,发生畸变(这个过程通常称为电子位移极化),或者由于分子(或晶胞)中的正、负离子在电场的作用下发生相对位移(这个过程通常被称为离子位移极化)而产生的电矩。

固有电矩是指如果分子(或原胞)中存在不对称性,那么这种分子(或原胞)就存在固有电矩 μ_0。μ_0 值不随时间而变,也很难受外界宏观条件的影响,因此可以视为固定值。在没有外电场的情况下,这种固有电矩在固体中杂乱无章地排列,因此在宏观上显示不出它的带电特征,但是如果将该系统放入外电场中,这种固有电矩就会趋于转向与外电场平行的方向,因而在宏观上显示出材料的极化特征,这种固有电矩沿电场方向取向的过程被称为取向极化。

事实上,对于固体介质的微观过程进行描述时,必须注意到粒子之间相互作用的性质。粒子之间的相互作用有短程和长程两类。价键作用、范德瓦耳斯作用、排斥作用等都是短程的;而电矩间的相互作用则是长程的。因此对于固体介质的电极化,其微观过程实际上牵涉到大量粒子的错综复杂的相互作用。这里为了说明电极化的微观过程的基本概念,只限于定性地介绍分子或原子(离子)的基本极化过程,而忽略电矩之间的长程相互作用,这相当于稀疏气体的近似情况。

一般地说,在一个宏观物体中含有大量的粒子,由于热运动的原因,这些粒子的取向处于混乱状态。因此,无论粒子本身是否具有电矩,热运动平均的结果都会使得这些粒子对宏

观电极化的贡献总和是等于零的。只有在外电场的作用下，粒子才会沿电场方向贡献一个可以累加起来给出宏观极化强度的电矩。一般情况下，宏观外加电场的作用比起结构粒子内部的相互作用要小得多。考虑到稀疏气体的近似情况，结构粒子在外电场的作用下而产生的感应电矩，与电场强度呈线性关系，即式(4-12)可以写为

$$\boldsymbol{\mu} = \alpha \boldsymbol{E} \tag{4-24}$$

如上所述，一个粒子对极化率 α 的贡献可以存在多种机制。这里，把组成分子的原子(或离子)中的电子云畸变而引起的负电荷中心位移贡献的部分计为 α_e，正、负离子发生相对位移贡献的部分计为 α_i，固有电偶极矩取向作用贡献的部分计为 α_d，总的微观极化率为各种机制贡献部分的总和，即

$$\alpha = \alpha_e + \alpha_i + \alpha_d \tag{4-25}$$

另外，除了以上提到的三种微观极化机制以外，在一些实际的电介质材料中，特别是在一些微观不均匀的凝聚态物质中(如聚合物高分子、陶瓷材料、非晶态固体等)，还会存在其他的微观极化机制。下面分别介绍电子位移极化、离子位移极化以及取向极化的微观过程，并简单阐述其他的微观极化机制。

1. 电子位移极化

组成电介质的原子或离子，在电场作用下，带正电的原子核与其壳层电子的负电中心出现不重合，从而产生电偶极矩，这种极化称为电子位移极化。

在没有外电场作用的时候，孤立原子中的电矩等于零，即电子云的重心和原子核重合，如图 4-2(a)所示。如果有外来均匀电场的作用，那么它将促使电子云的重心与原子核分离，同时原子核对电子的引力又使电子云的重心趋于和原子核恢复重合。这种电场力和恢复力之间的平衡，就使原子处于一种具有一定电矩的状态，如图 4-2(b)所示。它属于感应电矩。通常这种感应电矩 $\boldsymbol{\mu}_e$ 与作用于该原子的局部有效电场 $\boldsymbol{E}_{loc}$ 成正比。

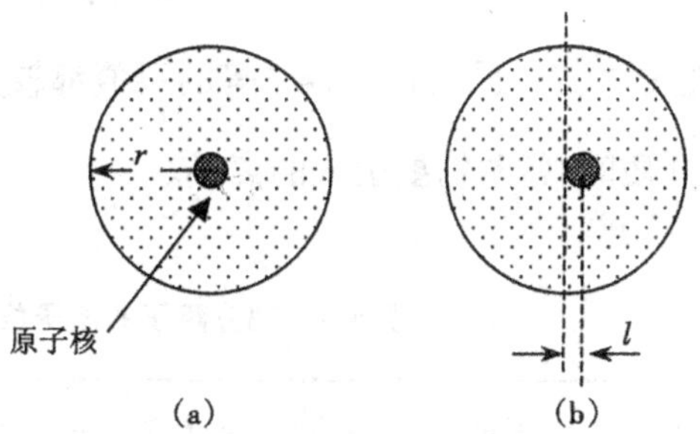

图 4-2　电子云位移极化示意图

(a) $\boldsymbol{E}=0$　(b) $\boldsymbol{E}\neq 0$

与上面的讨论同理，考虑到"稀疏气体近似"的假设，可以认为该局部有效场的作用等于外加电场的作用，因此感应电矩与外加电场之间的关系可以表示为

$$\boldsymbol{\mu}_e = \alpha_e \boldsymbol{E} \tag{4-26}$$

式中：α_e 称为电子位移极化率。

以最简单的氢原子来说，量子力学的计算结果为

$$\alpha_e = \frac{9}{2} r^3 \tag{4-27}$$

式中：r 代表电子轨道半径。氢原子的轨道半径为 0.5×10^{-10} m，故 α_e 为 $0.622\times10^{-40}\,\mathrm{F\cdot m^2}$。实验结果与计算结果具有相同的数量级。式(4-27)不适用于较复杂的原子，但是可以肯定，当电子轨道半径增大时，电子位移极化率会随之很快增大。

综上所述可以得到下面的结论：外层电子，特别是价电子受原子核的束缚最小，在外电场的作用下，这些电子产生的位移最大，因而对电子位移极化率的贡献也最大。在元素周期表中，对于同一族的原子，电子位移极化率自上而下依次增大，如表 4-1 所示；在同一周期中

的元素，原子的电子位移极化率自左向右可以增大也可以减小，这是因为虽然轨道上电子数目增多，但是轨道半径却可能减少，结果要看哪个效应占优势。

表 4-1 惰性元素原子的电子位移极化率

元素	原子中的电子数	$\alpha_e(\times 10^{-40}\ F\cdot m^2)$
He	2	0.22
Ne	10	0.43
Ar	18	1.80
Kr	36	2.74
Xe	54	4.44

离子的电子位移极化率的变化规律与原子的情况相类似，电子位移极化率随着离子半径及价电子数的增加而增加，负离子的电子位移极化率一般比正离子的要大。表 4-2 是元素周期表中的部分元素的离子的电子位移极化率、离子半径及$\frac{\alpha_e}{r^3}$比值。根据定义，极化强度为单位体积的电矩之矢量和。也就是说，极化强度的大小不仅决定于粒子的感应电矩，而且决定于单位体积中的粒子数。因此，$\frac{\alpha_e}{r^3}$值较大的粒子，通常对极化有较大的贡献，如表 4-2 中的 O^{2-}、F^-、S^{2-}、Ti^{4+}、Se^{2-} 等的$\frac{\alpha_e}{r^3}$值都较大，其中的 O^{2-} 和 Ti^{4+} 是制备介电系数较大的固体电介质时，常常需要引入的离子。

表 4-2 部分离子的电子位移极化率、离子半径及$\frac{\alpha_e}{r^3}$比值

周期	元素	离子中的电子数	$\alpha_e(\times 10^{-40}\ F\cdot m^2)$	泡利(Pauling)离子半径($\times 10^{-10}$ m)	$\frac{\alpha_e}{r^3}(\times 10^{-10}\ F\cdot m^{-1})$
第二周期	Li^+	2	0.032	0.60	0.15
	Be^{2+}	2	0.008 9	0.31	0.30
	O^{2-}	10	4.32	1.40	1.57
	F^-	10	1.16	1.36	0.46
第三周期	Na^+	10	0.20	0.95	0.23
	Mg^{2+}	10	0.11	0.65	0.38
	Al^{3+}	10	0.058	0.5	0.46
	Si^{4+}	10	0.018	0.41	0.27
	S^{2-}	18	11.34	1.84	1.82
	Cl^-	18	4.07	1.81	0.69

续表

周期	元素	离子中的电子数	$\alpha_e(\times10^{-40}\ F\cdot m^2)$	泡利(Pauling)离子半径($\times10^{-10}$ m)	$\frac{\alpha_e}{r^3}(\times10^{-10}\ F\cdot m^{-1})$
第四周期	K^+	18	0.92	1.33	0.39
	Ca^{2+}	18	0.52	0.99	0.54
	Sc^{3+}	18	0.32	0.81	0.60
	Ti^{4+}	18	0.21	0.68	0.66
	Se^{2-}	36	11.68	1.98	1.50
	Br^-	36	5.30	1.95	0.72

此外，电子位移极化率与温度无关，因为温度的改变只影响组成电介质的粒子的热运动，而对原子或离子的半径影响不大。电子位移极化完成的时间非常短，一般在 10^{-15} ~ 10^{-14} s 之间。在所有的电介质中都存在电子位移极化机制。

2. 离子位移极化

由于电场的作用，电介质的分子或晶胞中的正负离子发生相对位移(表现为键间角或离子间距的改变)，因而产生感应电矩，这种电极化被称为离子位移极化。

通常，只有极性分子才表现出比较显著的离子位移极化特性，因此离子位移极化是离子晶体的主要电极化机制。因离子位移极化而产生的感应电矩可以写为

$$\boldsymbol{\mu}_i = \alpha_i \boldsymbol{E} \tag{4-28}$$

式中：α_i 为离子位移极化率。

在弱电场的作用下，离子相对其平衡位置的位移是很小的，还在正负离子的静电力场的作用范围内，因此它是一种弹性位移。这种极化是外电场的作用力与异性离子的库仑引力，以及离子的电子壳层之间的静电斥力达到暂时平衡的结果。根据这三种作用力之间的平衡条件，可以推导出离子位移极化率

$$\alpha_i = \frac{(R_+ + R_-)^3}{n-1} \tag{4-29}$$

式中：n 为晶格参数；R_+、R_- 分别为正、负离子的半径。

由式(4-29)可以看出，极性分子的离子位移极化率和离子半径的立方应具有相同的数量级，而且在数量级上接近于离子的电子位移极化率 α_e。

离子位移极化建立的时间很短，在 10^{-13} ~ 10^{-12} s 内可以完成，这和晶体点阵内离子的固有振动的周期很接近(强束缚离子的固有振动的周期为 10^{-13} s)。这种极化从直流电场至 10^{12} Hz 的交变电场的频率范围内都会发生。离子位移极化是一种纯弹性位移极化，故基本上不会造成能量损失。

一般的离子晶体电介质的介电系数 ε 随着温度的升高而略有增大，即介电系数—温度系数 $TK\varepsilon$ 为正值。这是因为，当温度升高时，离子的热振动加强，离子间距离增大(宏观上表现为体积膨胀)，使得式(4-29)中的分子的增大量大于分母的增大量，所以 α_i 随着温度的升高而增大，这种因素直接导致 ε 的增大；但另一方面，由于温度升高体积膨胀，使得单位体积中的离子数减少，这种因素将导致 ε 的下降。通常前者的影响大于后者，故总的效果是介电系数 ε 随着温度的升高而增大。

3. 固有电矩的取向极化

如果电介质由极性分子组成，则在电场作用下，除了电子位移极化和离子位移极化外，其固有电矩将沿外电场方向排列，从而在电介质中产生宏观电矩。这种极化称为取向极化。

在凝聚态物质中，由于固有电矩间的相互作用具有长程的性质，一个分子的转向会带动周围许多分子的转向，这样会使得介电系数具有较大的数值。为了使问题简化，仍然先讨论电矩之间没有相互作用的情况，即相当于稀疏气体的情况。

设气体中含有大量相同的分子，而每个分子的固有电矩为 $\boldsymbol{\mu}_0$。在没有外电场作用时，在热平衡状态下，热运动使得各分子的电偶极子杂乱无章地取向。从宏观上看，在任一瞬时，各分子的电矩彼此相互抵消，使大量分子平均瞬时电矩矢量和等于零。关于热平衡的这种结果在统计物理中是作为公理被人们所承认的，可以用下面的公式表示

$$\langle \boldsymbol{\mu}_0 \rangle = 0 \tag{4-30}$$

上式中尖括号表示热平衡平均值。

如果在这个极性分子气体中沿某一方向加有均匀电场 $\boldsymbol{E}$，则在一定温度和一定的外场条件下，固有电矩在外电场中的势能

$$U = -\boldsymbol{\mu}_0 \cdot \boldsymbol{E} = \boldsymbol{\mu}_0 \cdot \boldsymbol{E} \cos\theta \tag{4-31}$$

式中：$\boldsymbol{\mu}_0$ 为偶极子的固有电矩；θ 为固有电矩 $\boldsymbol{\mu}_0$ 与电场 $\boldsymbol{E}$ 的夹角。

在热平衡的条件下，分子按能量的分布遵从玻尔兹曼分布。据此，电矩 $\boldsymbol{\mu}_0$ 和电场 $\boldsymbol{E}$ 的夹角介于 θ 和 $\theta + \mathrm{d}\theta$ 之间的几率正比于

$$2\pi\sin\theta\mathrm{d}\theta \cdot \exp\left(-\frac{U}{k_B T}\right) = 2\pi\sin\theta\mathrm{d}\theta \cdot \exp\left(\frac{\mu_0 E\cos\theta}{k_B T}\right)$$

其中：$2\pi\sin\theta\mathrm{d}\theta = \mathrm{d}\Omega$ 是相应的立体角。

因此，电矩 $\boldsymbol{\mu}_0$ 和电场 $\boldsymbol{E}$ 的夹角介于 θ 和 $\theta + \mathrm{d}\theta$ 之间的偶极子数可以写为

$$\mathrm{d}N = A\exp\left(\frac{\mu_0 E\cos\theta}{k_B T}\right)\mathrm{d}\Omega \tag{4-32}$$

式中：A 为比例系数。

因为，某一偶极子的偶极矩沿电场方向的分量为 $\mu_0\cos\theta$，所以，在立体角 $\mathrm{d}\Omega$ 中的偶极子的偶极矩沿着电场方向的分量之和为 $\mu_0\cos\theta\mathrm{d}N$。因此，系统中的所有偶极子沿着电场方向的平均电偶极矩

$$\langle \boldsymbol{\mu}'_E \rangle = \frac{\int_0^\pi \mu_0\cos\theta\mathrm{d}N}{\int_0^\pi \mathrm{d}N} = \frac{\int_0^\pi 2\pi A\mu_0\cos\theta\sin\theta\exp\left(\frac{\mu_0 E\cos\theta}{k_B T}\right)\mathrm{d}\theta}{\int_0^\pi 2\pi A\sin\theta\exp\left(\frac{\mu_0 E\cos\theta}{k_B T}\right)\mathrm{d}\theta} \tag{4-33}$$

令

$$\left.\begin{aligned} \frac{\mu_0 E}{k_B T} &= a \\ \frac{\mu_0 E}{k_B T}\cos\theta &= x \end{aligned}\right\} \tag{4-34}$$

这样可以得到

$$\langle \boldsymbol{\mu} \rangle = \frac{\frac{\mu_0}{a}\int_{-a}^{a} ax\mathrm{e}^x\mathrm{d}x}{\int_{-a}^{a} a\mathrm{e}^x\mathrm{d}x} = \mu_0\left(\frac{\mathrm{e}^a + \mathrm{e}^{-a}}{\mathrm{e}^a - \mathrm{e}^{-a}} - \frac{1}{a}\right) = \mu_0 L(a) \tag{4-35}$$

$L(a)$被称为朗芝万(P. Langevin)函数(它是朗氏在考虑顺磁现象时得出的)。该函数以 a 为自变量的关系曲线如图 4-3 所示。

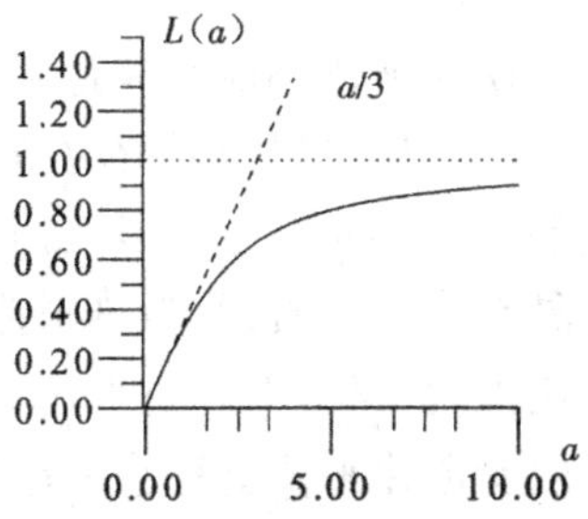

图 4-3　朗芝万函数 $L(a)$

由图 4-3 可以看出以下两点。

①当电场强度 E 很大的时候，由式(4-34)可知 $\mu_0 E \gg k_B T$，$L(a)$趋于它的最大值 1。说明，在这种情况下，所有的电偶极矩都完全平行于电场方向。

②在电场不太大，温度也不太低的情况下，热运动的无序化作用将占相当的优势，当 $\mu_0 E \ll k_B T$，即 $a \ll 1$ 时(室温条件下这种关系就能满足)可以导出：$L(a)=\frac{1}{3}a$。

因此有

$$\langle \mu_E \rangle = \left(\frac{\mu_0^2}{3k_B T}\right)E \qquad (\mu_0 E \ll k_B T) \tag{4-36}$$

因此得到固有电矩的取向极化率

$$\alpha_d = \frac{\mu_0^2}{3k_B T} \tag{4-37}$$

从以上的数学推导过程可以看出，固有电矩的取向极化率 α_d 的物理意义可以描述为：当外电场作用于系统时，分子的电偶极矩沿着电场取向，并获得取向势能；而热运动的作用是扰乱这样的取向，使电偶极子趋向于杂乱无章的取向；总的效果是，在平均意义上，电矩沿着电场方向的取向占优势，故称 α_d 为电偶极子取向极化率。

由式(4-13)和式(4-15)可知，宏观极化率和微观极化率之间的关系可以写为

$$\chi = \frac{N\alpha}{\varepsilon_0} \tag{4-38}$$

将式(4-25)代入上式，并考虑到式(4-37)的结果，可得到

$$\chi = \frac{N\alpha}{\varepsilon_0} = \frac{N}{\varepsilon_0}\left(\alpha_e + \alpha_i + \frac{\mu_0^2}{3k_B T}\right) \tag{4-39}$$

由于电子位移极化率和离子位移极化率主要由材料的微观结构所决定，而与温度的关系相对于固有电矩的取向极化来说可以忽略不计，所以测量物质的宏观极化率随着温度的变化规律，即可由式(4-39)计算出分子的固有电矩 $\boldsymbol{\mu}_0$。

上面的数学方法是朗之万于 1905 年在讨论固有磁矩对磁化率的取向贡献时提出来的，后来德拜将这个方法应用到解决电矩取向极化的问题上，故式(4-39)被称为朗之万-德拜公式，在有些文献中亦称为德拜公式。

固有电矩的取向极化需要的时间较长，为 $10^{-10} \sim 10^{-2}$ s，取向极化率比电子位移极化率要高两个数量级。

4. 其他极化机制

在气体、液体和理想的完整晶体中，经常存在的微观极化机制是电子位移极化、离子位移极化和固有电矩的取向极化。在非晶态固体、聚合物高分子、陶瓷以及不完整的晶体中，还会存在其他更为复杂的微观极化机制。在此，简要介绍三种常见的极化机制，即松弛极化、空间电荷极化和自发极化。

1)松弛极化

松弛极化亦被称为弛豫极化,它是由外加电场所引起的,与带电质点的热运动状态密切相关。例如,当材料中存在着弱联系的电子、离子和电偶极子等弛豫质点时,温度造成的热运动使这些质点分布混乱,而电场的作用使它们有序分布,平衡时建立了极化状态。这种极化具有统计性质,称为热松弛(弛豫)极化。极化造成的带电质点的运动距离可与分子大小相比拟,甚至更大。由于是一种弛豫过程,故极化平衡建立的时间较长,为 $10^{-3} \sim 10^{-2}$ s,并且由于创建平衡要克服一定的势垒,故需要吸收一定的能量,因此,与位移极化不同,松弛极化是一种非可逆过程。

松弛极化包括电子松弛极化、离子松弛极化以及固有电矩的取向极化(在有的文献中,亦称之为偶极子松弛极化)。

2)空间电荷极化

空间电荷极化是不均匀电介质(或者说是复合电介质)在电场的作用下的一种重要的极化机制。极化的起因是不均匀电介质中的自由电荷载流子(正、负离子或电子)可以在晶格缺陷、晶界、相界等区域积聚,形成空间电荷的局部积累,使电介质中的电荷分布不均匀。在电场的作用下,这些混乱分布的空间电荷趋向于有序化,即空间电荷的正、负电荷质点分别向外电场的正、负极方向移动,其表现类似于一个宏观的电矩群从无序取向向有序取向的转化过程。这种极化称为空间电荷极化。

宏观的不均匀性,例如夹层、气泡等也可形成空间电荷极化,因此,这种极化又称为界面极化;由于空间电荷的积聚,可形成很高的与外电场方向相反的电场,故有时又称这种极化为高压式极化。

空间电荷极化需要较长的时间,大约几秒到数十分钟,甚至数十小时,因此空间电荷极化只对直流和低频下的极化强度有贡献。

3)自发极化

以上介绍的极化过程都是在外加电场的作用下进行的。而有一类极性晶体在无外电场作用时,其自身已经存在极化机制,表现为其极化强度和外电场之间的关系是一种独特的非线性关系,这种极化称为自发极化,这一类晶体称为铁电晶体。

4.1.3 电介质中的有效场和克劳修斯-莫索提方程

1.洛伦兹有效场

在上面的讨论中,假设物质系统是类似稀有气体的情况,即没有考虑物系中粒子之间的相互作用,因此认为促使粒子极化的电场就是宏观的外电场。在此前提下,如果只考虑电子位移极化、离子位移极化和固有电矩的取向极化的作用,则由式(4-18)和式(4-39)可以得到

$$\varepsilon_r - 1 = \frac{N}{\varepsilon_0}\left(\alpha_e + \alpha_i + \frac{\mu_0^2}{3k_B T}\right) \tag{4-40}$$

当不考虑分子之间的相互作用时,即对于稀疏气体的情况,由上式计算出的气体介电系数同实验结果符合得很好。但是,当体系中的分子之间的相互作用不能忽略时,作用于分子或原子(或离子)上的电场就不单单是外加的宏观电场,还应加上其他的分子或原子(或离子)的感应电矩的电场。对于弥散态物质系统来说,如果把每个分子看成是一个“近独立子系”,那么,系统的外加宏观电场与其他分子的感应电矩的电场的作用之和,称为局域场 $\boldsymbol{E}_{loc}$。对于上述的弥散态物系中的单个分子而言,$\boldsymbol{E}_{loc}$ 才是真正的外电场。

一般来说,一个分子内部含有的原子不只一个,当讨论分子中某个原子或离子所受到的电场作用时,除了考虑 $\boldsymbol{E}_{\text{loc}}$ 外,还要计入这个分子内其他原子或离子所产生的总电场 $\boldsymbol{E}_{\text{in}}$,$\boldsymbol{E}_{\text{in}}$ 被称为内电场。也就是说,一个分子中的某个原子或离子所受到的总电场

$$\boldsymbol{E}_{\text{eff}} = \boldsymbol{E}_{\text{loc}} + \boldsymbol{E}_{\text{in}} \tag{4-41}$$

其中,$\boldsymbol{E}_{\text{eff}}$ 称为有效场。

在气体中,由于分子的整体旋转热运动的结果,使内电场的取向随着分子一起旋转,因此其效应在作热平衡值计算时抵消了,即其宏观效果为零。这时可以认为 $\boldsymbol{E}_{\text{eff}} = \boldsymbol{E}_{\text{loc}}$。

如果讨论的是晶体,可以认为单晶体就是一个大分子,这时如果没有其他晶体的作用,可以认为 $\boldsymbol{E}_{\text{eff}} = \boldsymbol{E} + \boldsymbol{E}_{\text{in}}$。

对于一般的凝聚态系统,由于电矩间的库仑力相互作用是长程的,因此有效场的计算非常复杂。为了解决有效场的计算问题,洛伦兹首先提出了一个近似模型,它可以表述为:均匀极化的介质里一个球形空腔中电场的计算。

洛伦兹有效场模型可以由图4-4来说明。

在所考虑的原子 O 处,以 O 为球心作球,使该球的半径足够大,以至球外的区域可以被看作为连续介质,而其介电系数为 ε_{r}。这样,把球外分子的影响用宏观方法处理,也就是说,把球看成一个空腔,使球外的影响归结为空球表面介质的极化。而对于球内部其他分子影响的计算,就必须考虑到固体(或晶体)的结构。于是作用在中心原子处的有效场分为三部分,即有

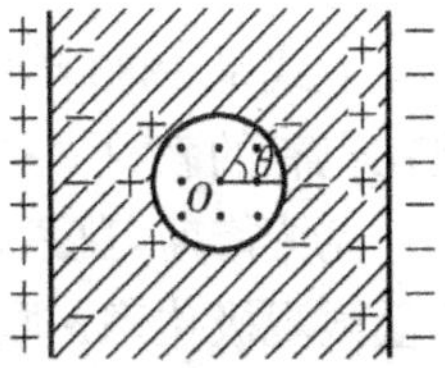

图4-4　洛伦兹有效场模型

$$\boldsymbol{E}_{\text{eff}} = \boldsymbol{E} + \boldsymbol{E}_{\text{球外}} + \boldsymbol{E}_{\text{球内}} \tag{4-42}$$

式中:$\boldsymbol{E}$ 表示外加的宏观电场;$\boldsymbol{E}_{\text{球外}}$ 代表球外连续介质在中心处所产生的电场;$\boldsymbol{E}_{\text{球内}}$ 代表球内其他分子(或原子)在中心处所产生的电场。

对于空心圆球,球外连续介质在中心处所产生的电场可由静电学的原理求出

$$\boldsymbol{E}_{\text{球外}} = \frac{1}{3\varepsilon_0}\boldsymbol{P} \tag{4-43}$$

下面再讨论球内其他分子在 O 点产生的电场 $\boldsymbol{E}_{\text{球内}}$。

令球内其他某个分子(或原子、离子) j 的坐标为 x_j, y_j, z_j,而该分子或离子电矩的三个分量为 $\mu_{jx}, \mu_{jy}, \mu_{jz}$,那么该电矩在中心处所产生的电场沿外场方向的分量,就是所要求的 $\boldsymbol{E}_{\text{球内}}$。可以由静电学的原理求出

$$\boldsymbol{E}_{\text{球内}} = \frac{1}{4\pi\varepsilon_0}\sum_j\left(\mu_{jx}\frac{3x_j^2 - r_j^2}{r_j^5} + \mu_{jy}\frac{3x_jy_j}{r_j^5} + \mu_{jz}\frac{3x_jz_j}{r_j^5}\right) \tag{4-44}$$

式中:r_j 为电矩 μ_j 的位置矢量长度,$r_j = (x_j^2 + y_j^2 + z_j^2)^{\frac{1}{2}}$。

对于球体中具有立方对称环境的参考位置而言(例如由同种原子组成的简单立方晶体、体心立方晶体、面心立方晶体、NaCl 结构的晶体等),可以证明:$\boldsymbol{E}_{\text{球内}} = 0$。因此对于具有这类结构的晶体,有效场为

$$\boldsymbol{E}_{\text{eff}} = \boldsymbol{E} + \frac{1}{3\varepsilon_0}\boldsymbol{P} \tag{4-45}$$

由式(4-14)和式(4-17)容易得到 $\boldsymbol{P} = \varepsilon_0(\varepsilon_{\text{r}} - 1)\boldsymbol{E}$,将此式代入式(4-45),可得

$$\boldsymbol{E}_{eff}=\frac{\varepsilon_r+2}{3}\boldsymbol{E} \tag{4-46}$$

洛伦兹的有效场只是近似地适用于电子或离子的位移极化，而不适用于固有电矩的转向极化。

2. 克劳修斯-莫索提方程（Clausius-Mossotti equation）

式(4-45)就是克劳修斯-莫索提方程，弥散物系中周围的分子对被考察分子的作用的电场强度接近于零的情况，正是 Mossotti 的假设，它相当于洛伦兹理论中 $\boldsymbol{E}_{球内}=0$ 的情况。式(4-45)右边的第二项通常称为洛伦兹修正项。

由式(4-13)、式(4-15)和式(4-18)可知，克劳修斯方程可以写成下面的形式

$$\varepsilon=\varepsilon_0+N\alpha\frac{\boldsymbol{E}_{eff}}{\boldsymbol{E}} \tag{4-47}$$

将式(4-46)代入式(4-47)，得

$$\frac{\varepsilon_r-1}{\varepsilon_r+2}=\frac{1}{3\varepsilon_0}N\alpha \tag{4-48}$$

上式是 1880 年由 H. A. Lorentz 和 L. Lorenz 各自同时得到的，称为 Lorentz-Lorenz 公式。现在也有的教科书把式(4-48)也称为克劳修斯-莫索提方程。

克劳修斯-莫索提方程把反映物质系统的极化本质的宏观物理量介电系数 ε 和微观物理量微观极化率 α 联系了起来。

4.2 交变电场中的电介质

4.2.1 介电弛豫现象

弛豫这个概念是从宏观的热力学唯象理论抽象出来的。它的定义是：一个宏观系统，由于周围环境的变化，或它经受了一个外界的作用，而变成非热平衡状态，这个系统经过一定时间由非热平衡状态过渡到新的热平衡状态的整个过程就称为弛豫。

由前面介绍的情况可知，各种极化过程都需要时间，其中有的极化形式（如电子位移极化和离子位移极化）需要的时间非常短（一般在 $10^{-15}\sim10^{-12}$s）。这对于无线电频率范围（通常小于 5×10^{12}Hz）来讲，可以认为是瞬时完成的，一般把这类极化划归为位移极化；而另外一些极化需要的时间较长，例如热转化极化（包括固有电矩的取向极化等），要达到极化的稳定状态，一般需要经历 10^{-8}s，甚至更长的时间，因此这类极化在外施电场频率较高时，就有可能来不及跟随电场的变化，表现出极化的滞后性，这部分极化常被划归为松弛极化。

于是电介质极化强度可以表示为

$$\boldsymbol{P}=\boldsymbol{P}_{\infty}+\boldsymbol{P}_r \tag{4-49}$$

式中：$\boldsymbol{P}_{\infty}$ 为位移极化强度；$\boldsymbol{P}_r$ 为松弛极化强度。

一般来说，松弛极化强度 $\boldsymbol{P}_r$ 与时间 t 的关系比较复杂。若 $t=0$ 时，$\boldsymbol{P}_r=0$，并在此瞬时加上一个恒定电场，则作为近似，可以用下式表示松弛极化强度 $\boldsymbol{P}_r$ 与时间 t 的关系：

$$\boldsymbol{P}_r=\boldsymbol{P}_{rm}(1-e^{-\frac{t}{\tau}}) \tag{4-50}$$

式中：$\boldsymbol{P}_{rm}$ 为稳态（即 $t\to\infty$）时的松弛极化强度；τ 为松弛时间常数（也称为弛豫时间）（relaxation time），它与时间无关，但是与温度有关。

如果在某一时刻移去加在电介质上的宏观电场,那么松弛极化强度 $\boldsymbol{P}_r$ 与时间 t 的关系可以表示为

$$\boldsymbol{P}_r = \boldsymbol{P}_{rm} e^{-\frac{t}{\tau}}$$

$$\frac{\boldsymbol{P}_r}{\boldsymbol{P}_{rm}} = e^{-\frac{t}{\tau}} \tag{4-51}$$

此时 $\boldsymbol{P}_{rm}$ 为稳态(即 $t \to 0$)时的松弛极化强度。

式(4-51)的关系可以用图 4-5 的曲线来描述。

从图 4-5 中可以看到,弛豫时间 τ 是松弛极化强度 P_r 减小至 P_{rm} 的 e^{-1} 倍时所需的时间。

这种松弛极化强度对时间的关系适用于研究线性电介质对可变电场的响应问题。

对于介电弛豫现象最直观的观察是电介质在脉冲电压的作用下,回路中所能观测到的吸收电流和残余电流的产生。

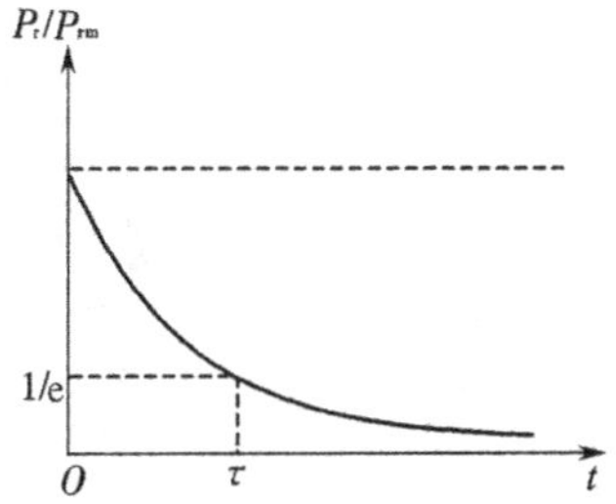

图 4-5　弛豫规律关系曲线示意图

如图 4-6 所示,将一个脉冲电压加在电介质上,电压振幅为 V_0,脉冲时间间隔为 $t_1 \sim t_2$,在时刻 t_1,由于脉冲前缘的作用,连接电介质与电源的回路中流过瞬时充电电流 i_∞,接着就可以观察到随着时间而逐渐减小的电流 $i_a(t)$继续流过,这种随着时间而逐渐减小的电流被称为吸收电流。如果在时刻 t_2 切断电源,并且把电容器的两个极板短接,发现此时有瞬时放电电流 i'_∞ 流过,接着还有逐渐衰减的残余电流 $i'_a(t)$流过。由于讨论的是线性电介质,因此有 $i_\infty = i'_\infty$, $i_a(t) = -i'_a(t)$。

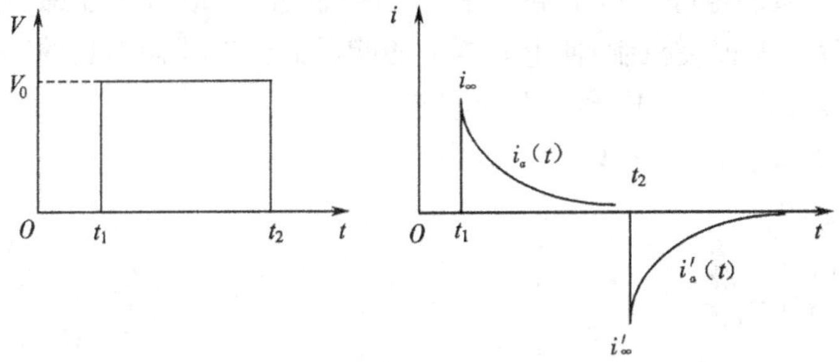

图 4-6　电介质的吸收电流 $i_a(t)$和残余电流 $i'_a(t)$示意图

图 4-6 说明,由于电介质存在缓慢极化的极化机制,使得极化滞后于电压的变化,因此出现随着时间而变化的吸收电流或残余电流。这种现象被称为介电弛豫现象。

4.2.2　复介电系数和介质损耗

如上所述,如果外加电场不断地改变,介质内的极化也就不断地随之改变。当电场变化的频率非常高时,某些极化就会追随不及而滞后,表现为介电弛豫现象。介质极化的这种弛豫过程在变动电场的作用下就会引起介质损耗,并且使动态介电系数与静态介电系数不同。下面,以平板电容器为例,说明动态介电系数——复介电系数,以及介质损耗的概念。

假设一个理想的平板电容器的两个极板之间为真空,该电容器的容量为 C_0,当在其两个极板上施加角频率为 ω 的正弦交变电压 $V = V_0 \exp(i\omega t)$时,则流过电容器的电流的相位

较之电压的相位超前 90°,电流电压之间的关系可以表示为

$$I_{C_0} = \mathrm{i}\omega C_0 V = \omega C_0 V_0 \exp\left[\mathrm{i}\left(\omega t + \frac{\pi}{2}\right)\right] \tag{4-52}$$

若在此电容器的两个极板之间充满介电系数为 ε_r 的电介质,并且假设该电介质为理想电介质,则其容量 $C = \varepsilon_r C_0$,其电流的相位仍应超前电压 90°。但是对于实际电介质来说,可以观察到其电流超前电压的相位角总是小于 90°,如图 4-7 所示。这时,可以把实际电容器

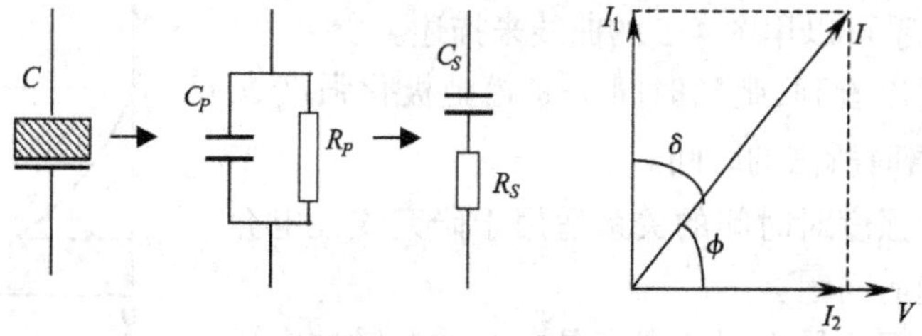

图 4-7 充满电介质的电容器的等效电路以及电流和电压之间的相位关系

的电流 I 分解为两个电流分量 I_1 和 I_2,其中,I_1 的相位角超前于电压 90°,这部分电流不损耗功率,称为无功电流;I_2 与电压同相位,该电流是消耗功率的,故称为有功电流。这两个电流分量与电压之间的关系可以用下面的式子表示:

$$I_1 = \mathrm{i}\omega CV = \omega CV_0 \exp\left[\mathrm{i}\left(\omega t + \frac{\pi}{2}\right)\right] \tag{4-53}$$

$$I_2 = gV \tag{4-54}$$

上式中的 g 称为介质的电导。这个电导并不一定代表由于载流子迁移而产生的直流电导,而是代表介质中存在有损耗机制,使电容器上的能量部分地消耗为热的物理过程。由式(4-53)和式(4-54)可知,通过实际电容器上的电流

$$\boldsymbol{I} = \boldsymbol{I}_1 + \boldsymbol{I}_2 = (\mathrm{i}\omega C + g)V \tag{4-55}$$

介质损耗角的正切值

$$\tan\delta = \frac{|\boldsymbol{I}_2|}{|\boldsymbol{I}_1|} = \frac{g}{\omega C} \tag{4-56}$$

把 $g = \gamma\dfrac{S}{d}$,$C = \dfrac{\varepsilon_r \varepsilon_0 S}{d}$(其中,$S$ 为极板面积,d 为介质厚度,γ 为电导率)代入式(4-55)和式(4-56),即可求得电流密度,以及 $\tan\delta$ 与材料的电导率 γ、介电系数 ε 之间的关系

$$\boldsymbol{j} = (\mathrm{i}\omega\varepsilon_r\varepsilon_0 + \gamma)\boldsymbol{E} \tag{4-57}$$

$$\tan\delta = \frac{|\boldsymbol{I}_2|}{|\boldsymbol{I}_1|} = \frac{g}{\omega C} = \frac{\gamma}{\omega\varepsilon} \tag{4-58}$$

式(4-57)中的 $\boldsymbol{E}$ 为电场强度。第一项"$\mathrm{i}\omega\varepsilon_r\varepsilon_0\boldsymbol{E}$"称为位移电流密度,第二项"$\gamma\boldsymbol{E}$"称为传导电流密度。令

$$\boldsymbol{j} = \mathrm{i}\omega\varepsilon^* \boldsymbol{E} \tag{4-59}$$

由式(4-57)和式(4-59)可定义复介电系数 ε^*,即

$$\varepsilon^* = \varepsilon_r\varepsilon_0 - \mathrm{i}\frac{\gamma}{\omega} = \varepsilon - \mathrm{i}\frac{\gamma}{\omega} = \varepsilon' - \mathrm{i}\varepsilon'' \tag{4-60}$$

即复介电系数 ε^* 可以分成实部 ε' 和虚部 ε''。

若引入复相对介电系数 ε_r^*，那么相应有

$$\varepsilon_r^* = \varepsilon_r' - i\varepsilon_r'' \tag{4-61}$$

在式(4-60)和式(4-61)中 ε'' 或 ε_r'' 对应于损耗项；ε' 或 ε_r' 对应于电容项。

比较式(4-58)和式(4-60)、式(4-61)可知，介质损耗角的正切值可以表示为

$$\tan\delta = \frac{\varepsilon''}{\varepsilon'} = \frac{\varepsilon_r''}{\varepsilon_r'} \tag{4-62}$$

上式中的 ε'' 和 ε_r'' 分别称为损耗因素和相对损耗因素，而 ε' 和 ε_r' 则是通常意义的介电系数和相对介电系数，但是它们都依赖于频率 ω。只有当 $\omega \to 0$ 时，ε' 才是静态介电系数。

研究介质损耗的问题，实质上就是研究能量转换问题。根据介质理论中关于介质损耗的定义：它是指电介质在单位时间内，每单位体积中，将电能转化为热能(以发热形式)而消耗的能量。因此可以通过直接计算在交变电场中的能量损失，讨论介质损耗。由式(4-58)和式(4-60)可知，$\gamma = \omega\varepsilon'\tan\delta = \omega\varepsilon\tan\delta$，因此单位体积电介质的损耗功率

$$P = \gamma E^2 = \omega\varepsilon\tan\delta\, E^2 \tag{4-63}$$

可见，介质损耗与频率有关。式中的 $\varepsilon\tan\delta$ 称为损耗因数，在外界条件一定时，它是介质本身的特定参数。而等效电导率则同时决定于损耗因数和交变电场的频率 ω，频率增高时，$\omega\varepsilon\tan\delta$ 乘积增大，介质损耗增大。因此，工作在高频、高功率条件下的介质，要使损耗尽可能地小，就必须控制 $\tan\delta$ 的值很小。通常，凡是影响介质的电导率和极化机制的因素都影响介质损耗。

4.2.3　德拜方程

如前所述，在交变电场的作用下，由于电介质中存在松弛极化的机制，因此描述电介质的总介电响应的参数——介电系数，可以用复介电系数来描述，而复介电系数的实部和虚部必与外加电场的频率有关。在频率为 ω 的正弦波交变电场的作用下，电介质的极化弛豫现象一般可以用如下的 ε 与 ω 的普遍关系的形式来描述：

$$\varepsilon(\omega) = \varepsilon_\infty + \int_0^\infty \alpha(t)e^{i\omega t}dt \tag{4-64}$$

其中，$\alpha(t)$ 被称为衰减因子，它描述了突然除去外电场后，介质极化衰减的规律，以及迅速加上恒定外电场时，介质极化趋向于平衡态的规律。由于介质中电矩的运动需要时间，因此极化响应落后于外加电场的变化，同时，弛豫过程中微观粒子之间的能量交换在宏观上将表现为一种损耗。因此，衰减因子将使式(4-64)中的 $\varepsilon(\omega)$ 分成实部 ε' 和虚部 ε''。在关系式(4-64)中，显然当 $\omega \to \infty$ 时，必有 $\varepsilon(\infty) = \varepsilon_\infty$。因此，式(4-64)所描述的弛豫关系只适用于研究频率较低的弛豫现象，而忽略了光频弛豫效应。

如果只考虑具有单一的弛豫时间 τ 的极化过程，也就是说，衰减函数 $\alpha(t)$ 具有下面的形式

$$\alpha(t) = \alpha_0 e^{-\frac{t}{\tau}} \tag{4-65}$$

式中：α_0 是指外加电场刚刚除去的瞬时衰减，可以视之为常数。

将式(4-65)代入式(4-64)，积分后得到

$$\varepsilon(\omega) = \varepsilon_\infty + \frac{\alpha_0}{\frac{1}{\tau} - i\omega} \tag{4-66}$$

$$\varepsilon(0) = \varepsilon_s \tag{4-67}$$

则由式(4-66)可以得到

$$\varepsilon_s = \varepsilon_\infty + \tau\alpha_0 \tag{4-68}$$

式中：ε_s 为静态相对介电系数。于是式(4-65)可以写成

$$\alpha(t) = \frac{\varepsilon_s - \varepsilon_\infty}{\tau} e^{-\frac{t}{\tau}} \tag{4-69}$$

把式(4-69)代入式(4-64)，得

$$\varepsilon(\omega) - \varepsilon_\infty = \frac{\varepsilon_s - \varepsilon_\infty}{\tau} \int_0^\infty \exp\left(i\omega t - \frac{t}{\tau}\right) dt \tag{4-70}$$

积分式(4-70)得

$$\varepsilon(\omega) = \varepsilon'(\omega) - i\varepsilon''(\omega) = \varepsilon_\infty + \frac{\varepsilon_s - \varepsilon_\infty}{1 - i\omega\tau} \tag{4-71}$$

由式(4-71)可以得到复介电系数的实部 $\varepsilon'(\omega)$、虚部 $\varepsilon''(\omega)$ 和损耗角正切的表示式为

$$\left.\begin{aligned} \varepsilon'(\omega) &= \varepsilon_\infty + \frac{\varepsilon_s - \varepsilon_\infty}{1 + \omega^2\tau^2} \\ \varepsilon''(\omega) &= \frac{(\varepsilon_s - \varepsilon_\infty)\omega\tau}{1 + \omega^2\tau^2} \end{aligned}\right\} \tag{4-72}$$

$$\tan\delta = \frac{\varepsilon''(\omega)}{\varepsilon'(\omega)} = \frac{(\varepsilon_s - \varepsilon_\infty)\omega\tau}{\varepsilon_s + \varepsilon_\infty\omega^2\tau^2} \tag{4-73}$$

式(4-72)称为德拜方程。

图 4-8 是根据德拜方程画出的 ε' 和 ε'' 与 ω 的关系曲线示意图。

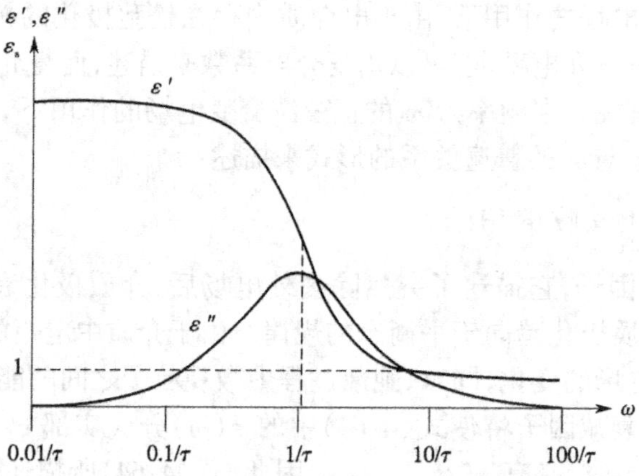

图 4-8 ε' 和 ε'' 与 ω 的关系曲线示意图

当 $\omega = 1/\tau$ 时，ε''_r 具有极大值，$\tan\delta$ 在略大于该频率值时也将达到最大值；当频率 ω 趋于零时，ε' 趋于静态介电系数 ε_s；当交变电场频率很高时，如当 $\omega \to \infty$ 时，由德拜方程可以得到 $\varepsilon' \to \varepsilon_\infty$，$\varepsilon_\infty$ 对应的是光频介电系数，此时的极化机制只有电子位移极化的贡献。

对于实际的电介质，弛豫时间往往分布于一定的范围内，如果按照如下的关系式定义弛豫时间分布函数

$$\int_0^\infty F(\tau) d\tau = 1 \tag{4-74}$$

那么式(4-72)可以改写成如下的形式

$$\left.\begin{aligned}\varepsilon'(\omega)&=\varepsilon_\infty+(\varepsilon_s-\varepsilon_\infty)\int_0^\infty\frac{F(\tau)\mathrm{d}\tau}{1+\omega^2\tau^2}\\\varepsilon''(\omega)&=(\varepsilon_s-\varepsilon_\infty)\int_0^\infty\frac{F(\tau)\omega\tau\mathrm{d}\tau}{1+\omega^2\tau^2}\end{aligned}\right\}\tag{4-75}$$

4.3　电介质的介电强度

4.3.1　电介质的电导和击穿

1.电介质的电导

理想的电介质在外电场的作用下是没有传导电流的。但是,任何实际的电介质都或多或少地具有一定数量的弱联系的带电质点。在外电场的作用下,这些带电质点将会受到电场力的作用而产生沿着电场方向的定向漂移运动,正电荷的运动方向与外电场一致,负电荷的运动方向与外电场相反,从而形成贯穿介质的传导电流。

这种弱联系的带电质点在电场的作用下作定向漂移运动,从而构成传导电流的过程,称为电介质的电导。这种弱联系的带电质点称为导电载流子。事实上,电介质材料中的导电载流子与半导体材料中的导电载流子没有本质的区别。在较弱的外电场的作用下,电介质的电导服从欧姆定律,即

$$J=\gamma E\tag{4-76}$$

式中:J 表示电流密度;E 为外加电场强度;γ 为电介质的体积电导率。

对于电介质材料来说,通常用体积电导率的倒数即体积电阻率 $\rho(\rho=1/\gamma)$来表征材料绝缘性能的好坏。对于理想的绝缘体,$\rho\to\infty$,而实际上一般认为 $\rho=10^8\ \Omega\cdot\mathrm{m}$ 以上的电介质就是绝缘体。

与半导体的情况相类似,电介质的电导率与载流子的浓度 n、载流子的迁移率 μ 之间的关系可以用下面的一般关系式来表达:

$$\gamma=nq\mu\tag{4-77}$$

式中:q 为载流子的电荷。由式(4-77)可知,提高电介质的绝缘性能主要考虑两个方面的因素。一是减少电介质单位体积的载流子数 n;二是降低载流子的迁移率。对于固体电介质来说,降低载流子的浓度是提高材料的绝缘性的主要手段,实际工作中,主要通过减少杂质和热缺陷的数目来降低载流子的浓度。

依据固体电介质的导电载流子的种类不同,介质的电导可以分为离子电导和电子电导两种形式。其中产生离子电导的电介质的载流子是正、负离子,这是固体电介质中最主要的导电形式;电子电导的载流子当然是电子(或电子空穴),由于固体电介质中的电子数极少,所以在一般的条件下这种形式的电导表现得比较弱,只有在一定的条件下才明显。例如,刚玉(主晶相为 α-Al_2O_3)在室温条件下表现为杂质离子电导,高温时(温度大于1 100 ℃)呈现电子电导。

2.电介质的击穿

如果外加电场增加到足够强时,电介质的电导就不再服从欧姆定律了。当电场增加到某一临界值 E_j 时,电导率突然剧增,电介质丧失其固有的绝缘性能,变成导体,这时作为电

介质的效能已经丧失，这种现象称为电介质的击穿。相应的电场强度 E_j 称为击穿电场强度（或绝缘强度、介电强度、抗电强度等）。当电场均匀时，有

$$E_j = \frac{U_j}{h} \tag{4-78}$$

式中：U_j 称为击穿电压；h 为击穿处介质的厚度。

根据电介质的绝缘性能破坏的原因，电介质击穿的形式可以分为三类，即热击穿、电击穿和电化学击穿。

1）热击穿

当试样中发生焦尔热，而这种热量又不能通过传导和对流的方式以足够快的速度散发出去，就会造成试样温度的上升，直至出现永久性的破坏。

电介质在电场作用下的介质损耗是产生热击穿的主要因素。此外，电介质的环境条件，如周围媒质的温度、散热条件等对热击穿场强具有重要的影响，因此热击穿场强并不是电介质的一个固定不变的参数。

2）电击穿

固体电介质的电击穿是击穿的另一种形式，它是在电场的直接作用下瞬间发生的电子能量状态由量变到质变的过程。对于突然发生的纯电击穿，一个必要而不充分的条件为：材料中有足够多的导电电子，材料中的导电电子能够被加速，而且能够在电场中获得相对于原子电离能而言在同一数量级的能量（通常为 5 ~ 10 eV）。

3）电化学击穿

电介质在长期的使用过程中受电、光、热以及周围媒质的影响，使电介质产生化学变化，电性能发生不可逆的破坏，最后被击穿。在工程上常把属于这一类的电击穿现象称为老化，亦称为电化学击穿。这种形式的击穿在有机电介质中表现得更加明显，例如，有机电介质的变硬、变黏等都是化学性质变化的宏观表现。陶瓷介质材料的化学性质比较稳定，但是对于以银作电极的含钛陶瓷，如果长期在直流电场下使用，也将产生不可逆的变化。因为阳极上的银原子容易失去电子变成银离子，银离子进入电介质沿电场方向从阳极移到阴极，然后在阴极上获得电子而沉积在阴极附近，如果直流电场作用的时间很长，沉积的银越来越多，形成枝蔓状向电介质内部延伸，相当于缩短了电极之间的距离，使电介质的击穿电压下降。

4.3.2 固体电介质的击穿理论

1.热击穿——瓦格纳热击穿理论

瓦格纳于 1922 年最先应用数学方法建立了热击穿理论，虽然该理论有不足之处，但是其推导过程中的概念清楚，对于定性地了解热击穿的特性有很大的帮助。

将一固体电介质置于两个平行板电极 a、b 之间，如图 4-9 所示。假设在该电介质中有一处或几处的电阻比其周围的电阻小得多，加上电压以后，电流就主要集中在这样一些通道内。

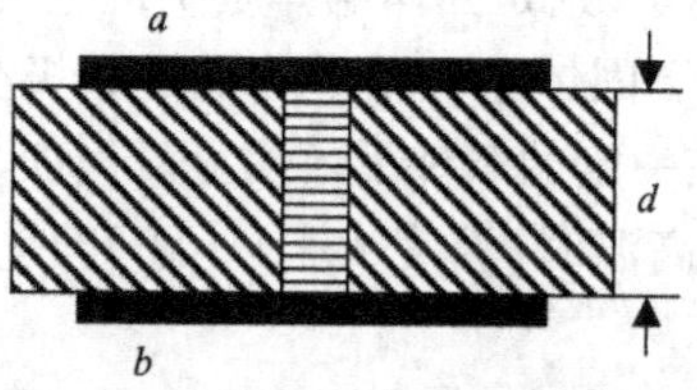

图 4-9　电介质中假想的通道示意图

若通道的截面面积为 S，通道的长度为 d，通道的电导率为 γ，则单位时间内通道中由于电流通过而发出的热量为

$$Q_1 = 0.24\frac{V^2}{R} = 0.24V^2\gamma\frac{S}{d} \tag{4-79}$$

如果通道的平均温度为 T,周围电介质的温度为 T_0,那么,从通道散发到旁侧电介质中去的热量与温差$(T-T_0)$、通道的长度 d 成正比,即通道散发的热量

$$Q_2 = \beta(T-T_0)d \tag{4-80}$$

式中:β 为比例系数,称为散热系数。

与半导体材料的情况相类似,固体电介质的电导率是温度的函数,可以写成

$$\gamma = A\exp\left(-\frac{B}{T}\right) \tag{4-81}$$

式中:B 是与载流子的迁移活化能有关的常数;A 为常数。

因此发热量 Q_1 应是温度的函数。对应于不同的电压值,Q_1 与 T 之间形成一簇指数曲线 $Q_1(V_1)$、$Q_1(V_2)$、$Q_1(V_3)$,如图 4-10 所示。而散热量 Q_2 则随温度成正比地增加,在图中是一条斜率为 βd 的直线。

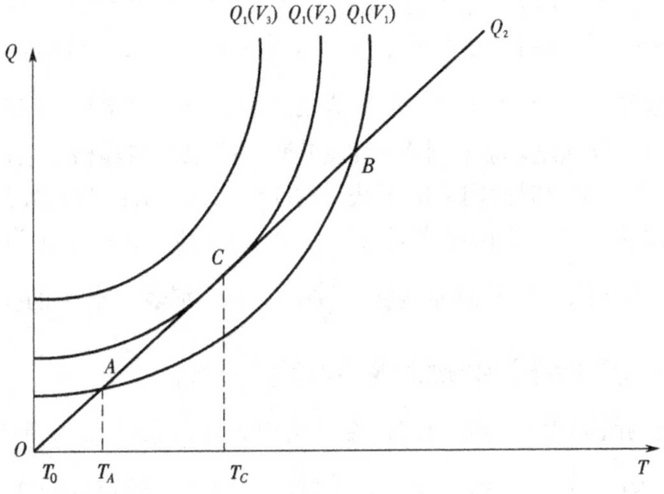

图 4-10　电介质的发热与散热曲线示意图

当外界电压很小时,即曲线 $Q_1(V_1)$的情况,在 A 点:$Q_1 = Q_2$,即发热量与散热量相等,电介质的温度保持一个恒定的值,A 点对应于一个稳定的平衡态;如果在某一瞬间电介质的温度小于 T_A,那么由于发热量大于散热量,会使电介质的温度升高,使其达到 T_A 并处于热平衡状态;而当电介质的温度大于 T_A时,则由于散热量大于发热量,电介质被冷却至 T_A。B 点是一个不能达到的非稳定的平衡态,即当电介质的温度大于 T_B时,由于发热量大于散热量,会使电介质的温度继续升高,最终导致热击穿的发生。

在某一电压 V_2 时,曲线 $Q_1(V_2)$与直线 Q_2 相切于 T_C的 C 点,在温度 T_C时达到热平衡;当 $T < T_C$时,发热大于散热,电介质的温度将逐渐升高到 T_C;当 $T > T_C$时,发热仍然大于散热,温度还要继续上升,最终造成电介质的击穿。这一条曲线 $Q_1(V_2)$将热稳定状态与热不稳定状态区别开来,高于它的曲线与直线不相切,不可能达到热稳定状态,因此在相应的任何电压下都会导致热击穿;低于它的曲线,在某一温度范围内能够保持热稳定状态。

$Q_1(V_2)$曲线就是电介质热稳定状态与热不稳定状态的临界线,电压 V_2 称为电介质的热击穿电压。

2. 电击穿——弗洛里赫的碰撞电离理论

固体电介质的电击穿理论是建立在气体电介质的碰撞电离理论基础上的。所以可以用气体中发生的电子的碰撞电离来推断固体电介质的击穿场强。固体的密度大约为气体的2 000倍，若气体电介质的电击穿场强是3 kV/mm，固体电介质的电击穿场强应为6 000 kV/mm。实际上固体电介质的电击穿场强为$10^5 \sim 10^6$ V/mm数量级范围。这在一定程度上说明固体电介质电击穿时的电子过程与气体的击穿机理是相似的。

可以说，固体电介质的电击穿是在强电场的作用下发生的。电子从电场获得能量被加速，而又在与晶格碰撞中消耗能量，如果导电电子从电场中获得的能量大于与晶格碰撞消耗的能量，它将可能聚集起碰撞电离所需的能量。这时，它与晶格原子或离子碰撞，就能离解出新的电子，导致“雪崩”效应，使固体电介质发生电击穿。

在关于电击穿理论的研究方面，有两种类型的分析得到了人们的广泛重视，一类被称为碰撞电离理论；另一类被称为雪崩击穿理论。两类理论从不同的角度来说明晶体本征电击穿的物理过程。下面仅通过介绍弗洛里赫的碰撞电离理论来说明固体的电击穿机理。

理想电介质的导带上是没有电子的，但实际上，电介质由于热的激发，导带上还是会有极少数的电子。导带上的这些电子与晶格的热振动相互作用，进行能量交换。当达到热平衡时，根据玻尔兹曼统计理论，电子具有能量为E_k（指电子的动能）的几率为$e^{-\frac{E_k}{k_B T}}$。外加电场以后，导带上的电子便从电场获得能量而被加速，同时也在与晶格振动的相互作用中失去能量。假设一个电子在单位时间内从电场获得的能量为A，与晶格碰撞时失去的能量为B，以2τ表示电子与晶格连续两次碰撞之间所需时间的平均值，这里τ称为电子的平均寿命，这时在外电场E的作用下，电子的加速度为$\frac{eE}{m}$（e、m分别表示电子的荷电量和质量），那么，在2τ时间内，电子沿电场方向的速度将增加到$\left(\frac{eE}{m}\cdot 2\tau\right)$。

若第一次碰撞的瞬间沿电场方向的速度平均视为零，那么，在2τ时间内，电子沿电场方向的平均速度则为$\left(\frac{eE}{m}\right)\cdot\tau$。所以，电子在单位时间内从电场获得的能量（即电子获得的能量速率）

$$A = eE\cdot\frac{eE}{m}\cdot\tau = \frac{e^2E^2}{m}\cdot\tau \tag{4-82}$$

电子的平均寿命τ可以应用量子力学的原理求得。电子的平均寿命随着电子动能的增加而减少，即它是电子动能E_k的函数。因此，电子从电场获得的能量速率可以表示为

$$A = A(E_k, E) \tag{4-83}$$

另一方面，电子与晶格相互碰撞时能量消耗的速率B决定于电子的动能，随着电子动能的增加而减少，同时，因为晶格振动与温度有关，因此B可以表示为

$$B = B(E_k, T) \tag{4-84}$$

当单位时间内电子获得的能量速率与消耗的能量速率相等时，则达到了平衡状态，此时

$$A(E_k, E) = B(E_k, T) \tag{4-85}$$

如果电场升高到使上述平衡状态破坏时，碰撞电离过程立即发生，所以由式(4-85)所确定的电场强度为最大电场强度值，也就是碰撞电离开始发生的起始场强。将这一场强作为电介质电击穿场强的理论就是碰撞电离理论，也称为本征电击穿理论。

下面利用这一理论确定发生电击穿的基本条件。

如果把电子的动能 E_k 作为横坐标，对应于各个场强的 A 和 B 作为纵坐标，则可以作出如图 4-11 所示的曲线。

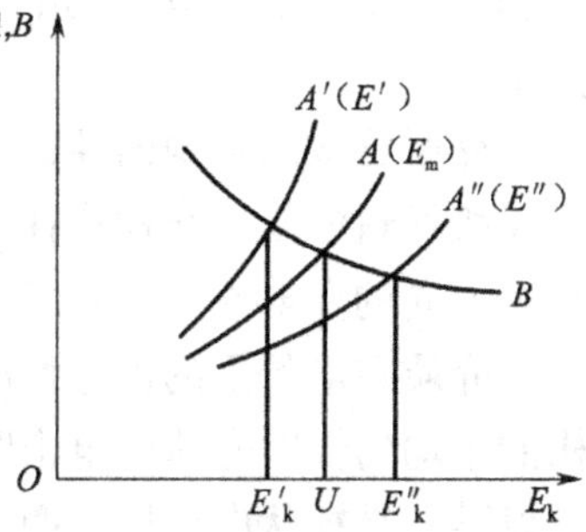

图 4-11　电子获得的能量速率 A、消耗能量的速率 B 与电子动能 E_k 的关系示意图

从图 4-11 中可以看出，当电场强度为 E' 时，对于动能 $E_k > E'_k$ 的电子，由于 $A > B$，电子获得能量的速率大于能量消耗的速率，电子被加速。电子的能量继续增加，直至达到晶格原子的电离能 U 时，便从晶格"撞出"电子，导电电子数增加了一个，这时两个电子的能量 $E_k > E'_k$，又被电场加速，使动能 E_k 增加到电离能 U，再撞击晶格产生新的电子。这样，电子的数目以几何级数的速度增加，形成"电子崩"，电介质瞬间被击穿。而对于 $E_k < E'_k$ 的电子来说，由于 $B > A$，电子被减速，永远不会导致碰撞电离，电介质不会被击穿。

从图中还可以看出，曲线 A、B 交点的位置因电场的大小而不同，当外电场小时，交于 E_k 较大的位置，随着外电场的增加，该交点向 E_k 减小的方向移动。当交点的位置大于电离能 U 的时候（即图中 E''_k 的情况），按照电子能量的几率分布，这时介质中达到 E''_k 以上的电子的数目是极少的，故被加速的电子数目是极少的，而且它们由于发生非弹性碰撞而失去能量，不能形成"电子崩"，因此不会发生电击穿。

从以上的讨论可以知道，要在电场的作用下产生这种"电子崩"式的电击穿，必须同时具备以下两个条件：电子具有的动能必须满足 $E'_k < E_k < U$；电场强度 $E' > E_m$。

弗洛里赫把与电离能 U 相应的交点的电场强度作为击穿电场强度，有

$$A(E_k, E) = B(E_k, T) \quad (E_k = U) \tag{4-86}$$

式(4-86)即为弗洛里赫的电击穿判据的数学表达式。

将式(4-82)代入式(4-86)，便可以得到电击穿场强

$$E_m = \left(\frac{mB}{e^2 \tau}\right)^{\frac{1}{2}} \quad (E_k = U) \tag{4-87}$$

根据碰撞电离理论可以得知，由于温度的升高，将引起晶格振动的加强，杂质的引入将使得晶体的点阵发生畸变。这些因素都将使电子与晶格的"碰撞"几率增加，从而使电子的平均寿命缩短，因此导致电击穿场强升高。另外，从式(4-87)还可以看到，电击穿场强一般与电介质试样的厚度无关，但是当试样的厚度薄到小于电子的平均自由程时，由于电子尚未加速就已经达到阳极复合，所以在这种情况下的电击穿场强也要提高。

4.3.3　影响固体电介质击穿强度的主要结构因素

以上关于固体电介质的击穿理论的讨论，只是能够帮助我们对于电介质在电场作用下可能发生的击穿过程，有一种较深层次的理解。但是，以上介绍的几种击穿机理远不能概括电介质实际所有的击穿过程。在实际工作中，由于电介质本身的结构因素和环境因素的影响，使得电介质的介电击穿过程异常复杂，迄今为止，还没有一种理论能够准确、清晰地阐明所有的电击穿过程。现有的理论只能作为材料失效分析的参考判据。对于电介质材料电击

穿破坏的失效分析,可以从两个方面进行考虑,一个方面是物质结构的影响,另一个方面是环境和测试条件的影响。其中前者往往被认为是影响介质击穿特性的决定性因素,以下予以介绍。

1.介质结构的不均匀性的影响

无机材料的组织结构往往是不均匀的,有晶相、玻璃相和少量的气孔等。这些结构因素都具有不同的介电性能,因而这种不均匀性在电击穿过程中产生的影响是非常显著的。多相系统介质在电场下的击穿情况是复杂的,这里仅以双层介质这种最简单的情况为例,分析结构的不均匀性对介质的电击穿特性的影响。

设某一平板状电介质由两层具有不同介电参数的材料组成,ε_1、γ_1、d_1 和 ε_2、γ_2、d_2 分别代表第一层和第二层的介电系数、电导率和厚度。若在此系统上施加直流电场 E,则各层内的电场强度可以通过下式计算出来:

$$\left.\begin{aligned} E_1 &= \frac{\gamma_2(d_1+d_2)}{\gamma_1 d_2+\gamma_2 d_1}\cdot E \\ E_2 &= \frac{\gamma_1(d_1+d_2)}{\gamma_1 d_2+\gamma_2 d_1}\cdot E \end{aligned}\right\} \tag{4-88}$$

式(4-88)表明,由于电导率的不同,各层所承受的电场强度是不同的,电导率较小的介质承受的场强较高,电导率较大的介质承受的场强较低。在交流电场的作用下也有类似的关系。如果电导率 γ_1 和 γ_2 相差甚大,则必然使其中一层的场强远大于平均电场强度,从而导致这一层可能优先击穿,其后另一层也将击穿。也就是说,材料的组织结构的不均匀性将会引起击穿强度的下降。这也是通常不均匀介质的电击穿场强随着厚度的增加而下降的原因之一。

2.材料中气泡的作用

事实上,气泡也是介质结构的组成成分之一,可以把它纳入介质结构的不均匀性的因素来讨论。但是,对于许多无机电介质材料(例如陶瓷材料)来说,不可避免的少量气泡的存在对材料性能的影响是独特而显著的,因此有必要单独加以说明。

材料中的气泡的介电系数和电导率都很小,受到电压作用时,其所承受的电场强度很高,而气泡本身的抗电强度远低于固体介质。因此,在电场的作用下,气泡首先击穿,引起气体放电(内电离)。这种内电离的过程产生大量的热,使气孔附近的局部区域强烈过热,因而在材料内部形成相当高的内应力,当这种热应力超过一定限度时,材料丧失机械强度而发生破坏,表现为电击穿的现象。这种击穿现象常被称为电-机械-热击穿。

气泡对于在高频、高压条件下使用的电容器陶瓷介质或者电容器聚合物介质都是十分严重的问题,因为气泡的放电实际上是不连续的。理论分析表明,在交流 50 Hz 的情况下,介质中的气泡放电次数可达 200 次/s。可见,在高频高压条件下,介质中的气泡产生的内电离是何等的严重。

此外,内电离不仅可以引起电-机械-热击穿过程的产生,而且还能在介质内引起不可逆的物理化学变化,从而造成介质击穿电压的下降。

3.材料的表面状态和边缘电场

材料的表面状态包括介质自身的表面加工情况、表面的清洁程度、表面周围的介质及其之间的接触。固体介质的表面,尤其是附有电极的表面,在电场的作用下常常发生介质的表面击穿,这种击穿通常属于气体放电。固体电介质常处于周围气体媒质中,击穿时常常发现固体介质并未破坏失效，只是火花掠过介质的表面，这种现象称为固体介质的表面放电。

固体介质表面放电电压常低于没有固体介质时的空气击穿电压，其降低的情况常决定于以下三个条件。

①固体介质不同，表面放电电压也不同。铁电陶瓷介质由于介电系数较大，再加上表面吸湿等原因，存在空间电荷极化机制，使表面电场发生畸变，降低了表面放电电压。

②固体介质与电极接触不好，则表面放电电压降低。原因是空气孔隙的介电系数低，根据夹层介质原理，电场发生畸变，孔隙容易放电。介质的介电系数越大，影响越显著。

③电场频率不同，表面放电电压也不同。一般情况是，随着频率的升高，表面放电电压降低。

所谓边缘电场是指电极边缘的电场。在此特别提出是，因为电极边缘常发生电场畸变，使边缘局部电场强度升高，导致此处的击穿场强下降。是否会发生边缘击穿主要与下列因素有关：电极周围媒质的性质；电极的形状、相互位置；材料的介电参数和抗电强度。

表面放电和边缘击穿电压并不能表征材料本身的抗电强度，因为通过对介质周围媒质的选择和对电极边缘形状的合理设计，这两个指标都能够得到提高。为了防止表面放电和边缘击穿现象的发生，以发挥材料抗电强度的作用，可以选取电导率和介电系数较高的媒质，并且媒质自身应有较高的抗电强度。例如，在介质的抗电强度测试的实验中，常选用硅油或变压器油作为媒质。另外，对于在高频高压条件下使用的陶瓷电介质来说，根据额定工作电压的不同，通常采用浸渍、灌注、包封、涂覆以及在电极边缘施以半导体釉等方法，提高电极边缘电场的均匀性，消除由于空气存在而产生的表面放电的因素，从而提高表面的放电电压。

总之，对于在高频、高压条件下工作的电介质材料来说，除了注重提高材料本身的抗电强度以外，加强对其结构和电极的合理设计也是至关重要的。

4.4 极性电介质

从理论上讲，所有的绝缘电阻和抗电强度足够高的材料都可以作为电介质材料，其中，电介质晶体或多晶体材料是支撑电介质理论体系的最重要的一类材料。晶体可分为 32 个点群，所有这些点群的晶体都可以在外加电场的作用下被诱发产生电偶极子。在 32 个点群中，有 10 个点群的晶体显示出一种它们自身特有的性质，即在没有外加电场或外加应力的作用下，存在着有限的永久性极化值，称为自发极化，这 10 个点群称为极性点群，它们是 1(C_1)、2(C_2)、m(C_s)、mm2(C_{2v})、4(C_4)、4 mm(C_{4v})、3(C_3)、3 m(C_{3v})、6(C_6)、6 mm(C_{6v})，属于这类晶体的电介质材料称为极性材料。

4.4.1 极性材料的小信号电学性质

与一般的电介质材料一样，最常用来表征极性材料的小信号电学性质的参数也是介电系数 ε。但是，与非极性电介质材料不同的是，极性材料的介电系数受环境参数的影响非常大，因此实际上它不是一个“常数”，它受电场、应力、温度等参数的影响很大。对于极性材料来说，式(4-18)仍然适用，即 $\varepsilon_r = 1 + \chi$，其中 ε_r 和 χ 都是张量，通常用交流电桥电路加上小于 1 V/mm 的电场 $\boldsymbol{E}$ 来测量 ε_r，为了避免某些极性材料中可能发生的不可逆的电畴转向效应，测量时外加的电场应该足够弱，这一点非常重要。在这种电场条件下，所测量的电学参数也因此被称为小信号电学性质。

极性材料的室温 ε_r 值(如铁电陶瓷材料的 ε_r 值为 100 ~ 18 000)比非极性材料的 ε_r 值(一般为 1 ~ 100)大得多,而且大多数极性材料在其晶相转变温度区间内,ε_r 值大幅增加。

图 4-12 是 $BaTiO_3$ 单畴晶体沿 a 轴和 c 轴的介电系数和温度的关系曲线。$BaTiO_3$ 晶体是一种钙钛矿型结构的铁电体,在 120℃以上为立方晶系,空间群为 Pm3m,其介电性能显示顺电相;当温度降低时,在 120℃发生顺电—铁电相变;结构分析表明,在低于 120℃时,该晶体为四方晶系,此时 c 轴略有伸长,$c/a = 1.01$,空间群为 P4mm。从图 4-12 可以看出,在 120℃处,介电系数随着温度的变化有一突变现象,这种顺电—铁电相变温度称为居里温度 T_C。在顺电相温区介电系数—温度的关系服从关系式

$$\varepsilon_r(0) = \frac{C}{T-\theta} + \varepsilon_r(\infty) \tag{4-89}$$

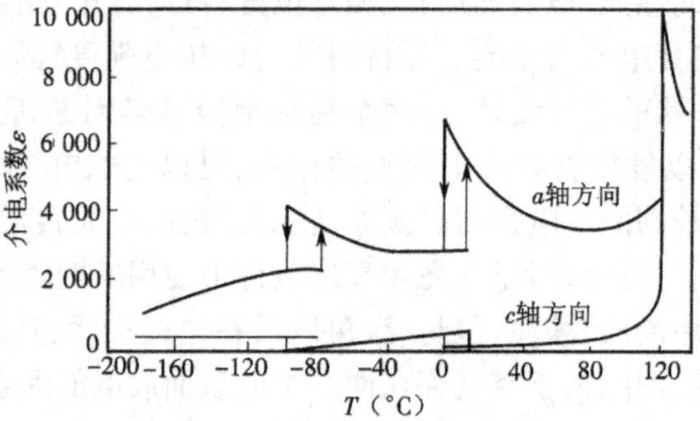

图 4-12 $BaTiO_3$ 单畴晶体沿 a 轴和 c 轴的介电系数和温度的关系曲线

式(4-89)为居里-外斯(Curie-Weiss)定律。式中:$\varepsilon_r(0)$ 为低频相对介电系数;$\varepsilon_r(\infty)$ 为光频相对介电系数,主要是电子位移极化的贡献;C 称为居里常数;θ 称为居里-外斯温度,θ 和 T_C 根据不同的材料可能相同,也可能不同,例如对于二级相变铁电体,$\theta = T_C$,对于一级相变铁电体,$\theta < T_C$。

从图 4-12 的 ε—T 关系曲线还可以看出,在 5℃和 -90℃温度处也分别对应一个介电系数的突变峰,这是因为这两个温度也是 $BaTiO_3$ 晶体的相变温度。与居里温度不同的是,在这两个温度处所发生的是铁电—铁电相变,其中在 5℃附近的降温过程中发生的是四方相—正交相(P4 mm→Amm2)的相变,在 -90℃附近的降温过程中发生的是正交相—三方相(Amm2→R3m)的相变,只是这种突变相对滞后于温度的变化,这种现象称之为热滞现象。

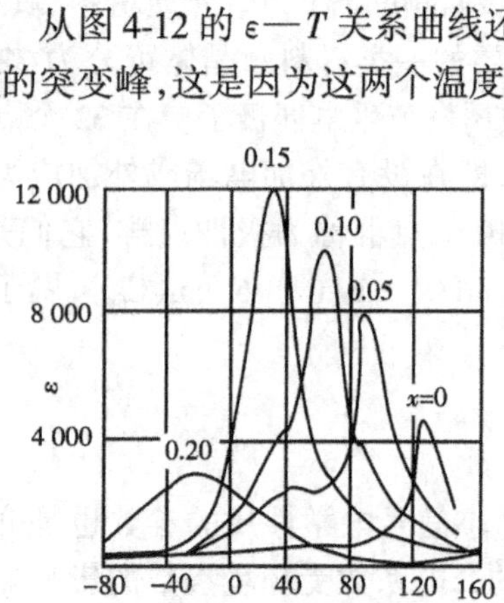

图 4-13 $Ba(Ti_{1-x}Sn_x)O_3$ 陶瓷的介电系数和温度的关系曲线

极性介质的介电系数 ε 和居里温度 T_C 的值对于晶体中的掺杂元素非常敏感,因此在工程上常利用元素的掺杂改性来调整介质的介电参数以及介电系数温度特性。图 4-13 是 $Ba(Ti_{1-x}Sn_x)O_3$ 陶瓷的介电系数和温度的关系曲线,可以看出,随着晶格中的 Ti 被 Sn 置换量的增加,材料的居里温度向低温方向显著地移动,可以从 120℃下降到 0℃以下。

介电损耗也是极性材料中的一个重要的小信号电性参数，通常用损耗角的正切值 $\tan\delta$ 来表征。由于 $\tan\delta$ 是复介电系数的虚部和实部之比，因此在铁电晶体的相变温度附近，$\tan\delta$ 也出现突变。

极性介质的小信号介电性能的频率响应取决于自发极化所产生的电偶极子的介电弛豫机制。图 4-14 是多晶 $BaTiO_3$ 的室温介电系数随频率的变化关系。可以看出，在 10^9 Hz 和 10^{11} Hz 附近实部显著下降，并在稍高的频率出现虚部的峰值。10^{11} Hz 附近的色散在单畴单晶上也观察到了，说明它与电畴无关。10^9 Hz 附近的色散则是单畴晶体上没有的，因此被认为与畴壁振动有关。

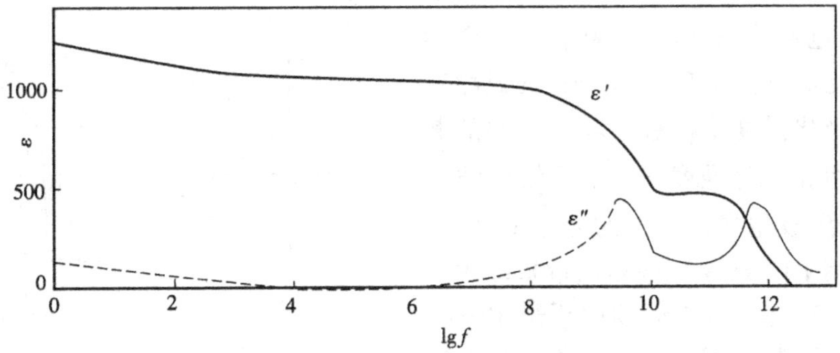

图 4-14　多晶 $BaTiO_3$ 的室温介电系数随频率的变化关系

4.4.2　极性材料的大信号电学性质

1. 电滞回线

如果在非极性介质材料上和极性材料上分别施加强的正弦波电压，那么在回路中所产生的典型的电流响应波形如图 4-15 所示。图 4-15(b) 是一种典型的极性电介质的非线性响应。通常极性电介质的非线性响应采用极化强度与作为激励信号的电场强度的函数关系来表现。

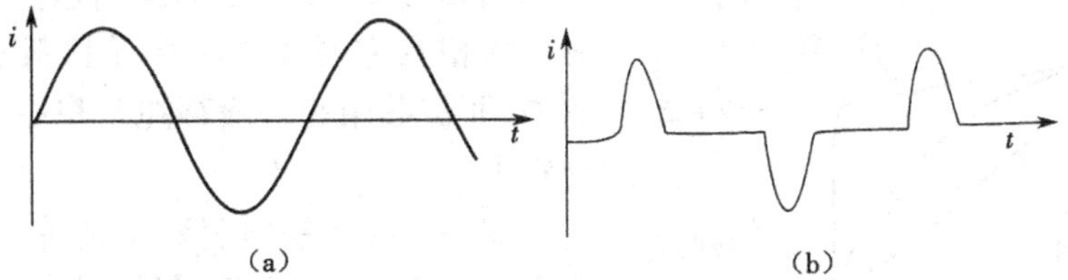

图 4-15　正弦波电压在非极性和极性介质中产生的电流
(a)在非极性介质中　(b)在极性介质中

采用 Sawyer-Tower 电路(如图 4-16)的原理，可以测量出极化强度与电场强度的函数关系。把线性积分电容 C 与非线性介质串联，C 值应选择足够大，使绝大部分电压降落在非线性介质上，因此 x 点上的电压接近于非线性介质上的电压；电容 C 上的电压降为 $\frac{\sum i\mathrm{d}t}{C}$，因此 y 点上的电压与流过非线性介质的电荷 q 成正比。把 x 和 y 接到示波器的 X 和 Y 偏转

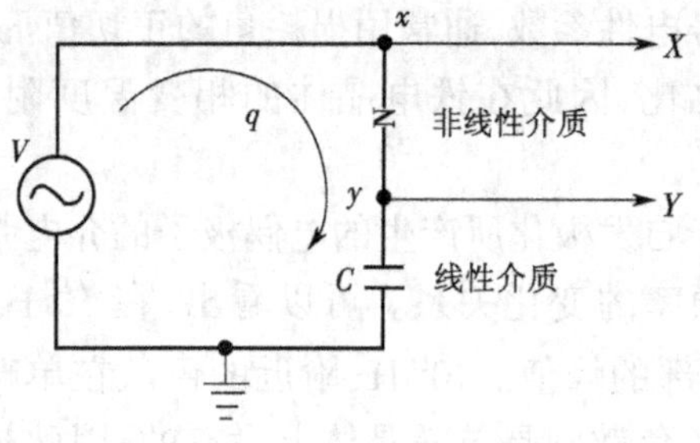

图 4-16 Sawyer-Tower 电滞回线测量原理电路

板，即可得到非线性介质的 $q-V$ 特性曲线，从而容易得到极化强度 P 与外加电场强度 E 的关系曲线。

图 4-17(a)是极性材料的一般 $P-E$ 关系曲线示意图。对于铁电体类的极性材料，由于存在剩余极化和饱和极化，因此其 $P-E$ 关系曲线为图 4-17(b)所示的典型的电滞回线特征。为了便于比较，将线性介质材料的 $P-E$ 关系曲线示于图 4-17(c)。

通常从电滞回线上可以测量到三个参数：①矫顽电场 E_C，由横轴（E 轴）的截距求得；②剩余极化强度 P_R，由纵轴（P 轴）的截距求得；③饱和极化强度 P_S，由回线的线性末端处外推到极化强度轴上的截距来确定，为了降低由于测量的系统误差而带来的相关参数测量值的分散性，人们倾向于采用一种较简单的 P_S定义，即把电场强度 E 为 $3E_C$处的极化强度值作为 P_S的测量值。

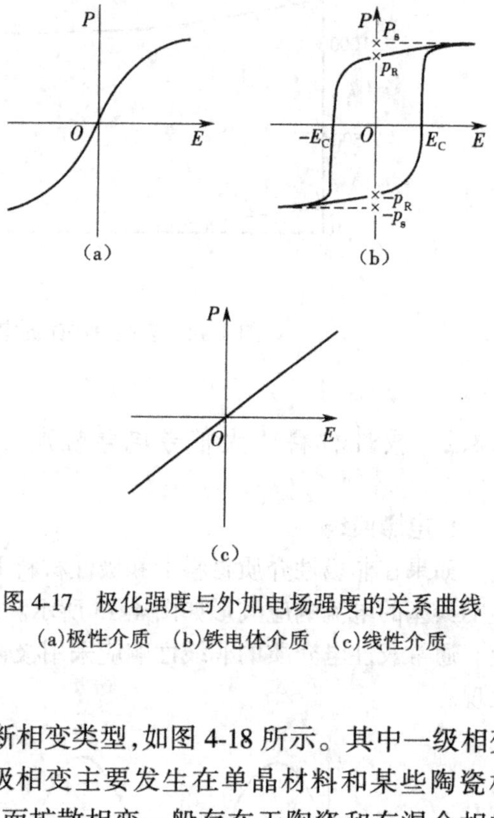

图 4-17 极化强度与外加电场强度的关系曲线
(a)极性介质 (b)铁电体介质 (c)线性介质

电滞回线参数是测量回线时所用频率的函数，其中，P_R和 P_S随着频率的升高而降低。多数铁电材料在频率高于 100 kHz 时，回线参数会降低到小于直流值的 10%，其主要原因是电畴转向速度的限制。回线参数还是温度的函数，特别是当温度接近于铁电—非铁电相变温度 T_C时，回线的各种参数可降到零值。根据 P 值随着温度变化曲线的特征，可以判断相变类型，如图 4-18 所示。其中一级相变和二级相变主要发生在单晶材料和某些陶瓷材料中，而扩散相变一般存在于陶瓷和有混合相的材料中。

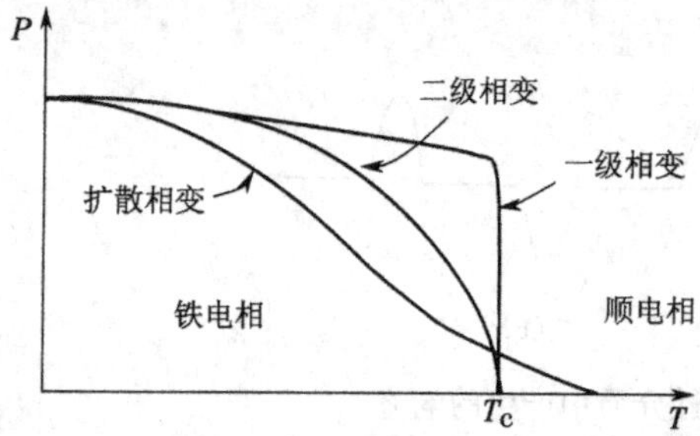

图 4-18 扩散相变、一级相变和二级相变铁电体的极化强度与温度的关系

如果在某一铁电材料上所加电场 E 的幅值小于E_C，那么可以得到该材料的小回线。根据材料的初始极化态和所加电场的幅值、频率及波形，有可能出现许多不同的小回线。图 4-19 是两个有代表性的稳定小回线的例子，它们可以用频率为 1 ~ 100 Hz 范围内的正弦波测得。小回线 1 是在材料的起始极化态为 $-P_R$时获得的（$-P_R$由该材料的主回线确定），所采用的正弦波峰值为 $0.7E_C$，该正弦波使材料在 $-P_R$和 $-P_A$之间转向；如果正弦波在正二分之一周期处关断，那么材料的极化态就被保持在 $-P_A$处；如果在此时从正向开始重新施加 $0.7E_C$的正弦

波，则将出现小回线 2 的情形，即材料的极化状态在 $-P_A$ 和 $+P_B$ 之间转换。

2.脉冲转向

脉冲可以保证极化在转向过程中所加的电压恒定，而且在许多强信号的应用中，激励信号也是呈现脉冲或方波的形式。只要在图 4-16 的线路中，用交变极性脉冲发生器代替正弦波发生器，用小电阻代替电容器，就可以测得极性介质的脉冲转向特性，其中的电阻值要选择足够小(一般为 10 ~ $10^4\Omega$)，使大部分电压降落在极性介质上。由于电阻两端的电压正比于流过线路中的电流，所以将线路中的 y 端接到示波器的 Y 偏转板上，就可以测得从极性材料中流出的电流。将示波器的 X 偏转板与内部时基板相连接，那就可以显示出电流与时间的函数关系。

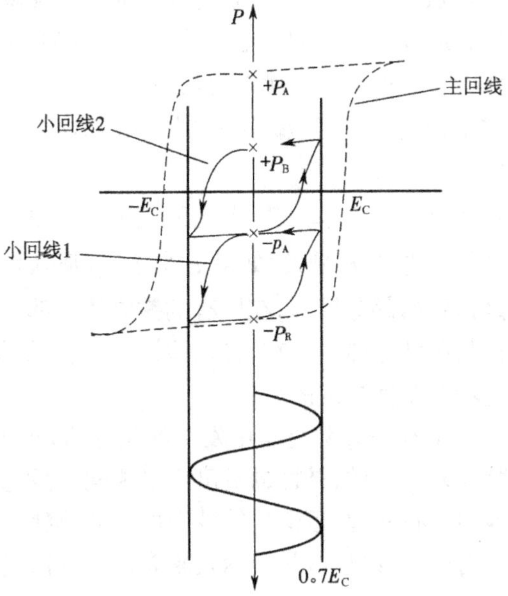

图 4-19　铁电体的小电滞回线

图 4-20(a)是电场强度 E 的脉冲波形，图 4-20(b)是铁电体中产生的瞬态电流。由第一个和第三个脉冲引起的瞬态是充分转向瞬态，它的极化是由 $+P_R$ 完全反转到 $-P_R$，或由 $-P_R$ 反转到 $+P_R$ 时产生的。因为第二个脉冲与第一个脉冲极性相同，第四个脉冲与第三个脉冲极性相同，所以在第二个脉冲和第四个脉冲期间不发生极化反转，由这两个脉冲引起的瞬态是非转向瞬态。在充分转向瞬态下包含的面积为

$$\int i\mathrm{d}t = 2P_R A_e \tag{4-90}$$

式中：A_e 是电极面积。

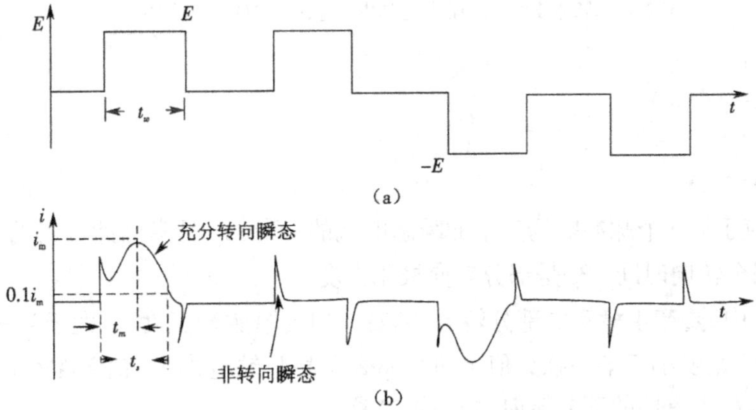

图 4-20　在脉冲电场的作用下，铁电体中产生的转向瞬态电流响应(一)

(a)外加电场脉冲波形　(b)在铁电体中产生的转向瞬态电流

从转向电流的瞬态测得的常见参数有峰值电流 i_m 和出现 i_m 的时间 t_m 以及转向时间 t_s，习惯上把 i 下降到 $0.1i_m$ 的时间定义为 t_s。

在强电场下,大部分铁电体的充分转向瞬态有着如图 4-20(b)所示的形式,首先是反映线性介质极化成分的充电电流的上冲,接着是非线性介质极化成分的极化转向形成的驼峰曲线。对于比较强的脉冲电场,t_m与 t_s之比一般在 0.3~0.5 之间。随着转向电场 E 的幅值的减小,瞬态参数 i_m减小,同时 t_s相应增大,并且 t_m/t_s减小。对于很小的脉冲电场 E,t_m/t_s可以小到 0.001。

在上面讨论中,实际上已经假定了 E 的脉冲宽度 t_w超过转向时间 t_s,然而对于一个特定的脉冲电场 E 来说,如果 t_w小于 t_s,那么就会发生部分转向。部分转向包括两种情况:一种是稳定的部分转向,在所有的铁电体中都存在这种情况;另一种是不稳定的部分转向,它仅在某些铁电体中存在,在这些铁电体中,从稳定的部分转向变到不稳定的部分转向是由脉冲电场的宽度决定的。

图 4-21 是多数材料中发生的稳定部分转向的形式,这种转向是用 N 个极性相同的连续窄脉冲来进行的,脉冲的宽度不必相同,也不要求等间隔。如果把全部的部分转向的瞬态连续地组合在一起,近似地等效于由一个单独的宽脉冲得到的完全转向瞬态,即图 4-20(b)所示的情况,可以用数学表示式来表达这种稳定部分转向的加和性:

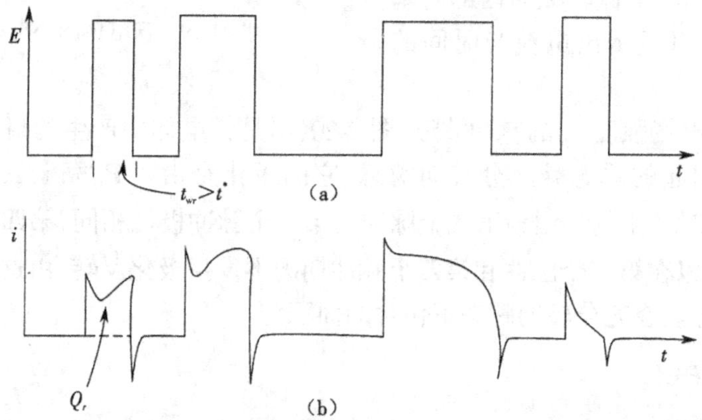

图 4-21 在脉冲场的作用下铁电体中产生的转向瞬态电流响应(二)
(a)外加电场脉冲波形 (b)在铁电体中产生的稳定的部分转向瞬态电流

$$\sum_{r=1}^{N} Q_r = 2P_S A_e \tag{4-91a}$$

$$\sum_{r=1}^{N} t_{wr} = t_{fs} \tag{4-91b}$$

式中:Q_r是相应于第 r 个脉冲电场产生的瞬态电流的电荷;t_{wr}是窄脉冲电场的宽度;t_{fs}是对于电场 E 的完全转向时间,P_S 是部分转向极化强度。

在图 4-21 中,要产生稳定的部分转向,需要外加的窄脉冲宽度 t_{wr}大于某一临界值 t^*。如果外加脉冲的宽度小于某一临界值 t^* 时,那么在某些铁电体中,就会观察到一种不稳定的部分转向,也称为弹性的部分转向,如图 4-22 所示。

不稳定的部分转向的特征是,当施加窄脉冲时,会发生一定量的极化转向,然而一旦脉冲结束,介质就会几乎回到它的起始极化态,这种恢复过程称为松弛瞬态过程。在图 4-22 中,电流瞬态的面积 A_1总是稍大于松弛瞬态的面积 A_2,因此叠加在不稳定部分转向上的是少量的稳定部分转向。t^* 值随着电场的增大和温度的提高而减小,它也是材料中的位错和

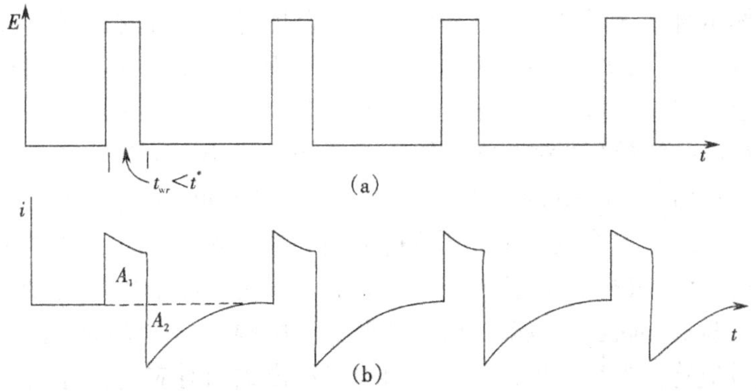

图 4-22　在脉冲场的作用下铁电体中产生的转向瞬态电流响应(三)
(a)外加电场脉冲波形　(b)在铁电体中产生的不稳定的部分转向瞬态电流

材料表面状态的函数。随着材料的种类、温度和电场 E 的不同,t^* 值可以从 $0.001t_s$ 变化到 $1.0t_s$。对于 t^* 值之影响的研究,还能够提供有关极化转向机理的信息。

4.5　电介质材料的应用

非极性电介质材料的重要应用领域之一是作为新型电子元器件的功能材料或支撑材料而发挥作用,例如:①高频陶瓷电容器介质材料,包括片式多层陶瓷电容器、单层陶瓷电容器、微调陶瓷电容器以及薄膜电容器的介质和基片材料;②微波介质元器件陶瓷材料,包括微波介质谐振器、片式微波陶瓷介质天线用高 Q 低损耗陶瓷介质材料;③以低温共烧陶瓷(LTCC)技术为特征的射频模块用基片材料以及新型片式压电晶体滤波器基片材料等。可以说,用于高频与微波频段的非极性电介质材料已经形成了一个极为复杂和庞大的材料体系。

极性电介质材料具有广阔的应用领域,而且未来应用的拓展一直受到人们极大的关注和期待。如果把这类材料的应用简单地划分为:①利用其物理性能的应用;②利用物理性能之间的转换,或物理性能与其他性能之间的转换功能的应用。前者的应用领域主要包括:传统的低频陶瓷电容器,配合表面组装技术(SMT)发展起来的大容量、小体积片式多层陶瓷电容器,以及应用于制备微波通信技术中的小体积、高品质因素的固体振荡器、滤波器、调制器等微波器件。后者的应用则主要包括涉及机、电、光、声、热之间的压电、热电、光电等多种性能的耦合或转换。如在机电耦合方面,已广泛应用于压电声纳和超声换能器、扬声器、蜂鸣器、气体点火器、压电变压器、超声马达、声表面波器件等;在热电耦合方面,已应用于红外探测器、热像和热电换能装置;在光电耦合方面,采用极性电介质材料可以制作多种电光器件,比较典型的应用有采用透明 PLZT 陶瓷制作的横向电-光调制器,这种调制器可安装在染料激光的空腔内,用来改变激光频率,此外用于打印机、显示器、光存储器和光通信系统的光阀中的电-光调制器也是铁电材料的重要应用领域。

谈及新型极性电介质材料的研究状况和对其未来的应用的期待,当属目前备受关注的铁电薄膜材料的研究和铁电存储器的研制。利用铁电体正负剩余极化状态表示二进制码中“0”和“1”储存信息的设想最早提出于 20 世纪 50 年代。这种以铁电体为主要功能材料的储存器的诱人之处在于其非挥发性(即在芯片电源突然中断的情况下也可保持写入的信息),

但由于对铁电体本身的认识的不充分和设计的不合理,使铁电储存器的研究在很长一段时间内未能有所进展。自 20 世纪 80 年代以来,随着薄膜制备技术的发展,将铁电薄膜沉积在半导体单晶片上来制造非挥发性存储器已成为可能,从而给停滞的铁电存储器的研究重新注入了活力。铁电存储器有两种基本工作模式,即破坏性读出(DRO, Destructive Readout)和非破坏性读出(NDRO, Nondestructive Readout)。DRO 和 NDRO 的根本区别在于读取信息时是否极化反转。DRO 铁电存储器是利用铁电薄膜的电容效应,以铁电薄膜电容取代常规的存储电荷的电容;而 NDRO 铁电存储器是利用铁电薄膜的极化特性,以铁电薄膜取代常规 MOS(Metal-Oxide-Semiconductor)场效应管中的栅介质层构成 MFS (Metal-Ferroelectric-Semiconductor) 结构场效应管作为存储单元。与这两种工作模式相对应,新型铁电薄膜存储器主要有如下几种结构形式:铁电动态随机存取存储器(FDRAM, Ferroelectric Dynamic Random Access Memory)、铁电场效应管(FFET, Ferroelectric Field Effect Transistor) 以及铁电随机存取存储器(FRAM, Ferroelectric Random Access Memory)。

预计在未来,随着人工调制极性材料的发展,将进一步拓展极性材料的应用范围,这里的人工调制材料主要包括两种类型:①人工结构调制材料,如光学超晶体和声学超晶体材料,已经在激光倍频和甚高频声学器件上获得应用;②人工织构调制材料,包括压电复合材料,这类材料可望在微电子和光电子技术中获得应用。此外,目前绝大多数实用的极性电介质材料都是无机非金属材料,自 1975 年铁电液晶的出现,使之在电光显示和非线性光学等领域的应用中颇具优势。由于聚合物材料组分繁多、结构多样,预计新型压电、热释电、铁电聚合物,无论作为极性材料本身,还是作为复合材料中的一相,均将具有广泛的应用前景。

复习题

1.什么是电介质的极化?表征介质极化的宏观参数是什么?

2.什么叫退极化电场?如何用极化强度 P 表示一个相对介电系数为 ε_r 的平行板介质电容器的退极化电场、平均宏观电场、电容器极板上充电电荷所产生的电场。

3.氧离子的半径为 1.32×10^{-10} m,计算氧的电子位移极化率。

4.在标准状态下,氖的电子位移极化率为 $0.43\times10^{-10}\,\mathrm{F\cdot m^2}$。试求出氖的相对介电系数。

5.试写出洛伦兹有效电场的表示式。适合洛伦兹有效电场时,电介质的介电系数 ε 和极化率 α 有什么关系?其介电系数的温度系数的关系式又如何表示?

6.若用 E_1 表示球内极化粒子在球心所形成的电场,试表示洛伦兹有效电场中 $E_1=0$ 时的情况。

7.如何定义介电系数的温度系数?写出介电系数的温度系数和电容量温度系数的数学表达式?

8.列举一些介质材料的极化类型,并举出在各种不同频率下可能发生的极化形式。

9.一平行板真空电容器,极板上的自由电荷面密度为 σ,现充以介电系数为 ε_r 的介质。若极板上的自由电荷面密度保持不变,则真空时,平行板电容器的场强 $E=$(　　　　),电位移 $D=$(　　　　),极化强度 $P=$(　　　　);充以介质时,平行板电容器的场强 $E=$(　　　　),电位移 $D=$(　　　　),极化强度 $P=$(　　　　),极化电荷所产生的场强为(　　　　)。

10.为何要研究电介质中的有效电场？有效电场指的是什么？它是由哪几部分组成的？写出具体的数学表示式。

11.一平行板介质电容器，其极间距离 $d=1$ cm，$S=10$ cm^2，介电系数 $\varepsilon=2$，外接 1.5 V 恒压电源。求：电容器的电容 C；极板上的自由电荷 q 与束缚电荷 q'；极化强度 P；总电矩 μ；真空时的电场 E_0 及有效电场 E_e。

12.长为 10 mm、厚度为 1 mm 的方形平板介质电容器，其电介质的相对介电系数为 2 000，计算相应的电容量。若电容器外接 200 V 电压，计算：

(1)电介质中的电场；

(2)每个极板上的总电量；

(3)储存在介质电容器中的能量。

13.具有松弛极化的电介质，加上电场以后，松弛极化强度与时间的关系式如何描述？宏观上表征出来的是一个什么电流？

14.在交变电场的作用下，实际电介质的介电系数为什么要用复介电系数来描述？

15.如何判断电介质是具有松弛极化的介质？

16.分析实际电介质中的损耗角正切 $\tan\delta$—$\omega(T)$之间的关系。

17.固体电介质中，导电载流子有哪几种类型？说明其对电导的影响及与温度的关系。

18.离子位移极化、热离子松弛极化、离子电导的区别在哪几方面？

19.固体电介质的热击穿的原因是什么？固体电介质热击穿电压与哪些因素有关？关系如何？如何提高固体电介质的热击穿电压？

20.根据瓦格纳的热击穿电压的计算公式，解释能否利用增加介质的厚度来提高固体电介质的热击穿电压，为什么？

21.简要叙述瓦格纳的热击穿理论。瓦格纳的热击穿理论的实用性如何？

22.固体介质的击穿有哪几种类型？与气体介质相比有何区别？

23.固体电介质的体积电导和表面电导有何区别？体积电导率和表面电导率用数学式如何描述？

24.固体电介质的电导主要有哪几种类型？其电导率与温度的关系如何？

第 5 章　材料的磁学性能

磁性是物质的一种普遍而重要的属性。从微观粒子到宏观物体，以至于宇宙天体，无不具有某种程度的磁性。这里说的磁性是广义的，包括弱磁性和强磁性两类。一般提到材料具有磁性是指它的强磁性，也即铁磁性。关于铁磁性理论的系统研究工作，开始于 20 世纪初叶。1907 年，法国物理学家外斯(Weiss)在朗之万顺磁性理论基础上，第一次成功地建立起铁磁性现象的物理模型，奠定了现代铁磁性理论的基础。从此，现代铁磁性理论得到迅速发展。近一个世纪以来，磁学和磁性材料的发展，已对人类社会产生了巨大的影响。

5.1　物质磁性概述

为了解释各种各样的铁磁性物质的磁性起源，磁学研究者们提出了各种理论模型，如"分子场"理论模型、交换作用模型、局域电子模型和巡游电子模型、自旋涨落理论。对铁磁体的特性方面的研究，磁畴理论较为成熟。毕特(Bitter)最早用粉纹法，从实验上证实磁畴的存在。定量的铁磁畴理论，由朗道和里弗西兹(Landau & Lifshits)于 1935 年建立起来。他们从铁磁晶体的简单模型，推导出磁畴结构，给磁畴理论奠定了坚实基础。磁畴的存在，乃是自发磁化分布应满足平衡状态下自由能极小的必然结果；畴壁位移或磁畴旋转，能够对技术磁化过程作出原则性的解释。

5.1.1　基本磁学量

1. 磁场强度 *H*

磁场强度 $\boldsymbol{H}$ 和磁感应强度 $\boldsymbol{B}$ 都是描述磁场的重要物理量。磁场强度 $\boldsymbol{H}$ 是由导体中的电流或由永磁体产生的。它是矢量，有大小，有方向。

磁场强度的单位是用稳定电流在空间产生的磁场的强度来规定的。在 SI 单位制中，一根载有直流电流为 I 的无限长直导线，在离导线为 r 的地方所产生的磁场强度

$$\boldsymbol{H} = \frac{I}{2\pi r}$$

实际应用中，常常由电流来产生磁场，并用稳定电流在空间产生的磁场的强度来规定磁场强度的单位。电流产生磁场最常见有以下几种形式。

①无限长载流直导线的磁场强度

$$\boldsymbol{H} = I/2\pi r \tag{5-1}$$

式中：I 为通过直导线的电流；r 为计算点至导线的距离；$\boldsymbol{H}$ 的方向是切于与导线垂直的且以导线为轴的圆周。

②载流环形线圈圆心上的磁场强度

$$\boldsymbol{H} = I/2r \tag{5-2}$$

式中：I 为流经环形线圈的电流；r 为环形线圈的半径；$\boldsymbol{H}$ 方向按右手螺旋法则确定。

图 5-1 为载流环形线圈的磁场。

③无限长载流螺线管的磁场强度

$$\boldsymbol{H} = nI \tag{5-3}$$

式中：I 为流经环形线圈的电流；n 为螺线管上单位长度的线圈匝数；$\boldsymbol{H}$ 的方向为沿螺线管的轴线方向。

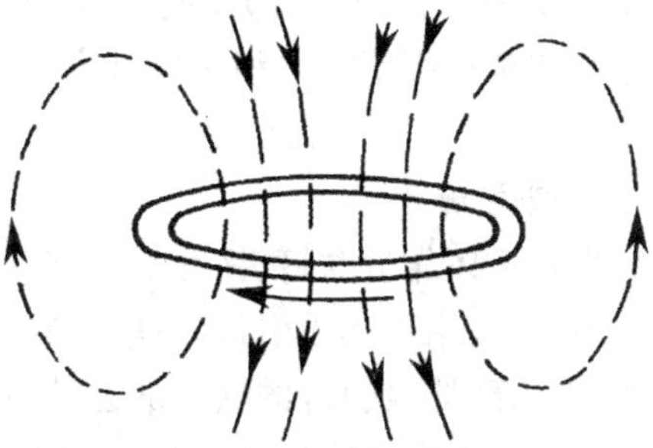

图 5-1　载流环形线圈的磁场

2. 磁感应强度 B

实验证明，导体中的电流或一块永磁体都会产生磁场。$\boldsymbol{H}$ 和 $\boldsymbol{B}$ 都是描述空间任一点的磁场参量。通常，$\boldsymbol{H}$ 称为磁场强度，$\boldsymbol{B}$ 称为磁感应强度。它们都是矢量，有大小和方向。

依照静电学、静磁学定义，磁场强度 $\boldsymbol{H}$ 等于单位点磁荷在该处所受的磁场力 F 的大小，其方向与正磁荷在该处所受磁场力的方向一致。设试探磁极的点磁荷磁矩为 $\boldsymbol{m}$，它在磁场中某处受力为 $\boldsymbol{F}$，则该处的磁场强度矢量

$$\boldsymbol{H} = \boldsymbol{F}/m \tag{5-4}$$

式(5-4)中的 $\boldsymbol{F}$ 由磁的库仑定律决定，即两个点磁荷之间的相互作用力 F，沿着它们之间的连线方向，与它们之间的距离 r 的平方成反比，与每个磁荷的磁矩大小 m_1 和 m_2 的乘积成正比，用公式表示为

$$\boldsymbol{F} = k\frac{m_1 \times m_2}{\boldsymbol{r}^3} \cdot \boldsymbol{r} \tag{5-5}$$

这里，比例系数 k 与磁荷周围的介质和式中各量的单位有关。设点磁荷处于真空中，在国际(SI)单位制中，F 的单位为 N，k 的选择如下：

$$k = \frac{1}{4\pi\mu_0} \tag{5-6}$$

式中：μ_0 是真空磁导率，其数值和单位由下式确定

$$\mu_0 = 4\pi \times 10^{-7}(\mathrm{H \cdot m^{-1}}) \tag{5-7}$$

磁感应强度的定义公式为

$$\boldsymbol{B} = \mu_{绝对}\boldsymbol{H} \tag{5-8}$$

根据此定义公式，$\boldsymbol{B}$ 与 $\boldsymbol{H}$ 差一系数 $\mu_{绝对}$，此系数即为材料的磁导率。

3. 磁化率和磁导率

如式(5-8)，将 $\boldsymbol{B}$ 与 $\boldsymbol{H}$ 的比值称为绝对磁导率 $\mu_{绝对}$，是反映材料磁特性的本征参数。一般情况下，常用材料的相对磁导率，即绝对磁导率与真空磁导率 μ_0 之比

$$\mu = \mu_{绝对}/\mu_0 \tag{5-9}$$

则

$$\mu = \frac{\boldsymbol{B}}{\mu_0 \boldsymbol{H}} \tag{5-10}$$

定义磁化率

$$\chi = \mu - 1 \tag{5-11}$$

定义

$$\boldsymbol{M} = \chi \boldsymbol{H} \tag{5-12}$$

$\boldsymbol{M}$ 为磁化强度，式(5-12)说明，磁化率是单位磁场强度在磁体中所感生的磁化强度，反映了磁体磁化难易程度。χ 和 μ 只有当 $\boldsymbol{B}$、$\boldsymbol{H}$、$\boldsymbol{M}$ 三个矢量互相平行时才为标量，否则，它们为张量。

4. 磁矩 *m*

将永磁体靠近铁钉、铁片等，达到一定距离时，后者即被吸起，而一般情况下铜片等则不能。另外，被永磁体吸引过的铁片，在靠近其他铁片时也会产生吸引作用，或产生排斥作用。显然，被永磁体吸引过的铁片的磁性发生了变化。

铁片接近永磁体的磁极时，与永磁体靠近的铁片被永磁体形成的磁场所磁化。所谓磁化，是指在物质中形成了成对的 N、S 磁极。这种成对的 N-S 极所构成的磁学量称为磁矩。物质中出现磁矩是所有磁现象的根源，是磁相互作用的基本条件。在磁矩中有与电子轨道运动相关联的轨道磁矩，有与电子自旋运动相关的自旋磁矩等。

由物理学可知，一环形电流周围的磁场，犹如一条形磁铁的磁场。环形电流在其运动中心处产生一个磁矩 m。

一个环形电流的磁矩定义为

$$m = IS \tag{5-13}$$

式中：I 为环形电流的强度；S 为环形电流所包围的面积；m 的方向可用右手定则来确定，单位为韦·米(Wb·m)。

5. 磁通量 *Φ*

磁通量就是磁感应通量。通过磁场中某一微小面积 ΔS 的磁通量 $\boldsymbol{\Phi}$，等于该处磁感应强度 $\boldsymbol{B}$ 在垂直面积 ΔS 的方向上的分量 $\boldsymbol{B}_n$ 和面积 ΔS 的乘积，即

$$\boldsymbol{\Phi} = \boldsymbol{B}_n \cdot \Delta S = B \cdot \cos\alpha \cdot \Delta S \tag{5-14}$$

式中：α 是磁感应强度方向与面积 ΔS 的垂直方向的夹角。一般情况下，要求通过磁场中某一面积为 S 的曲面的磁通量，必须利用积分表达式

$$\boldsymbol{\Phi} = \int_S \boldsymbol{B} \cdot \cos\alpha \cdot \mathrm{d}S \tag{5-15}$$

只有在均匀磁场中当磁感应强度的方向垂直于截面 S 时，通过该截面 S 的磁通量才能简单地表示成

$$\boldsymbol{\Phi} = \boldsymbol{B} \cdot S \tag{5-16}$$

磁通量的单位：韦(Wb)。

5.1.2 材料磁性分类

世间万物皆具有磁性，但磁性的大小及性质却相差很多。把物体按磁性的不同可归纳为以下五类。图 5-2 为物体的五类磁化曲线。

1. 抗磁性

某些物体当它们受到外磁场 $\boldsymbol{H}$ 作用后，感生出与 $\boldsymbol{H}$ 方向相反的磁化强度。其磁化率 $\chi_d < 0$，这种磁性称为抗磁性。χ_d 不但小于零，而且绝对数值也很小，一般 χ_d 为 10^{-5} 的数量级。χ_d 的性质和磁场、温度均无关。抗磁性物体有惰性气体、许多有机化合物、若干金属

(如 Bi、Zn、Ag 和 Mg 等)、非金属(如 Si、P 和 S 等)等。抗磁性物体的磁化曲线为一直线。

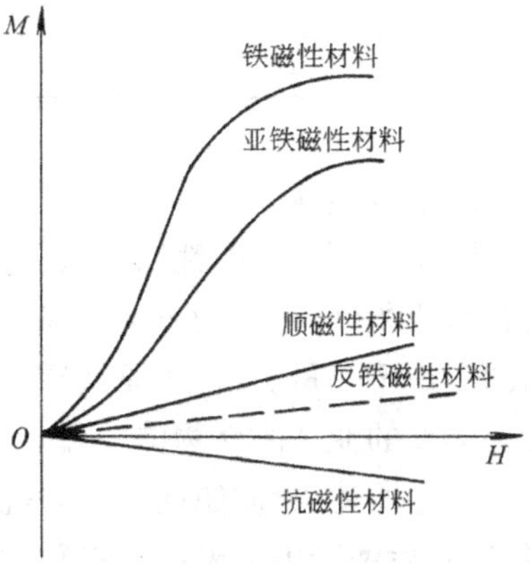

图 5-2　物体的磁化曲线

2.顺磁性

许多物体在受到外磁场作用后,感生出与磁化磁场同方向的磁化强度,其磁化率 $\chi_p>0$,但数值很小,仅显示微弱磁性。这种磁性称为顺磁性。顺磁性物体有一个固有原子磁矩。但各原子磁矩的方向混乱,对外不显示宏观磁性。在磁场作用下,原子磁矩转向磁场方向,感生出与外磁场方向一致的磁化强度 M,所以,顺磁性磁化率 $\chi_p>0$,但它的数值很小。室温下,χ_p为 $10^{-6}\sim10^{-3}$ 数量级。具有顺磁性的物体很多,典型的有稀土金属和铁族元素的盐类等。多数顺磁性物体的 χ_p与温度 T 有密切关系,服从居里定律,即

$$\chi_p=C/T \tag{5-17}$$

式中:C 为居里常数;T 为绝对温度。

然而,更多的顺磁性物体的 χ_p与温度的关系,遵守居里-外斯定律,即

$$\chi_p=C/(T-T_p) \tag{5-18}$$

式中:T_p为临界温度,称为顺磁居里温度。

3.反铁磁性

另有一类物体,当温度达到某个临界值 T_N以上,磁化率与温度的关系与正常顺磁性物体相似,服从居里-外斯定律。但是,表现出在式(5-18)中的 $T-T_p$常小于零。当 $T<T_N$时,磁化率不是继续增大,而是降低,并逐渐趋于定值。所以,这类物体的磁化率在温度等于 T_N 的地方存在极大值。显然 T_N是个临界温度,它是奈耳发现的,被命名为奈耳温度。上述磁性称为反铁磁性。反铁磁性物体有过渡族元素的盐类及化合物,如 MnO、CrO、CoO 等。反铁磁性物体在奈耳温度以下时,其内部磁结构按次晶格自旋呈反平行排列,每一次晶格的磁矩大小相等、方向相反,故它的宏观磁性等于零,只有在很强的外磁场作用下,才能显示出微弱的磁性。

4.铁磁性

这种磁性物体和前述磁性物体大不相同。它们只要在很小的磁场作用下就能被磁化到饱和,不但磁化率 $\chi>0$,而且数值大到 $10^1\sim10^6$数量级,其磁化强度 $\boldsymbol{M}$ 与磁场强度 $\boldsymbol{H}$ 之间的关系是非线性的复杂函数关系。反复磁化时出现磁滞现象,物质内部的原子磁矩是按区域自发平行取向的。上述类型的磁性称为铁磁性。具有铁磁性的元素不多,但具有铁磁性的合金和化合物却各种各样。到目前为止,发现 9 个纯元素晶体具有铁磁性,它们是 3 个 3d 金属铁、钴、镍和 6 个 4f 金属钆、铽、镝、钬、铒和铥。当铁磁性物体的温度比临界温度 T_C 高时,铁磁性将转变成顺磁性,并服从居里-外斯定律,即

$$\chi=C/(T-T_C) \tag{5-19}$$

式中:C 为居里常数;T_C为铁磁性物体的顺磁性居里温度。

几种典型铁磁性物体的 T_C 如下:

物质	Fe	Co	Ni	Gd	Tb	Dy	Ho	Er	Tm
T_C	1 043	1 396	631	293	219	89	20	20	32

5.亚铁磁性

除了上面四种磁性以外,还有一类物体,它们的宏观磁性与铁磁性相同,仅仅是磁化率的数量级稍低一些,为 $10 \sim 10^3$ 数量级。它们的内部磁结构却与反铁磁性的相同,但相反排列的磁矩不等量。所以,亚铁磁性是未抵消的反铁磁性结构的铁磁性。众所周知的铁氧体,就是典型的亚铁磁性物体。

综上所述,物质磁性可分为抗磁性、顺磁性、反铁磁性、铁磁性、亚铁磁性五种,前三种是弱磁性,后两种为强磁性。强磁性材料在技术上有很广泛的应用,这种材料通常叫做磁性材料。磁性材料按其被利用的基本性能,还可以分为软磁、硬磁、旋磁、矩磁、压磁五类。在磁性材料中,除以上五类外,还有许多特殊磁性材料,例如恒导磁率材料、磁性半导体材料、磁泡材料、磁光材料,等等。

5.2 物质铁磁性的微观本质

组成物质的最小单元是原子,原子又由电子和原子核组成。原子中的电子同时具有两种运动形式,即电子绕原子核的轨道运动和电子绕本身轴的旋转。前者叫做电子轨道运动,后者叫做电子自旋。处于旋转运动状态下的电子,相当于一个电流闭合回路,必然伴随有磁矩发生。所以,电子轨道运动产生电子轨道磁矩,电子自旋产生电子自旋磁矩。原子系统内,原子核也具有核磁矩,但是,核磁矩非常小,几乎对原子磁性不起作用。故原子的总磁矩是由电子轨道磁矩和电子自旋磁矩所构成,物质磁性起源于原子磁矩。现在,确定一下原子的磁矩,并考虑核外电子多于一个电子的情况。解决这个问题,首先要了解原子中电子的分布规律以及原子中电子的角动量是如何耦合的。

5.2.1 电子壳层与磁性

具有多电子的原子中,决定电子所处的状态的准则有两条。一是泡利(W.Pauli)不相容原理;二是能量最小原理,即体系能量最低时,体系最稳定。而原子中一个电子的状态,是由 n、l、m_l、m_s 四个量子数确定的。这四个量子数确定后,则这个电子的状态也就确定了。多电子原子中电子分布规律如下。

①由 n、l、m_l 和 m_s 四个量子数确定以后,电子所处的位置随之而定。这四个量子数都相同的电子不多于一个。

②由 n、l 和 m_l 三个量子数都相同的电子虽最多只能有两个,而它们的第四个量子数 m_s 不能相同,只能分别为 1/2 和 $-1/2$。

③n、l 两个量子数相同的电子最多只有 $2(2l+1)$ 个。因为对于同一个 l, m_l 可以取 $(2l+1)$ 个不同的值。对于每一个 m_l, m_s 可以取 $\pm l/2$ 两个不同的值,因此,n、l 量子数相同的电子最多只能有 $2(2l+1)$ 个。

④凡主量子数相同的电子最多只有 $2n$ 个。因为 n 确定后,可取 $l=0, \pm 1, \pm 2, \cdots, \pm(n-1)$,共 n 个可能值,而每一个 l,对应的 m_l 可取 $(2l+1)$ 个不同值。又每一个 m_l 对应

的 m_s，可取 ±1/2 两个不同值。故一个 l 对应的最大可能状态数是 $2(2l+1)$个。因此，主量子数 n 相同的电子数最多只能是

$$\sum_{e=0}^{n-1}[2(2l+1)]=2n^2 \tag{5-20}$$

如按主量子数 n 和角量子数 l 把电子的可能状态分成壳层，则能量相同的电子可以视为分布于同一壳层上。将相应于 $n=1,2,3,4,\cdots$的壳层，分别称为 K、L、M、N 壳层，在同一壳层中，可以有 $0,1,2,\cdots,(n-1)$个角量子数 l；于是，每一个壳层就分成了若干次壳层，并分别用符号 s、p、d、f、g、k 等来代表 $l=0,1,2,3,4,5$ 等次壳层。

按照泡利不相容原理，原子中的每一个状态，只能容纳一个电子。因此，可以推算每一个壳层和次壳层中可容纳的最多电子数目。表 5-1 给出了电子壳层的划分及各壳层中可能存在的电子数目。表中“状态数或最多电子数”一栏内，即是各电子壳层中最大可能的电子数目；“↑↓”记号代表电子自旋向上和向下取向。

表 5-1　电子壳层的划分及各壳层中可能存在的电子数目

n	1	2				3								
主壳层符号	K	L				M								
l	0	0	1			0	1			2				
次壳层符号	s	s	p			s	p			d				
m_1	0	0	−1	0	1	0	−1	0	1	−2	−1	0	1	2
m_2	↑↓	↑↓	↑↓	↑↓	↑↓	↑↓	↑↓	↑↓	↑↓	↑↓	↑↓	↑↓	↑↓	↑↓
状态数或最多电子数	2	2	6			2	6			10				
		8				18								

n	4															
主壳层符号	N															
l	0	1			2					3						
次壳层符号	s	p			d					f						
m_1	0	−1	0	1	−2	−1	0	1	2	−3	−2	−1	0	1	2	3
m_2	↑↓	↑↓	↑↓	↑↓	↑↓	↑↓	↑↓	↑↓	↑↓	↑↓	↑↓	↑↓	↑↓	↑↓	↑↓	↑↓
状态数或最多电子数	2	6			10					14						
	32															

当电子填满电子壳层时，各电子的轨道运动及自旋取向就占据了所有可能方向，形成一个球形对称集合，这样，电子本身具有的动量矩和磁矩必然互相抵消。因而，凡是满电子壳层的总动量矩和总磁矩都为零，只有未填满电子的壳层上才有未成对的电子磁矩对原子的总磁矩作出贡献。这种未满壳层，称为磁性电子壳层。

5.2.2　角动量耦合和原子总磁矩

原子中的角动量耦合方式有两种途径：①轨道—自旋（L—S）耦合；②角量子数—角量子数（j—j）耦合。

$L—S$ 耦合发生在原子序数较小的原子中。在这类原子中,由于各个电子轨道角动量之间耦合强,因而,首先合成原子轨道角动量 $\boldsymbol{P}_L=\sqrt{L(L+1)}\hbar$ 和自旋角动量 $\boldsymbol{P}_S=\sqrt{S(S+1)}\hbar$,然后由 $\boldsymbol{P}_L$ 和 $\boldsymbol{P}_S$ 再合成原子的总角动量 $\boldsymbol{P}_J$。在元素周期表中原子序数 $Z<32$ 的原子,都为 $L—S$ 耦合。从 Z 大于 32 到 $Z=82$ 的原子,$L—S$ 耦合逐步减弱,最后完全过渡到另一种耦合。$j—j$ 耦合首先由各处电子的自旋量子数 s 和轨道量子数 l 合成角量子数 j,然后再由各电子的 j 合成原子的总角量子数 J。对于原子序数 $Z>82$ 的元素,电子本身的 $s—l$ 耦合较强,这类原子的 J 都以 $j—j$ 方式进行耦合。铁磁物质的角动量大都属于 $L—S$ 耦合,其耦合方式图解如下:

$$\left.\begin{array}{l} l_1,l_2,l_3,\cdots,l_i \xrightarrow{\sum l_i(\text{电性})} L \\ s_1,s_2,s_3,\cdots,s_i \xrightarrow{\sum s_i(\text{电性})} S \end{array}\right\} \xrightarrow[(\text{磁性})]{L—S} J$$

原子的总动量 $\boldsymbol{P}_J$ 是轨道角动量 $\boldsymbol{P}_L$ 和自旋角动量 $\boldsymbol{P}_S$ 的矢量和,即

$$\boldsymbol{P}_J=\boldsymbol{P}_L+\boldsymbol{P}_S \tag{5-21}$$

其中

$$\boldsymbol{P}_L=\sqrt{L(L+1)}\hbar,\ \boldsymbol{P}_S=\sqrt{S(S+1)}\hbar$$

$\boldsymbol{P}_J$ 的绝对值为

$$\boldsymbol{P}_J=\sqrt{J(J+1)}\hbar \tag{5-22}$$

角量子数为原子的总轨道角量子数 L 和总自旋角量子数 S 的矢量和,即

$$\boldsymbol{J}=\boldsymbol{L}+\boldsymbol{S} \tag{5-23}$$

J 可以取 $L+S,L+S-1,\cdots,|L-S|$ 个可能值。

①当 $L>S$ 时,J 可取从 $(L+S)$ 到 $(L-S)$ 共 $(2S+1)$ 个可能值;

②当 $L<S$ 时,J 可取从 $(S+L)$ 到 $(S-L)$ 共 $(2L+1)$ 个可能值。

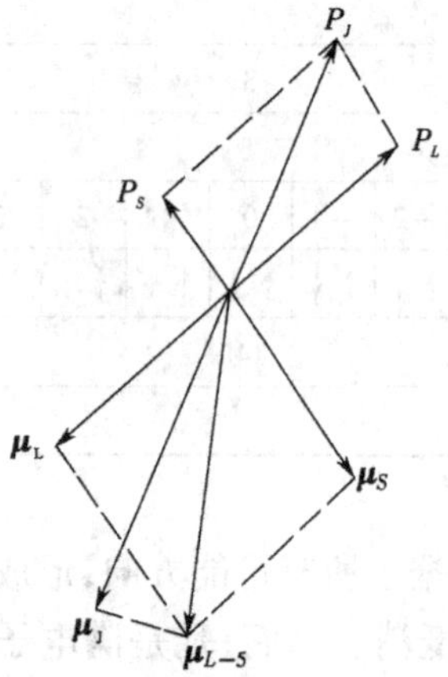

图 5-3 原子的 $\boldsymbol{P}_J$ 和 $\boldsymbol{\mu}_J$

由式(5-21)表示的合成,可以用矢量模型实现。从而获得原子的总角动量及总磁矩。如图 5-3 所示,分别作矢量 $\boldsymbol{P}_L$ 和 $\boldsymbol{P}_S$,它们的大小由 $\boldsymbol{P}_L=\sqrt{L(L+1)}\hbar$ 和 $\boldsymbol{P}_S=\sqrt{S(S+1)}\hbar$ 确定。

在 $\boldsymbol{P}_L$ 和 $\boldsymbol{P}_S$ 的反方向再分别作相对应的 $\boldsymbol{\mu}_L$ 和 $\boldsymbol{\mu}_S$,它们的大小由 $\boldsymbol{\mu}_L=\sqrt{L(L+1)}\boldsymbol{\mu}_B$ 和 $\boldsymbol{\mu}_S=2\sqrt{S(S+1)}\boldsymbol{\mu}_B$ 决定。其中 $\boldsymbol{\mu}_B$ 为磁矩的最小单位,称为玻耳磁子,其值 $\boldsymbol{\mu}_B=\dfrac{e}{2m_e}\hbar=9.273\times10^{-24}\ \mathrm{A\cdot m^2}$,$e$、$\hbar$ 和 m_e 分别为电子电量、Plank 常量和电子质量。

显然,$\boldsymbol{\mu}_S$ 和 $\boldsymbol{\mu}_L$ 的合成矢量 $\boldsymbol{\mu}_{L-S}$ 不在 $\boldsymbol{P}_J$ 的轴线方向上。为了得到原子磁矩 $\boldsymbol{\mu}_J$ 的值,应该将 $\boldsymbol{\mu}_{L-S}$ 投影到 $\boldsymbol{P}_J$ 的轴线方向上,即

$$\boldsymbol{\mu}_J=\boldsymbol{\mu}_L\cos(\boldsymbol{P}_L\hat{}\boldsymbol{P}_J)+\boldsymbol{\mu}_S\cos(\boldsymbol{P}_S\hat{}\boldsymbol{P}_J) \tag{5-24}$$

于是,得 $\boldsymbol{\mu}_J$ 的大小

$$\mu_J=\left[1+\frac{J(J+1)+S(S+1)-L(L+1)}{2J(J+1)}\right]\sqrt{J(J+1)}\,\mu_B \tag{5-25}$$

令

$$g_J=1+\frac{J(J+1)+S(S+1)-L(L+1)}{2J(J+1)} \tag{5-26}$$

故

$$\mu_J=g_J\sqrt{J(J+1)}\,\mu_B \tag{5-27}$$

式(5-27)为原子磁矩大小的表达式，g_J称为兰德(Lande)因子，或简称为 g 因子。

由于 P_L和P_S是绕P_J旋进的，故 μ_S、μ_L和μ_{L-S}都绕P_J的延长线旋进。虽然 μ_{L-S}不是一个有确定方向的量，然而它可分解为两个有确定方向的分量。一个沿 P_J延长线，即式(5-27)中的 μ_J，这是一个有一定方向的恒量；另一个量垂直于 P_J，由于它是绕着 P_J转动的，合磁矩为零。因此，μ_J即为原子的总磁矩。

现在讨论两种特殊情况：

①当 $L=0$ 时，$J=S$，由式(5-26)得 $g=2$，代入式(5-27)，就得式 $\mu_S=2\sqrt{S(S+1)}\,\mu_B$，则原子总磁矩都是由自旋磁矩贡献的；

②当 $S=0$ 时，$J=L$，由式(5-26)得 $g=1$，代入式(5-27)，就得式 $\mu_L=\sqrt{L(L+1)}\,\mu_B$，则原子总磁矩都是由轨道磁矩贡献的。

这两种特殊情况同以上讨论的结论是符合的。因此 g_J的大小实际上反映了 μ_S和 μ_L对 μ_J的贡献程度，是可以由实验精确测定的。如果测得的 g_J在 1 和 2 之间，说明原子的总磁矩是由轨道磁矩和自旋磁矩共同贡献的。

原子的角动量和磁矩在外磁场中的取向也是量子化的。它们在 H 方向的投影分别为

$$(P_J)_H=m_J\hbar \tag{5-28}$$

$$(\mu_J)_H=g_Jm_J\mu_B \tag{5-29}$$

式中：m_J为原子的磁量子数，可以有 $m_J=J,\ J-1,\cdots,-J$ 共$(2J+1)$个可能值。当 $m=J$ 时，μ_J在磁场方向的分量有最大值

$$(\mu_J)_{max}=g_JJ\mu_B \tag{5-30}$$

综上所述，只要确定了 S 和L 以及J，即可计算出原子的磁矩 μ_J。原子基态的 S、L 和J 由洪德规则确定。

5.2.3　洪德规则

要决定多电子原子基态的量子数 L、S、J，可按照洪德(Hund)规则。这个规则是洪德研究了光谱项的实验结果，并根据泡利原理总结出的一条法则。含有未满电子壳层的原子(离子)可以用这一法则来确定基态的电子组态和动量矩。其内容如下。

①在泡利不相容原理许可的条件下，总自旋量子数 S 取最大值。

②在满足①的条件下，总轨道量子数 L 取最大值。

③总角量子数 J 的值由下面两种情况来决定：在未满壳层中电子数不够半满时，$J=|L-S|$；电子数正好半满或超过半满时，$J=L+S$。

第①条洪德规则反映了电子间的库仑排斥作用。按泡利不相容原理要求，每个轨道只能容纳两个自旋相反的电子，如果电子处于同一轨道，由于波函数交叠特别显著，将产生大

的库仑力排斥势使体系能量增大,因此电子倾向于占据不同的轨道。由于库仑力相互作用,自旋同方向的电子能量较低。这意味着未满次壳层上的电子自旋在同一方向排列,直至达到最大多重性为止,然后,再在相反方向排列。

第②条洪德规则说明当 S 相同时,只有 L 选择最大值,能级最低。

第③条洪德规则是自旋—轨道耦合所导致的结果。对于单个电子,从相对论的观点来看,若取电子为参考系,则表现为带正电的核绕电子旋转,即电子处于核绕电子旋转而形成的磁场中,自然当自旋磁矩取向同这一磁场方向一致时,能量最低。由于电子和核所带的电荷符号不同,所以自旋和轨道磁矩倾向于相反的方向。但原子(离子)处于磁场中时,不同自旋取向和处于不同轨道的电子能量有所区别,电子将优先占据那些能量较低的状态。当然,洪德规则只适用于轨道—自旋耦合的情况。

5.3 铁磁性物质的基本特征

5.3.1 自发磁化及交换作用

1.自发磁化

铁磁性物质内存在按磁畴分布的自发磁化。图 5-4 为这一基本特征的示意图。铁磁性物质内的原子磁矩,通过某种作用,克服热运动的无序效应,都能有序地取向,按不同的小区域分布。这种通过物质内自身某种作用将磁矩排列为有序取向的现象,称为自发磁化。自发磁化小区域,称为磁畴。从图 5-4 看出,磁畴内的各原子磁矩取向是不一致的,即形成了自发磁化。宏观上,一个磁畴内自发磁化强度的平均值以 M_s 来代表。各磁畴之间的 M_s 方向不是一致的。整个宏观铁磁体,在无外磁场作用下是不表现出磁化强度的。所谓某种作用,即交换作用。

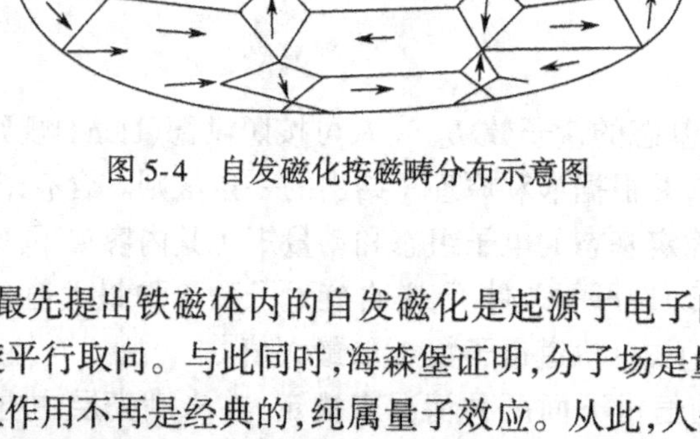

图 5-4 自发磁化按磁畴分布示意图

2.交换作用

1928 年,弗伦克耳最先提出铁磁体内的自发磁化是起源于电子间的特殊相互作用,这种相互作用使电子自旋平行取向。与此同时,海森堡证明,分子场是量子力学交换相互作用的结果。这种交换相互作用不再是经典的,纯属量子效应。从此,人们认识到:铁磁性自发磁化起源于电子间的静电交换相互作用。

海森堡交换模型是在海特勒-伦敦关于氢分子理论基础上发展起来的。这里,先介绍用氢分子建立交换模型，然后给出狄拉克用矢量表达的交换能公式，并说明铁磁性自发磁化的物理本质。

交换相互作用的基本原理，可以通过分析氢分子中两个电子的相互作用来说明。

图 5-5 所示为氢分子体系，以记号 A 和 B 分别表示两个氢原子的核，它们各有一个电子分别用 a 和 b 代表。特令 $\Psi_A(a)$和 $\Psi_B(b)$分别表示电子 a 和电子 b 处于孤立原子状态时的波函数，整个氢分子系统的总波函数，可由两个原子的电子波函数之积构成，即

$$\Psi_0(x_a, y_a, z_a; x_b, y_b, z_b) = \Psi_A(a)\Psi_B(b) \tag{5-31}$$

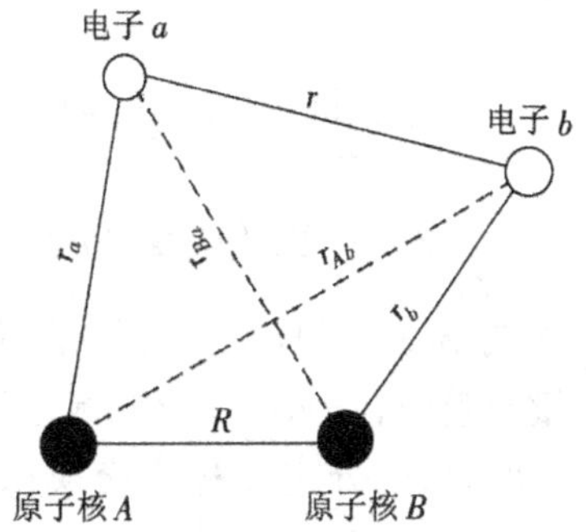

图 5-5　氢分子模型

在量子力学中，由于电子的全同性，哪个电子属于哪一原子系统是没有区别的。电子 a 和 b 相互交换位置后，仍不改变系统的状态。因而，系统总的波函数也可以用如下波函数表示：

$$\Psi_0(x_b, y_b, z_b; x_a, y_a, z_a) = \Psi_A(b)\Psi_B(a) \tag{5-32}$$

式(5-31)和式(5-32)中的(x_a, y_a, z_a)与(x_b, y_b, z_b)表示电子 a 和 b 的位置坐标。上面两个波函数既不是对称函数又不是反对称函数，因而都不满足全同粒子体系波函数的条件。符合对称性和反对称要求的波函数具有下面的形式：

$$\Psi_A = \Psi_A(a)\Psi_B(b) + \Psi_A(b)\Psi_B(a) \tag{5-33a}$$

$$\Psi_A = \Psi_A(a)\Psi_B(b) - \Psi_A(b)\Psi_B(a) \tag{5-33b}$$

式(5-33a)是对称函数，与两个电子的反平行($S=0$)自旋态相对应；式(5-33b)是反对称函数，与两个电子的平行($S=1$)自旋态相对应。

如果忽略电子自旋和轨道之间以及自旋与自旋之间的磁相互作用，则系统的哈密顿是

$$\mathscr{H} = -\frac{\hbar}{2m_e}(\nabla_a^2 + \nabla_b^2) + \frac{e^2}{4\pi\varepsilon_0}\left(\frac{1}{r_a} + \frac{1}{r_b}\right) + \frac{e^2}{4\pi\varepsilon_0}\left(\frac{1}{R} + \frac{1}{r} - \frac{1}{r_{Ab}} - \frac{1}{r_{Ba}}\right) \tag{5-34}$$

式中：r_a为电子 a 至原于核 A 的距离；r_b为电子 b 至原于核 B 的距离；R 为 A 原子核与 B 原子核间距；r 为 a 电子与 b 电子间距；r_{Ab}为 b 电子至原子核 A 的距离；r_{Ba}为 a 电子至原子核 B 的距离；∇_a、∇_b分别为电子 a 和 b 的坐标的拉普拉斯算符；ε_0为真空介电系数。

式(5-34)右边的前两项为二电子 a 和 b 的动能算符，后六项为电子与电子之间、原子核与原子核之间以及核与电子之间的静电相互作用的位能。经微扰计算，可以得到相应于对称和反对称态的能量本征值

$$E_S = 2E_0 + \frac{K' + A'}{1 + \Delta^2}, \quad E_A = 2E_0 + \frac{K' - A'}{1 + \Delta^2}$$

式中：E_0为氢原子能量；$\frac{K' \pm A'}{1 + \Delta^2}$是考虑微扰后而引起的能量修正项，其中

$$K' = \iint \Psi_A^*(a)\Psi_B^*(b)\left[\frac{e^2}{r} + \frac{e^2}{R} - \frac{e^2}{r_{Ab}} - \frac{e^2}{r_{Ba}}\right]\Psi_A(a)\Psi_B(b)\mathrm{d}\tau_1\mathrm{d}\tau_2$$

$$A' = \iint \Psi_A^*(a)\Psi_B^*(b)\left[\frac{e^2}{r} + \frac{e^2}{R} - \frac{e^2}{r_a} - \frac{e^2}{r_b}\right]\Psi_A(a)\Psi_B(b)\mathrm{d}\tau_1\mathrm{d}\tau_2$$

$$\Delta^2 = \int \Psi_A^*(a)\Psi_B(a)\mathrm{d}\tau_1 \int \Psi_B^*(b)\Psi_A(b)\mathrm{d}\tau_2 = |\Psi_A^*\Psi\mathrm{d}\tau|^2$$

Δ为重叠积分,表示 A 原子的波函数与 B 原子的波函数重叠程度,如果 $\Psi_A(a)$和$\Psi_B(b)$重叠很少,应有 $\Delta \leqslant 1$。为简化起见,设 Ψ_A和 Ψ_B为正交函效,即 $\Delta = 0$,则有

$$E_S = 2E_0 + e^2/R + K + A, \quad E_A = 2E_0 + e^2/R + K - A$$

其中

$$K = \iint |\Psi_A(a)|^2 |\Psi_B(b)|^2 \left[\frac{e^2}{r} - \frac{e^2}{r_{Ba}} - \frac{e^2}{r_{Ab}}\right] \mathrm{d}\tau_1 \mathrm{d}\tau_2 \tag{5-35}$$

$$A = \iint \Psi_A^*(a) \Psi_B(a) \Psi_B^*(b) \Psi_A(b) \left[\frac{e^2}{r} - \frac{e^2}{r_a} - \frac{e^2}{r_b}\right] \mathrm{d}\tau_1 \mathrm{d}\tau_2 \tag{5-36}$$

式(5-35)是库仑静电能量,和库仑互作用对应。式(5-36)决定的 A 却无经典对应,完全是量子效应,它来源于全同粒子系统的特性,由电子 a 和电子 b 进行位置交换所产生的结果。所以,积分式 A 称为交换积分。代表电子—电子、电子—原子核的静电交换作用。把"$-e\Psi_A^*(a)\Psi_B(a)$"看作是一种交换电子云密度,这种电子云只出现在 $\Psi_A(a)$电子云和 $\Psi_B(b)$电子云重叠的地方,因为只有在重叠的地方,$\Psi_A(a)$和 $\Psi_B(b)$才都不为零。

对氢分子计算证明,氢分子的 $A<0$。因此有 $E_S < E_A$,即它的两个电子自旋反平行排列使系统的能量较低。

如果不是氢分子,在另外某些电子体系中,其电子间的交换积分 A 的值有可能大于零,因此,有可能出现自旋相互平行取向的基态,进而出现自发磁化。

以上讨论说明,静电的交换相互作用影响到自旋的排列。其结论是:当 $A>0$ 时,铁磁性排列能量低;而当 $A<0$ 时,反铁磁性排列能量低。

3.超交换作用

反铁磁性和亚铁磁性的晶体,都是离子晶体。例如 NiO、FeF_2、Fe_3O_4等是一些磁性离子与非磁性离子相间而组成的化合物。MnO 是立方晶系晶体,晶格结构是 Mn^{2+} 和 O^{2-} 相互交叉排列,半径 r_{Mn}约为 0.9×10^{-10} m,两个 Mn^{2+} 之间,被一个半径 $r_{O^{2-}}$ 约为 1.32×10^{-10} m 的非磁性氧离子隔开。金属离子之间的距离较大,故反铁磁性和亚铁磁性晶体内的自发磁化,不能用直接交换作用模型来解释。1934 年,克拉默斯首先提出了一种交换作用模型——超交换(又称间接)作用模型,用来解释反铁磁性自发磁化的起因。克拉默斯认为,反铁磁性物体内的磁性离子之间的交换作用是通过隔在中间的非磁性离子为媒介来实现的,故称为超交换作用。尔后,奈耳、安德森等人对这个模型予以精确化,作了详细计算,比较成功地说明了反铁磁性的基本特性。所以,有时人们又称超交换作用模型为安德森交换作用模型。

下面介绍超交换作用的概念,以解释反铁磁性和亚铁磁性自发磁化的起因。

以 MnO 为例来讨论。由于 MnO 具有面心立方结构,Mn^{2+} 离子的最近邻为 6 个氧离子 O^{2-},而氧离子的最近邻为 6 个锰离子 Mn^{2+},这样,Mn^{2+}—O^{2-}—Mn^{2+} 的耦合,可以存在两种键角,即 180°和 90°的键角,如图 5-7 所示。

为分析方便,取耦合键角为 180°情况。基态时,Mn^{2+} 离子的未满电子壳层组态为 $3d^5$,5 个自旋彼此平行取向;O^{2-} 的最外层电子组态为 $2p^6$,其自旋角动量和轨道角动量都是彼此抵消的,无净自旋磁矩,它们的排列情况如图 5-7(a)所示。这种情况下,Mn^{2+} 与 O^{2-} 的电子波函数在成 180°键角方向时,可能有较大的叠交,只是 O^{2-} 离子无磁性,不能导致自发磁化。但是,由于有叠交,提供了 2p 电子迁移到 Mn^{2+} 的 3d 轨道内的机会,使体系完全有可能变成含有 Mn^{2+} 和 O^{1-} 的激发态,如图 5-7(b)所示。

当 MnO 系统处于激发态时,由于 O^{1-} 中具有自旋磁矩,这个未配对的电子,当然有可能

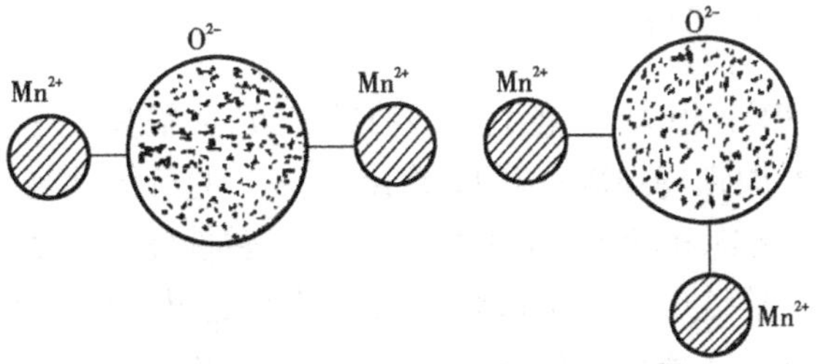

图 5-6　MnO 的 Mn—O—Mn 耦合键角

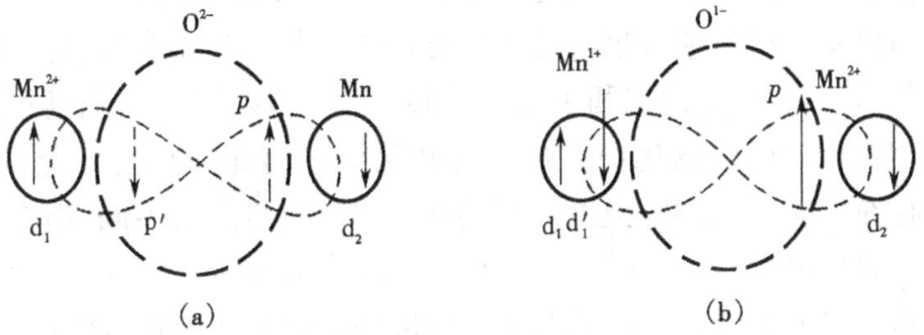

图 5-7　超交换作用原理

(a)基态　(b)激发态

与近邻的 Mn^{2+} 离子的 3d 电子发生交换作用。对这种交换作用的物理过程讨论如下。

设氧离子的 2p 电子受激后,有一个电子跑到 Mn^{2+} 离子 3d 轨道成为 d′电子,无论是自旋朝下朝上的 p 电子,还是向左或向右迁移其几率应相等。先考虑向左边迁移成为 d′电子,那么 d_1 与 d_1' 的自旋是平行排列还是反平行排列?这就取决于变化后的状态是否对系统的稳定性有利。如 d_1 与 d'_1 平行时,能量用 $E^{(3)}_{\uparrow\uparrow}$(三重态)表示,反平行时,能量用 $E^{(1)}_{\uparrow\downarrow}$(单态)表示。对于 Mn^{2+},$E^{(1)}_{\uparrow\downarrow} < E^{(3)}_{\uparrow\uparrow}$,故 d_1 与 d_1' 就取反平行排列。考虑激发的哈密顿量无自旋相互作用,2p 电子激发到 3d 轨道的那个电子,只改变位置,不改变自旋方向。虽然两个 p 电子有同等被激发的几率,根据 $E^{(1)}_{\uparrow\downarrow} < E^{(3)}_{(\uparrow\uparrow)}$ 的要求,应该是自旋朝下的 p 电子跑到 3d 电子轨道变成 d_1' 电子。此时,O^- 离子就将和右边的 Mn^{2+} 离子产生直接交换作用了。一般估计,认为 O^- 和右边 Mn^{2+} 的直接交换积分是负值,所以 p 和 d 的电子自旋取向必然为反平行排列。结果,导致 O^{2-} 两侧成 180°键角耦合的两个 Mn^{2+} 的自旋必定为反平行排列,这就是超交换作用原理。用这个模型可以解释反铁磁性自发磁化的起因。

上述就是以 Mn^{2+} 离子进行分析获得的结果。一般情况,其他化合物的铁族金属离子的 d 层电子数可用 $3d^n$ 来表示,n 有可能大于 5 或小于 5;激发态的 O^- 离子与另一侧金属离子的交换作用,有可能为负也有可能为正,于是按超交换作用原理和洪德规则,得到如下结论。

①3d 电子数 $n \geqslant 5$,根据洪德规则由 2p 激发到 3d 去的电子自旋与 3d 层原有自旋取方向相反。若 O^- 与另一金属磁性离子间的交换积分为负,导致反铁磁性;若交换积分为正,导致铁磁性。

②3d 电子数 $n < 5$,由 2p 激发到 3d 去的电子自旋与 3d 原有电子自旋同方向。若 O^- 与另一金属磁性离子间的交换作用为负,导致铁磁性;若 O^- 与另一金属磁性离子的交换作用为正,导致反铁磁性。

5.3.2 磁化率和磁滞回线

铁磁性物质的磁化率 χ 很大,其值达 $10 \sim 10^4$ 量级,而需要的外加磁场却很小。例如,软磁材料的饱和磁化,外加磁场强度一般只要 $10^2\ A \cdot m^{-1}$ 的量级就足够了。如此小的外磁场即能使铁磁性物质磁化到饱和状态,这正是由于在铁磁性物质内部存在自发磁化的缘故。正如图 5-4 那样,由于原子磁矩在各个磁畴内形成自发磁化,各磁畴的 M_s 方向虽不一致,但只要受到外磁场的作用,即使外磁场很小,也能够起到调整磁畴 M_s 取向的作用。这是铁磁性物质易被磁化到饱和并且磁化率表现很大的物理根源。

在磁场中,铁磁体的磁感应强度与磁场强度的关系可用曲线来表示。当磁化磁场作周期的变化时,铁磁体中的磁感应强度与磁场强度的关系是一条闭合线,这条闭合线叫做磁滞回线,如图 5-8 所示。图中 B_s 为饱和磁感应强度;B_r 为剩余磁感应强度;H_c 为矫顽磁场强度。从图中可以看出,铁磁体磁感应强度的变化滞后于磁化磁场的变化,当磁化磁场为零时,铁磁体内部存在着剩余磁感应强度。不同的材料磁感应强度不同,但它们的产生机理是一样的,都是由于自发磁化产生磁畴。在磁体被磁化的过程中,磁畴沿外磁场方向转向,当磁畴完全转向后,磁体的磁感应强度达饱和,继续增加外磁场强度,磁感应强度只是有微小增加,当外磁场减小时,磁畴的趋向力减小;当外磁场为零时,由于磁畴之间的相互牵制,使磁感应强度在原方向上有一定的趋向分量。这一剩余磁感应强度须在反方向磁化磁场的作用下,才得以消除。随着反方向磁场的继续增加,磁畴沿新的外力方向取向,遂形成磁滞回线。

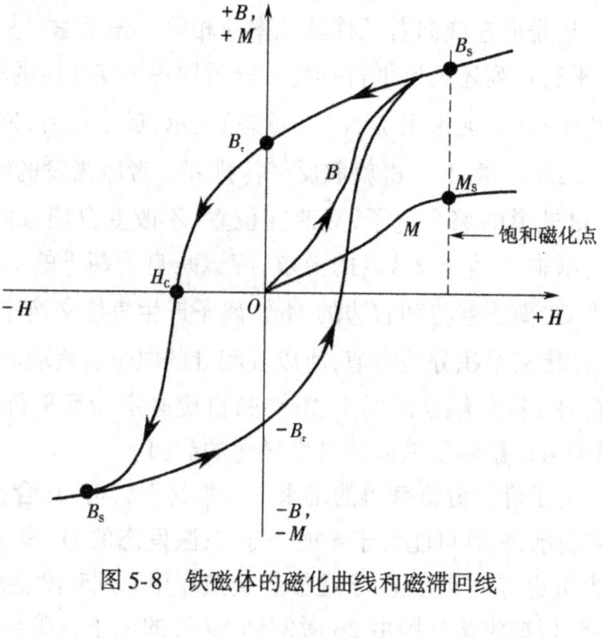

图 5-8 铁磁体的磁化曲线和磁滞回线

5.4 磁各向异性与磁致伸缩

5.4.1 磁各向异性

实验表明,磁体被磁化时,沿磁体的某些方向容易饱和,而另一些方向较难饱和。例如,沿铁单晶的[100]晶轴方向磁化,其磁化曲线很容易磁化饱和,而沿[111]晶轴就难以饱和;对于非晶铁磁性薄膜,沿其膜面或膜法线磁化,其磁化曲线的形状很不相同。图 5-9 绘出三种典型铁磁物质即铁、镍、钴单晶体沿不同晶轴磁化的磁化曲线。图 5-9 表明,这三种单晶体沿不同晶轴磁化到饱和的难易程度相差很大,有难易磁化之分,这说明铁磁单晶体在磁性上是各向异性的。为了表征这种各向异性特征,把最易磁化的方向称为易磁化方向,对应晶轴称为易磁化轴,沿易磁化轴施加磁场很容易使其磁化到饱和。从图 5-9 还可以看出,三种铁磁单晶体的易磁化轴和难磁化轴都是很明显的。铁、镍、钴的易磁化轴分别为[100]、[111]、[0001];它们的难磁化轴分别为[111]、[100]、[1010]。从能量角度看,铁磁体从退磁状态磁化到饱和状态,M—H 曲线与 M 轴之间所包围的面积等于磁化过程做的功,即

$$W=\int_0^M H\mathrm{d}M \tag{5-37}$$

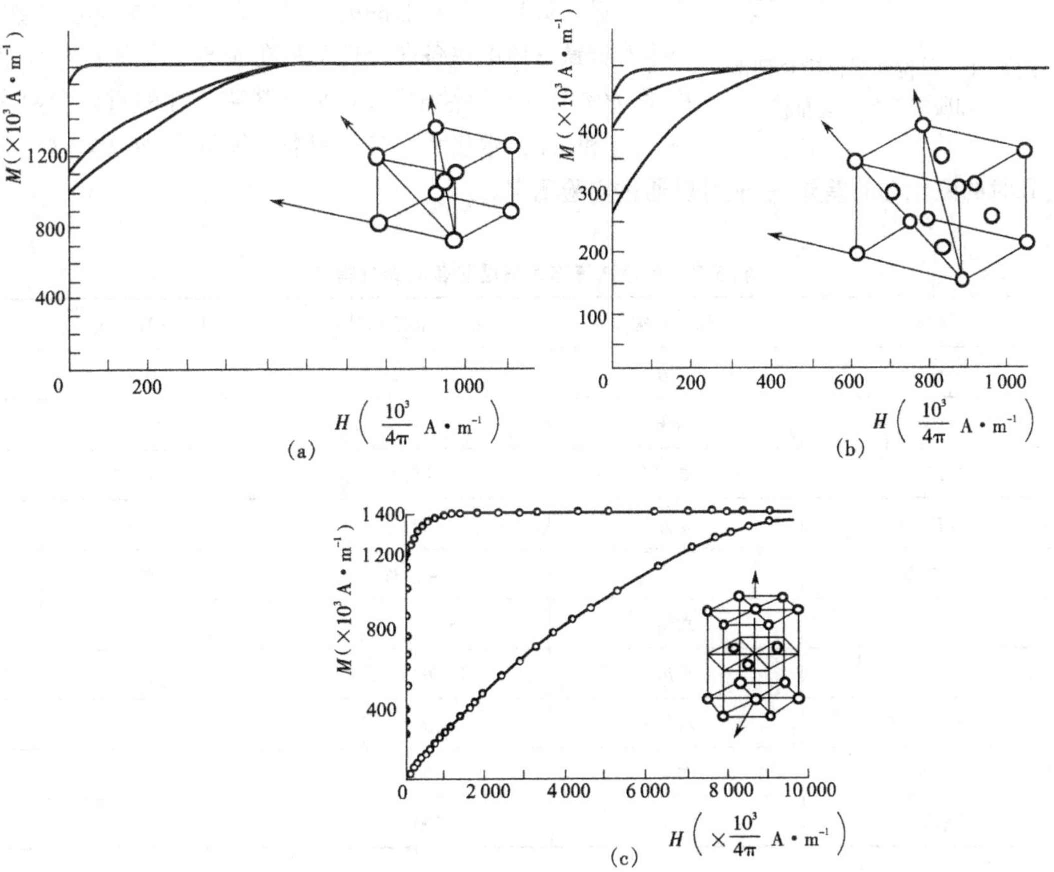

图 5-9　铁磁单晶体的磁化曲线

(a)铁　(b)镍　(c)钴

磁各向异性能定义为饱和磁化强度矢量在铁磁体中取不同方向而改变的能量。磁晶各向异性能与磁化强度矢量在晶体中相对晶轴的取向有关。显然,在易磁化轴方向上,磁晶各向异性能最小,而在难磁化轴方向上,磁晶各向异性能最大。如上分析可知,铁磁体中的自发磁化矢量和磁畴的分布取向不会是任意的,而是取向于在磁晶各向异性能最小的各个易磁化轴的方向上,因为这样取向才能处于最稳定的状态。磁晶各向异性的大小,用磁晶各向异性常数 K 来衡量。对于立方晶体,磁晶各向异性常数可以这样来定义:单位体积的铁磁单晶体沿[111]轴与沿[100]轴饱和磁化所需要的能量差,即

$$K=\frac{1}{V}\left(\int_{0[111]}^{M_s} H\mathrm{d}M-\int_{0[100]}^{M_s} H\mathrm{d}M\right) \tag{5-38}$$

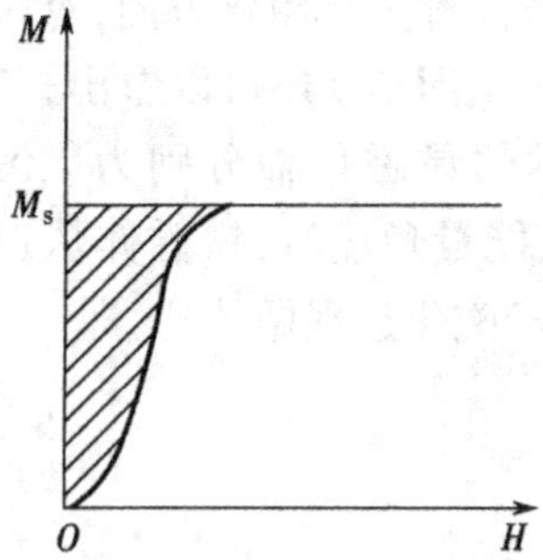

图 5-10 单位铁磁体磁化到饱和所需要的磁化能

将图 5-9 与式(5-38)结合分析可知,铁单晶的 K 是正值。图 5-10 示出使单位铁磁体磁化到饱和所需要的能量。显然,沿铁磁体的难、易磁化轴磁化时,所需要的磁化能的大小是不同的。在易磁化方向需要的磁化能最小,而难磁化方向需要的磁化能最大。这种同磁化方向有关的能量称为磁各向异性能。

磁晶各向异性常数 K 是表示磁性单晶体各向异性强弱的一个量。如果磁体是非晶的,则称 K 为磁各向异性常数。一些典型铁磁体的磁各向异性常数在表 5-2 中列出。K_1 和 K_2 称为磁晶各向异性常数,它是材料磁特性的重要参数之一。K_1 和 K_2 的数值大小表征材料沿不同晶轴方向磁化到饱和时的磁化功的差异,一般可以通过实验测定。

表 5-2 部分铁磁体的室温磁各向异性常数

材料	晶体结构	$K_1(\times10^3\,\mathrm{J\cdot m^{-1}})$	$K_2(\times10^3\,\mathrm{J\cdot m^{-1}})$
Fe	立方	47.2	0.75
Co	六角	461	—
Ni	立方	-5.7	-2.3
4%Ni-Fe	立方	32	—
80%Ni-Fe	立方	-0.35	0.8
YCo_5	六角	5 700	—
$SmCo_6$	六角	15 500	—
Y_2Co_{17}	六角	-290	3
Sm_2Co_{17}	六角	3 300	—
Gd_2Co_{17}	六角	-300	—

5.4.2 磁致伸缩

铁磁性物质的形状在磁化过程中发生形变的现象,叫磁致伸缩或磁致伸缩效应。由磁致伸缩导致的形变一般比较小,其范围在 $10^{-6}\sim10^{-5}$ 之间。虽然磁致伸缩引起的形变比较

小，但它在控制畴结构和技术磁化过程中，仍是一个很重要的因素。磁致伸缩现象有三种表现：沿着外磁场方向尺寸大小的相对变化称为纵向磁致伸缩；垂直于外磁场方向尺寸大小的相对变化称为横向磁致伸缩；铁磁体被磁化时其体积大小的相对变化称为体积磁致伸缩($\Delta V/V$)。纵向或横向磁致伸缩又称为线磁致伸缩，它表现为铁磁体在磁化过程中具有线度的伸长或缩短($\Delta l/l$)。磁致伸缩效应与磁化过程有一定的联系，图 5-11 给出铁的磁化曲线以及磁致伸缩与外磁场的关系曲线。从图 5-11 中可见，体积磁致伸缩只有在铁磁体技术磁化到饱和以后的顺磁过程中才能明显地表现出来，故磁致伸缩主要针对线磁致伸缩。除特别指明外，线磁致伸缩 $\lambda = \Delta l/l$ 也简称为磁致伸缩。磁致伸缩的逆效应是应变影响磁化，称为铁磁体的压磁性现象，它们表明铁磁体的形变与磁化有密切的关系。

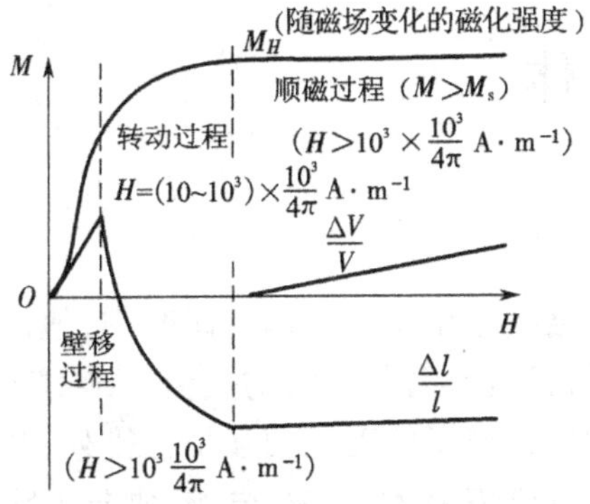

图 5-11　铁的磁化曲线及磁致伸缩

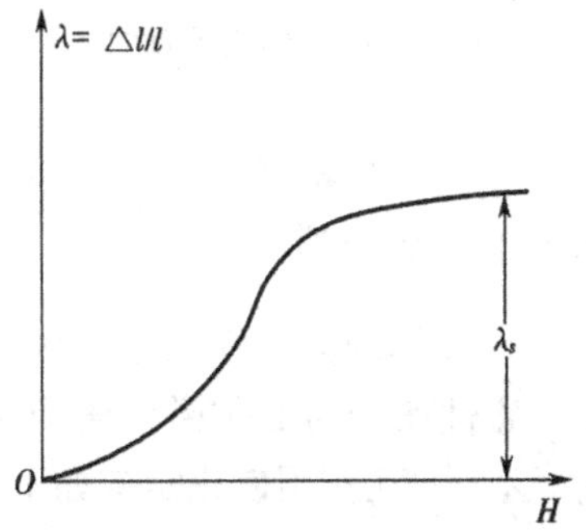

图 5-12　磁致伸缩 λ 与磁场 H 的关系

铁磁体的磁致伸缩即磁致伸缩应变随外磁场的增加而变化(图 5-12)，产生这种行为的原因，是由于每个畴内的晶格沿磁畴的磁化强度方向自发地形变，且应变轴随着磁畴磁化强度的转动而转动，从而导致磁体整体有一形变(图 5-13)。在外磁场达到饱和磁化场时，纵向磁致伸缩为一确定值，以 λ_s 表示，称为磁性材料的饱和磁致伸缩系数。实验证明，不同材料的磁致伸缩系数 λ_s 是不同的，有的 λ_s 小于零($\lambda_s<0$)，有的 λ_s 大于零($\lambda_s>0$)。$\lambda_s>0$ 的称为正磁致伸缩；$\lambda_s<0$ 的称为负磁致伸缩。所谓正磁致伸缩是指沿磁场方向伸长，而垂直于磁场方向缩短，铁就是属于这一类。负磁致伸缩则是沿磁场方向缩短，而垂直于磁场方向伸长，镍属于这一类。

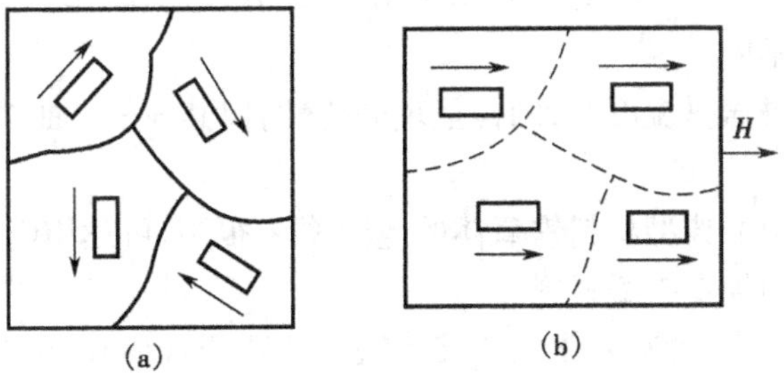

图 5-13　磁化过程中磁畴转动并伴随着自发形变轴的旋转

(a) $H=0, M_H=0$　(b) $H\neq0, M_H\neq0$

为了计算磁应变与磁化强度方面的依赖关系，考虑一铁磁性球。当处于非磁化状态时，是半径为 l 的精确球形，但当磁化到饱和后，沿磁化方向(即 x 轴)伸长了 λ(图 5-14)。假设

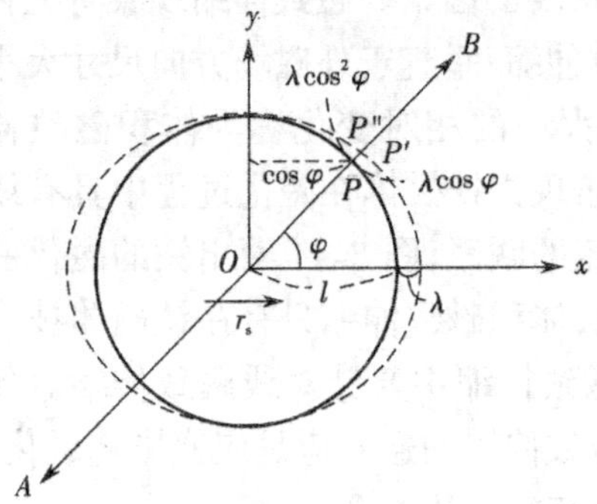

图 5-14 与自动应变轴成 φ 角的磁致伸缩示意图

沿与磁化强度方向成 φ 角的 AB 方向来测量半径 OP 的伸长量,则 P 点在 x 方向移动了 $PP' = \lambda\cos\varphi$,因此,沿 AB 方向半径的伸长量

$$PP'' = \lambda\cos^2\varphi \tag{5-39}$$

铁磁体的磁致伸缩同磁晶各向异性一样,是由于原子或离子的自旋与轨道的耦合作用而产生的。磁致伸缩的产生是由于要满足能量最小条件的必然结果。如果铁磁晶体的变形大小和性质能够导致其总能量等于极小值,则这种变形就会产生。

5.5 铁氧体

5.5.1 亚铁磁性

铁氧体即为亚铁磁性材料。奈耳把反铁磁性次晶格模型用于铁氧体的研究中,他认为A位磁性离子与B位磁性离子间的相互作用是主要的,而且具有相当大的负值。绝对零度时,这个相互作用使磁矩按如下方式取向:A位上所有磁性离子的磁矩相互平行排列,其磁矩为 M_A。B位上所有磁性离子的磁矩相互平行排列,其磁矩为 M_B。M_A 与 M_B 取向相反,A位和B位上具有的磁性离子数目不等,于是观察到依赖于负性相互作用的磁化强度,其值等于 $M_A - M_B$。这种由次晶格之间反铁磁性耦合,宏观呈现强磁性有序物质的磁性,与经典铁磁体的不同,称为亚铁磁性。

亚铁磁性物质具有以下独特性能。

①当温度低于铁磁居里温度时,亚铁磁性物质呈现出与铁磁性相似的宏观磁性,但其自发磁化强度较低。亚铁磁性实际上是未抵消的反铁磁性,所以它只能有较低的自发磁化强度。亚铁磁性物质的磁矩要由亚铁磁性理论建立的模型来计算。例如,磁铁矿(Fe_3O_4)是亚铁磁性材料,它的磁矩是 $4.1\mu_B$。若按构成晶体的磁性离子自旋平行排列总和来考虑,其磁矩似乎应为 $14\mu_B$ 的数值。当然,这是不正确的。因为 Fe_3O_4 的自旋排列是亚铁磁性的磁结构,而不是铁磁性的磁结构。实验表明,亚铁磁性物质的自发磁化强度 M_s 对温度 T 的关系曲线与铁磁性物质的不同。

②当温度高于铁磁居里温度时,同样呈现顺磁性,但其 χ—T 曲线在不太高的温度下不服从居里-外斯定律。

③亚铁磁性物质中的典型材料铁氧体的电阻率 ρ 很高,可达 $10^{10}\ \Omega\cdot m$。因此,铁氧体是高频电信工程技术中的优良铁磁材料。

铁氧体是一种氧化物,含有氧化铁和其他铁族或稀土族氧化物等主要成分。常用的铁氧体,按晶格类型分为三种:尖晶石铁氧体、石榴石铁氧体、磁铅石铁氧体。

5.5.2 尖晶石铁氧体

凡是晶体结构与天然矿石——镁铝尖晶石($MgAl_2O_4$)结构相似的磁性氧化物,均称为尖晶石铁氧体。尖晶石铁氧体的化学分子式的通式为 $M^{2+}Fe_2^{3+}O_4$。其中 M^{2+} 代表二价金属离子，通常是过渡族元素，常见的有 Co、Ni、Fe、Mn、Mg、Zn 等。分子式中的 Fe^{3+} 离子，也可以被其他三价金属离子取代，通常是 Al^{3+}、Cr^{3+} 或 Ga^{3+}，也可以被 Fe^{2+} 或 Ti^{4+} 取代一部分。尖晶石铁氧体的晶格结构呈立方对称，空间群为 O_h^7。一个单位晶胞含有 8 个分子式，一个单胞的分子式为 $M_8^{2+}Fe_{16}^{3+}O_{32}^{2-}$。所以，一个铁氧体单胞内共有 56 个离子，其中 M^{2+} 离子 8 个，Fe^{2+} 离子 16 个，O^{2-} 离子 32 个。三者比较，氧离子的尺寸最大，晶格结构组成必然以氧离子作密堆积，金属离子填充在氧离子密堆积的间隙内。图 5-15 给出尖晶石晶格结构的单胞。在 32 个氧离子密堆积构成的面心立方晶格中，有两种间隙，即四面体间隙和八面体间隙。四面体间隙由 4 个氧离子中心连线构成的 4 个三角形平面包围而成。这样的四面体间隙共有 64 个。四面体间隙较小，只能填充尺寸小的金属离子。八面体间隙由 6 个氧离子中心连线构成的 8 个三角形平面包围而成。这样的八面体间隙共有 32 个。八面体间隙较大，可以填充尺寸较大金属离子。以后的叙述中，四面体间隙简称 A 位，用 A 代表；八面体间隙简称 B 位，用 B 代表。一个尖晶石单胞，实际上只有 8 个 A 位和 16 个 B 位被金属离子填充。填充 A 位的金属离子构成的晶格，称为 A 次晶格，同理，有 B 次晶格。实用上，把 M^{2+} 离子填充 A 位、Fe^{3+} 离子填充 B 位的分布，定义为“正型”尖晶石铁氧体，即 $(M^{2+})[Fe^{3+}]O_4$。结构式中括号(　)和[　]分别代表被金属离子占有的 A 位和 B 位。如果 M^{2+} 离子不是填充 A 位，而是同 B 位中 8 个 Fe^{3+} 离子对调位置，这样形成的结构定义为“反型”尖晶石铁氧体，即 $(Fe^{3+})[M^{2+}Fe^{3+}]O_4$。大多数铁氧体以反型结构出现。正型结构的铁氧体只有 $ZnFe_2O_4$ 和 $CdFe_2O_4$。此外，还有介于正型和反型之间的混合分布结构，即 $(M_\delta^{2+}Fe_{1-\delta}^{3+})[M_{(1-\delta)}^{2+}Fe_{(1-\delta)}^{3+}]O_4$。脚标 δ 为 M^{2+} 离子占有 A 位的分数。当 $\delta=1$ 时，变成正型结构；当 $\delta=0$ 时，变成反型结构；一般是 $0<\delta<1$。金属离子分布规律一般与离子半径、电子层结构、离子价键平衡和离子有序化等因素有关。此外，还依赖于铁氧体热处理。一般情况下，金属离子占 A 位和 B 位的倾向是

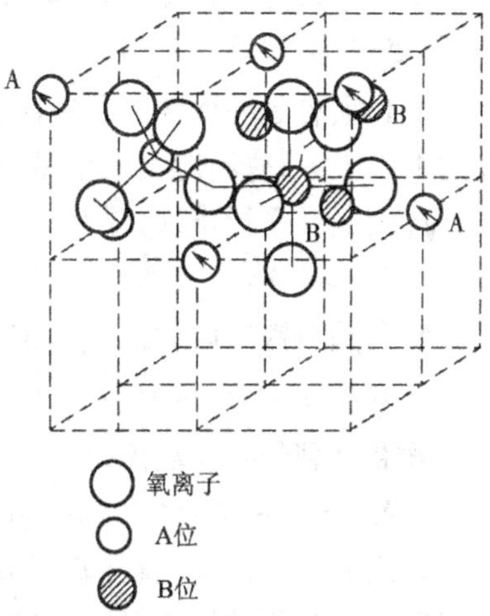

图 5-15　尖晶石晶格单胞

A 位 ——————————→ B 位

Zn^{2+}，Cd^{2+}，Ga^{3+}，In^{3+}，Ge^{4+}，Mn^{2+}，Fe^{3+}，V^{3+}，Cu^{1+}，Fe^{2+}，Mg^{2+}

Li^{1+}，Al^{3+}，Cu^{2+}，Co^{2+}，Mn^{3+}，Ti^{4+}，Sn^{4+}，Ni^{2+}，Cr^{3+}

亚铁磁性是未被抵消的反铁磁性，所以，尖晶石铁氧体的分子磁矩为 A、B 两次晶格中离子的自旋反平行耦合的净磁矩。由于 B 次晶格的离子数目两倍于 A 次晶格的数目，则净磁矩 M 有

$$|M| = |M_B + M_A| = M_B - M_A \tag{5-40}$$

式中：M_B 为 B 次晶格磁性离子具有的磁矩；M_A 为 A 次晶格磁性离子具有的磁矩。对于只有两个次晶格的简单情况，式(5-40)中的 M 的方向即为 M_B 的方向。

正型尖晶石铁氧体，根据铁氧体分子结构式，它的分子磁矩可有

$$M = 2M_{Fe^{3+}} - M_{M^{2+}} \tag{5-41}$$

上式看起来似乎合理，但实际并不成立。这是由于具有完全正型分布的尖晶石铁氧体很少，即使有，例如锌铁氧体——$ZnFe_2O_4$，它不能满足亚铁磁性的条件。这种条件是，每个次晶格中必须有足够浓度的磁性离子，以便另一次晶格的自旋保持平行排列。因为 Zn^{2+} 的自旋磁矩等于零，故不能实现正型分布所期望的自旋排列，而是在 B 次晶格中的两个 Fe^{3+} 离子的自旋呈反平行排列，即有

$$M_{正型} = M_{Fe^{3+}} - M_{Fe^{2+}} = 0$$

对于反型尖晶石铁氧体，有 $M_A = M_{Fe^{3+}}$，$M_B = M_{Fe^{3+}} + M_{M^{2+}}$，故

$$M_{反型} = M_{Fe^{3+}} + M_{M^{2+}} - M_{Fe^{3+}} = M_{M^{2+}}(\mu_B) \tag{5-42}$$

对于一般混合型分布铁氧体，有

$$M_A = (1-2\delta)M_M^{2+} + 10\,\delta\mu_B \tag{5-43}$$

这就从理论上说明，可以通过调节 δ 值来改变磁化强度，此外还可以通过选择二价 M^{2+} 离子来实现。对有些铁氧体可以通过热处理手段来改变 δ 的数值，但并非普遍可行，且不方便和不精确。因此，为了在给定的 M^{2+} 系统中实现磁化强度的控制，通常是采用离子取代，特别是非磁性离子取代。一些典型的尖晶石单一铁氧体的基本参量在表 5-3 中列出。

表 5-3 尖晶石单一铁氧体基本参量

铁氧体	离子分布		磁矩(μ_B)		饱和磁化强度 $M_s(10^5\ A\cdot m^{-1})$		T_m(℃)
	A位	B位	理论	实验	-273 ℃	20 ℃	
$MnFe_2O_4$	$Fe_{0.2}^{3+} + Mn_{0.8}^{2+}$	$Mn_{0.2}^{2+} + Fe_{1.8}^{3+}$	5	4.6~5	5.60	4.00	300
Fe_3O_4	Fe^{3+}	$Fe^{2+} + Fe^{3+}$	4	4.1	5.10	4.80	590
$CoFe_2O_4$	Fe^{3+}	$Co^{2+} + Fe^{3+}$	3	3.7	4.75	4.25	520
$NiFe_2O_4$	Fe^{3+}	$Ni^{2+} + Fe^{3+}$	2	2.3	3.00	2.7	590
$CuFe_2O_4$	Fe^{3+}	$Cu^{2+} + Fe^{3+}$	1	1.3	1.60	1.35	455
$MgFe_2O_4$	$Mg_{0.1}^{2+} + Fe_{0.9}^{3+}$	$Mg_{0.9}^{2+} + Fe_{1.1}^{3+}$	1	1.1	1.40	1.20	440
$Li_{0.6}Fe_{2.5}O_4$	Fe^{3+}	$Li_{0.9} + Fe_{1.6}^{3+}$	2.5	2.5~2.6	3.30	3.10	670

表 5-3 的数据说明，磁矩的理论值都比实验值小，其原因是由于理论计算中忽略了轨道磁矩的贡献，或者是假定的离子分布和实际铁氧体中离子分布有差异以及变价离子的出现。

5.5.3 石榴石铁氧体

石榴石铁氧体的通式是 $R_3^{3+}Fe_5^{3+}O_{12}^{2-}$，式中，R 代表稀土或钇离子，常见的有 Y、Sm、Eu、Gd、Tb、Dy、Ho、Er、Tm、Yb 或 Lu 等。分子式类似于天然石榴石 $(FeMn)_3Al_2(SiO_4)_3$，晶体结构属于立方晶系，空间群为 O_h^{10}(1a3d)。研究最多的石榴石铁氧体有 $Y_3Fe_5O_{12}$（缩写 YIG）以及其他元素置换的石榴石铁氧体，例如“$Y_{3-x}R_x^{3+}Fe_{5-y}A_y^{3+}O_{12}$”，式中，$R^{3+}$ 为离子半径与 Y^{3+} 相接近的稀土元素，A^{3+} 为离子半径与 Fe^{3+} 相接近的元素。此外，还有用非三价离子置换的石榴石。例如“BiCaV”石榴石——$\{Bi_{3-x}Ca_x\}[Fe_2^{3+}](Fe_{3-y}^{3+}V_y)O_{12}$ 都是很有价值的磁性材料。如图 5-16，一个单胞石榴石含有 8 个分子，金属离子填充在氧离子密堆积之间的间隙里。氧

离子之间的间隙除了四面体间隙和八面体间隙之外,还有十二面体间隙。十二面体间隙由 8 个近邻氧离子中心连线构成的 12 个三角形平面所包围。在这里用 d 表示四面体中心位置,称 d 位;八面体中心用 a 表示,称 a 位;十二面体中心用 c 表示,称 c 位。单胞中 8 个 $R_3^{3+}Fe_5^{3+}O_{12}^{2-}$ 分子的金属离子中 40 个 Fe^{3+} 离子全部填充到四面体间隙和八面体间隙。其中 24 个占四面体间隙,即 24d;16 个占八面体间隙,即 16a;Y^{3+} 或其他三价稀土元素离子,位于十二面体间隙,即 24c。虽然,石榴石比尖晶石复杂,但有其优点,每一个金属离子都独占一种格位,其分子结构式是 $\{R_3\}[Fe_2](Fe_3)O_{12}$,式中,括号{ }——24c,[ ]——16a,( )——24d。图 5-16 示出这三种离子的位置特征。

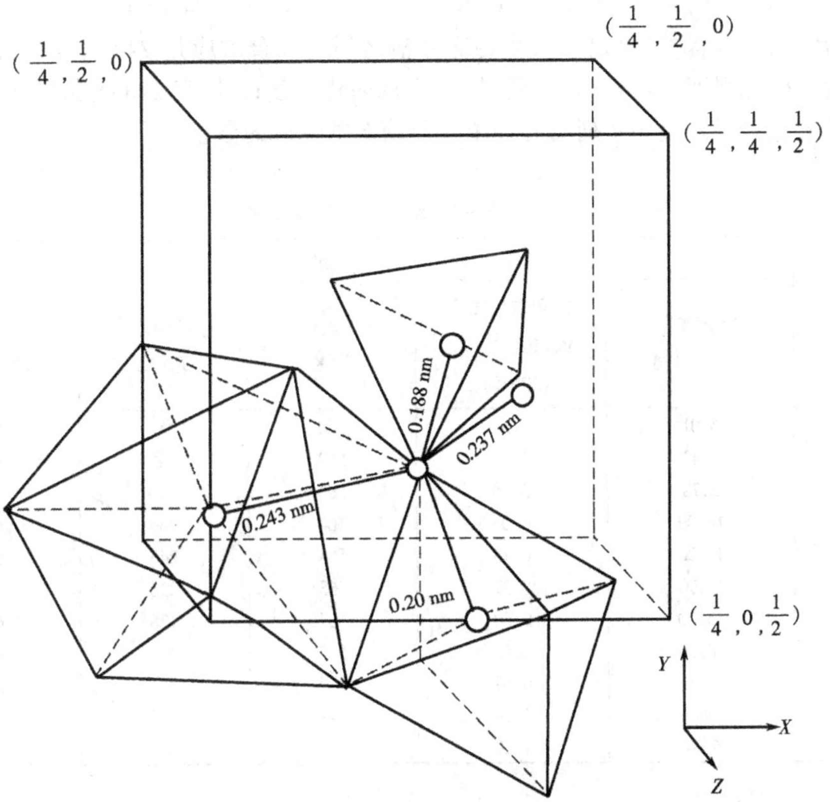

图 5-16 $Y_3Fe_5O_{12}$ 的结构示意图

如果稀土元素取代 24c 位中 Y^{3+} 的一部分,另有某些三价元素取代 16d 位的 Fe^{3+} 或 24d 位的 Fe^{3+},那么,石榴石的通式可以写成 $\{Y_{3-a}R_a\}[Fe_{2-z}M_z^A](Fe_{3-x}M_x^D)$ 的形式,式中,M^A 表示取 16a 位的三价元素,M^D 表示取代 24d 位的三价元素。有时候三价元素(例如 Al^{3+})不只是取代某一格位的离子,而是按分布系数 f_t 分布于 16a 和 24d 之间。设三价元素的总取代基为 y,那么 f_t 是 y 的函数。例如:$Y_3Fe_{5-y}Al_yO_{12} \Rightarrow \{Y_3\}[Fe_{2-y(1-f_t)}Al_{(1-f_t)y}](Fe_{3-f_ty}Al_{f_ty})O_{12}$。

由上述能够看出,不同的取代方式可以得出许多不同的分子式。如果适当地选择取代的数量和方式,可以调节基本石榴石的特性,从而获得所需要的某一综合性能。

石榴石铁氧体分子饱和磁矩的计算与尖晶石铁氧体相似,只是石榴石铁氧体的离子布拉格位不会发生反型。在纯 YIG 中,24c 位仅为非磁性的 Y^{3+} 占有,因此,总磁化强度只为 16a 和 24d 两种次晶格的磁矩的合成。因纯 YIG 的 24c 位无磁性离子,则 16a 和 24d 位的自

旋必须反平行耦合,即有

$$M = M_d - M_a = 3M_{Fe^{3+}} - 2M_{Fe^{3+}} = 5\mu_B \quad (5\text{-}44)$$

如24c位引入磁性稀土离子,24c与24d位之间的磁矩保持反平行耦合,总磁化强度

$$M = |3M_c + M_a - M_d| = |3M_c - 5\mu_B| \quad (5\text{-}45)$$

当24c位的 M_c 确定以后,即可由式(5-45)求出石榴石铁氧体分子磁矩 M 值。

取代石榴石铁氧体,例如 $\{Y_{3-a}R_a\}[Fe_{2-z}M_x^D]O_{12}$ 形式的分子饱和磁矩的计算,原则上仍按式(5-41)进行。一般用来取代16a和24d位的离子大多为非磁性的,即 $M_z^A = 0, M_x^D = 0$,于是,式(5-45)变成以下形式:

$$M = |M_d - M_a - M_c| = |(3-x)M_{Fe^{3+}} - (2-z)M_{Fe^{3+}} - aM_{R^{3+}}| \quad (5\text{-}46)$$

式中:z 表示在16a次晶格的取代量,当各次晶格之间的耦合效应是24d次晶格占优势时,z 增加将增大总磁化强度,若16a 占优势,则减少总磁化强度;x 代表24d次晶格的取代量,它与式中 z 的效应相反。表5-4列出各种单一石榴石铁氧体的参量。

表5-4 单一石榴石铁氧体的参数

石榴石	参 量				
	分子磁矩 $\sigma_a(\mu_a \cdot g^{-1})$(0 K)	饱和磁化强度 $M_a(10^5 A \cdot m^{-1})$(20℃时)	居里点 T_d(K)	抵消点 T_d(K)	密度 $d(10^4 \times kg \cdot m^{-3})$
$Y_3Fe_5O_{12}$	5.01	1.34	560	无	5.17
$Sm_3Fe_5O_{12}$	5.43	1.27	560	无	6.23
$Eu_3Fe_5O_{12}$	2.78	0.88	566	无	6.31
$Gd_3Fe_5O_{12}$	16.00	0.04	564	286	6.46
$Tb_3Fe_5O_{12}$	18.20	0.15	568	246	6.55
$Dy_3Fe_5O_{12}$	16.90	0.32	563	226	6.61
$Ho_3Fe_5O_{12}$	15.20	0.68	567	128(7)	6.77
$Er_3Fe_5O_{12}$	10.20	0.62	556	83	6.87
$Tm_3Fe_5O_{12}$	1.20	0.88	549	无	6.94
$Yb_3Fe_5O_{12}$	0	1.19	548	≈0	7.06
$Lu_3Fe_5O_{12}$	5.07	1.19	539	无	7.14

5.5.4 磁铅石铁氧体

磁铅石铁氧体的晶体结构和天然矿物磁铅石 $Pb(Fe_{7.5}Mn_{2.5}Al_{0.5}Ti_{0..5})O_{19}$ 的结构相似,属于六角晶系,空间群为 D_{6h}^1(C6/mmm)。其化学式是:$M^{2+}B_{12}^{3+}O_{19}^{2-}$ 或 $M^{2+}O \cdot 6B_2^{3+}O_3^{2-}$,式中:$M^{2+}$ 是二价阳离子,常见的有Ba、Sr或Pb;B^{3+} 是三价阳离子,常见的有Fe及其取代元素A1、Ga和Cr。最为熟悉的例子便是钡铁氧体 $BaFe_{12}O_{19}$ 和铅铁氧体 $PbFe_{12}O_{19}$,又称为M型钡铁氧体。M型结构是由 Ba^{2+}、Pb^{2+} 或 Sr^{2+} 参加氧离子的堆积和 Fe^{3+} 填充到氧离子间隙里组成。氧离子组成的间隙有四面体、八面体和六面体三种。因为 Ba^{2+}、Pb^{2+}、Sr^{2+} 的半径分别是 1.43×10^{-10} m、$1 \cdot 27 \times 10^{-10}$ m、1.32×10^{-10} m,接近 O^{2-} 的半径,所以,它们不能进入氧离子组成的间隙中,而是占据氧离子的晶位。由X射线结构分析知道,一个M型晶胞分为10个氧离子层,在 c 轴方向(六角晶轴方向),这10个氧离子层又可按含有 Ba^{2+} 层和相当于尖晶石的"尖晶石块"来划分。图5-17示出晶胞中钡离子层和尖晶石块的位置。

从图 5-17 看出，一个晶胞中包含了两个钡离子层和两个尖晶石块。Ba^{2+} 层是每隔 4 个氧离子层出现一次，它含有 1 个 Ba^{2+}、3 个 O^{2-} 和 3 个 Fe^{3+}。其中有 2 个 Fe^{3+} 占据 B 位，1 个 Fe^{3+} 占据由 5 个氧离子构成的六面体间隙(称 E 位)。它的图形示于图 5-18 中。将把含 Ba 层用 B_1 代表，尖晶石块出现于 2 个 Ba 离子层之间，用 S_4 来表示尖晶石块，它包括 4 个氧离子层，每一层含有 4 个氧离子。1 个尖晶石块里有 9 个 Fe^{3+} 填充在 O^{2-} 组成的间隙中，其中 2 个占据 A 位，7 个占据 B 位。所以，每个 M 型晶胞中共有 38 个氧离子，2 个钡离子，24 个铁离子。铁离子分别分布在 4 个 A 位、18 个 B 位、2 个 E 位上，而钡离子参与氧离子共同密堆积。

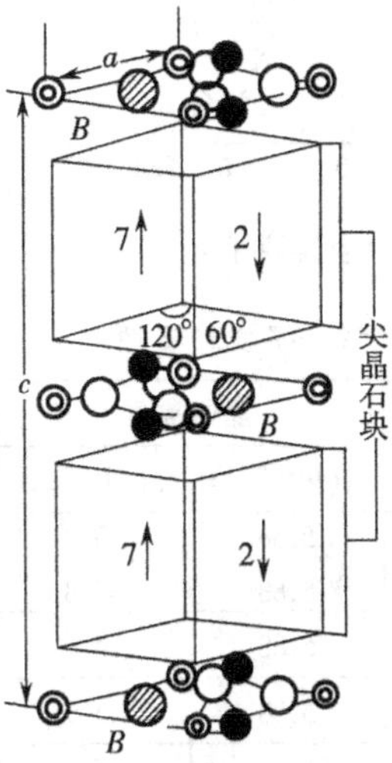

图 5-17　$BaFe_{12}O_{19}$ 晶体结构的 Ba^{2+} 离子层和尖晶石块的位置

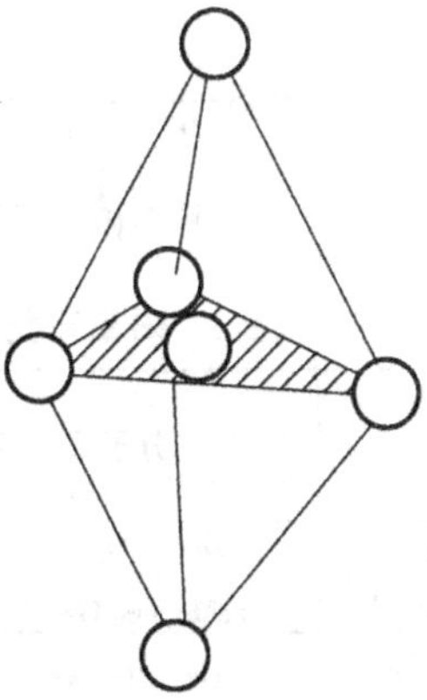
图 5-18　六面体间隙

除了 M 型结构以外，磁铅石铁氧体还有一个相类似的六方结构范围，通常称为 W、Y、Z、X 和 U 型等化合物。这类化合物是以 Me^{2+} 部分地置换 $BaFe_{12}O_{19}$ 中的 Ba^{2+}，组成 BaO-MeO-Fe_2O_3 三元系列的磁铅石型复合铁氧体。其中 Me 代表 Mg、Mn、Fe、Co、Ni、Zn、Cu 等二价金属离子和 Li^+、Fe^{3+} 的组合。

关于 M、W、X、Y、Z 和 U 型化合物的相互关系，可以用图 5-19 来描写。

图中的 M 点，代表单组分的磁铅石铁氧体 $BaFe_{12}O_{19}$，S 点代表单组分尖晶石铁氧体 Me_2 和 Fe_4O_8，B 点表示非磁性的钡-铁氧化物 $BaFe_2O_4$。X、W、Y、Z 和 U 等化合物，都是通过 M、S 和 B 按一定的比例配合组成。表 5-5 列出上述化合物的结构式和相关的参数。

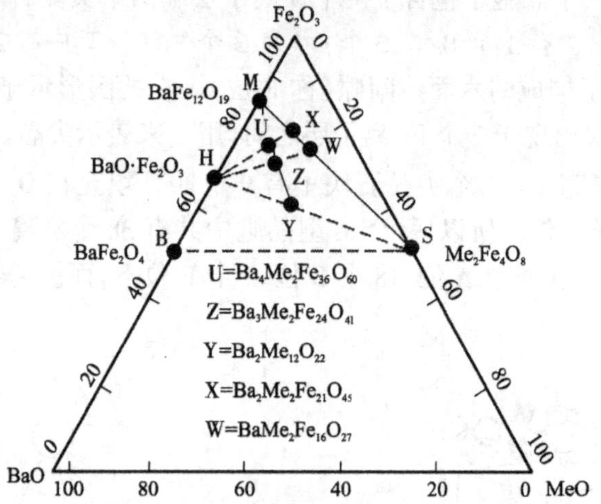

图 5-19 三元素组成图(Me 为二价金属离子)

表 5-5 磁铅石复合铁氧体的结构式、化学分子式和参数

型号	结构式	化学分子式	简写	每晶胞 O^{2-} 层数	晶格常数 $a(10^{-10}$ m)	晶格常数 $c(10^{-10}$ m)	密度 $d\times10^3$(kg/m^3)
M	$(B_1S_4)_2$	$BaFe_{12}O_{19}$	M	5×2	5.88	23.2	5.28
W	$(B_1S_5)_2$	$BaMe_2Fe_{16}O_{27}$	Me_2W	7×2	5.88	32.8	5.31
X	$(B_1S_4B_1S_8)_2$	$Ba_2Me_2Fe_{21}O_{45}$	Me_2X	12×3	5.88	84.1	5.29
Y	$(B_2S_4)_3$	$Ba_2Me_{12}O_{22}$	MeY	6×3	5.88	43.5	5.39
Z	$(B_2S_1B_1S_4)_2$	$Ba_3Me_2Fe_{24}O_{41}$	Me_2Z	11×2	5.88	52.3	5.33
U	$(B_1S_4B_1S_1B_1S_1)$	$Ba_4Me_2Fe_{36}O_{60}$	Me_4U	16	5.88	38.1	5.31

磁铅石铁氧体的主要特点是自发磁化从优取向六角晶轴(c 轴)或垂直于 c 轴取向。其中,M、Me_2W 型的自发磁化从优 c 轴取向;Me_2Y、Me_2Z 型的自发磁化从优垂直于 c 轴方向,这种垂直于 c 轴取向的铁氧体称为平面型铁氧体。

磁铅石铁氧体的分子磁矩,根据磁性离子的分布可以推算出来。例如,M 型 Ba 铁氧体,它的结构式是$(B_1S_4)_2$。每一尖晶石块 S_4 内的 9 个 Fe^{3+} 离子有 7 个在 B 位,2 个在 A 位;含 Ba 离子层内的 3 个 Fe^{3+} 有 2 个在 A 位,1 个在 B 位。

晶胞结构	$(B_1$	$S_4)_2$
离子分布	$(Ba^{2+}Fe_2^{3+}[Fe^{3+}]O_{12}^{2-}$	$Fe_2^{3+}[Fe_7^{3+}]O_{12}^{2-})_2$
自旋取向	↓↓ ↑	↓↓ 7↑
磁矩	$-10\mu_B+5\mu_B$	$-10\mu_B+35\mu_B$

分子磁矩 $M_{分}=(-10+5-10+35)\mu_B=20\mu_B$

这个理论值与实验值($19.7\mu_B$)很接近。磁铅石铁氧体的饱和磁化强度和居里温度列于表 5-6。

表 5-6　磁铅石铁氧体的 M_S 和 T_C

名　称	$M_S(A\cdot m^{-1})$	T_C(℃)
Mn_2W	310	415
NiFeW	270	520
ZnFeW	380	430
$Ni_{0.5}Zn_{0.5}Fe^{2+}W$	260	450
Ni_2Y	130	390
Mn_2Y	170	290
Zn_2Y	230	130
Co_2Y	180	340
Mg_2Y	120	280
Co_2Y	267	410
Cu_2Y	247	440
Zn_2Y	310	360

5.6　磁性材料的典型应用

5.6.1　信息存储功能磁性材料

随着科学技术不断的发展,信息的记录、处理、存储和传递愈发显得重要。尤其当今处于信息时代,光、电、化学、机械等均可作为存储方式,磁记录、磁存储发展得于是特别快。它已广泛地运用于各个科学技术领域中,不但普遍地用于广播、电视,更大量地应用于地球物理探测空间技术、计算机技术和遥测等,对国民经济、国防建设及人民生活都有着重要的意义。磁记录用的磁性材料是世界上产量大、产值高、使用面广的材料之一,是人们十分重视和研究的对象,因此,新技术、新品种不断出现。

1. 磁记录材料

磁记录是以磁记录介质受到外磁场磁化,去掉外磁场后仍能长期保持其剩余磁化状态的基本性质为基础的。磁带或磁盘记录信号是永久性的,同时也是可以改变的,这一操作许多人都在录音机、录像机及计算机上实现过。

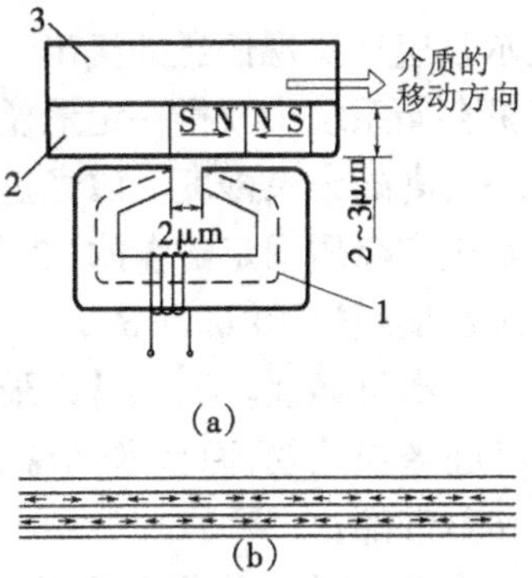

图 5-20　磁记录方式和磁迹分布
(a)磁记录方式　(b)磁迹分布
1—磁通　2—磁层　3—带基

在磁记录过程中,来自麦克风、摄录像机的电信号,或计算机的数据,通过电子线路调制整理后,在经过记录磁头的绕组时,在磁头的铁芯里产生磁通,磁头缝隙磁场通过铁芯附近的空气而闭合。当磁记录介质紧贴磁头的表面匀速通过时,就会被磁头缝隙处的磁场所磁化;当它离开磁头的磁场以后,仍保留有剩余磁化强度,如图 5-20 所示。由于磁头缝隙处的磁场是随记录电流的方向和振幅的大小变化的,所以磁记录介质剩余磁化强度的变化记录了信号随时间的变化。记录信号的电流在一个变化周期内,使记录磁头的磁场方向改变一次,并在介质上产生方向相反的两个剩余磁化区。这两个区域之间还会出现磁化过渡区。这两个磁化方向相反的区域和磁化过渡区一起被称作一个

记录周期或记录波长。磁介质上记录的磁性图形的变化波长与记录信号的频率和磁头(介质)的相对速度之间的关系为

$$\lambda = v/f \tag{5-47}$$

用于磁记录的材料为软磁性的金属及铁氧体,典型材料如表 5-7 所示。

表 5-7 几种磁记录材料的特性

类型	材料名称	状态	$B_r(\times 10^{-4}\mathrm{T})$	H(79.6 A/m)	T_C(℃)
氧化物	γ-Fe_2O_3	粉末	1 400	300 ~ 400	385
	Co + γ-Fe_2O_3	粉末	1 600	500 ~ 600	520
	CrO_2	粉末	1 450	300 ~ 700	120
金属	Fe-Co-Ni	粉末	1 600 ~ 2 400	200 ~ 1 000	770 ~ 1 120
	Co-Ni-P	粉末	~ 10 000	200 ~ 1 000	
	Fe-Co-Ni	薄膜	1 600 ~ 2 400	1 000	770 ~ 1 120
	Co-Ni-P	薄膜	~ 10 000	1 000	

高性能的磁记录介质材料的特点如下:

①大的剩余磁感应强度 B_r;

②磁微粒尺寸小且均匀(小于 1);

③各微粒间 H_C 值分布窄;

④矫顽力 H_C 的值适当;

⑤对于受热、加压,磁化强度稳定;

⑥剩磁比 B_r/B_m 大,取向度高;

⑦对磁头的磨损小,对基板(带)的附着力大;

⑧磁粉材料在介质中分散性好。

2.磁光存储

磁光记录是利用热磁效应,实现在磁性材料上进行信息的存入和擦洗,借助于法拉第或克尔效应来实现信息的读出。它兼有磁记录和光记录两者的优点。磁光盘之所以能够在计算机存储系统中取得一定地位,是由于它与磁记录比较具有如下几个方面优点。

①高的记录密度。磁光盘利用激光进行信息记录、再生,位径可以缩小到 1 μm。其密度是现有介质固定磁盘的 10 多倍,是介质可换磁盘和磁带的 100 倍以上。在通常情况下,记录密度超过 10^8 bit/cm^2。

②高可靠性。磁光盘记录是非接触记录,介质和透镜之间的距离可以做到 1 mm 以上,不存在磨损问题,而且磁光盘的介质面上可以加保护膜,它的数据寿命可达 10 年以上,比磁盘和磁带都长。

③可并列处理、随机存取。因为光的传输是在空间进行的,所以,可以并行处理多元信息。

与光记录技术相比,磁光记录又有可以反复读写的优点,磁光盘的可擦除重写次数达百万次以上。虽然磁光记录具有许多优点,但它毕竟还是一门新兴的技术,还有许多问题尚待解决。

磁光记录过程如图 5-21(a)所示。磁光记录薄膜材料是垂直磁化膜,其易磁化方向垂直

于膜面，磁矩垂直于膜面向上或向下排列。记录信息时，对磁光薄膜材料外加一个小于其矫顽力的记录磁场，同时加上一个表示信息的脉冲激光。受到脉冲激光照射的材料区域由于吸收光能而温度上升，此区域的矫顽力也随之下降，见图 5-21(b)。如果其矫顽力下降到小于外加的记录磁场时，该材料区域的磁矩就会翻转为沿外加记录磁场方向排列。假设磁矩排列方向为垂直膜面向下、与记录磁场方向相反时，对应着记录信号“0”；当磁矩翻转为沿记录磁场方向排列，即垂直膜面向上时，则对应于记录信号“1”。这样，可以将光的强弱信号转变为不同方向排列的磁矩记录下来。那些没有受到激光照射的区域虽然也受到外加记录磁场的影响，但是因为室温下材料的矫顽力大于记录磁场，这些区域的磁矩不会翻转为沿外加记录磁场方向排列。只有那些受到激光照射的局部区域，因为温度升高而使矫顽力减少到低于外加记录磁场，其磁矩方向才会翻转为沿记录磁场方向排列。

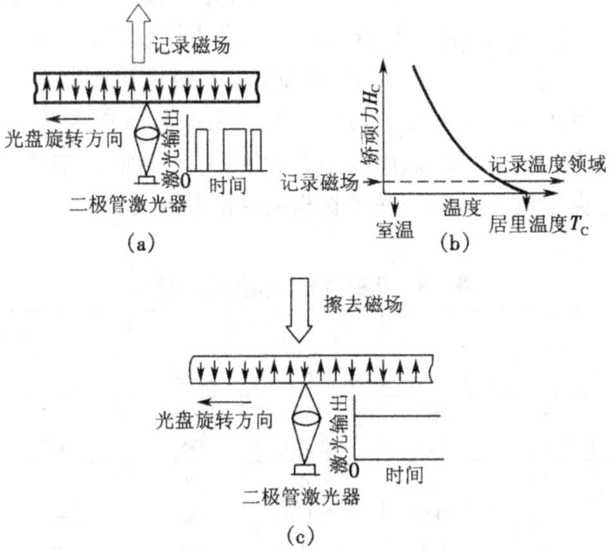

图 5-21　磁光记录原理

(a)信息记录过程　(b)矫顽力与温度的关系　(c)消除信息状态

记录信息的密度与垂直磁化膜中可以稳定存在的最小磁畴直径和激光光束的直径成反比。而磁畴直径又与磁畴壁能 E_m成正比，与记录材料的饱和磁化强度 M_s、矫顽力 H_c的乘积 $M_s H_c$成反比。所以，大的 $M_s H_c$乘积有利于提高记录信息的密度。另外，最小的激光光斑直径 d 为 $1.22\ \lambda/NA$，这里 NA 是和聚光用的物镜半径、焦距、波长有关的开口因数。对于目前主要使用的光学记录系统，开口系数 NA 为 0.5，如果波长 λ 为 780 nm，则最小光斑直径为 1.9 μm 左右。

此外，要在已有信息的感光盘上重新记录新的信息时，可以用连续光照射整个磁光盘。同时外加一个与记录磁场强度相同，但方向相反的磁场，使磁光盘的磁矩全部沿外加磁场方向排列(如图 5-21(c)中的朝下排列)，以抹去旧信息，然后再进行新记录操作。这种重写记录的方式需要进行两次操作，所以信息存储速度较慢。

在磁光技术中，读取信息的原理是法拉第(Faraday)磁光效应和克尔(Kerr)磁光效应。如图 5-22 所示，当线偏振光沿着铁磁薄膜磁化方向传播时，透射光的偏振面相对入射光的偏振面旋转了一个角度。单位膜厚旋转的角度称为法拉第角(θ_F)。这种效应称为法拉第效

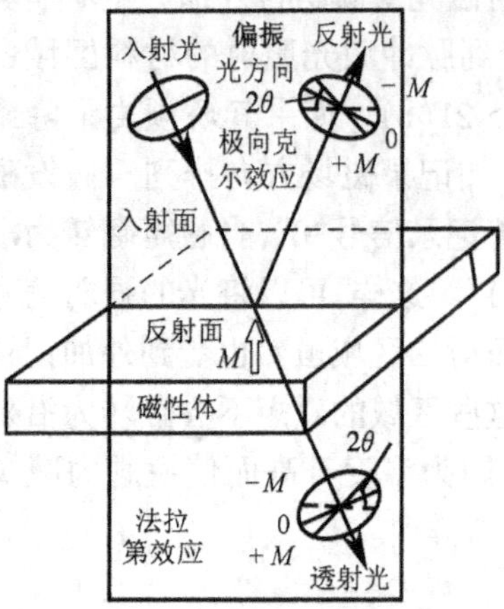

图 5-22 法拉第效应和极向克尔效应

应。线偏振光可以看成是由左右圆偏振光合成。由于铁磁薄膜中的磁矩与光的相互作用,使组成线偏振光的左右圆偏振光在铁磁薄膜中有不同的折射率,所以左右圆偏振光透射后合成的透射光的偏振面相对入射光的偏振面旋转了一个法拉第角度。利用法拉第效应可以选取透射率高的磁性薄膜中保存的信息。另一方面,线性偏振光照射到铁磁性薄膜表面被反射时,所得到的反射光是一个椭圆偏振光,它的偏振面相对入射光的偏振面也旋转了一个角度,这个角度称为克尔角(θ_K)。根据入射光的传播方向相对磁性薄膜中磁化强度的方向不同,有三种克尔效应:①极向克尔效应,此时磁化方向垂直于反射面;②纵向克尔效应,此时磁化方向与反射面、入射面平行;③横向克尔效应,此时磁化方向处在反射面内且垂直于入射面。对于那些反射率较大的不透明磁光薄膜,读取信息时利用其极向克尔效应。极向克尔效应如图 5-22 所示。目前,读取 TbFeCo 非晶磁光薄膜中的信息就是利用极向克尔效应。几种激光材料的性能特点见表 5-8。

表 5-8 几种激光材料的性能特点

材料		记录方式	T_C(℃)	法拉第效应		克尔旋转角		制备方法
				$2Q_C/a$(°)	λ(nm)	θ_K(°)	λ(nm)	
多晶	MnBi	T_C	360	3.6	633	0.7	633	蒸镀
	MnCuBi	T_C	180	1.8	575	0.2	633	
	MnalGe	T_C	245	0.2	550	—	633	溅射或蒸镀
	MnCaGe	T_C	185	0.1	850	—	633	
	PtCO	T_C	390	3.3～5.0	633	—	633	
单晶	GdIG	T_{comp}	—	2.3	633	—	633	液相外延
非晶态	GdCo	T_{comp}	400	0.45	450～820	0.33	633	溅射或蒸镀
	GdFe	T_{comp}	480	0.40	633	0.25～0.58	633	
	TbFe	T_C	135	—	—	0.25～0.48	633	
	GdTbFe	T_C	150～165	—	—	0.27～0.52	633	
	TbDyFe	T_{comp}	75	—	—	—	633	
	GdFeCo	T_{comp}	—	—	—	—	633	
	GdTbCo		—	—	—	0.30～0.52	633	
	TbFeCo	T_C	180～200	—	—	—	820	
	GdTbFeGe	T_C	155	—	—	—	820	

注:T_C——居里点写入;T_{comp}——抵消点写入。

5.6.2 永磁材料

永磁材料亦称硬磁材料,是最早发现和使用的磁性材料。将永磁材料在磁场中充磁后,去掉外磁场,仍能保留很强的磁性,而且不易被退磁,从而可在一定的空间提供一个恒定的工作磁场。利用永磁体的磁场,或通过磁场和载流导体、带电粒子、涡流等的相互作用,可以使一种能量转换成另一种能量,如磁与电、磁与机械等的能量转换,而得到广泛的应用。由于永磁材料的用途广、种类多、人们利用它没有铜损，而且在一定空间能建立磁场的特点，可制造各种产生线性力矩和转动力矩的元件和设备。特别是近年来，人们利用磁体斥力做成磁性轴承等各种悬浮系统，大大地减少了运动系统的摩擦力。因此，它成为磁学和磁性材料中研究甚为活跃的领域。它更新换代很快，由古老的各种永磁合金到铁氧体，由永磁铁氧体材料到稀土钴永磁材料，最近几年来，Nd—Fe—B 永磁体又在飞跃发展。目前发展有两大趋势，即低磁能积、低价格的铁氧体和高磁能积、高价格的高级材料。

作为磁场应用的永磁体，希望剩余磁感应强度 B_r 和矫顽力 H_c 大，才能使永磁体在各种环境下具有相对的性能稳定性。只有 B_r 和 H_c 参数，还不能衡量永磁材料的好坏程度。永磁材料是处在退磁状态下工作，它可以用内部存储的能量(磁能积$(BH)_{max}$)来衡量性能，材料的$(BH)_{max}$越大，其磁体性能越好。其退磁曲线分别可以用内禀退磁曲线($M—H$)和磁感应退磁曲线($B—H$)表示。退磁曲线是指强磁材料的磁滞回线的第二和第四象限的部分，理想的 $M—H$ 退磁曲线为矩形，$B—H$ 退磁曲线为直线。

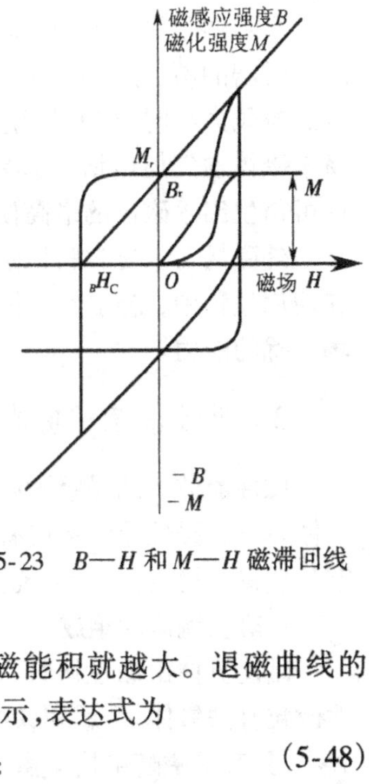

图 5-23　$B—H$ 和 $M—H$ 磁滞回线

磁能积与单位体积材料所储备的能量成正比。BH 的乘积可从如图 5-23 中磁滞回线的第二象限退磁曲线上求出，退磁曲线见图 5-24。从图 5-24 可看出，B_r是将材料磁化到饱和后去掉磁场时的磁感应强度，叫做剩余磁感应强度，简称剩磁；而$_BH_C$和$_MH_C$则是使磁感应强度 B 和磁化强度 M 为零时所需的反向磁场值，称为矫顽力。当 $B = B_w$，且 H 值最大时，BH 表示单位体积的永磁材料能够产生的最大磁能积，用$(BH)_{max}$表示。但是，实际永磁材料的退磁曲线，不能如图所示那样，即磁化强度 M 不能等到反磁化场为$_MH_C$时才全部反转，而在反磁化过程中 M 就逐渐减少，表现在 $B—H$ 退磁曲线中的虚线所示，于是便形成了退磁曲线的凸出形状。其凸出程度和磁能积大小有密切的联系。如果两种不同的材料，虽然 B_r 和 H_C 值都相同，但由于它们的退磁曲线形状不同，它们的最大磁能积也不同。

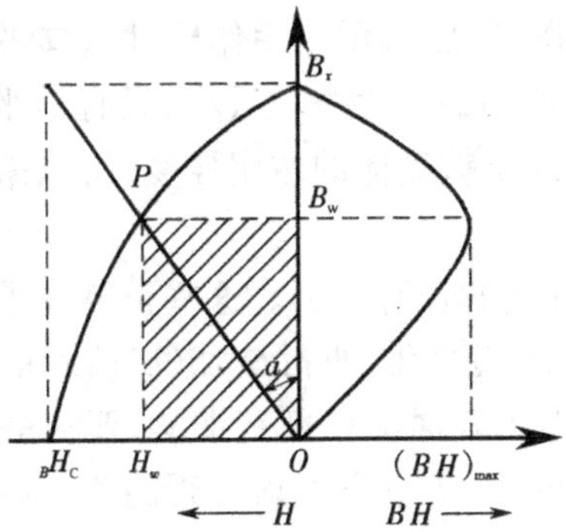

图 5-24　永磁材料的退磁曲线和磁能积曲线

退磁曲线凸出程度越大，则磁能积就越大。退磁曲线的凸出程度可用凸出系数 γ 表示，表达式为

$$\gamma = (BH)_{max}/B_r \cdot H_C \tag{5-48}$$

总之，评价永磁材料特性的主要参数有剩磁、矫顽力、最大磁能积和退磁曲线的凸出系数等。

除此之外，还必须考虑永磁材料的稳定性。永磁材料的稳定性就是充磁后长期使用过程中材料的磁通密度或间隙磁通的变化，即老化。影响稳定性的因素包括内部因素和外部因素。

内部因素有组织变化和磁后效。磁性材料的组织结构随时间的变化会引起磁性能变化，但对组织结构稳定的材料来说该变化很小。磁后效是由于磁体内部磁化状态的不稳定部分向稳定状态的变化而产生的。此变化极小，且磁体尺寸比越小变化越大。

为稳定磁后效引起的变化,可在充磁后预先强制部分退磁。

外部因素有温度、外磁场、机械应力等。一般随温度上升,永磁体的磁化强度降低,超过居里点时为0,这是可逆的变化,并且在未靠近居里点的温度区域剩余磁通密度大体呈直线变化。可以用温度系数 $\alpha(B_d)$ 表示上述变化,其表达式为

$$\alpha(B_d)=\frac{B'_d(T_1)-B_d(T_2)}{B'_d(T_1)(T_2-T_1)}\times 100\% \tag{5-49}$$

式中:$B_d(T_2)$ 为温度 T_2 时的磁感应强度;$B'_d(T_1)$ 为温度升为 T_1 时的磁感应强度。

永磁体的 α 值取决于材料的居里温度和温度差,居里温度高的 α 值小。除此之外,还依赖于磁体的尺寸比 l/d(l 为长度,d 为直径)。

将永磁体加热到高温再冷却到室温时,其剩余磁通密度与最初室温的值不同。该变化率叫做不可逆损失 L'_I,表达式为

$$L'_I=\frac{B'_d(T_1)-B_d(T_1)}{B_d(T_1)}\times 100\% \tag{5-50}$$

不可逆损失产生的原因是整个永磁体并非均匀一致,在温度作用下,或发生组织变化,或是磁畴的不稳定部分向稳定方向重新排列。一般,不可逆损失依赖于磁体的尺寸比。材料的矫顽力小时,l/d 小则受到更大的自身退磁场,反向畴区域扩大,不可逆损失增加。若将永磁体预先加热到要求温度以上,在以后的使用中不可逆损失的影响就不大了。上述特性可衍生出永磁体的最高使用温度。这些都属于永磁材料的温度特性。

外磁场对永磁材料稳定性的影响是通过矫顽力的大小而起作用的。矫顽力小的永磁体在使用过程中,受到较大外磁场时就会退磁。而矫顽力大的永磁材料,则有较强的抵御外磁场干扰的能力。

5.6.3 磁性微粒子功能材料——磁性流体材料

磁性流体指的是吸附有表面活性剂的磁性微粒在基载液中高度弥散分布而形成的稳定胶体体系。磁性流体不仅有强磁性,还具有液体的流动性。它在重力和电磁力的作用下能够长期保持稳定,不会出现沉淀或分层现象。

1.磁性流体的组成

磁性流体由磁性微粒、表面活性剂和基载液组成,如图 5-25 所示。用作磁性流体的磁性微粒有铁氧体、金属和铁的氮化物等粉末。磁性流体中使用的磁性微粒很小,只有纳米级大小,具有单磁畴结构。由于 Fe、Co 等金属粉的磁化强度高于铁氧体的磁化强度,所以采用金属粉末的磁性流体的饱和磁化强度较高。

磁性流体中的磁性微粒表面吸附了一层称为表面活性剂的长链分子。这些长链分子的一端吸附在磁性微粒的表面,另一端自由地在磁性流体中作热摆动,如图 5-25(b)所示。表面活性剂的主要作用是防止磁性微粒因团聚而沉淀。常用的表面活性剂有油酸、亚油酸氟醚酯、硅烷偶联剂和苯氧基十一烷酸等。选择表面活性剂时,一方面要考虑是否能使相应的磁性微粒稳定地分散在基载液之中,另一方面还要考虑表面活性剂与基载液的适应性,即是否有较强的亲水性(水性基载液)或亲油性(油性基载液)。

磁性流体中体积分量最大的是基载液。基载液是否导电等性能直接决定着磁性流体的应用。水是最普通的基载液,它常用于铁氧体磁性流体。另外,酯、二酯、硅酸盐酯、碳氢化合物、氟碳化合物、聚苯基醚也是常用的基载液。这些基载液都是不导电的,所以相应的磁

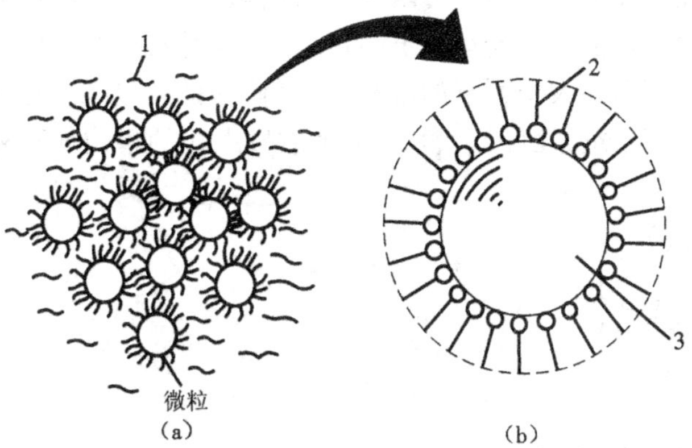

图 5-25　磁性流体的组成
(a)磁性流体　(b)吸附表面活性剂的磁性微粒
1—基载液　2—表面活性剂　3—磁性微粒

性流体也不导电。当需要导电的磁性流体时,可用水银等作基载液。磁性流体因用途不同,选择的基载液及相适应的表面活性剂也不同。

2. 磁特性

磁性流体中的磁性微粒,尤其是金属微粒的尺寸一般在 10 nm 左右,这时由于体积效应,微粒具有超顺磁性。当微粒体积小到一定程度时,微粒就呈单畴状态,整个微粒沿一个易磁化方向自发磁化到饱和状态。但是,由于微粒的磁各向异性能正比于微粒体积,当微粒的体积进一步减小时,其磁各向异性能也随之进一步减小。如果微粒体积减小到其磁各向异性能与布朗旋转热振动能相当时,磁矩就再也不能固定地沿着易磁化方向排列。它的方向会由于热振动而自由改变,这时微粒就处于超顺磁性状态,如图 5-26 所示。这种状态与原子磁矩杂乱排列的顺磁性有点相似,不过超顺磁状态是指微粒的磁矩杂乱排列,而在一个微粒中的所有原子磁矩还是沿同一方向排列。在顺磁体中,所有的原子磁矩都是杂乱无章的。用最大磁各向异性能 VK_u 对热振动能 kT 的比值,可以估算获得超顺磁性时的材料临界尺寸。在室温下,如果 $K_u = 10^5\ J/m^3$,体积为 V 的球体微粒具有各向异性能 VK_u,可以得到出现超顺磁状态的微粒临界尺寸为 4 nm 左右。

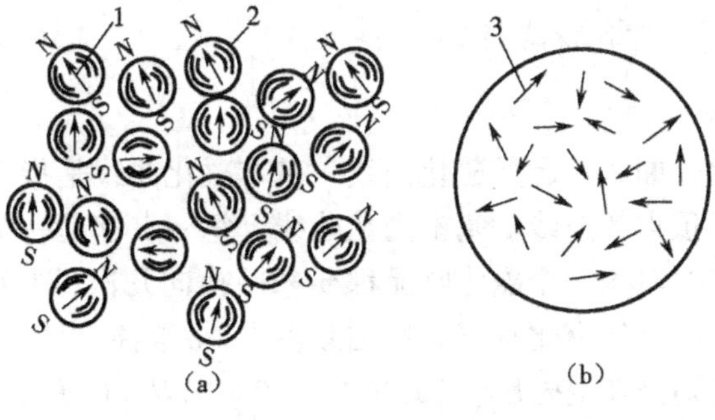

图 5-26　微粒的超顺磁性
(a)超顺磁性微粒的磁矩排列　(b)顺磁体的原子磁矩排列
1—磁矩　2—微粒　3—原子磁矩

处于超顺磁状态的微粒和处于顺磁态的原子相似,如果忽略微粒之间的相互作用(稀薄磁性流体假设)，磁性流体的磁化强度可以利用描述顺磁性磁化强度的布里渊函数来表示。但要用微粒的物理量来代换其中描写原子的物理量，也就是将原子的磁矩用微粒的磁矩来代换。由于微粒的磁矩远远大于原子的磁矩，可令微粒的角动量量子数 $J\to\infty$。这时布里渊函数 $B(x)$ 变为朗之万函数 $L(x)$。含有 N 个磁性微粒的单位体积磁性流体的磁化强度 M 可用下式表示：

$$M=\phi NmL(x) \tag{5-51}$$

$$\left.\begin{aligned}L(x)&=\coth x-\frac{1}{x}\\x&=\frac{\mu_0 mH}{kT};\end{aligned}\right\} \tag{5-52}$$

式中：m 为微粒的磁矩；ϕ 为磁性流体中的微粒浓度。

从式(5-51)可知，磁性流体的磁化曲线呈 S 形状，矫顽力和剩磁都为零，即使在高磁场下也难以达到饱和。另外，在磁性流体中磁性微粒的浓度大约为 10%，所以磁性流体的磁化强度比微粒的磁化强度大约低一个数量级。

在外加强磁场使磁性流体磁化后，除去外加磁场，因为微粒的布朗旋转热振动，磁性流体的磁化强度 M 将逐渐减小并趋近于零。M 减小到 Me^{-1} 时所需的时间称为弛豫时间 τ。磁性流体的磁化强度弛豫机理有两种：一种是由于基载液分子的热运动导致微粒的旋转，称为 Brownian 弛豫；另一种是微粒本身的布朗旋转热运动导致微粒的旋转，称为聂尔(Neel)弛豫。当微粒尺寸很小时，发生聂尔弛豫的可能性要大一些，而微粒尺寸较大时，发生 Brownian 弛豫的可能性要大一些。弛豫时间实际上表示了磁性流体对外加磁场的反应。直径为 10 nm 的微粒在水的基载液中的 Brownian 弛豫时间是 4×10^{-7} s；如果 $K_u=1.4\times10^4\ \mathrm{J/m^3}$，则 10 nm 微粒的铁氧体的聂尔弛豫时间是 10^{-9} s。

5.7 材料磁性能的测量

静态磁性能是指铁磁材料在直流磁场下表现的磁特性。它包括材料的磁化曲线、磁滞回线以及与之相关的一些常用参数，如直流磁化下软磁材料的初始磁导率 μ_i、最大磁导率 μ_m、饱和磁感应强度 B_m、硬磁材料的剩余磁感应强度 B_r、矫顽力 H_C、最大磁能积 $(BH)_m$ 等。

5.7.1 冲击法测量软磁环形试样的磁性

1. 磁化曲线的测量

磁化曲线分基本磁化曲线和起始磁化曲线。基本磁化曲线是指在不同磁场 H 下，所得到的一簇对称磁滞回线顶点的连线。基本磁化曲线上每一点都是一个稳定的磁化状态。因此，测量基本磁化曲线时，对每一个磁化电流都要来回换向几次(即反复磁化若干次)，使试样在给定的磁场下达到稳定的磁化状态。在磁测量中，将这种反复磁化的过程称为磁锻炼。而起始磁化曲线的测量则是在退磁后(即试样处在 $B=0, H=0$ 状态)，磁场单调增加，同时在不同 H 下分别测得 H_i 和 B_i，然后连接各点 (H_i, B_i) 即得起始磁化曲线。测量起始磁化曲线时，每点只能测一次，无法重复验证，且后一点的 B 值又与前一点的 B 有关，使测量误差每次累加。因此这种方法应用不广，一般书上如没有特别说明时，所指的磁化曲线都是指基本磁化曲线。

图 5-27 为测量软磁环形试样直流磁化曲线和迟滞回线的原理线路图。该线路为国家标准局在《软磁合金直流磁性能测量方法》(GB3657—83)中推荐的。它既适合铁-镍、铁-钴-钒、铁-铝系等软磁合金的测量,也适合软磁铁氧体材料直流磁性能的测量。

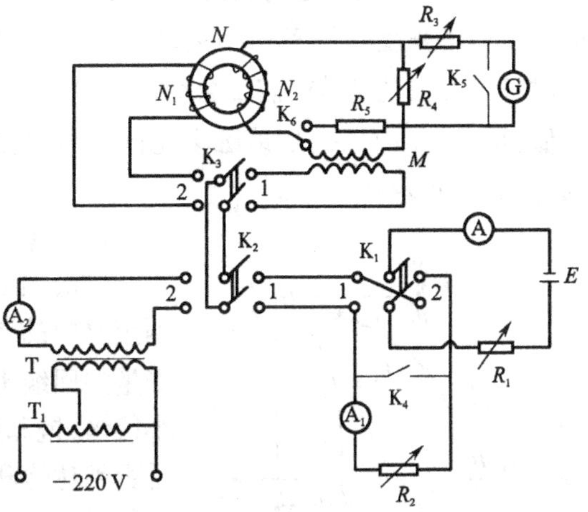

图 5-27　测量原理线路图

K_1,K_2,K_3—双刀双向开关　K_4,K_5,K_6—单刀单向开关

R_1,R_2—可变电阻器　R_3,R_4—电阻箱

R_5—互感次级线圈等效电阻　A_1,A—直流电流表

A_2—交流电流表　G—冲击检流计

E—直流电源　M—标准互感

T—退磁变压器　T_1—自耦变压器

N_1—磁化线圈　N_2—测量线圈

N—试样

测量磁化曲线的步骤如下。

①首先应用感应法对试样退磁。如图 5-27 所示,将 K_2,K_3 置于 2 位置,试样接入退磁回路。调节自耦变压器 T_1,使试样磁化到饱和。然后将退磁变压器 T 的次级绕组慢慢从退磁变压器初级绕组中抽出到距试样 1 m 远的距离,再将它转 90°角,断开交流电源,退磁完毕。

②将 K_2、K_3 置于 1 位置,K_1 置于 2,K_4 闭合,K_6 接通电阻 R_5,以减小互感次级线圈电感对测量的影响。调节电阻 R_1,给定一小磁化电流 I_1,用 K_1 磁锻炼后,使电流换向,同时测出冲击电流计的最大偏转 α_1,用下式计算磁场强度 H_1 和磁感应强度 B_1:

$$\left.\begin{aligned} H_1 &= \frac{N_1 I_1}{\pi(R_1 + R_2)} \\ B_1 &= \frac{C_\phi \alpha_1}{2N_2 S} \end{aligned}\right\} \tag{5-53}$$

减小电阻 R_1,增大磁化电流到 I_2,重复上面的测量步骤,利用公式(5-53),算得 H_2、B_2。不断增大电流 I,直至试样磁化饱和,可测得一组 H_i 和 B_i,从而画出直流磁化曲线。

③测量冲击常数 C_ϕ。将 K_3 置于 1,K_6 接通互感次级线圈,调节电阻 R_1,使标准互感 M 的初级线圈通一适当大小电流 I。当 K_1 换向时,设冲击检流计光点偏转为 α_{max},则冲击常数

$$C_\phi = \frac{2MI}{\alpha_{max}} \tag{5-54}$$

由于冲击检流计的磁通灵敏度 $S_\phi = \dfrac{1}{C_\phi}$ 不仅与检流计的结构及阻尼因子有关,而且与检流计回路的总电阻 R 有关,因此在测量磁感应强度 B 和冲击常数 C_ϕ 时,图 5-27 中检流计回路电阻 R_3、R_4 应保持不变。一旦改变了测量灵敏度,就要重新校准冲击常数。

④由磁化曲线可以求出不同 H 下的磁导率 μ(即相对磁导率)为

$$\mu = \frac{\mu_{绝对}}{\mu_0} = \frac{B}{4\pi H} \times 10^7 \tag{5-55}$$

求出不同 H 下的一组 μ,就可绘出 μ—H 曲线。根据曲线可得到最大磁导率 μ_m 和初始

磁导率 μ_i。实际上,软磁材料的初始磁导率是由直接测量求得的。由于初始磁导率 μ_i的值与测量时磁场强度的值密切相关,因此对不同的软磁材料,都规定测量 μ_i时的磁场数值。在该磁场下测得的 B 与$\mu_0 H$之比即为材料的初始磁导率。由于测量初始磁导率时磁场一般很低($10^{-1}\sim10^{-3}$Oe),比地磁场还低。因此测量时,除试样必须完全退磁外,还要消除地磁场对测量的影响。

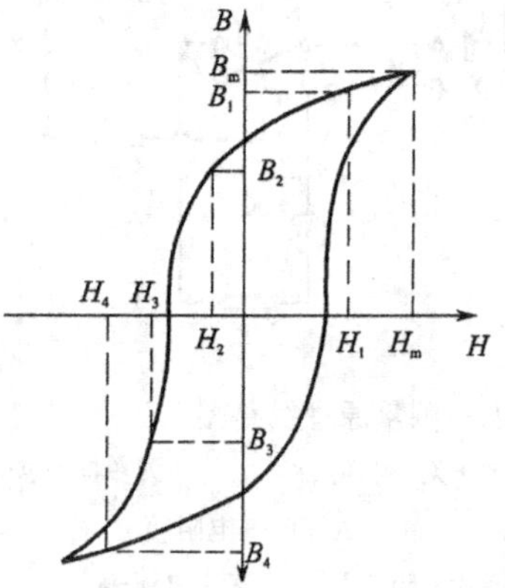

图 5-28 磁滞回线测量示意图

2.磁滞回线测量

磁滞回线是软磁材料的重要磁特性曲线,由回线可测定材料的剩磁 B_r、矫顽力 H_C等重要参数。由于实际上测量的回线都是指饱和磁滞回线,而软磁材料的 H 比 B 小得多,饱和后 B 基本不变,因此可利用这一点确定试样是否到达饱和。测量时可利用图 5-27 的线路。磁滞回线的测量步骤如下。

1)测量饱和磁感应强度 B_m和剩磁 B_r

合上 K_4,K_2置于 1,K_3置于 2,K_6合向 R_5。调节 R_1使样品饱和磁化。用 K_1磁锻炼后换向,测出冲击检流计的偏转 α_m,利用 $i_m = V\sqrt{\dfrac{C}{L}}$计算 B_m和 H_m。

如果 K_1磁锻炼以后断开,则磁化电流从 $I_m\to0$,磁状态从 $B_m\to B_r$,若冲击检流计偏转为 α_r,则

$$B_r = B_m - \frac{C_\phi}{N_2 S}\alpha_r \tag{5-56}$$

2)测定第一象限的点

拉开 K_4,K_1置于 2,调节 R_2使磁化回路电流(由 A_1指示)为 I_1,$I_1 < I_m$。合上 K_4,把 K_1在饱和磁场下磁锻炼后置于 2,拉开 K_4,磁化电流从 I_m到 I_1,磁状态从 B_m到 B_1,读出这时冲击检流计的偏转 α_1,由下式计算 B_1,则有

$$B_1 = B_m \frac{C_\phi \alpha_1}{N_2 S} \tag{5-57}$$

不断减小电流,重复上面的步骤,可测出第一象限下降支的其余各点。根据磁化电流 I_1,利用螺绕环磁场计算公式,可求出相应 B 下的 H,如图 5-28 中第一象限部分。

3)测定第二和第三象限各点

拉开 K_4,K_1置于 2,调节 R_2,使磁化回路有一较小电流 I_2。合上 K_4,利用 K_1在饱和磁场下磁锻炼后将 K_1置于 1,然后拉开 K_4,将 K_1从 1 合向 2,这时磁状态从 B_m变化到第二象限 B_2,如图 5-28 所示。若冲击检流计偏转为 α_2,则

$$B_2 = B_m - \frac{C_\phi \alpha_2}{N_2 S} \tag{5-58}$$

逐渐增大反向电流,重复上面的测量步骤,可以测出第二象限的其余各点。一旦反向电流增加到一定值,冲击检流计的偏转 α_2等于 α_m(测 B_m时的偏移)的一半时,材料的磁状态显然已到达 $B=0$(即 $H = {}_BH_C$)点。若继续增大反向电流,就可测得第三象限的相应点。根据磁滞回线的反对称性,可画出整条回线,并求出${}_BH_C$。所有各点的 H 可由公式算得。测量回

线时，如能在$_BH_C$附近多测一些点，用作图的方法，则能较准确地得到矫顽力值。

5.7.2　冲击法测量硬磁材料的磁性

因软磁材料的饱和磁场较低，一般都做成环形试样，直接绕以线圈使其磁化。但对于H_C较高的硬磁材料，如铁氧体、铝镍钴磁钢、稀土永磁等材料就必须采用能产生强磁场的磁导计、电磁铁等磁化装置，而将样品做成条状或圆柱状，使试样和磁化装置构成闭合磁路，用冲击法测量。

5.7.3　硬磁材料退磁曲线的测量

冲击法测量硬磁材料磁性的原理如图 5-29 所示。磁化装置推荐使用磁导仪，也可用电磁铁，但电磁铁的剩磁一般都比磁导仪大，这一点要注意。

根据图 5-29，试样夹在磁导仪中，B 线圈（N_B）紧密地绕在试样中部，且为均匀的单层。引出线在一起。H 线圈（N_H）紧靠 B 线圈，彼此互相绝缘。

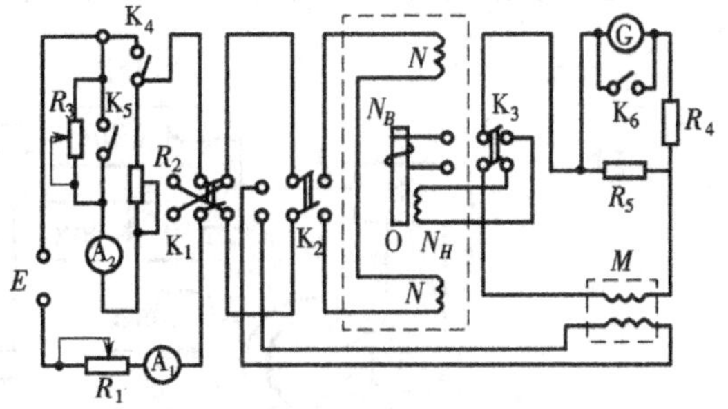

图 5-29　永磁材料测量原理线路图

G—冲击检流计　　E—直流电源
N_B—磁感应强度测量线圈　　N—磁化绕组
R_1,R_2,R_3—磁化回路可变电阻　　N_H—磁场强度测量线圈
M—标准互感　　A_1,A_2—多量值直流电流表
K_1—换向开关　　R_4,R_5—电阻箱
K_4,K_5,K_6—单刀单向开关　　K_2,K_3—双刀双向开关
O—试样

确定试样真实 B_r值的一种方法是，当磁化电流从饱和跃变到零时，测出这时的剩余磁场强度 H_r（需注意正、负），并用 B 线圈测出相应的磁感应强度 B'_r，继而测出退磁曲线，通过（H_r，B'_r）点的退磁曲线与 B 轴的交点即为真实的 B_r值。另一种方法是先将磁场从饱和值跃变到零，再使其从 $H=0$ 变到 $H=-H_m$测出磁感应强度的变化，然后利用公式直接计算真实的 B_r值。这时只要在磁化装置剩磁的相反方向加一小磁场，使材料内的磁场为零（这一点可用抛掷 H 线圈来检查。当抛掷 H 线圈时，冲击检流计无偏转），则用 B 线圈测得的磁感应强度即为 B_r。

5.7.4　交流磁性自动测量

随着无线电技术的发展，交流磁性的自动测量和直流磁性测量一样，有了很大发展。而电子仪器、磁性材料、磁记录技术的发展，又对磁性测量提出新的要求，并使自动化测量得以实现。目前我国已研制出多种交流磁性自动记录仪，不仅能自动记录交流磁滞回线、磁化曲线，还能自动记录磁导率 μ 和 H 的关系曲线、铁损曲线以及交直流叠加磁化曲线，这里仅从原理上作些简单介绍。

1. 铁磁仪法测交流磁滞回线

前一节已经讲述，交流磁滞回线的测量可归结为 B 和 H 瞬时值的测量，而 B 和 H 在时刻 t 的瞬时值为 $B(t)$和 $H(t)$。试样次级感应电压在 $t \to t+\frac{T}{2}$时间内的平均值$\overline{E_2(t)}$和初级回路中互感次级感应电压在 $t \to t+\frac{T}{2}$时间内的平均值$\overline{E_M(t)}$成正比。利用移相器和机械式磁控开关,可以实现在一周内对磁滞回线上各点瞬时值 $B(t)$和 $H(t)$的测量,进而得到交流磁滞回线。但机械式磁控开关不能在较高频率下使用。

可以采用电子技术,用4个二极管组成一个电子门,对试样次级感应电压 E_2和互感次级感应电压 E_M实现半周导通、半周断开的相敏整流,用X-Y记录仪代替读取数据的平均值伏特计。当移相器移相一周时,就能自动记录交流磁滞回线。图5-30示出了国产CL-2型交流磁滞回线自动记录仪的结构方框图。图中方波发生器产生的方波信号用来控制相敏检波器半周导通、半周断开,方波发生器的输入信号可以被移相360°。当移相器移相一周时,在X-Y记录仪上就可自动描绘出试样的交流磁滞回线。

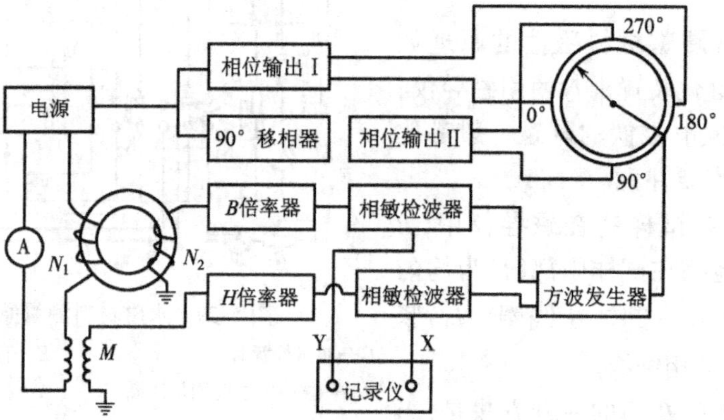

图5-30 CL-2交流磁性自动记录仪原理图

2.峰值整流法测量交流磁化曲线

采用峰值整流方法可自动绘出磁化曲线。所谓峰值整流,即利用电容对交流信号进行峰值保持,使整流后的直流电压与输入整流器的半波电压峰值成正比。

图5-31为峰值整流法测量磁化曲线的原理图。测量时将试样次级电压 E_2经倍率器 A_1放大后进行积分,再经峰值整流,得到与磁感应强度幅值 B_m成正比的电压信号,经加法器后加到X-Y记录仪的Y轴输入;另外,将磁化电流在取样电阻 R_p上的电压降经倍率器 A_2放大后进行峰值整流,得到与磁场强度幅值 H_m成正比的电压信号,经加法器后加到X-Y记录仪的X轴输入,当音频电源输出从零逐渐增加时,就可自动绘出交流磁化曲线。如两组峰值整流器能检出磁感应强度和磁场强度的正负峰值,则利用图中的加法器可描绘出交直流叠加磁化曲线。国产CL-4、CL-8和CL-9音频磁化曲线测试仪都是采用这种原理进行测量的。

如果将经过峰值整流后与 B_m和 H_m成正比的电压信号加入除法器,就可得到磁导率 $\mu=\frac{B_m}{\mu_0 H_m}$,将该信号加到X-Y记录仪的 Y轴输入,而将原来与 H_m成正比的信号输入X轴,可自动记录磁导率曲线。除法器由霍尔元件和直流放大器组成,CL-4和CL-8软磁音频磁特性测量装置具有这一功能。

3.采样法测量交流磁滞回线

如前所述,被测试样次级线圈输出电压正比于$\frac{dB}{dt}$,经积分放大运算后,可得到与磁感应强度 $B(t)$成正比的电压信号,而初级磁化回路中串接的取样电阻上的电压正比于磁场强度 $H(t)$,将这两个信号同时加到示波器的Y轴和X轴输入,可以很方便地在示波器上观察到

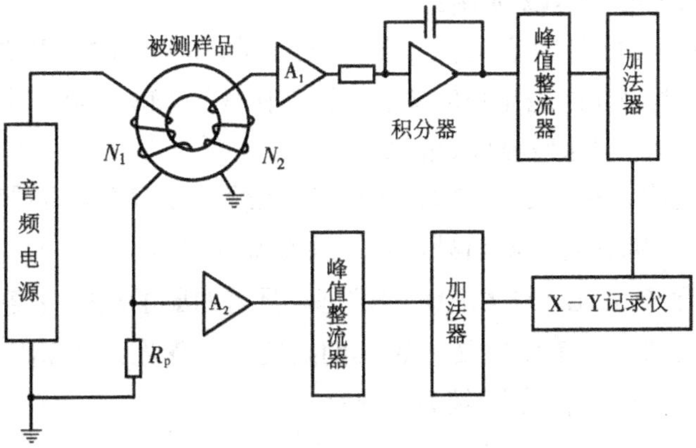

图5-31　磁化曲线测量原理图

试样的磁滞回线。但将这两个信号直接加到X-Y记录仪上时，由于信号电压的频率太高，变化太快，记录仪的记录速度将无法跟上信号电压频率的变化，因此不能直接实现自动记录。如果能将这两个交流信号无失真地变换为两个缓慢变化的超低频电压信号(周期约几十秒)，然后输入到X-Y记录仪，就能实现自动记录。

采样变换器能实现这一变换，它能将高频信号不失真地变换为缓慢变化的超低频信号。因此利用采样法原理测量交流磁滞回线的原理线路如图5-32所示。由此可知，音频电源供给被测样品磁化的功率，样品次级感应电压经运算放大器放大后送积分器，其输出与磁感应强度 B 成正比，然后输入采样器Ⅰ；而初级磁化电流在取样电阻 R_p 上的电压与磁场强度 H 成正比，直接送采样变换器Ⅱ。两路采样变换器的输出信号分别加入X-Y记录仪的Y轴和X轴，由于这两路信号是 B 和 H 的超低频变化信号，因此当初级磁化电流变化一周时，就能在记录仪上自动描绘样品的磁滞回线。

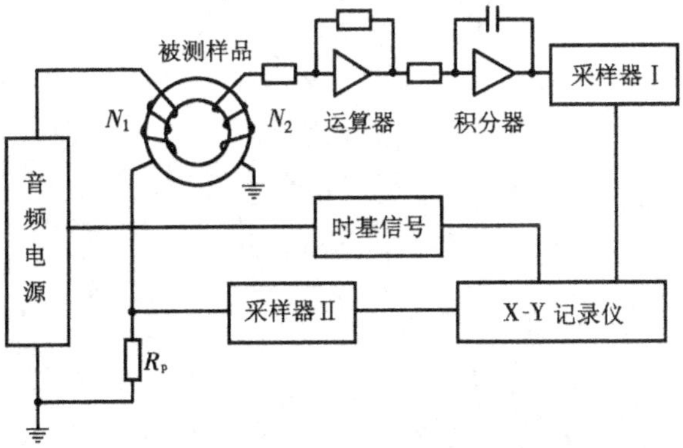

图5-32　磁滞回线测量原理图

复习题

1.在一小磁铁的垂直方向 R 处，测得它的磁场强度为 H，试求该磁铁的磁偶极矩 μ 和磁矩 m。

2.垂直板面方向磁化的大薄片磁性材料在去掉磁化场后，它的磁极化强度是

$1\ Wb \cdot m^{-2}$,试计算板中心的退磁场 H_i。

3.退磁因子 N_d 与哪些因素有关?试证处于均匀磁化的铁磁球形体的退磁因子 $N_d = 1/3$。设该球形铁磁体的磁化强度 M 在球表面面积元 dS 上可产生磁矩 dm,在球心有一单位磁矩 m,它与 dm 的作用服从磁的库仑定律。

4.设铁磁体为开有小缺口 l_1 的圆环,其圆环轴线周长为 l_2,当沿圆环周均匀磁化时,该铁磁体的磁化强度为 M,试证在缺口处产生的退磁场 $H_i = -l_1/l_1 + l_2 M$。

5.试计算自由原子 Fe、Co、Ni、Gd、Dy 等的基态具有的原子磁矩 μ_J 各为多少?

6.为什么铁族元素的有效玻尔磁子数 n_f 的实验值与理论公式 $n_f = g_J[J(J+1)]^{1/2}$ 不符合,而与公式 $n_f = 2[S(S+1)]^{1/2}$ 较为一致?

7.推导居里-外斯定律 $\chi = \dfrac{C}{T - T_F}$,说明磁化率与温度的关系。

8.铁(金属)原子的玻尔磁子数为 2.22,铁原子量为 55.9,密度为 $7.86 \times 10^3\ kg \cdot m^{-3}$,求出在 0 K 下的饱和磁化强度。

9.铁氧体的 N 型 $M_s(T)$ 曲线有什么特点?试比较抵消点温度 T_i 和居里温度 T_C 的异同。

10.计算下列铁氧体的分子磁矩:Fe_3O_4、$CuFe_2O_4$、$ZnFe_2O_4$、$CoFe_2O_4$、$NiFe_2O_4$、$BaFe_{12}O_{19}$ 和 $Gd_3Fe_5O_{12}$。

11.自发磁化的物理本质是什么?物质具有铁磁性的充要条件有哪些?

第 6 章　材料的光学性能

材料的光学性能与人们的生活息息相关。正是由于材料对可见光的不同吸收和反射才使我们生活的世界呈现出五光十色的景象。材料的光学性能是材料对外来光源所作出的选择性和特异性反应,包括材料对光传播的影响以及在光吸收或光激发后的光发射。金属、塑料、晶体、陶瓷和玻璃都可以成为光学材料。

光学材料是光学仪器的基础。由于光学材料在一些高新技术上的应用,已越来越受到人们的青睐。光学玻璃的应用已有 100 多年的历史,其传统的应用如望远镜、显微镜、照相机、摄影机等使用的光学透镜。最初光学透镜主要是由玻璃制成的,随着高分子材料的发展,由光学塑料制成的光学透镜也已得到广泛应用,像人们佩戴的隐形眼镜,由于更加柔软、吸水,提高了佩戴的舒适性,方便了人们的生活。除了传统的应用外,又出现了高纯度、高透明的光通信纤维玻璃,由这种玻璃制成的光导纤维对工作频率的吸收只有普通玻璃的万分之几,使远距离光通信成为可能。

发光材料应用甚广,与人们的生活息息相关。例如,日光灯灯管内壁的发光材料可发出白色的光,照亮房间;医用发光材料可将透过身体、看不见的 X 光变成更清楚、可见的图像,等等。同时,发光材料的进步对于信息显示技术也有重要意义,它给人类的生活带来了巨大的变化:1929 年人们成功地研制出第一台黑白电视接收机;1964 年以稀土元素化合物为基质和以稀土离子掺杂的发光粉问世,成功地提高了发红光材料的发光亮度,这一成就使得“红色”能够与“蓝色”和“绿色”的发光亮度相匹配,实现了如今颜色逼真的彩色电视。21 世纪的今天,液晶材料的成功应用不仅使计算机显示技术取得突破,同时由普通的阴极显像管显示器变成更清楚、辐射更少、更节能的液晶显示器,更加方便人们通过网络获取各种信息,也使千家万户的彩色电视机更新换代,出现了包括液晶电视在内的投影、等离子、电致发光等各种新的接受显示方式。这些新的显示技术也广泛应用在数码相机、数码摄像机等产品上。光盘与光记录不论对于计算机,还是激光唱盘或影碟都是一次非凡的突破。这一切都与材料光学性能的开发和应用紧密相关。

6.1　光的本性

6.1.1　光的波粒二象性

光具有波粒二象性,因此在研究材料的光学性能时,需要应用光子和光波两种概念。通常对光在材料中的传播特性,更多地应用电磁波理论;在光与物质相互作用时,便应该将光看作具有一定能量和动量的粒子流。

首先,光是一种电磁波。在光波中电场和磁场是交织在一起的。麦克斯韦的电磁场理论表明,变化着的电场周围会感生出变化的磁场,而变化着的磁场又会感生出另一个变化的电场,如此循环不已,电磁场就会以波的形式向各个方向传播。电磁波具有很宽的频率范围,如图 6-1 所示。其中可见光的波长在 390 ~ 770 nm。

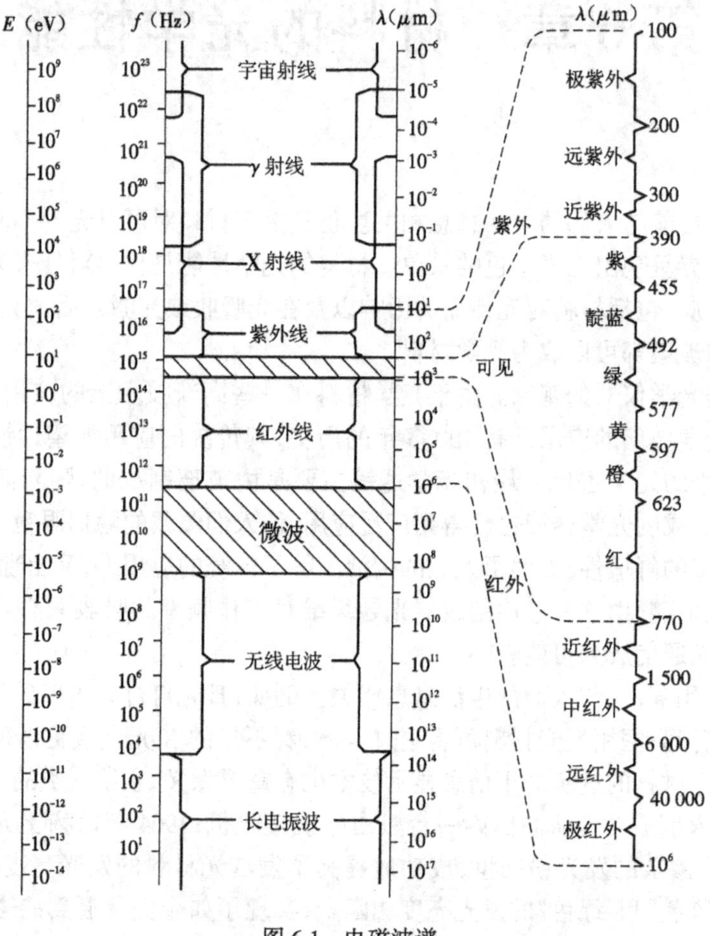

图 6-1 电磁波谱

光波是一种横波,其中的电场强度 E 与磁场强度 H 的振动方向垂直。它们和光波的传播方向 S(即光的能量流动方向)之间构成一个直角坐标系,如图 6-2 所示。在实际讨论中,往往只考虑电场作用,而忽略磁场。因此将电场强度矢量直接作为“光矢量”。

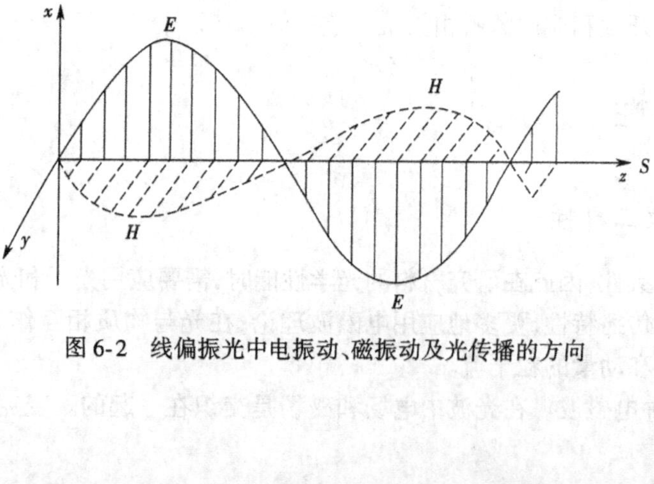

图 6-2 线偏振光中电振动、磁振动及光传播的方向

此外，光波作为横波具有偏振性。如果光波电矢量的振动只限定在某一个确定方向，则称为平面偏振光，亦称为线偏振光。光波也可以由各种振动方向的波复合而成。如果在垂直于光传播方向的平面内电矢量振动取向机会均等，这样的光就称为“自然光”。太阳光和普通照明灯光都属于自然光。利用偏振元件可以从自然光中分离出线偏振光来。

可将光波的振动用数学表达式描述。当线偏振光沿某一方向传播时，初始电场强度表示为

$$E = E_0 \cos(2\pi\nu t + \varphi_0) \tag{6-1}$$

式中：ν 为振动频率；φ_0为初相位；E_0为振幅。经过时间 t 后，传播到 z 点，电场强度为

$$E = E_0 \cos[2\pi\nu(t - z/v) + \varphi_0] \tag{6-2}$$

式中：v 为光波的传播速度。波长是光波在一个振动周期(T)传播的距离，以 λ 表示。

$$v = \nu\lambda \tag{6-3}$$

光在不同介质中传播速度不同，但光振动频率不变，因此光波在不同介质中具有不同波长。光在真空中的传播速度 c 可近似为 3×10^8 m/s。

光在介质中的传播速度为

$$v = c(\varepsilon\mu)^{-1/2} \tag{6-4}$$

式中：ε 为介质的介电系数；μ 为介质的磁导率。

光传播的同时伴随能量流动。单位时间内流过垂直于传播方向的单位截面面积的能量称为能流密度。能流密度可以近似用光强 I 表示，它与光波电场振幅有如下关系：

$$I = E_0^2 \tag{6-5}$$

其次，光是具有能量和动量的粒子流。爱因斯坦提出光场的能量是不连续的，是被称为光子的最小单元的组合，其能量为

$$E = h\nu \tag{6-6}$$

式中，h 为普朗克常数，其数值为 6.626×10^{-34} J·s。

光子的动量为

$$p = h/\lambda \tag{6-7}$$

爱因斯坦的光电效应方程把光的粒子性和波动性联系在一起，即方程

$$E = hc/\lambda \tag{6-8}$$

总之，光既可具有波的属性，用频率和波长描述，又可以看作光子流，用光子的能量和动量描述。一般来说，在讨论材料对光的反射、透射、折射等现象时，用光的粒子性更容易理解；在讨论光波在介质中的传播、衍射时用光的波动性更方便。

6.1.2　光的干涉和衍射

光的波动性主要表现在它有干涉、衍射及偏振等特性。所谓双光束干涉就是指两束光相遇以后，在光的叠加区，光强重新分布，出现明暗相间、稳定的干涉条纹。实验室中常采用图 6-3 所示的激光双缝干涉实验来演示双光束干涉现象。用一个强单色光源(如激光)照射一块挡光板，上面开有两条相距很近的狭缝 S_1 和 S_2(一般在一张废底片上用刀片刻出两条刻痕即可，两条刻痕的距离无严格的要求，1 mm 左右即可)。此时，将接收屏幕放到前方，便可在屏幕上看到明暗相间的条纹。对于一般的两个独立光源发出的光波叠加后，只有强度相加，而不出现明暗的条纹，原因是这两个光源不是相干光源。两束光“相干”而形成干涉条

纹的条件是光波之间频率相同、振动方向一致并且有固定的相位关系。

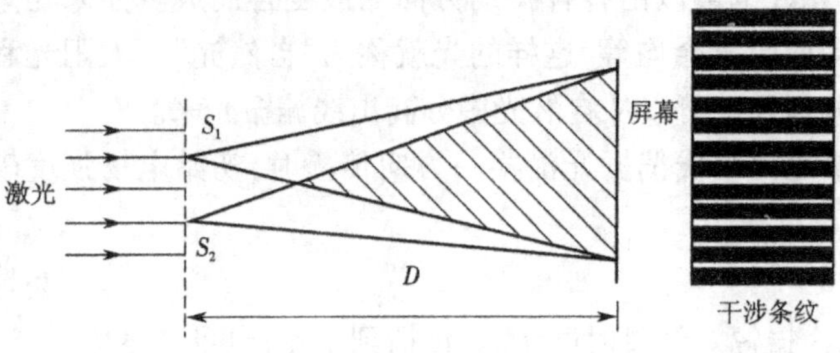

图 6-3 激光的双缝干涉实验

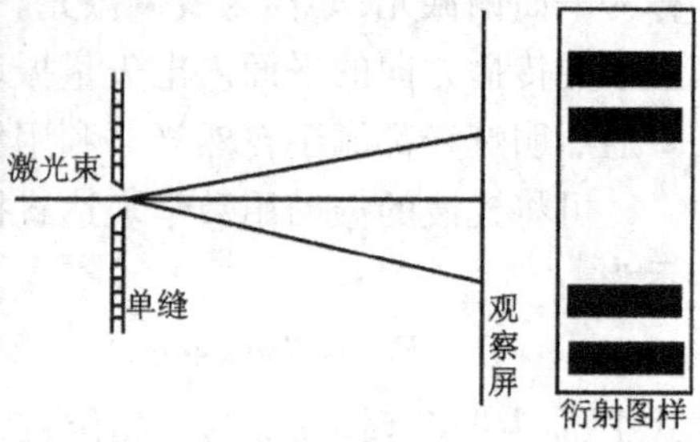

图 6-4 激光狭缝衍射实验

光在自由空间是沿着直线传播的。当光波传播遇到障碍物时，在一定程度上能绕过障碍物而进入几何阴影区，这种现象称为衍射，也称为绕射。图 6-4 所示的是激光狭缝衍射实验，一束激光通过一细长的狭缝以后(缝长≥缝宽，缝宽在 1 mm 以下)，在距缝几米处的屏幕上，出现的将不是狭缝的几何阴影，而是长的明暗相间的衍射条纹。理论分析表明，只有当光所遇到障碍物或狭缝的尺寸与其波长可以相比拟时，衍射现象才明显地表现出来。日常所见到的一般物体与光的波长相比都可称是巨大的障碍物，所以光波通常表现为直线传播性质。

6.2 材料对光传播的影响

光波在一种介质 A 中沿直线传播，当光波到达另一种介质 B 表面后，分别被反射、散射、吸收、透过。若初始的光强度为 I，反射、散射、吸收、透过的光强度分别为 I_r、I_s、I_a、I_t，则

$$I = I_r + I_s + I_a + I_t \tag{6-9}$$

用光辐射能流率表示单位时间内通过与光传播方向垂直的单位面积的能量，则入射到材料表面的光辐射能流率密度等于反射、散射、吸收、透过的光辐射能流率之和。光入射到介质表面所引发的光现象是光子与介质中的原子、离子、电子在微观层次上的相互作用。如电磁辐射的电场对介质中原子作用引起的电子极化，导致电子云和原子核电荷重心的相对位移，从而部分光被吸收，光速减小，出现折射现象。

6.2.1 材料的光反射、折射和透射

1. 反射定律和折射定律

光从一种介质进入另一种介质时会发生反射和折射。它遵循几条基本规律：在均匀介质中光的直线传播定律；在介质分界面的反射和折射定律；光的独立传播定律和光路可逆性原理。

光在均匀介质中以直线方向传播，入射光射到两介质界面时，会发生反射和折射，如图 6-5 所示。一部分光从界面上反射，形成反射光线；剩余部分进入介质 2，形成折射光线。入射线与法线构成的角度 θ_1 称为入射角，反射线和法线的夹角 θ_1' 称为反射角，折射线与法线的夹角 θ_2 称为折射角。入射线与入射点处界面的法线所构成的平面称为入射面。光的反射和折射分别遵循反射定律和折射定律。

反射定律：①反射线和入射线位于同一平面内，分别处于法线两侧；②反射角等于入射角，即 $\theta_1' = \theta_1$。

折射定律：①折射线位于入射线平面内，并与入射线分别处于法线两侧；②对单色光来说，入射角 θ_1 的正弦和折射角 θ_2 的正弦之比为一个常数，即

$$\sin\theta_1 / \sin\theta_2 = n_{21} \tag{6-10}$$

式中：n_{21} 为介质 2 相对介质 1 的相对折射率。它与光波的波长和介质的性质有关，与入射角无关。

当介质 1 为真空时，用 n_2 表示介质 2 相对于真空的相对折射率，也可以简称折射率。根据两种材料的折射率 n_1、n_2，可以算出两种材料之间的相对折射率 n_{21}。

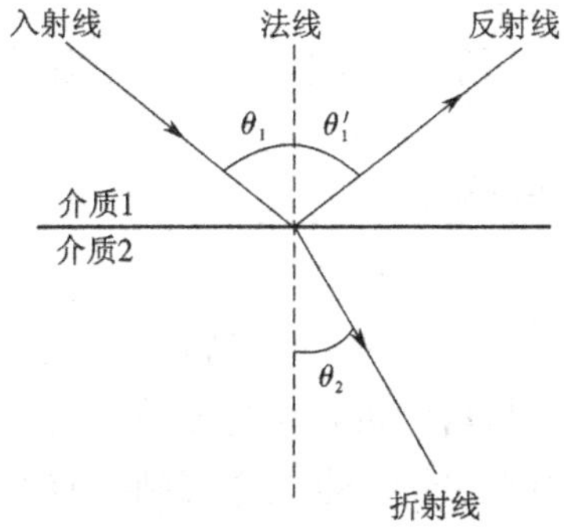

图 6-5　光的反射和折射

光的折射率可以反映光在该材料中传播速度的快慢。两种介质中，折射率较小、光传播速度较快的，称为光疏物质；折射率较大、光传播速度较慢的，称为光密物质。图 6-6 描绘了多种无机固体的折射率与波长的关系。

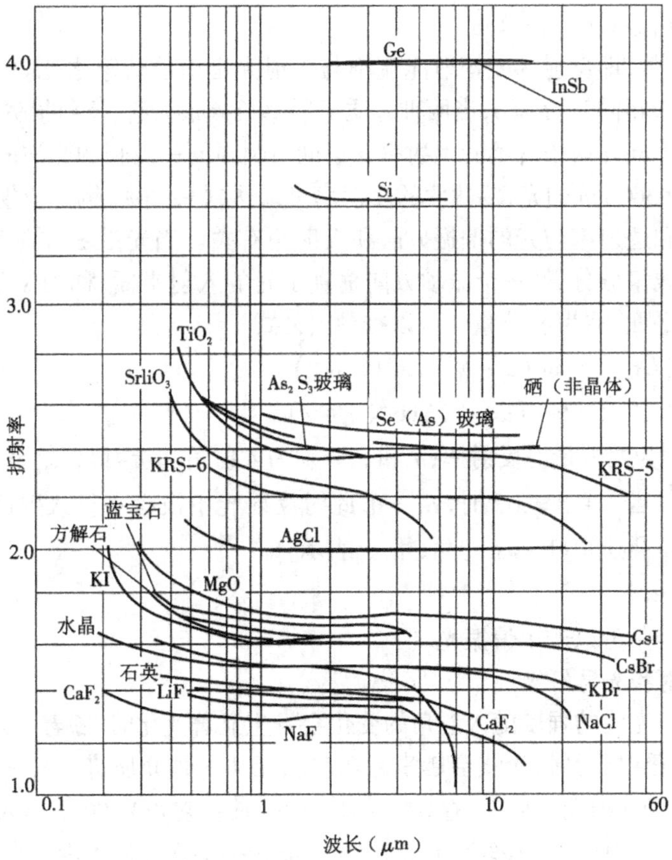

图 6-6　一些无机固体的折射率

2. 反射率、折射率与透射率

光波在界面的反射和折射前后会发生能量的变化。反射光功率与入射光功率之比称为反射率。光在真空中的传播速度 c 与光在介质中传播速度之比为介质常数 n，称为介质的

折射率。

折射率反映出材料的电磁结构,根据电磁理论可以有以下公式:

$$n = (\varepsilon_r \mu_r)^{1/2} \tag{6-11}$$

对非铁磁性材料

$$n = \varepsilon_r^{1/2} \tag{6-12}$$

式中:ε_r为材料的介电系数;μ_r为磁导率。

材料的折射率与多种因素有关。折射率随介电系数增加而增加,介电系数与介质的极化有关。当光电场作用到介质上时,由于光子对原子的作用引起电子极化,材料的介电系数增加,n 值增大。因此离子半径大的材料折射率较高,而离子半径小的材料折射率较低。

折射率还与离子排列状态有关。如非晶态和立方晶体材料只有一个折射率,而有些晶体会有双折射现象。

材料的内应力对折射率也有影响,垂直于拉应力方向的折射率大,平行于拉应力方向的折射率小;在同质异构材料中,高温晶型折射率小,低温晶型折射率大。

材料的折射率也是可以改变的,如采用加入氧化物的方法,就可以改变玻璃的折射率。

在忽略吸收的情况下,当光从介质 1 进入介质 2 时,有公式

$$R = [(n_{21} - 1)/(n_{21} + 1)]^2 \tag{6-13}$$

式中:R 为反射系数,即反射的光辐射能流率与入射光辐射能流率之比。由式(6-13)可见,当两种介质折射率相同时,$R = 0$;当两种介质折射率相差很大时,反射损失也很大。

同一材料在不同介质中有不同反射率。不同材料对同一波长的光波的反射率也有很大差异,如对波长为 360 nm 的光,铝薄膜的反射率可以达到 92.5%,铜薄膜仅有 36.3%。

光的反射率和透射率与光的偏振方向和入射角有关。当光沿 z 方向直线传播时,可以将其分解为两种线偏振分量:一个振动方向垂直于光的入射平面,称为 s 分量;另一个振动方向垂直于入射平面,称为 p 分量。可以推导出公式

$$R_s = (A'_s/A_s)^2 = \sin^2(\alpha - \gamma)/\sin^2(\alpha + \gamma) \tag{6-14}$$

$$R_p = (A'_p/A_p)^2 = \tan^2(\alpha - \gamma)/\tan^2(\alpha + \gamma) \tag{6-15}$$

式中:R_s和R_p分别为两分量的反射率;α 和 γ 分别为入射角和折射角;A'_s 和 A_s分别为反射光和入射光的振幅。当 $\alpha + \gamma = \pi/2$ 时,$R_p = 0$,此时反射光中没有平行入射面的矢量成分,此时的入射角称为布儒斯特(Brewster)角,用 α_B表示,即

$$\alpha_B = n_2/n_1 \tag{6-16}$$

利用布儒斯特角可以产生偏振光。

3.光的全反射和光导纤维

当反射和透射光线的强度随入射角的变化会发生显著变化时,随着入射角的增大,反射光线会逐渐增强,透射(折射)光线会越来越弱。当光从一种介质进入另一种介质时,若 $n_2 < n_1$,则折射角大于入射角。此时,存在一入射角 θ_c,使折射角为 90°。当入射角大于 θ_c时,入射光全部在介质 1 中反射,不会发生折射,光线能量全部在介质 1 中。这种现象称为全反射,如图 6-7 所示。θ_c称为全反射的临界角。

$$\sin\theta_c = n_2/n_1 \tag{6-17}$$

不同介质材料的临界角不同。利用全反射原理制作的光导纤维,可以有效降低光在传播过程中的能量损耗。光导纤维一般由纤芯、包覆层和保护层组成。纤芯是由光学玻璃、光

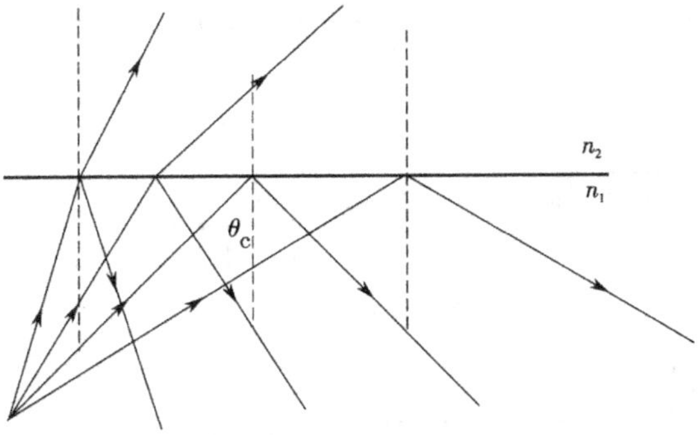

图 6-7　光的全反射

学石英或塑料制成的细丝。包覆层一般是高硅玻璃,其折射率比纤芯略低,两层之间形成良好的光学界面。保护层基本上为尼龙增强材料,其折射率高于包覆层。如图 6-8 所示,当光线从一端以适当角度射入纤维内部时,光线可以全部内反射,无折射能量损失。因此光线在内外两层之间产生多次全反射而传播到纤维另一端。

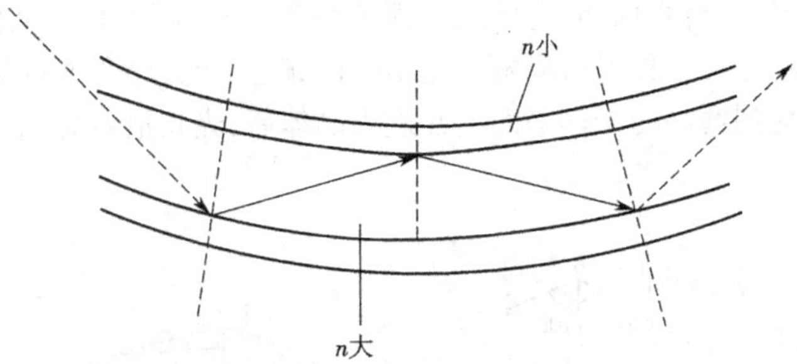

图 6-8　光在光导纤维中的传播

目前所用的光纤按照材料种类可以分为玻璃光纤和塑料光纤两大类。塑料光纤一般直径大,适用于短距离传输。玻璃光纤有石英系玻璃光纤、多成分玻璃等,此外还有复合材料光纤。

6.2.2　晶体的双折射与二向色性

1.双折射

当光束入射到各向同性的介质中时,会发生折射现象。当光束通过各向异性界面时,会分成两束折射光,沿不同方向传播,这种由一束入射光折射后分成两束光的现象称为双折射,如图 6-9 所示。

双折射分成的两束光线,一束符合折射定律,称为寻常光(或 o 光),另一束不符合折射定律,称为非常光(或 e 光)。一般来说,许多晶体都具有双折射性质。非常光的折射线不在入射面内,入射面与折射面的夹角以及折射角与原光束的入射角有关,也和晶体的方向有关。当与光轴方向垂直入射时,n_e最大。沿晶体密堆积程度较大的方向,n_e较大。

若不断改变入射光线的方向,就会发现在晶体中沿某些方向传播的光不发生双折射,这些特殊的方向称为晶体的光轴。光轴所标志的是一个方向而不是某一具体直线。有些晶体只有一个光轴,称为单轴晶体,例如方解石、石英等晶体。具有两个光轴的晶体称为双轴晶

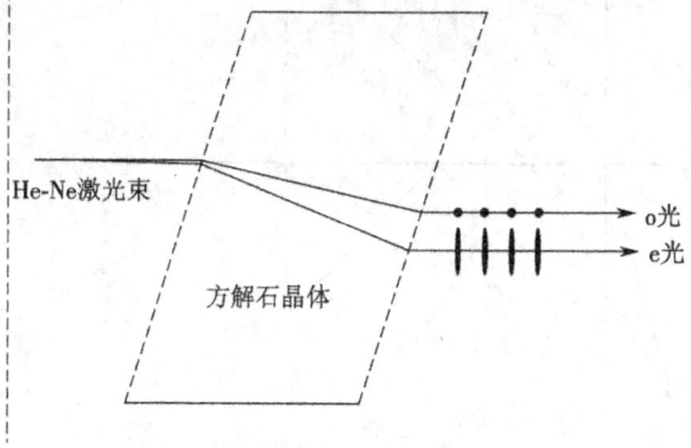

图 6-9 双折射现象

体，例如云母、硫磺、黄玉等晶体。方解石($CaCO_3$)晶体是各向异性较明显的单轴晶体，属于六方晶系，其光轴可以从外形认定。天然的方解石晶体呈平行六面体形状(图 6-10)。其六个表面(解理面)均为平行四边形，四边形的一对锐角为 78°，另一对钝角为 102°。在方解石的八个顶点中，有两个顶点是由三个钝角所形成的。适当选择解理面，使晶体的各个边长相等，就得到一个特殊的平行六面体，它的三个面角均为钝角，两个顶点间的连线方向就是方解石晶体的光轴。将这两个顶点磨成两个光学平面，使两个光学平面都垂直于光轴，则当一束平行光垂直地入射到磨出的光学平面上并进入晶体后，光将沿着光轴方向传播，不发生双折射现象。

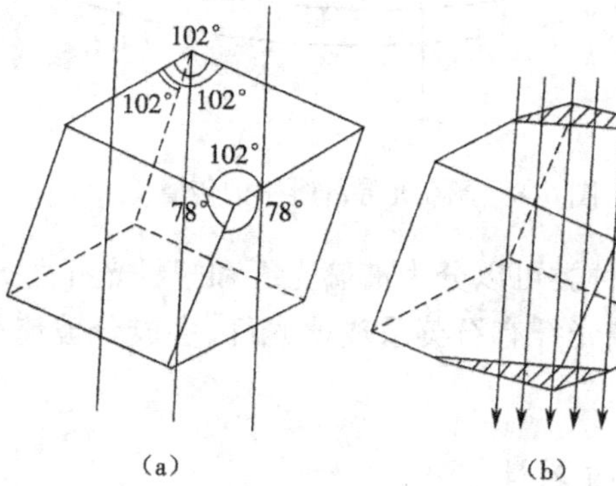

图 6-10 方解石晶体的光轴

o 光和 e 光都是线偏振光，不过它们的电矢量振动方向不同，o 光的振动方向垂直于主截面(光轴和传播方向构成的截面)，e 光的振动方向平行于主截面(不一定都平行于光轴)。

2. 折射率椭球

晶体结构的各向异性决定了晶体中原子、分子等微观粒子固有振动的各向异性。当入射波进入介质时，受微观粒子受迫振动的影响，以合成波在介质中传播。合成波的频率与入射波相同，相位受微观粒子固有振动频率的影响而滞后。在晶体中，在三个独立的空间方向上具有不同的振动频率 ω_1、ω_2 和 ω_3。对于单轴晶体，其中两个相同。图 6-11 表示从晶体一个点光源 C 发出的 o 光和 e 光在主截面中传播的情形。

o 光电矢量垂直于光轴(以黑点表示)，传播时相位只受 ω_2 制约，所以在任何方向传播速度均相同，用 v_o 表示。o 光的等相点轨迹是以 C 为中心的圆，将图 6-11(a)绕通过 C 点的光

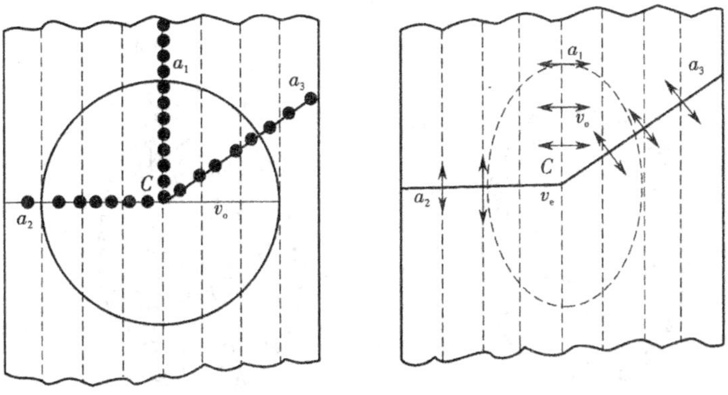

(a)　　(b)

图 6-11　单轴晶体光的传播特性

(a)o 光的传播特性　(b)e 光的传播特性

轴(光轴方向以虚线表示)旋转 180°,得到寻常光的波面,为一球面。图 6-11(b)中,e 光电矢量方向在主截面内,因传播方向不同而与光轴成不同角度。沿$\overrightarrow{Ca_1}$传播的 e 光垂直于光轴,传播速度受 ω_2制约,以速度 v_o传播。沿$\overrightarrow{Ca_2}$传播的 e 光,电矢量平行于光轴,传播相位与 ω_1相关,以 v_e传播。其他方向传播的 e 光,因与光轴成一角度,可将其分解为平行和垂直于光轴的两个分量。传播速度 v 与ω_1、ω_2都有关,介于 v_o和 v_e之间。由于非常光在不同方向有不同传播速度,因此等相位点的轨迹形成一个椭圆。将其绕过 C 点的光轴旋转 180°,得到 e 光的波面是一个椭球。

由上可知,在单轴晶体中,光的传播速度与光波电矢量方向相对于光轴方向的角度有关,因此晶体的折射率也和这个角度有关。当光波电矢量与光轴垂直时,传播速度为 v_o,寻常光的主折射率 $n_o = c / v_o$。同样,当电矢量与光轴平行时,对应非常光的主折射率 $n_e = c / v_e$。显然,非常光沿不同方向传播有不同的折射率,但若沿光轴传播,折射率也是 n_o,所以在光轴方向观察不到双折射现象。

折射率椭球可以描述晶体的双折射性质。折射率椭球方程为

$$x^2/n_x^2 + y^2/n_y^2 + z^2/n_z^2 = 1 \tag{6-18}$$

满足上式的点构成折射率椭球的球面,如图 6-12 所示。n_x、n_y、n_z是 x、y、z 三个方向上的主折射率。当光波在晶体中沿某一方向 a 传播时,通过椭球中心 O 点做一个垂直于传播方向 a 的平面,平面与折射率椭球相割,得到一个椭圆截面。椭圆的长轴和短轴方向分别代表沿 a 方向传播的光波中两个相互垂直的偏振方向,两个半轴长度为该晶体对应于两种偏振光的折射率。显然,双轴晶体的三个主折射率各不相等。因为通过 O 点的椭球截面在某两个点会是一个圆,表明在这两个方向上不发生双折射,这就是双轴晶体的光轴,如图中 OA_1 和 OA_2 所示,它们与 z 轴的夹角为Ω。因此式(6-18)所描写的是双轴晶体的双折射性质。对于单轴晶体,会有两个相等的主折射率,椭球方程可改写为

$$(x^2 + y^2)/{n_o}^2 + z^2/{n_e}^2 = 1 \tag{6-19}$$

若三个主值均相等,则折射率椭球变为圆球,即为各向同性材料的特性。

3.二向色性

晶体结构的各向异性不仅能产生折射率的各向异性(双折射),而且能产生吸收率的各

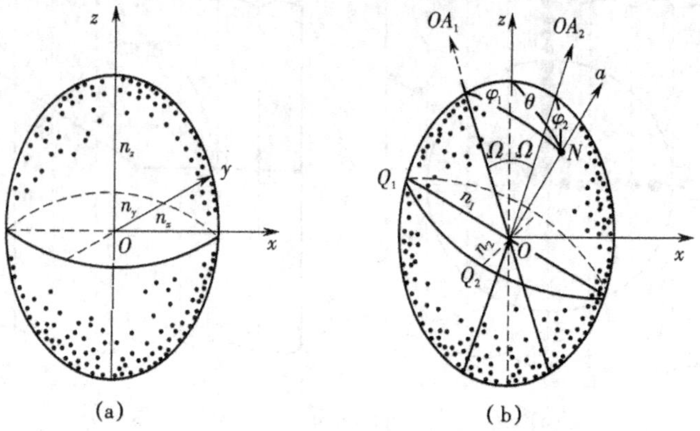

图 6-12　双轴晶体的折射率椭球

向异性(称为"二向色性")。其表现在某些具有二向色性的晶体完全吸收寻常光,而让非常光通过;某些晶体对非常光的选择吸收,如白光透过后变为黄绿色。使用具有二向色性的材料可以制造偏振元件,即具有二向色性的偏振片。

除了天然晶体之外,还可以利用特殊方法使具有明显各向异性吸收率的微晶,在透明胶片中有规律地排列,制成人造二向色性偏振片。

6.2.3　光散射

1.散射的一般规律

光在通过介质时,在微小结构或结构成分不均匀的微小区域,会有一部分光线偏离原来的方向而向四面八方传播,这种现象称为光散射。材料中的小颗粒透明介质、光性能不同的晶界相、气孔或夹杂物都会引起部分光束被散射,使光强能量在原传播方向上减弱。光强随传播距离减弱符合指数衰减规律,有

$$I = I_0 e^{-\alpha l} = I_0 \exp[-(\alpha_a + \alpha_s)] \tag{6-20}$$

式中:I_0为初始光强度;I 为通过厚度为 l 的试件后的光强度;α 为散射衰减系数,单位为 cm^{-1};α_a和 α_s分别为吸收系数和散射系数。散射系数与散射质点的大小、数量、光波长以及散射质点与基体的相对折射率有关。

当光波的电磁场作用于材料中具有电结构的原子、分子等粒子时,将激起粒子的受迫振动。以这些作受迫运动的粒子为中心,可以向各个方向发射球面次波。

在气态介质中,各种液态或固态的微小颗粒会在光源照射下发出次波。由于其结构的致密性,各个分子的次波位相关联,形成大次波。各微粒之间位置排列无规则,大次波不会相互干涉,因此从各个方向均能看到散射光波。

纯净的液体和结构均匀的固体都含有大量的微观粒子,它们在光照下无疑也会发射次波。但由于液体和固体中的分子排列很密集,彼此之间的结合力很强,各个原子、分子的受迫振动互相关联,合作形成共同的等相面,因而合成的次波主要沿着原来光波的方向传播,其他方向非常微弱。通常把发生在光波前进方向上的散射归入透射。应当指出的是,发生在光波前进方向上的散射对介质中的光速有决定性的影响。

根据散射前后光子(或光波波长)是否变化,可以将光散射分为弹性散射和非弹性散射

两类。非弹性散射比弹性散射弱几个量级,因此常常被忽略。

2.弹性散射

弹性散射是指散射前后光的波长(或光子能量)不发生变化的散射。弹性散射过程可以看作光子与散射中心的弹性碰撞,只是改变光子的方向,而没有改变光子的能量。除波长(或频率)不变外,散射光强度与波长的关系因散射中心尺度的大小而不同,有如下关系:

$$I_s \propto 1/\lambda^{\sigma}$$

式中:I_s为散射光强度;λ 为入射光波长;参数 σ 与散射中心大小α_0有关。

弹性散射可分为三种情况。

1)廷德尔(Tyndall)散射

当散射中心尺度远大于光波波长,即 $\alpha_0 \gg \lambda$ 时,$\sigma \to 0$,散射光强与入射光波长无关,称为 Tyndall 散射。例如,粉笔灰颗粒的尺寸对所有可见光波长均满足这一条件,所以,粉笔灰对白光中所有单色成分都有相同的散射能力,看起来是白色的。天上的白云,是由水蒸气凝成比较大的水滴所组成的,尺度也在此范围,所以散射光也呈白色。

2)米氏(Mie)散射

当散射中心尺度与入射光波长相近,即 $\alpha_0 \approx \lambda$ 时,σ 在 0~4 之间,σ 的具体数值与散射中心尺度有关。这个尺度范围内的光散射性质比较复杂,例如存在散射光强度随 α_0/λ 值的变化而波动和在空间分布不均匀等问题。

Mie 散射原理有很多的应用,主要用来研究在稀相中散射单元的尺寸和分布,近年来用于研究聚合物合金的相结构及相尺寸的分布,而且还可利用 Mie 散射原理制造粒度分析仪器。

3)瑞利(Rayleigh)散射

当散射中心的尺度远小于入射光波长,即 $\alpha_0 \ll \lambda$ 时,$\sigma = 4$,散射强度与波长的 4 次方成反比,也即

$$I_s = 1/\lambda^4$$

这就是瑞利散射定律。

根据瑞利定律,微小粒子($\alpha_0 \ll \lambda$)对短波的散射强度高于长波。图 6-13 给出了 I_s 和波长 λ 的关系。据此,在可见光的短波侧 $\lambda = 400$ nm 处,紫光的散射强度要比长波侧 $\lambda = 720$ nm 处红光的散射强度约大 10 倍。根据瑞利定律,不难理解晴天早晨的太阳为何呈鲜红色而中午却变成白色。图 6-14 表示地球大气层结构和阳光在一天中不同时刻到达观察者所通过的大气层厚度。由于大气及尘埃对光谱上蓝紫色的散射比红橙色为甚,阳光透过大气层越厚,蓝紫色成分损失越多,所以到达观察者的阳光中蓝紫色的比例就越少。因此,太阳在 *A* 处(中午)看起来是白色,在 *B* 处变为黄色,在 *C* 处变为橙色,而在 *D* 处(早晨)则变为红色。

瑞利散射在日常生活和科学研究中有很广泛的应用,特别是在高分子材料的研究中,利用瑞利散射研究高分子的结晶行为和结晶结构,还可利用瑞利散射的图样进行傅里叶变换研究聚合物共混体系的相结构及相尺寸。

人们通常根据散射光的强弱判断材料光学均匀性的好坏。通过对各种介质弹性光散射性质的测量和分析,可以获取胶体溶液、浑浊介质、晶体和玻璃等光学材料的物理化学性质,确定流体中散射微粒的大小和运动速率。利用激光在大气中的散射,可以测量大气中悬浮

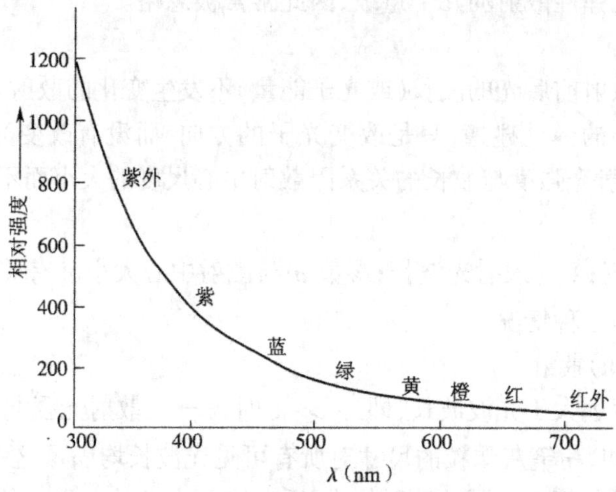

图 6-13　瑞利散射强度与波长的关系

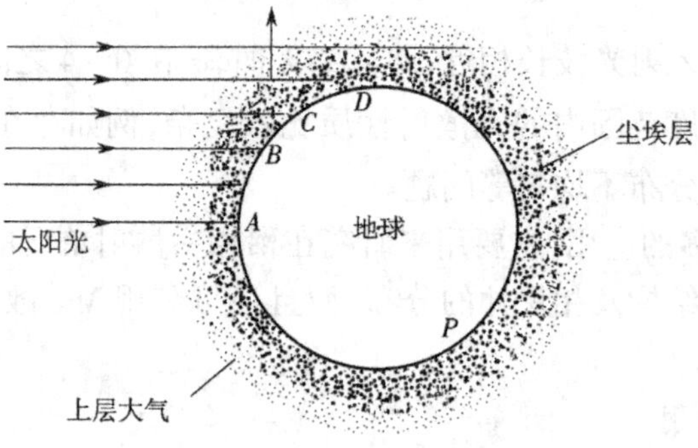

图 6-14　地球表面尘埃和大气引起的光散射

微粒的密度和监测大气污染的程度等。

3.非弹性散射

当光束通过介质时,从侧向接收到的散射光主要是波长(或频率)不发生变化的瑞利散射光,属于弹性散射。除此之外,使用高灵敏度和高分辨率的光谱仪器,可以发现散射光中还有其他光谱成分,它们在频率坐标上对称地分布在弹性散射光的低频和高频侧,强度一般比弹性散射微弱得多。这些频率发生改变的光散射是入射光子与介质发生非弹性碰撞的结果,称为"非弹性散射"。

从波动观点来看,光的非弹性散射机制,乃是光波电磁场与介质内微观粒子固有振动之间的耦合,可激发介质微观结构的振动或导致振动的猝灭,以致散射光波频率相应出现"红移"(频率降低)或"蓝移"(频率增高)。通常能产生拉曼散射的介质多由相互束缚的正负离子组成。正负离子的周期性振动导致偶极矩的周期性变化,这种振动偶极矩与光波电磁场的相互作用引起能量交换,发生光波的非弹性散射。

从量子观点来看,拉曼散射过程与能级跃迁有关。当介质分子处于低能级 E_1(或高能级 E_2)并受到频率为 v_0 的入射光子作用时,介质分子可以吸收这个光子,跃迁到某个虚能级,随后这个虚能级上的分子便向下跃迁,回到它原来的能级,伴随着发射出一个与入射光频率相同的光子(方向可能改变),这就是瑞利散射过程。而拉曼散射的斯托克斯过程,与瑞利散射不同，区别是分子从虚能级向下跃迁时回到了较高的能级 E_2，并伴随着一个光子发射。这个光子的频率 v_s 与入射光子相比红移了 Δv，其数值相当于两个能级的能量差 $h\Delta v = E_2 - E_1$。拉曼散射的反斯托克斯过程特点是，如果介质原来处于较高的能级 E_2，那么在吸收频率为 v_0 的光子跃迁到一个较高的虚能级后，分子向下跃迁回到了低能级 E_1，同时发射一个频率蓝移了的散射光子，频移量 Δv 仍然符合 $h\Delta v = E_2 - E_1$ 的能量守恒关系。

非弹性散射一般极其微弱，以往研究极少，只有在出现激光器这样的强光源之后，这一新的研究领域才获得很大的发展。由于拉曼散射和布里渊散射中散射光的频率与散射物质的能态结构有关，研究非弹性光散射已经成为获得固体结构、点阵振动、声学动力学以及分子的能级特征等信息的有效手段。此外，受激拉曼散射还为开拓新的相干辐射波长和可调谐相干光源开辟了新的途径。激光散射是到目前为止该领域的研究中比较简单且非常有效的表征手段。

4. 光散射在聚合物共混中的应用

用于研究高聚物共混物相行为的实验方法包括最初的黏度法、浊度法以及后来的荧光法、散射法（包括激光散射、中子散射、X 射线散射）、光学显微流变法等。其中，激光散射是到目前为止该领域的研究中比较简单且非常有效的表征手段之一。时间分辨激光光散射技术(time resolved light scattering)可以应用于研究球晶生长速率、聚合物拉伸变形、球晶变形、晶区的取向、液晶的结构和性质及共混物相分离机理等动态行为的研究。此外，时间分辨光散射技术能用于研究高聚物内部的应力松弛，它同时也成功地用于研究含液晶高分子体系相分离机理及其相态转变的研究中。

在研究高聚物共混物相行为方面，一般采用透射电镜(TEM)和扫描电镜(SEM)及图样处理等方法，但它们反映的区域有限，偶然性很大，并且实验环节中引入的误差因素较多，不能很好地反映聚合物共混物相行为的这种非均匀性，因此不能作为控制聚合物共混物相行为的有力依据，而光散射对均匀性差的体系（如聚合物共混物），可以采用统计的方法加以处理，以散射光强对散射角度的依赖性来定量地表征共混材料相行为的非均匀性，从而能更全面、更准确地把握聚合物共混体系的相行为。

1）光散射的理论基础

光散射图样的实质是物质真实空间结构的 Fourier 变换，即它在 q 空间的表示。鉴于在 q 空间中定义距离所用单位是长度的倒数，所以又称为倒易空间或 Fourier 空间。SALS（小角激光光散射）是研究宏观结构在倒易空间内对应的散射图样的重要工具。

弹性散射亦称经典散射或静态光散射，散射中没有频率位移和能量损失，在散射成分中占绝大部分。该理论经历了由 Rayleigh 理想气体光散射理论、Einstein 密度涨落的纯液体光散射理论，到 Debye 浓度涨落的高分子溶液及 Debye-Bueche 的非均匀固体光散射理论等几个发展阶段。其中 Debye-Bueche 的非均匀固体光散射理论大致有两种：一种是针对球晶或其他部分有序的样品进行描述的模型理论；另一种是针对各向同性非均匀体系研究极化率起伏的统计理论。

Ⅰ. Debye-Bueche 散射公式

Debye-Bueche 非均匀固体光散射理论是基于瑞利散射采用统计理论导出的。具体推导过程如下：当电磁波进入一物体时，物体中的电子 e 就受到作用力 eE，这时电子的运动满足牛顿定律

$$m\frac{d^2x}{dt^2}+kx=eE \tag{6-21}$$

式中：E 是电子运动的位置量；m 是质量；k 是力常数。

上面方程的解为

$$x=x_0e^{i(\omega t-\phi)} \tag{6-22}$$

$$x_0=\frac{eE_0}{k-m\omega^2}=\frac{eE_0}{m(\omega_0^2-\omega^2)} \tag{6-23}$$

式中：ω_0 是共振频率，$\omega_0=\sqrt{\frac{k}{m}}$。

当 $\omega \ll \omega_0$ 时为瑞利散射，一个体系的散射振幅为

$$E_s=KF=K\sum_j \alpha_j e^{-ik(r_j\cdot s)} \tag{6-24}$$

K 为常数，F 为结构因子，即

$$F=\sum_j \alpha_j e^{-ik(r_j\cdot s)} \tag{6-25}$$

各体元处的极化率可写作平均极化率 α_0 加上对该平均值的偏离起伏 $\Delta\alpha_j$，即

$$\alpha_j=\alpha_0+\Delta\alpha_j \tag{6-26}$$

若考虑一个连续体系，以 η 表示 $\Delta\alpha_j$，将式(6-26)代入式(6-24)中，则散射强度可表示为

$$I_s=\iint \eta(r_j)\eta(r_m)e^{ik(r_{mj}\cdot s)}dr_j\cdot dr_m \tag{6-27}$$

为了计算方便，引入相关函数 γ，定义如下：

$$\gamma(r_{mj})=\frac{\langle \eta(r_j)\eta(r_m)\rangle r_{mj}}{\overline{\eta^2}} \tag{6-28}$$

其中，$\overline{\eta^2}$ 是极化率的均方起伏，符号 $\langle\ \rangle r_{mj}$ 表示对所有用向量 r_{mj} 连接的体元对取平均。

把相关函数引入式(6-27)中，并假定体系具有球形对称，得到

$$I_s=4\pi KV_s\overline{\eta^2}\int_0^\infty \gamma(r)\frac{\sin(hr)}{hr}r^2dr \tag{6-29}$$

这就是 Debye-Bueche 散射公式。其中，V_s 为散射体积；h 为散射矢量，$h=(4\pi/\lambda)\sin(\theta/2)$（$\theta$ 为散射角）。由此式可知，散射强度正比于 $\overline{\eta^2}$ 并与 $\gamma(r)$ 有关。

Ⅱ.相结构的表征参数

⑴积分不变量 Q

Debye-Bueche 非均匀固体光散射理论是基于瑞利散射采用统计理论导出的。具体推导过程如下：

$$\gamma(r)=\frac{C}{\overline{\eta^2}}\int_0^\infty I(h)\frac{\sin(hr)}{hr}h^2dh \tag{6-30}$$

当 $r=0$ 时，$\gamma(0)=1$，则有

$$\overline{\eta^2}=C\int_0^\infty I(h)h^2dh \tag{6-31}$$

设

$$Q=\int_0^\infty I(h)h^2dh \tag{6-32}$$

Q 称为积分不变量。因此通过实验测定散射光强的角分布 $I(h)$，就可以算出积分不变量 Q。Q 可用来表征均方起伏$\overline{\eta^2}$。

(Ⅱ)相关距离 a_c

通常相关函数具有指数形式：

$$\gamma(r)=e^{-r/a_c} \tag{6-33}$$

式中：a_c称为相关距离。图 6-15 是起伏 η 随 r 变化示意图，a_c便是这种起伏周期变化的平均值。于是，体系的结构状况可用反映极化率起伏大小的量$\overline{\eta^2}$和变化周期的平均值 a_c来表征，正是它们决定着散射的强弱和角度依赖性。

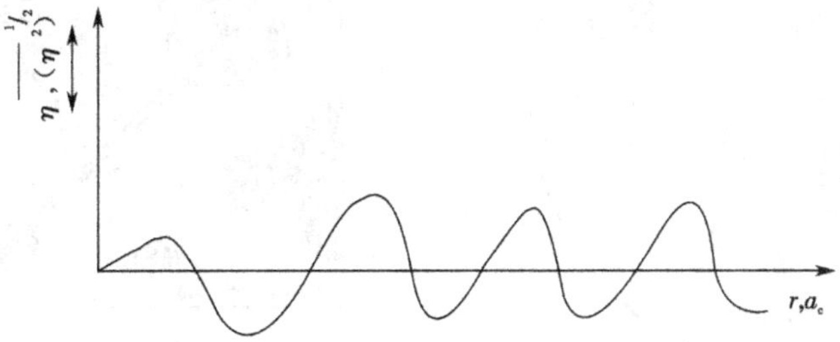

图 6-15　极化率的起伏

将式(6-33)代入 Debye-Bueche 公式，得

$$I_s(h)=K\frac{a_c^3}{(1+h^2a_c^2)^2} \tag{6-34}$$

即

$$\frac{1}{[I_s(h)]^{1/2}}=\frac{1}{Ka_c^3}(1+h^2a_c^2) \tag{6-35}$$

以$[I_s(h)]^{1/2}$对 h^2 作图，应得一直线，其斜率与截距之比即为 a_c。

实际上，在 h^2较小和较大处分别可以得到两条直线，将 h^2较小处得到直线的斜率与截距之比的开方定义为 a_{c1}，在 h^2较大处得到直线的斜率与截距之比的开方定义为 a_{c2}(见图 6-16)。

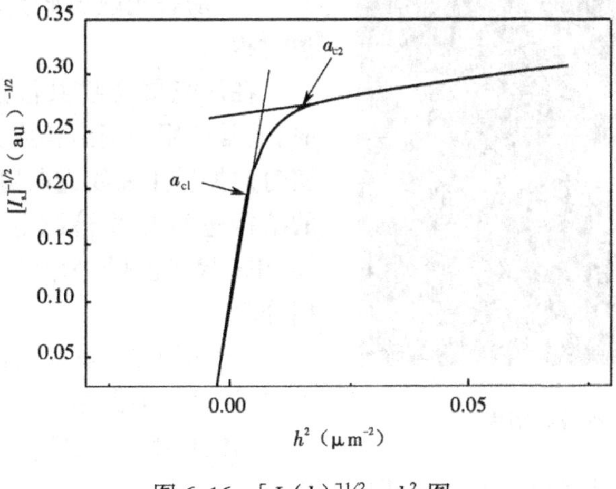

图 6-16　$[I_s(h)]^{1/2}$—h^2 图

Bauer 和 Pillai 给出了 a_{c1} 和 a_{c2} 的物理意义,见图 6-17。图中 a_{c2} 代表分散相的尺度,a_{c1} 则代表相间的距离。Khambatta 等指出对于体系中的球形分散相粒子,$a_c = 4R/3$(R 为粒子半径),对于浓的非均相体系,a_c 代表其中各组分平均尺寸,它不仅仅与粒子大小有关,而且依赖于粒子间距等结构因素。

Ⅲ平均弦长 L

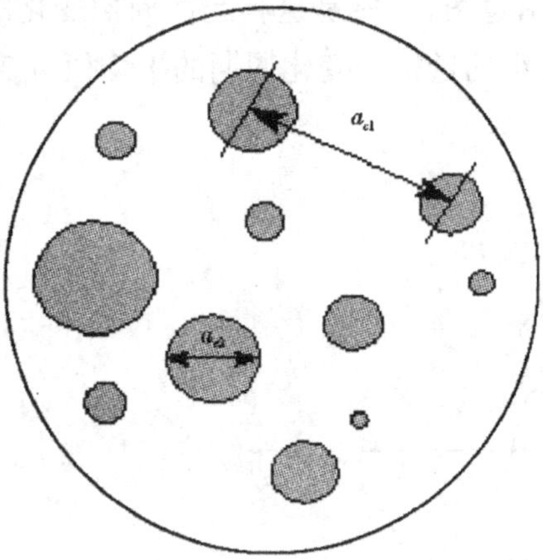

图 6-17 a_{c1} 和 a_{c2} 的物理意义

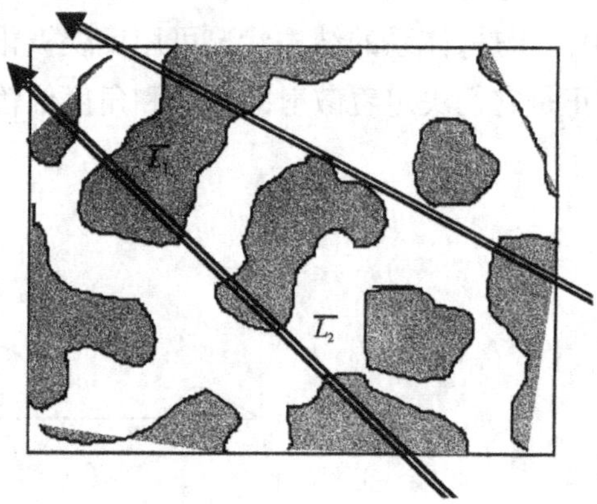

图 6-18 两相体系中的割线示意图

平均弦长的物理意义如图 6-18 中显示的横穿黑(白)相的黑(白)割线部分的平均长度。Porod 和 Kratkyr 指出,平均弦长与相关距离 a_c 有关。分散相中的平均弦长为

$$\overline{L_1} = \frac{a_{c1}}{\phi_2} \tag{6-36}$$

连续相中的平均弦长为

$$\overline{L_2} = \frac{a_{c2}}{\phi_1} \tag{6-37}$$

其中,ϕ_1,ϕ_2 分别是两相的体积分数。

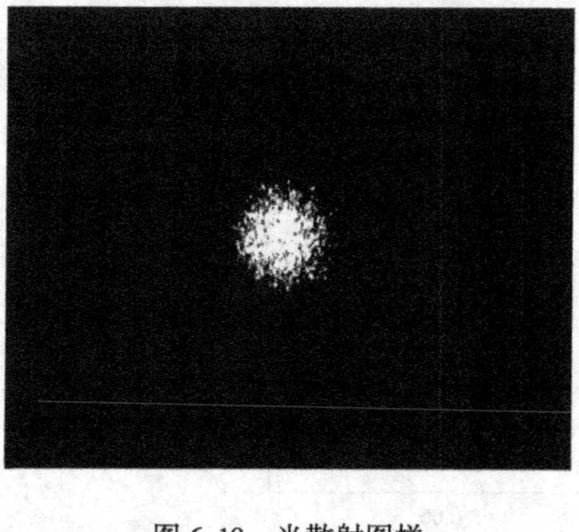

图 6-19 光散射图样

2)光散射的应用

Ⅰ.动态光散射研究聚合物共混中的相分散过程

在研究聚合物共混过程中相形态的发展时,通常使用中间出料或少量采样,但不能进行实时监控。用在线光散射法实现了对共混过程的结构进行在线检测分析。下面以 PP(聚丙烯)/PS(聚苯乙烯)为例运用在线光散射研究其相分散。

①使用 CCD 采集共混过程中的光散射过程,在计算机中保存。

②使用截图软件(HyperSnap-DX V6.01.01 Final),对光散射录像片段进行截图,如图(6-19)。

③使用编制的软件 ProSIP (SALS Image Processor),经过处理得到积分强度和 $I—\theta$ 曲线

(图 6-20)，按 Debye-Buech 光散射理论分析，求出各参数。

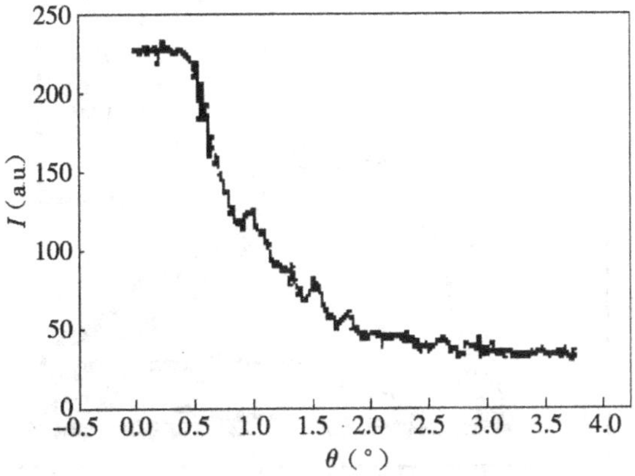

图 6-20　经过 ProSIP 软件处理后得到的 $I—\theta$ 曲线

由 $I—\theta$ 曲线数据及前述可求出表征相结构的参数 Q，a_{c1}、a_{c2}、L_1、L_2，从而反映共混体系的相结构演变的过程。

Ⅱ. 静态光散射研究聚合物共混的相分离

PS/PVME(聚苯乙烯/聚乙烯基甲基醚)体系的相图是典型的 LCST(下临界溶解温度)类型，在程序升温时其分相按照旋节分离机理进行。采用温度跃变散射法可以研究其在静态下的相分离动力学过程。实验中采集到的散射图样如图 6-21 所示。图 6-22 则是将这些图样及数据处理后获得的散射函数($I—h$)随时间变化的规律。

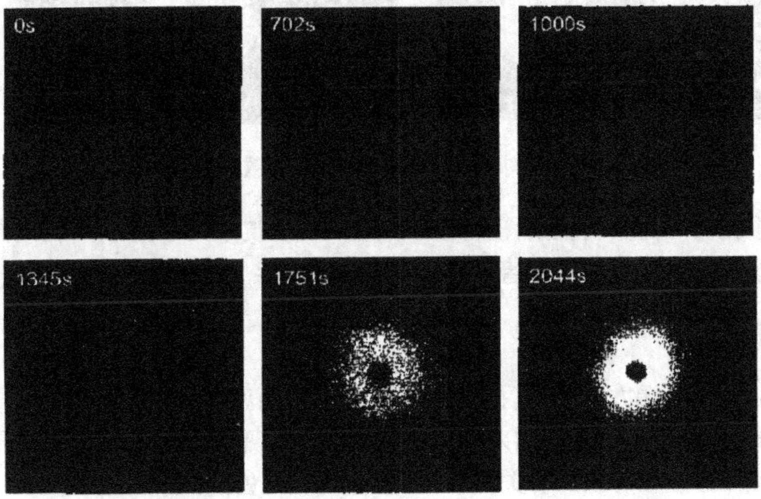

图 6-21　温度跃变后，PS/PVME 发生 SD 相分离的散射图样随时间的变化

Ⅲ. 静态光散射研究聚合物的结晶行为

图 6-23 是 iPP(等规聚丙烯)球晶的光散射图样(图中 Vv 散射是指起偏镜与检偏镜的偏振方向均为垂直方向，Hv 散射是指起偏镜与检偏镜的偏振方向相互垂直，并且检偏镜的偏振方向为水平方向)。利用光散射装置可以研究聚合物结晶在受热或剪切应力作用下结晶行为的变化规律，还可以进行含结晶聚合物的共混体系的相行为的研究。

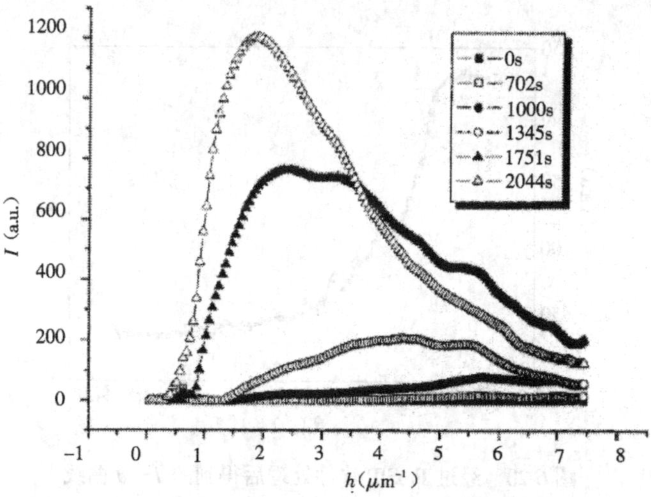

图 6-22　图 6-2 散射图样经数据处理后得到的散射函数随时间的变化规律

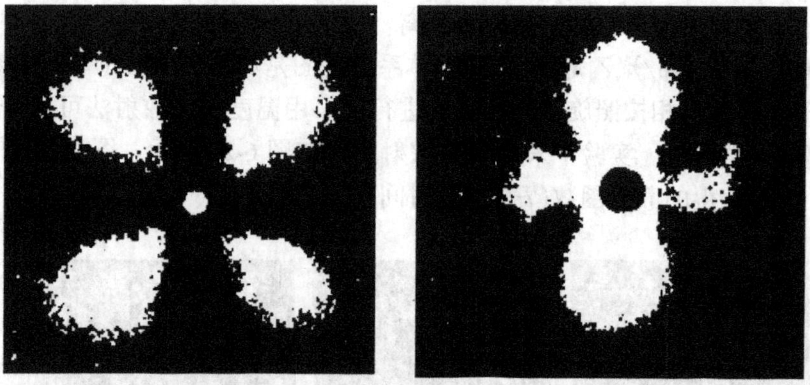

图 6-23　iPP 球晶的 Hv(左)和 Vv(右)散射图样

另外,还可根据实际需要将散射图样用数字图像处理技术处理为三维表面图以及等高线图(图 6-24),这样便可以更加方便直观地对微观形态的各向异性进行研究。

6.2.4　材料对光的吸收和色散

光进入材料后,除传播方向改变(折射)外,还会发生两种变化:一部分光能量被材料吸收,使光强度减弱,这种现象称为材料对光的吸收;另一个现象是光在材料中的传播速度比在真空中小,而且传播速度与波长有关,这种现象称为光的色散。

1.光的吸收

1)吸收系数与吸收率

如图 6-25 所示,平行光束在厚度为 l 的均匀介质中通过一段距离 l_0 以后,光强度由起始强度 I_0 减弱为 I,再通过一个薄层 $\mathrm{d}l$,强度变为 $I+\mathrm{d}I$,则有

$$\mathrm{d}I/I = -\alpha \mathrm{d}l \tag{6-38}$$

式中:α 为吸收系数,表示光通过单位距离后的能量损失比例,由于光强随 l 增加而减弱,所以用负号表示。当波长一定时,吸收系数是与介质性质有关的常数。

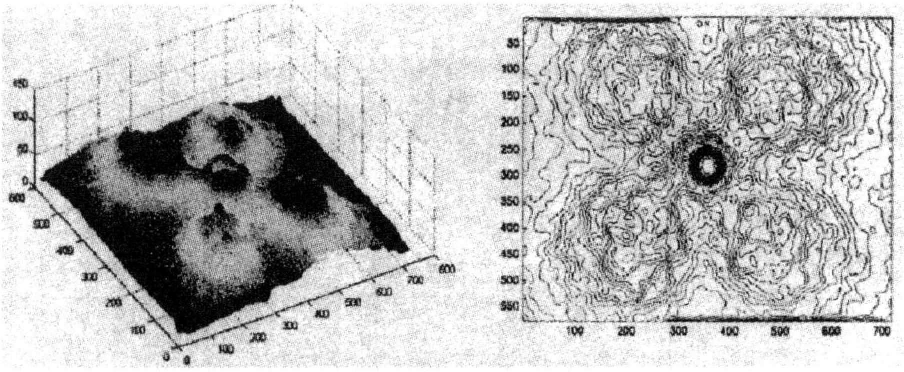

图 6-24　HDPE 球晶 Hv 散射图样的三维表面图(左)和等高线图(右)

对上式取积分,得

$$\ln I - \ln I_0 = -\alpha l$$

$$I = I_0 e^{-\alpha l} \tag{6-39}$$

上式称为朗伯(Lambert)定律。朗伯定律表明,材料越厚,光被吸收得越多,透过后光强度越小。当 $\alpha l \ll 1$ 时,则上式可近似为

$$\alpha l = (I_0 - I)/I_0 \tag{6-40}$$

表示经过厚度为 l 的材料后光强被吸收的比率,取 $\alpha l = A$,A 称为吸收率。

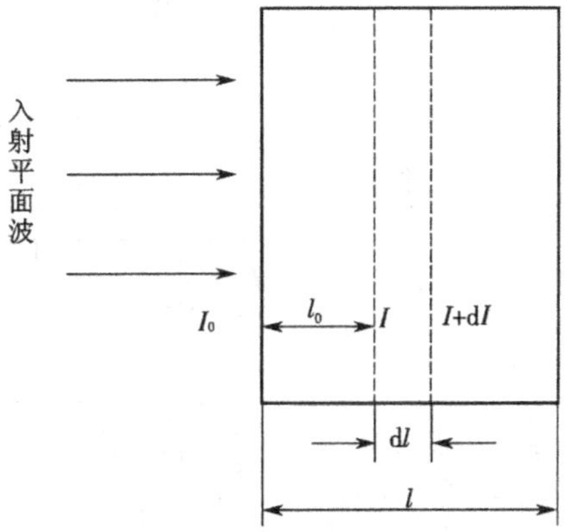

图 6-25　光的吸收

若光通过的介质为稀薄溶液,吸收系数与溶液中吸收中心分子的浓度 C 成正比,即 $a = \alpha C$,α 为与浓度无关的常数。朗伯定律可改写为

$$I = I_0 e^{-\alpha C l} \tag{6-41}$$

上式称为比尔(Beer)定律。

2)吸收光谱

材料的吸收系数与波长相关,在特定的波长范围内,材料的吸收系数几乎不变,这种现象称为“一般吸收”。而在另一个波长范围内,同一材料的吸收率随波长变化快速提高,称为“选择吸收”。任何物质都存在这两种形式的吸收,但出现的波长范围不同。这可以解释物质在某一波长透明,而在另一波长范围内不透明的现象。用发射连续光谱的白光源发光,经分光仪器分解出单色光束,使光束通过待测材料,可以测量波长与吸收系数的关系,得到波长吸收系数的谱图,该图谱称为吸收光谱。图 6-26 和 6-27 分别给出了金刚石和石英从紫外到远红外之间的吸收光谱。由图可见,金刚石和石英这两种电介质材料的吸收区都出现在紫外和红外波长范围。它们在整个可见光区,甚至扩展到近红外和近紫外都是透明的,是优良的可见光区透光材料。

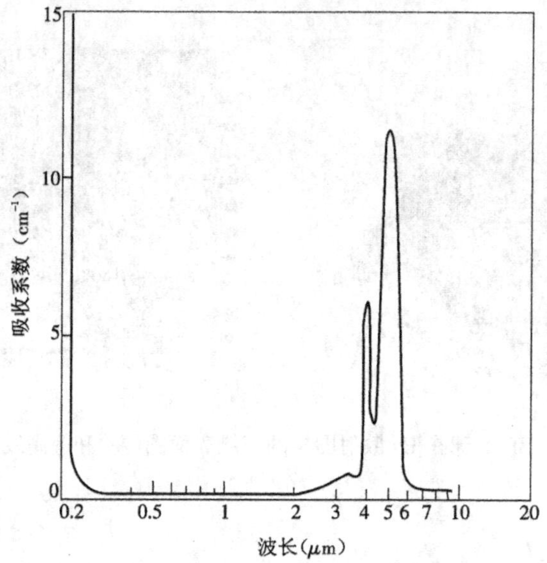

图 6-26 金刚石的吸收光谱

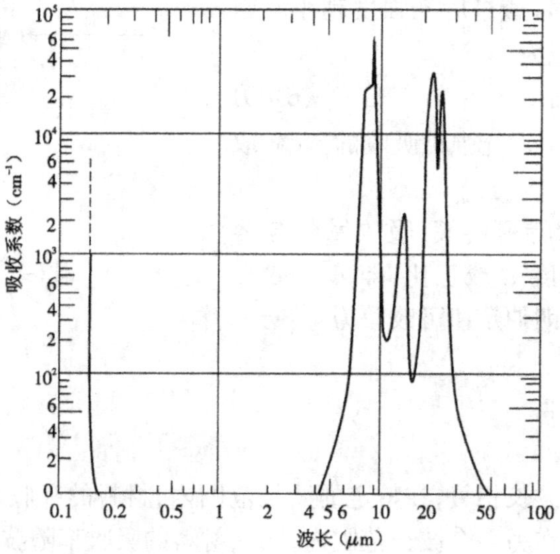

图 6-27 石英的吸收光谱

光可以看成是量子化的粒子流，材料的能量状态也是量子化的。只有当入射光子的能量与材料的某两个能态之间的能量差值相等时，光量子才能被吸收，材料中的电子从较低能态跃迁到较高能态。不同能态的跃迁可以吸收不同波长的光子，形成吸收光谱的复杂结构。

2. 光的色散

光在介质中的传播速度或折射率随波长改变的现象称为色散现象。当一束白光斜射到两种均匀介质的界面时发生折射。由于不同光有不同波长及折射率，折射光束被分散成按红、橙、黄、绿、青、蓝、紫顺序排列的彩色光带，这是色散的结果。光的色散可以分为正常色散和反常色散。在给定波长的情况下，材料的色散用固定波长下的折射率表示。色散系数

$$\gamma = (n_D - 1)/(n_F - n_C) \tag{6-42}$$

式中：n_D、n_F、n_C分别为以钠的 D 谱线、氢的 F 谱线和 C 谱线为光源测得的折射率。由于光学玻璃一般都有色散现象，因此制成的单片透镜成像不清晰，若选择不同的光学玻璃，组成复合镜头，可以消除色差，称为消色差镜头。

1）正常色散

图 6-28 所示为几种材料的色散曲线。在可见光波段中，通过棱镜研究不同波长下各种光学材料的色散曲线，总结出的基本规律，通常被认为是正常色散下的基本规律。它包括以下几方面。

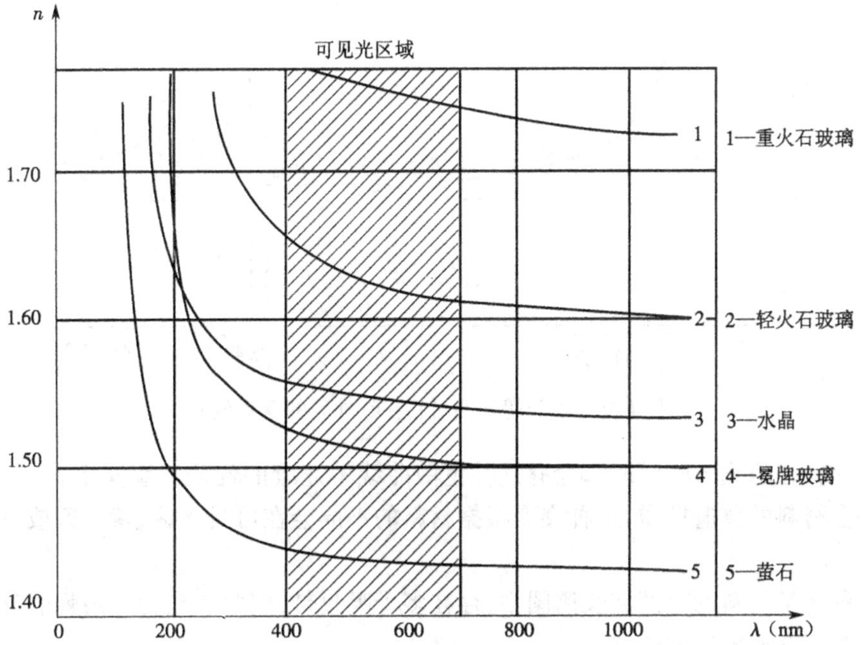

图 6-28　几种晶体和玻璃的色散曲线

①对同种材料，波长越短折射率越大；

②折射率随波长的变化率（$dn/d\lambda$）称为色散率，波长越短色散率越大；

③同一波长下，不同材料中折射率越大，色散率越大；

④不同材料的色散曲线之间没有简单的数量关系。

正常色散曲线的表达式为

$$n = A + B/\lambda^2 + C/\lambda^4 \tag{6-43}$$

上式称为科希（Cauchy）公式。A、B、C 分别表示材料的特性常数。在材料的测试中，测量三个已知波长的 n 值，代入方程求 A、B、C 三个常数值即可。一般情况下，第三项可以省略，简化为

$$n = A + B/\lambda^2 \tag{6-44}$$

再对波长求导，得到材料的色散率

$$dn/d\lambda = -2B/\lambda^3 \tag{6-45}$$

这表明，色散率近似地与波长的立方成反比。譬如，在 400 nm 处的色散率大约为 800 nm 处的 8 倍。式中的负号与色散曲线中所见到的负斜率一致。

2)反常色散

反常色散与正常色散不同,如果对石英之类的透明材料,把测量波长延伸到材料的吸收带附近时,得到的色散曲线偏离科希公式。色散曲线发生了不连续,吸收带附近长波一侧比短波一侧折射率大,这种在经过吸收带时不符合科希公式的现象称为反常色散。

从图 6-29 中看出,随波长增加,开始时色散曲线符合科希公式,但从接近吸收带的一点开始,折射率急剧下降,直至进入吸收区;离开吸收区后,折射率从高点迅速下降,然后缓慢降低,离开吸收区一段后,又符合科希公式。

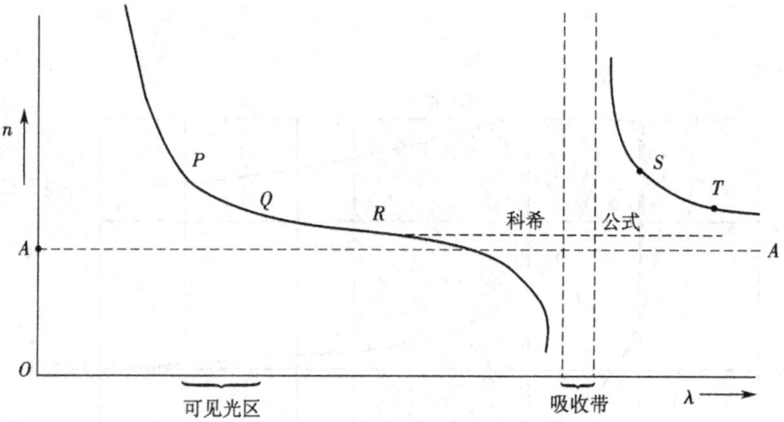

图 6-29 石英等透明材料在红外区的反常色散

许多材料在遇到吸收带时都会有这种色散曲线不连续的性质。事实上,色散曲线有突变乃是许多材料的普遍性质,这种突变根据材料的不同会在可见光区、紫外区或其他波长区间出现。

在一种光学材料的全部波长谱图中,存在多个吸收带,因此表现为一系列的反常色散区和正常色散区交替出现的曲线。

3. 吸收和色散的关系

经典色散理论用阻尼受迫振子模型来解释介质的色散曲线,特别是色散曲线在吸收带两侧发生突变的特征。这个模型将介质原子的电结构看成正负电荷之间用无形弹簧束缚在一起的振子。在光波电磁场作用下,正负电荷发生相反方向的位移,并跟随光波的频率作受迫振动。受迫振动的相位与光波电矢量振动的频率和振子固有频率均相关。此外,作受迫振动的振子也可以作为电磁波的波源,发射电磁次波(散射波)。在固体材料中,这种散射中心的密度很高,多个振子的干涉使次波仅能沿原入射光波方向传播。但根据波的叠加理论,合成波的相位与入射波不同。它不仅与入射光波频率有关,而且与振子的固有频率也相关,所以介质中的光速与波长、材料固有振动频率均相关。

根据阻尼受迫振动模型,求得材料对光的折射率 n 和吸收系数的表达式为

$$n = 1 + (2\pi Ne^2/m_e)({\omega_0}^2 - \omega^2)/[({\omega_0}^2 - \omega^2)^2 + \gamma^2\omega^2] \tag{6-46}$$

$$\alpha = (4\pi Ne^2/m_e c)(\gamma\omega^2)/[({\omega_0}^2 - \omega^2)^2 + \gamma^2\omega^2] \tag{6-47}$$

式中:N 为材料的原子密度;e 为电子电荷;m_e为电子质量;$\omega_0 = 2\pi\nu_0$,ν_0为材料中振子的固有频率;$\omega = 2\pi\nu$,ν 为光的频率;γ 为振子的阻尼系数。

上面的规律表示在图 6-30 中,它反映出在吸收带 ω_0的两侧折射率发生突变。反常色散

曲线的陡峭程度与吸收谱线的宽度有关。如果材料有多个吸收带，相当于存在多种固有频率的振子。将上述两式改为对多个振子的求和，结果可以解释有多个吸收带时介质的色散曲线。

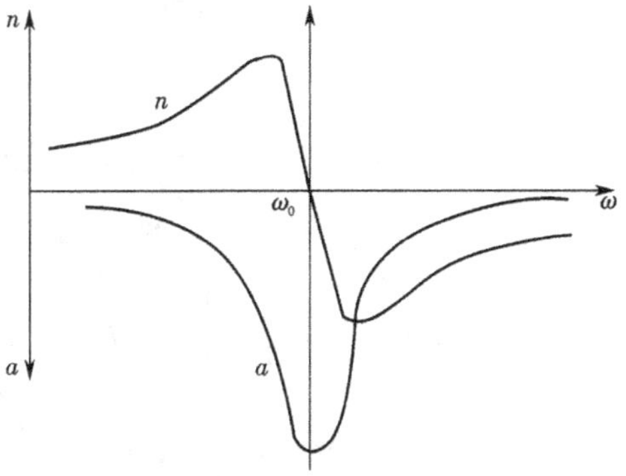

图 6-30　经典色散理论推得的折射率与吸收系数曲线

6.2.5　材料的透射

入射到材料表面的光除被反射、吸收、散射外，还有一部分会透过介质。用透光率表示光能通过材料后剩余光能所占的百分比。透光率用公式表示

$$I/I_0=(1-m)^2e^{-(\alpha+s)x} \tag{6-48}$$

式中：I 和 I_0 分别为透过光强度和入射光强度；α 为吸收系数；m 为反射系数；s 为散射系数；x 为材料的厚度。吸收系数、反射系数、散射系数与光的波长、材料的化学组成和微观结构以及杂质缺陷等有关。

金属对可见光是不透明的，其原因在于金属的电子能带结构的特殊性。在金属的电子能带结构中（如图 6-31 所示），费米能级以上存在许多空能级，当金属受到光线照射时，电子容易吸收入射光子的能量而被激发到费米能级以上的空能级上。研究证明，只要金属箔的厚度达到 0.1 μm，便可以吸收全部入射的光子。因此，只有厚度小于 0.1 μm 的金属箔才能透过可见光。由于费米能级以上有许多空能级，因而各种不同频率的可见光即具有各种不同能量（ΔE）的光子都能被吸收。事实上，金属对所有的低频电磁波（从无线电波到紫外光）都是不透明的，只有对高频电磁波 X 射线和 γ 射线才是透明的。

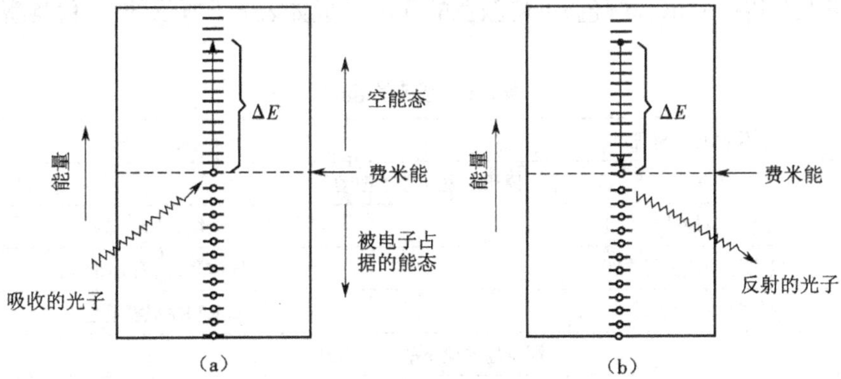

图 6-31　金属吸收光子后电子能态的变化

大部分被金属材料吸收的光又会从表现上以同样波长的光波发射出来，如图 6-31（b），表现为反射光，大多数金属的反射系数在 0.9～0.95 之间。还有一小部分能量以热的形式损失掉了。利用金属的这种性质往往在其他材料衬底上镀上金属薄层作为反光镜（reflector）使用。图 6-32 所示是常用金属膜的反射率与波长的关系曲线。肉眼看到的金属颜色不是由吸收光的波长决定的，而是由反射光的波长决定的。在白光照射下表现为银色的金属（如银、铝），表面反射出来的光也是由各种波长的可见光组成的混合光。其他颜色的金属

(如铜为橘红色,金为黄色)表面反射出来的可见光中,以某种可见光的波长为主,构成其金属的颜色。

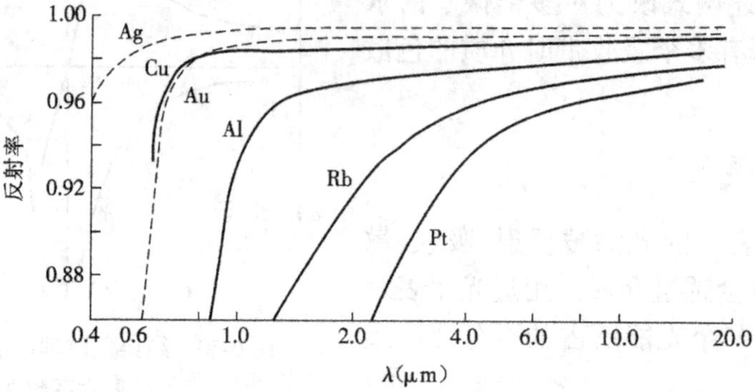

图 6-32 金属膜反射镜的反射率与波长的关系

6.3 材料颜色形成的化学机理

6.3.1 颜色的形成

在可见光区,不同波长的光显现出不同的颜色。材料的颜色是由物质对光的吸收、材料发射不同波长的电磁波和光在传播时的反射、透射、偏转、散射等物理过程对人视觉感应出的综合体现。影响材料颜色的主要因素有原子激发、分子振动、过渡金属的能级在配位场中的变化、共轭效应、混合价态化合物电荷转移效应、电子在固体能带间的跃迁等。若分别从化学和物理的因素进行分析归纳,考虑什么样的化学结构会导致选择吸收和发光,什么样物理过程会使光在传播中出现颜色,可将颜色的起因分成如表 6-1 所示的 15 种类型。

表 6-1 颜色的起因

颜色起因机理	实 例
原子激发和分子振动	
固体高温加热白炽化	火焰、灯光、碳弧
气态原子或分子激发	气体激光、闪电、极光
分子的振动和转动	水和冰显淡蓝色
配位场效应下的电子跃迁	
过渡金属元素化合物	激光、荧光、磷光体
过渡金属元素掺杂到晶体中	红宝石($Al_2O_3:Cr^{3+}$)
电子在分子轨道间跃迁	
有机化合物	有机染料、某些生物体显色
电荷转移	普鲁士蓝、磁铁矿
电子在固体能带间跃迁	
金属	铜、银、金、黄铜
纯半导体	硅

颜色起因机理	实　例
掺杂或激活的半导体	发光二极管、某些激光或磷光体
色心	紫晶、某些荧光与激光
几何或物理光学因素	
色散的折射、偏振等	虹、晕
散射	蓝天、晚霞
干涉	水面上彩色油膜、肥皂泡
衍射	衍射光栅、液晶、光轮

6.3.2 变色材料

当材料受到外界光、热、电等激发源作用后改变颜色，这种材料称为变色材料。按激发源不同可分为光致变色材料、热致变色材料、电致变色材料、压致变色材料等。

1.光致变色材料

1)光致变色成像原理

这类化合物在受到一定波长的光照射时，能够发生颜色(或光密度)的变化，而在另一波长的光的作用下，它们又会恢复到原来的颜色(或光密度)，这种现象叫做光致变色现象。这些化合物称为光致变色化合物，可用以下通式表示：

$$A \underset{h\nu_2\ 或\ \Delta T}{\overset{h\nu_1}{\rightleftharpoons}} B$$

光致变色化合物的消色途径除光消色外，还可以通过热消色。

2)光致变色材料的种类

光致变色一般分为两类：一类是在光照下，材料由无色或浅色转变成深色，称为正性光致变色；另一类是在光照下材料的颜色从深色转化成无色或浅色，称为逆光致变色。这种划分方法只是相对而言的。

光致变色材料分为无机光致变色材料和有机光致变色材料。

有机光致变色材料有螺环烃类(如螺吡喃、喹啉螺吡喃、N-烷基-吲哚啉-硝基苯并螺吡喃等)、缩苯胺衍生物(其通式为 R—CH═NR′类化合物)、染料类(如芳香偶氮化合物、靛蓝染料、三芳基甲烷染料等)、邻-硝基苄基衍生物(O-Nitrobenzyl，如 2,6-双-4′叠氮苄叉环己酮)，等等。

无机光致变色材料有金属卤化物(如卤化银晶体分散在玻璃中制成的变色眼镜，AgI 和 HgI_2 的混合晶体等)、金属羰化物(如 $Mo(CO)_6$，$W(CO)_6$，$Cr(CO)_6$)，等等。

无机材料的变色过程大多为物理过程，有机材料变色过程除物理过程外，还包括互变异构、化学键裂解等与光有关的化学过程。例如，无色的有机物 A 在紫外光辐照下变成橙色的结构 B，其结构式变化如图 6-33 所示。这种材料可用于印制防伪商标。

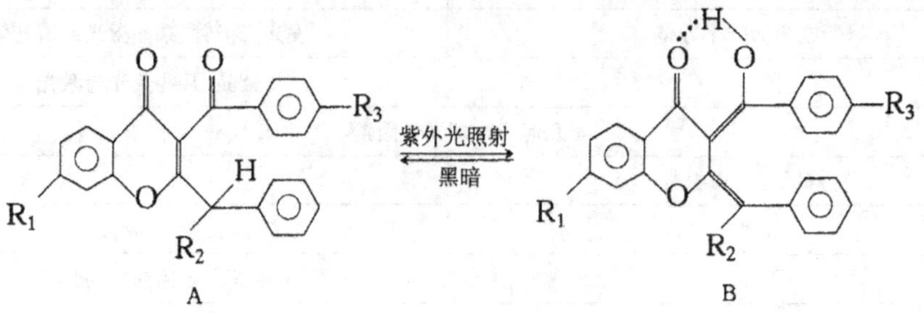

图 6-3 有机物在光合作用下的结构转变

3)光致变色材料的应用

20 世纪 80 年代初陆续合成具有新型功能的光致变色化合物,具有广泛的应用,包括:信息存储和记录、光能转换、视觉转换、照射密度的调控与测量、计算机元件的制造、光致变色染料以及变色太阳镜。

2. 热致变色材料

1)热致变色材料的变色机理

物质在不同温度下发生颜色改变的现象称为热致变色。引起热致变色的原因有多种,如在不同温度下,配位体几何构型或配位数发生变化,或者是分子结构变化,晶型转变、结构改变等。例如,Ge-Te 元素化合物,当将其从室温加热到 200 ℃时,其晶型由玻璃态向金属结构转变,导电率迅速上升,自身的颜色跟着发生变化;VO_2 在 68 ℃以上时,V^{4+} 的位置发生改变,由半导体向金属转移,颜色变暗,可以利用这种特性来制造内含 VO_2 的调光玻璃。热致变色材料还可以用于制作示温涂料、热变色墨水、变色服装,目前已有变色 T 恤面市,在太阳光照射下,它可以随温度的不同而变换颜色。

温度改变时,晶体中离子的热运动引起的结构变化以及金属粒子位置变化等,均会使材料的颜色改变。此外,材料受光照和受热两种因素的作用,导致化学键断裂等,通常也会使材料的颜色改变。

2)热致变色材料的分类

热致变色材料主要按组成材料的物质种类分为热致变色无机材料和热致变色有机材料;或按变色方式分为可逆热致变色材料和不可逆热致变色材料,后一种分类方法比较常见。

可逆热致变色材料的颜色随温度变化关系可用下式表示:

$$\text{颜色 A} \underset{\text{冷却}}{\overset{\text{加热}}{\rightleftharpoons}} \text{颜色 B}$$

有少数物质如液晶及多种氧化物组成的多晶体等,随温度改变可产生多种颜色的可逆变化:

$$\text{颜色 A} \underset{\text{冷却}}{\overset{\text{加热}}{\rightleftharpoons}} \text{颜色 B} \underset{\text{冷却}}{\overset{\text{加热}}{\rightleftharpoons}} \text{颜色 C} \underset{\text{冷却}}{\overset{\text{加热}}{\rightleftharpoons}} \cdots$$

可逆热致变色是相对于不可逆热致变色而言的,常是有条件的。例如

$$Cu_2HgI_4(\alpha,\text{红色}) \underset{\text{冷却}}{\overset{\text{加热}}{\rightleftharpoons}} Cu_2HgI_4(\beta,\text{红色})$$

在 100 ℃以下比较稳定，可反复变色数百次。当温度高于 200 ℃时，该物质有明显的分解现象，即

$$Cu_2HgI_4(s) = 2CuI(s) + HgI_2(g)$$

从而表现为不可逆热致变色材料。因而，所谓可逆热致变色材料均是在有限的温度范围而言的。

大部分可逆热致变色材料在其变色可逆性上均有一定的滞后现象，即升温变色温度通常高于降温变色温度。滞后现象的程度取决于材料的性质、升温速率和达到的最高温度等因素。

3）热致变色材料的应用

热致变色材料已在航空航天、石油化工、机械、能源利用、化学防伪、日用品装饰和科学研究等方面获得广泛应用。例如，无机低温热变色材料具有随温度变化颜色改变的特性，可将其涂在商标、封签、票据等上面，做上特殊的标记，根据其受热后颜色的变化便可达到识别真伪的目的。再如，Ag_2HgI_4 和 Cu_2HgI_4 以不同比例形成的固溶体，其变色温度可以在 30 ~ 70 ℃内选定，被用作放热反应体系滴定的指示剂。又如，日本研制的可逆型热致变色记录纸，用热打印头打印立即产生深黑色，并能在 12 h 内完全退掉，可反复使用。另如，将热致变色材料涂于两块玻璃之间，随温度变化可调节透光率，有可能作为廉价、无毒的太阳能建筑新材料。

3. 电致变色材料

电致变色材料是在外电场作用下颜色发生可逆变化的材料。其显色和消色过程伴随电子转移和材料中电中性的离子传导。电致变色材料一般均为过渡金属氧化物，在一定电场下发生氧化还原，出现混合价态离子而显色。这类材料有氧化还原型聚合物、有机金属配位化合物、导电聚合物等。

无机电致变色材料的变色原理可分为阴极着色和阳极着色。

阴极着色反应式为

$$MO_y + xA^+ + xe \Longleftrightarrow A_xMO_y \quad (0 \leqslant x \leqslant 1) \tag{6-49}$$

式中：MO_y 是金属氧化物（无色）；M 具有较高的氧化态；A^+ 是插入的正离子（如 H^+、Li^+ 等）；产物 A_xMO_y（着色）中，M 的氧化态降低了。这类材料一般是 W、Mo、V、Nb 等氧化物。

阳极着色反应式为

$$MO_y + xA^- - xe \Longleftrightarrow A_xMO_y \quad (0 \leqslant x \leqslant 1) \tag{6-50}$$

或

$$MO_y - xA^+ - xe \Longleftrightarrow A_xMO_y \quad (0 \leqslant x \leqslant 1) \tag{6-51}$$

式中：金属氧化物中 M 的氧化态较低；A^- 是插入的负离子（如 OH^-、F^-、CN^- 等）；产物 A_xMO_y（着色）中，M 的氧化态升高了。这类材料一般是 Ir、Ni、Rh、Co 等氧化物。

对于有机变色材料（特别是高分子材料），其变色机理与无机材料不同，它主要是由掺杂引起的，反应式为

$$M + mX^{p+} + mpe \Longleftrightarrow MXm \tag{6-52}$$

式中：M 为聚合物；X 为掺杂的正离子；p、m 为 1、2、3 等正整数。该化学反应为可逆过程，随着电压的变化，共扼高分子由绝缘态变为导电态，颜色也随之发生变化。

选择的变色材料主要有无机材料（WO_3、MoO_3、Nb_2O_5、TiO_2、Ta_2O_5、V_2O_5 及其掺杂氧化物）和有机材料（普鲁士蓝系列、导电聚合物、金属酞花菁等），见表 6-2。

表 6-2 电致变色材料的类型和应用

种类	成分	应用
过渡金属氧化物	WO_3, MoO_3, V_2O_5, Nb_2O_5, $Ir(OH)_3$ 非氧化物	灵巧窗、卫星热控制电致变色 涂写纸
普鲁士蓝系列	$[Fe^{III}Fe^{II}(CN)_6]^-$（普鲁士蓝） $[Fe^{III}Fe^{II}(CN)_6]$（普鲁士棕） $[Fe_3^{III}\{Fe^{III}(CN)_6\}_2\{Fe^{II}(CN_6\}]^-$（普鲁士绿） $[Fe^{II}Fe^{II}(CN)_6]^{2-}$（普鲁士白）	显示屏
导电聚合物	PPy, PTh, Pan	灵巧窗和显示屏
过渡金属和镧系的配位化合物以及金属聚合物	金属杂化物、亚硝酰基钼的含氧化合物、poly－$[Ru^{II}(vbpy)_2(py)_2]Cl_2$	可转换旋光镜、近红外转换开关
金属酞花菁	$[Lu(Pc)_2]$	电致变色显示屏
Viologens	1,1'-双取代－4，4'－联吡啶盐	汽车的后室旋光镜和显示屏

4. 压致变色材料

压致变色材料随压力的变化而显现不同的颜色。在一些材料中，压力的增加缩短了原子间的距离，增强配位场的强度，使混合价态化合物电荷转移或电子在能带间跃迁等，从而使材料颜色发生变化。

例如，含 Cr_2O_3 60%、Al_2O_3 40%（均为质量分数）的混晶体，加压会使它的颜色从灰色变成红色。又如，硫化钐（SmS）在常压下呈黑色，当压力增加到 6.5×10^8 Pa 时，体积突然收缩 12%，这时，Sm^{2+} 的电子组态从 $4f^6$ 变为 $4f^5$ 的 Sm^{3+}，有一个电子进入导带，颜色由黑色变成金色。

压致变色材料在某些领域已经得到应用，比如压控调光玻璃、压敏涂料、压致变色防伪技术等，已显示出一定优越性。

6.4 材料的光发射和受激辐射

用光的波粒二象性、电磁波和光子的动量和能量理论，可以解释光传播中的各种现象，光和物质相互作用使材料产生光吸收和光发射的基本过程。当材料吸收能量后，以一定方式发射光子的过程就是材料的光发射。

固体材料的发光可以分为两个微观过程。首先是采用各种的方法将能量输入材料中，使固体材料中的电子能量从基态跃迁到激发态。由于处于激发态的电子处于非平衡状态，因此激发态电子会向低能态跃迁，并放出光子。通常材料中存在多个低能态，会产生不同的跃迁途径，因此材料有可能会发射多种频率的光子。通常发射光子和激发光子的能量并不相等，后者能量一般大于前者。但若两种光子能量相等，则发出的辐射称为共振荧光。

6.4.1 能量注入

材料中的电子从基态跃迁到激发态要注入能量。注入能量的方式很多，如通过光辐照将材料中的电子激发而导致的发光称为光致发光；通过施加强电场或者从外电路将电子注入到半导体的导带，导致载流子复合而发光称为电致发光；利用高能量的电子轰击材料，使材料中的电子多次散射碰撞，材料中的发光中心被激发或电离而发光称为阴极射线发光。

6.4.2　材料的发光

发光材料一般以合适的基质作为主体材料，掺入微量杂质作为激活剂，此外有时还需加入一些助熔剂。发光材料的主体基质主要为无机化合物，通常以多晶粉末、单晶或隔膜的形式使用。激活剂是掺入主体材料中的微量杂质，一般起发光中心的作用，或改变发光体的导电类型。助熔剂也是掺入的一种杂质，可以促进材料的结晶或与激活剂匹配(调整点阵中的电荷量)。

评价材料发光特性的主要方面有发射光谱、激发光谱、发光寿命、发光效率等。

1.发射光谱

发射光谱是在一段连续波长范围内、一定的激发条件下发光光强的分布。由于材料本身的能量结构不同，发射光谱呈现不同的谱带形状，常见的有线状谱带、宽谱带以及宽谱带交叠形成的连续谱带。图 6-34 所示的 $Y_2O_2S:Tb^{3+}$ 发射谱呈现复杂的谱线结构。它由于同时可发绿色光和蓝色光，常被选作黑白电视显像材料。

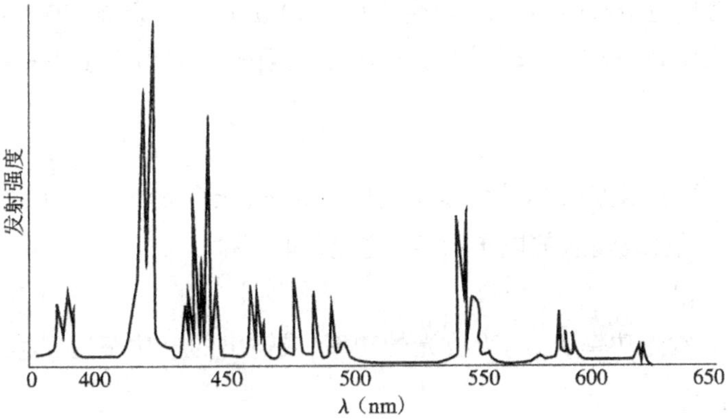

图 6-34　$Y_2O_2S:Tb^{3+}$ 的线状发射光谱

2.激发光谱

激发光谱是指材料发射某一特定谱线(或谱带)的发光强度随激发光的波长而变化的曲线。能够引起材料发光的激发波长也一定是材料可以吸收的波长。材料吸收光后，可以发射光也可以将吸收的能量转化为热能耗散掉，因此激发光谱与吸收光谱并不完全相同。但是，吸收光谱和激发光谱都能反映出材料电子从基态跃迁的过程，从中可以得到材料能级和能带结构的有用信息。而发射光谱反映从高能级的向下跃迁过程。图 6-35 给出了 $Y_2SiO_5:Eu^{3+}$ 部分高分辨率的激发光谱，其中两个吸收峰间距仅有约 0.2 nm，接收波长为 612 nm。

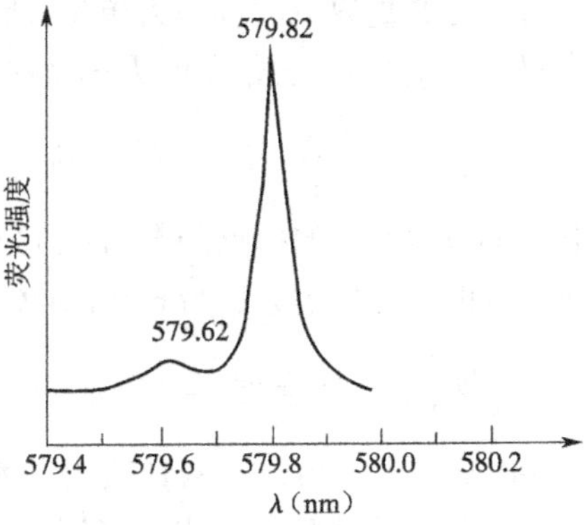

图 6-35　$Y_2SiO_5:Eu^{3+}$ 部分激发光谱

3.发光寿命

发光寿命是发光体在激发停止后的持续发光时间,也称荧光寿命或余辉时间。产生这种现象的部分原因是由于发光中心的电子被激发到高能态后相继向基态跃迁发光。

设在某时刻有 n 个电子处于高能态,则在 t 时间内跃迁到基态的电子数 dn 与 ndt 成正比,即

$$dn = -\alpha n dt \tag{6-53}$$

式中:α 为电子在单位时间内跃迁到基态的概率。上式中电子衰减的规律为

$$n = n_0 e^{-\alpha t} \tag{6-54}$$

式中:n_0为初始激发态的电子数。同样,发光强度也按指数规律衰减,即

$$I = I_0 e^{-\alpha t} \tag{6-55}$$

设发光寿命为光强衰减到初始值 I_0的 1/e 时所经历的时间,则有

$$\tau = 1/\alpha \tag{6-56}$$

某些材料的发光由于涉及复杂的中间过程,难以用一个反映衰减规律的参数表示。因此,在应用中规定,从激发停止时的发光强度 I_0衰减到 $I_0/10$ 的时间称为余辉时间。根据余辉时间的长短分为超短余辉($<1\ \mu s$)、短余辉($1\sim10\ \mu s$)、中短余辉($10^{-2}\sim1$ ms)、中余辉($1\sim100$ ms)、长余辉($0.1\sim1$s)、超长余辉(>1 s)六个范围。不同应用中采用具有不同余辉时间的材料。

4.发光效率

发光效率有三种表示方法,即量子效率、功率效率、光度效率。量子效率 η_q是指发射光子数 n_{out}与吸收光子数(或输入的电子数)n_{in}之比,即

$$\eta_q = n_{out}/n_{in} \tag{6-57}$$

功率效率 η_P为发光功率 P_{out}与吸收光的功率(或输出的电功率)P_{in}之比,即

$$\eta_P = P_{out}/P_{in} \tag{6-58}$$

光度效率 η_L是发射的光通量 L 与输入的光功率(或电功率)P_{in}之比,即

$$\eta_L = L/P_{in} \tag{6-59}$$

由于光通量以流明(lm)为单位,所以光度效率又称为流明效率。它反映出人眼对光的敏感程度。η_L与 η_P的关系可以表示为

$$\eta_L/\eta_P = D\int_0^\infty \Phi(\lambda)I(\lambda)d\lambda \Big/ \int_0^\infty I(\lambda)d\lambda \tag{6-60}$$

式中:$\Phi(\lambda)$为人眼的视见函数;$I(\lambda)$为发光功率的光谱分布函数;D 为光功当量。当波长 $\lambda = 555$ nm 时,光功当量 D 为 680 $lm \cdot W^{-1}$。

6.4.3 发光的物理过程

固体材料发光可以有两种微观的物理过程:一种是分立中心发光,另一种是复合发光。就具体的发光材料而言,可以只存在其中一种过程,也可能两种过程兼有。

1.分立中心发光

这类材料的发光中心通常是掺杂在透明基质材料中的离子,有时也可以是基质材料自身结构的某一个基团。选择不同的发光中心和不同的基质组合,可以改变发光体的发光波长,调节其光色。不同的组合当然也会影响到发光效率和余辉长短。发光中心分布在晶体

点阵中或多或少会受到点阵上离子的影响，使其能量状态发生变化，进而影响材料的发光性能。发光中心与晶体点阵之间相互作用的强弱又可以分成两种情况：一种发光中心基本是孤立的，它的发光光谱与自由离子很相似；另一种发光中心受基质点阵电场（或称"晶格场"）的影响较大，这种情况下的发光性能与自由离子很不相同，必须把中心和基质作为一个整体来分析。

分立发光中心的最好例子是掺杂在各种基质中的三价稀土离子。它们产生光学跃迁的是4f电子，发光只是在4f次壳层中跃迁。在4f电子的外层还有8个电子（2个5s电子，6个5p电子）形成了很好的电屏蔽。因此，晶格场的影响很小，其能量结构和发射光谱很接近自由离子的情况。

2.复合发光

复合发光与分立中心发光最根本的差别在于，复合发光时电子的跃迁涉及固体的能带。由于电子被激发到导带时在价带上留下一个空穴，因此当导带的电子回到价带与空穴复合时，便以光的形式放出能量。这种发光过程就叫复合发光。复合发光所发射的光子能量等于禁带宽度（$E_g = h\nu$）。通常复合发光采用半导体材料，并且以掺杂的方式提高发光效率。下面以硅基发光二极管为例说明复合发光的机制。

硅属于Ⅳ族元素，有4个价电子，在材料中构成共价键。在低温的平衡状态下硅中没有自由电子，不会导电。当价电子受到激发而跃迁到导带时就变成自由电子，而在价带上留下一个空穴，这称为本征激发。由于受激发的结果，自由电子和空穴都成为材料中的载流子，因而具有一定的导电性。实验表明，在硅中掺入Ⅴ族元素（例如砷）或Ⅲ族元素（例如硼）等杂质时，导电能力大大增强。砷有5个价电子，当它取代一个硅原子时，与周围原子进行共价结合之余，多出一个电子，这个电子虽然没有束缚在共价键里，却仍然受到砷原子核的吸引，只能在砷原子附近运动。然而与共价键的约束相比，这种吸引要弱得多，只要很少的能量就能使它挣脱而成为自由电子，相应地砷原子就变成带正电的离子As^+。当硅中掺入硼时，由于硼只有3个价电子，与硅形成共价键还缺少一个电子，因而留下一个可以吸引外来电子的空穴。如施加一定的能量使硅价键中的电子能够跳跃到硼的空穴中去，材料中就出现了可以导电的自由空穴，这称为空穴激发。空穴导电是依靠成键电子在不同硅原子之间移动而形成电流。上述两种杂质的不同作用是：砷向硅材料中释放电子，靠自由电子导电，称为N型杂质，相应于N型半导体；硼则是接受电子，靠空穴导电，称为P型杂质，对应于P型半导体。

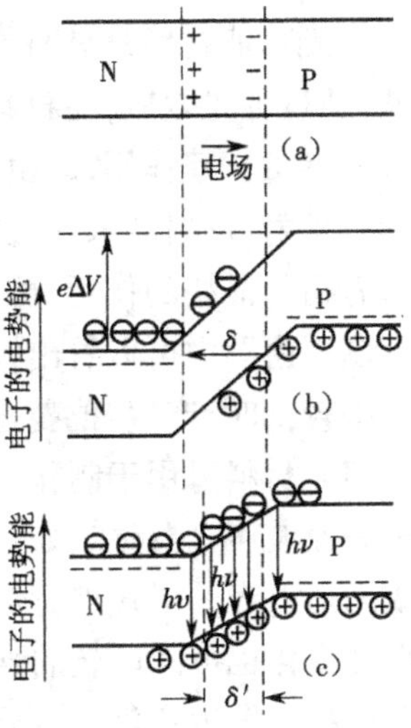

图6-36 P-N结势垒的形成和在外电场作用下的减弱

当N型半导体和P型半导体相接触时，N区的电子要向P区扩散，而P区的空穴要向N区扩散。由于载流子的扩散使两种材料的交界处形成空间电荷，在P区一侧带负电，N区一侧带正电，如图6-36(a)所示，因而形成一个称为"P-N结"的电偶极层和与其相应的接触电位差。显然，P-N结内的电场方向阻止电子和空穴对进一步扩散。电子要从N区扩散到P区，必须克服高度为$e\Delta V$的势垒，如图6-36(b)所示。如果在P-N结上施加一个正向外电压V（把正极接到P区，负极接到N区），那么势垒的高度就降低到$e(\Delta V - V)$，势垒区的宽度也要变窄(从 δ 变成 δ'),如图 6-36(c)所示。由于势垒的减弱,电子便可以源源不断地从 N 区流向 P 区,空穴也从 P 区流向 N 区。这样,在 P-N 结区域,就有大量的电子和空穴相遇而产生复合发光。半导体发光二极管就是根据上述原理制作的发光器件。表 6-3 列出了几种半导体材料的禁带宽度和相应的发光波长,其中 Ge、Si 和 GaAs 等禁带宽度较窄,只能发射红外光,另外三种则有可见光辐射。

表 6-3　半导体材料的禁带宽度和复合发光波长

材料	Ge	Si	GaAs	CaP	$GaAs_{1-x}P_x$	SiC
E_g(eV)	0.67	1.11	1.43	2.26	1.43 ~ 2.26	2.86
λ(nm)	1 850	1 110	867	550	867 ~ 550	435

固体发光材料在各个领域的应用十分普遍,材料光发射的研究对象和内容也十分丰富。通过光发射性能的测量可以获得有关物质结构、能量特征和微观物理过程的大量信息,对于开发新型光源、光显示和显像材料、激光材料和信息材料都有重要意义。

6.5　光学材料

6.5.1　光学功能材料

光学功能材料是在外场(力、声、热、电、磁和光)作用下,光学性质产生变化,从而具有开关、调制、隔离、偏振等功能的材料。按材料的应用效应,光功能材料可分为激光频率转换材料、电光材料、光折变材料、声光材料、磁光材料和光感向双折射材料等。下面简要介绍声光功能材料和电光功能材料。

1.声光功能材料

声光功能材料是具有声光效应的光功能材料。所谓声光效应,是指能由外加超声波(机械波)通过弹光效应,在材料中产生声致非线性极化的现象。通过声光效应,可实现光波和声波的参量相互作用,即由超声波引起介质中形成的折射率的疏密波,对入射光产生衍射使光受到折射、反射和散射,从而使光波的方向、强度、频率和相位受超声波控制。折射率的疏密起着衍射晶格的作用,可以给出光进行方向的变化。图 6-37 为由声光效应引起的光衍射示意图。由图中可以看出,超声波频率不同,折射率的疏密便不同,光衍射也不同。当超声波频率较低时,产生"拉曼-奈斯衍射";当超声波频率较高时,产生"布拉格衍射"。

声光材料可用于制作声光偏转器、声光强度(或频率)调制器和声光滤波器以及低功耗的声表面波声光器件。如:在光调制方面,间歇地发生超声波场合,光被偏振化,能以有衍射光或无衍射光的形式进行数字调制。由于衍射光的强度与超声波的强度成正比,所以超声波强度变化也可能以光的强弱形态进行模拟调制。此外,随着超声波频率的变化,光的多普勒移位相应发生变化,故也可进行频率调制。图 6-38 为设有声光效应调制器的光指示控制器。

声光功能材料分为两类:一类是光学各向同性声光材料,如水和碲玻璃等;另一类是声光晶体材料,如钇铝石榴石(YAG)晶体、铌酸锂(LN、即 $LiNbO_3$)和 $PbMoO_4$ 等。

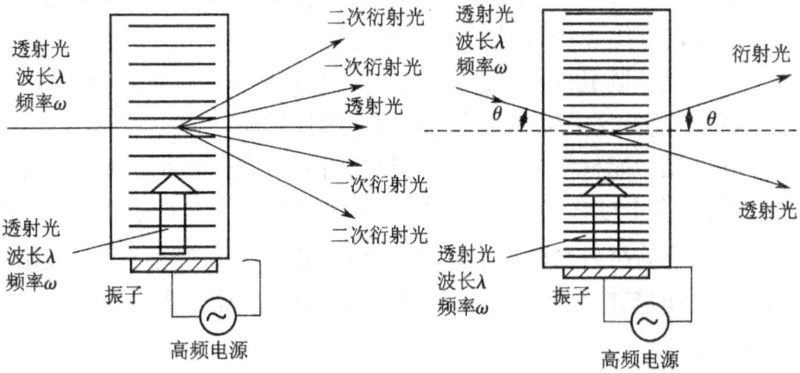

图 6-37　由声光效应引起的光衍射

(a)拉曼-奈斯衍射　(b)布拉格衍射

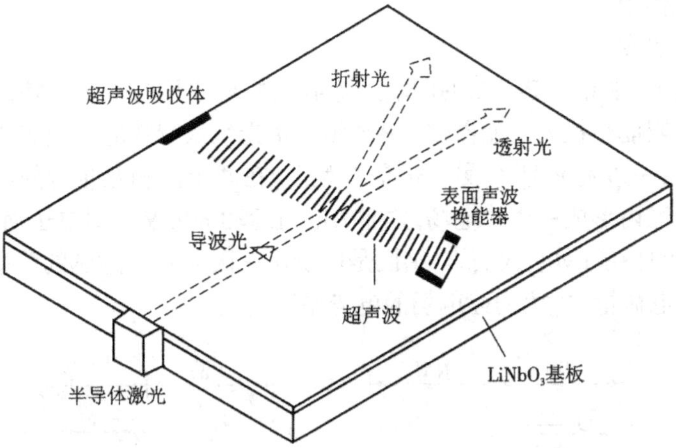

图 6-38　设有声光效应调制器的光指示控制器

2. 电光功能材料

电光功能材料是具有电光效应的光功能材料。所谓电光效应,是指在外加电场作用下,材料的折射率发生变化的现象。利用电光功能材料的电光效应,可实现对光波的调制。按其效应与调制电场的幂次关系,电光功能材料分为线性电光功能材料和平方电光功能材料。

外加电场通过电光效应改变材料的折射率,引起折射率椭球的主轴取向和长度的改变。这对应于传输光束的特征模和特征值的改变,即产生透过光束的偏振态和相位的变化,由此可产生一系列光功能效应。光电功能材料主要应用于以下几个方面。

1)电控光开关

将电光晶体置于互成正交的一对偏振器之间,并使晶体的电感生特征模方向与偏振器方位成 45°角,则一定幅度(相当于半波电压 V_π)的外加电压就能使晶体中两个偏振模程差改变半个波长,从而实现对透过光的开关控制。这种电光效应的响应可达 10^{-11} s,可制作超快速电光快门。

2)光偏转器

利用电光晶体可制成两类电控光束偏转器。上述光开关可使晶体中两束光波产生 0 和 π 两种相位差,亦即使透过光相对于入射光产生 0°或 90°偏振方向改变,这样可用另一块双折射晶体实现两种“地址”的离散角偏转。这类偏转器称为离散角偏转或数字式偏转。利用 n 块这种组件，可实现电控 2^n 个地址。另一类光束偏转器利用电光晶体折射率随电压而改变的特性，即将电光晶体制成棱镜形，则外加电压就会连续改变光束的偏转角，多块棱镜的串接可以增加其偏转角。这类偏转器称为光束连续偏转器。

目前，实用的电光功能材料主要是一些高电光品质因子的晶体材料和晶体薄膜。具有泡克耳斯效应的材料有 DKDP(KD_2PO_4)、ADP($NH_4N_2PO_4$)、LN($LiTaO_3$)、LT(($LiTaO_3$)和 GaAs 等单晶；具有克尔效应的材料有硝基苯、二硫化碳等液体。作为光通信一般用 GRA 等单晶，因泡克耳斯效应材料的线性响应性好、工作电压低，所以应用较多。

6.5.2 光电转换材料

光电转换材料是能把光能直接转换为电能的材料。最初，光电转换材料用于人造卫星、航标灯的电源，20 世纪 80 年代起，逐步用于小型计算器、手表、太阳能发电等，并进入人们的日常生活和工作中。

1. 光生伏特效应

在光的照射下，半导体 P-N 结的两端产生电位的现象称为光生伏特效应。这一效应的实际应用导致太阳能转换为电能器件。P-N 结产生光生伏特效应原理如图 6-39 所示。在一块半导体材料中，一边是 P 型区，另一边是 N 型区，在两个区相互接触的界面附近形成一个结叫 P-N 结。结区内形成一内建电场，并成为电荷运动的势垒。对电子而言，结区是电子从 N 区向 P 区逾越的势垒；对空穴而言，结区是电子从 P 区向 N 区逾越的势垒。势垒的大小为 qV_D（q 为电子的电荷量，V_D为内建电场的电势差）。

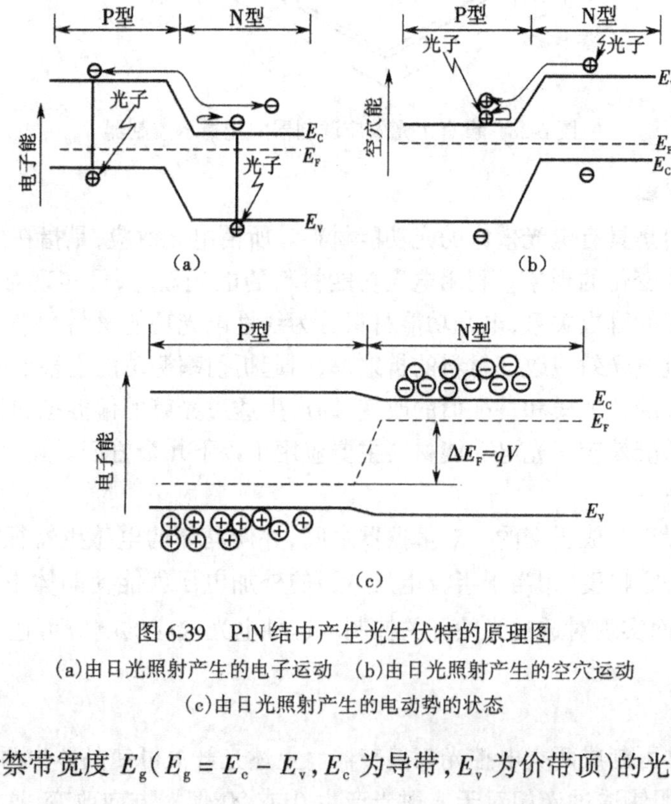

图 6-39 P-N 结中产生光生伏特的原理图

(a)由日光照射产生的电子运动 (b)由日光照射产生的空穴运动

(c)由日光照射产生的电动势的状态

当能带大于禁带宽度 E_g($E_g=E_c-E_v$，E_c 为导带，E_v 为价带顶)的光子被吸收后，在 P-

N 结中会产生电子-空穴对，在 P-N 结内建电场作用下，空穴向 P 区移动，从而在 P 区形成空穴积累，在 N 区形成电子积累。这些电子及空穴并不能越过 P-N 结内部的电场而相遇复合，它们的复合要借助于外电路。因此，如果 P-N 结两端接上负载，就会有电流通过，这样就可将有 P-N 结的半导体与外电路结合构成光电池。

2. 太阳能电池

由光生伏特效应的原理所设计的太阳能电池构造如 6-40 所示，它主要由半导体材料、电流栅、电流汇流排、金属背电极、表面涂层等部分构成。通过适当掺杂在半导体材料中引入 P-N 结，在阳光辐射下能够产生光生伏特效应，电流汇流排和金属背电极构成外电路。整个电池按以下原理工作：在光的照射下，半导体 P-N 结的二端产生电位差，由电流汇流排和金属背电极输出电流。表面涂层主要起改善光的传输性能和保护半导体材料表面的作用。衡量太阳能电池的一个重要指标是转换效率 η，其定义为

$$\eta=\frac{\text{负载中消耗的功率}}{\text{入射到硅表面的阳光功率}}$$

太阳能电池的价格、寿命等是关系其应用价值的重要指标。

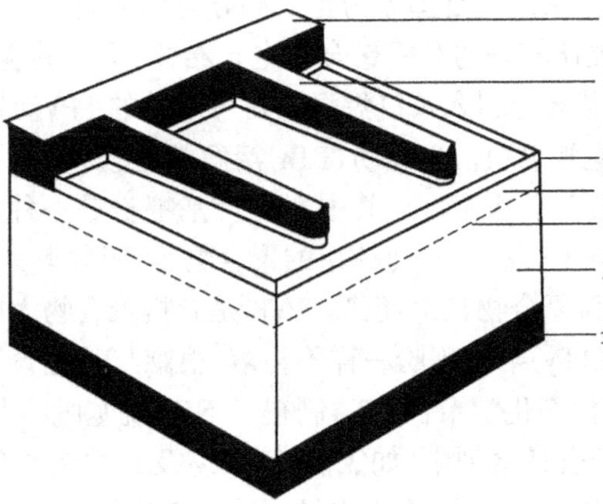

图 6-40　太阳能电池的构造示意图

3. 太阳能电池材料

太阳能电池材料主要包括无机半导体材料、有机太阳能电池材料、聚合物太阳能电池材料、金属配合物太阳能电池材料和染料敏化太阳能电池材料。

1) 无机半导体材料

单晶硅太阳能电池是开发得最早、使用最广泛的一种太阳能电池。其结构和生产工艺已定型，产品已广泛应用于空间技术和其他方面。单晶硅太阳能电池是由高质量的单晶硅材料制成的。目前，商用晶体硅光伏产品的光转化率约为 20%。由于单晶硅材料的制作成本昂贵，而半导体薄膜太阳能电池材料只需几微米厚就能实现光电转换，是降低成本和提高光子循环的理想材料。非晶硅薄膜太阳能电池是用非晶硅半导体材料制备的一种薄膜电池。非晶硅薄膜太阳能电池可以用玻璃、特种塑料、陶瓷、不锈钢等为衬底。多晶硅薄膜太阳电池是将多晶硅薄膜生长在低成本的衬底材料上，作为太阳电池的激活层。

2) 有机太阳能电池材料

与无机半导体太阳能电池相比，有机材料制备太阳能电池具有制造面积大、制作简单、廉价，并且可以在可卷曲、折叠的衬底上制备具有柔性的太阳能电池等优点。有机太阳能电

池材料主要是一些具有大共轭结构的有机小分子苝类化合物、有机染料分子、富勒烯及其衍生物等。

有机太阳能电池是在两个电极之间夹着有机半导体材料。它的电极一般都是以铟锡氧化物(ITO)作阳极和金属 Mg 作为阴极。由于这种电池的光电转化率不高,所以通常采用有机/无机复合材料来制备太阳能电池。有机太阳能电池是利用有机半导体材料的光伏效应,在太阳光的照射下,有机半导体材料吸收光子,如果该光子的能量大于有机材料的禁带宽度就会产生激子,激子分离后产生的电子和空穴向相反的方向运动,被收集在相应的电极上,就形成了光电压。苝类化合物是典型的电子受体,属于 N 型有机半导体材料,具有较高的电荷传输能力,在 400 ~ 600 nm 光谱区域内,有较强的光吸收。吲哚菁染料是另一类电子受体,应用于有机太阳能电池材料的吲哚菁类染料一般带有羧基,这样便更有利于连接到过渡金属氧化物表面的基团。

3)聚合物太阳能电池材料

聚合物太阳能电池材料是将一些有机染料(小分子)通过化学反应引入到高分子主链或支链上形成聚合物。根据构成有机太阳能电池的基本原理,可以将这类聚合物材料分为电子给体材料和电子受体材料。聚乙炔是迄今为止实测导电率最高的有机聚合物电子给体材料。聚对苯撑乙烯(PPV)一类比较好的有机聚合物电子给体,具有共轭大分子结构,分子链刚性很强、难溶,可以通过在苯环上引入长链烷烃获得可溶性的 PPV。这种聚合物禁带宽度适中(为 2.1V),用作太阳能电池材料。聚噻吩(PTh)溶解性比较差,但带有 6 个碳以上长链烷烃的衍生物可以溶解,如聚 3-辛基噻吩。其中聚 3-烷基噻吩是一种性能较好的 PTh。聚乙烯基咔唑(PVK)是一种侧基上带有大共轭体系的聚合物,可吸收紫外光,激发出的电子可以通过相邻咔唑环形成的电荷复合物自由迁移。PVK 是有机聚合物太阳能电池材料中研究得最充分的聚合物。聚吡咯(PPy)与聚噻吩一样不易溶,很难与其他聚合物混合。Dhanabalan 等用十二烷基磺酸铁作氧化剂化学聚合 PPy,制得了 N-二烷基吡咯与苯并硫代二唑共聚物(PDPB)(图 6-41),它能溶于普通溶剂中(如氯仿)。聚芴及其共聚物是一类很好的光致发光材料。当其主链插入芳胺共聚单元后,表现出较强的空穴传导能力,而当其主链插入苯并噻二唑共聚单元后,构成的本体异质结表现光伏效应。

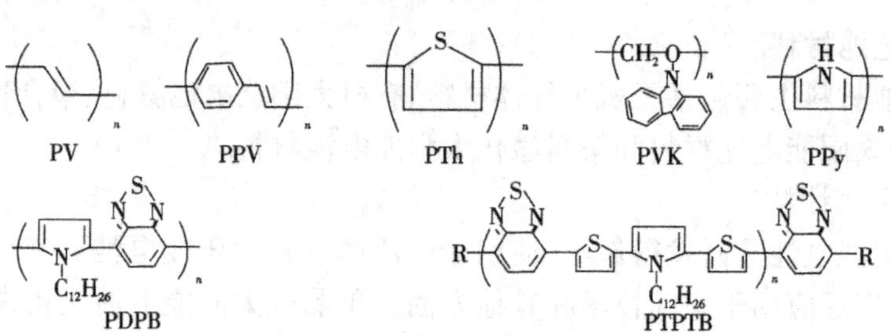

图 6-41 一些电子给体聚合物

4)金属配合物太阳能电池材料

过渡金属配合物是一类新型的光电材料化合物,它可以兼有过渡金属离子的变价特性和有机分子结构的多样性。这类化合物的特点是过渡金属离子被有机配体所环绕,有机配体易于进行分子设计和分子裁剪,而过渡金属离子的 d 轨道或具有未成对电子轨道,能形成特有的光电性质。目前用作太阳电池材料的金属配合物主要有菁类化合物和具有共轭结构的联吡啶过渡金属配合物，具有共轭结构的金属钌和铂配合物也是一类可用作太阳能电池材料的化合物。

5)染料敏化太阳能电池材料

以半导体 TiO_2膜为光阳极，并引入染料敏化剂，使电池效率达到 7.1%，称为染料敏化太阳能电池(Dye-Sensitized Soar Cells, DSSCs)。将带有发色团的染料分子引入到半导体中，大大增强了半导体 TiO_2 捕获太阳光的能力，这是制作太阳能电池的新方法。

染料敏化太阳能电池的基本结构包括三个部分：染料敏化的 TiO_2 纳米晶薄膜、工作电极(由导电玻璃、纳米 TiO_2 半导体薄膜和带有发色团的染料敏化剂组成)、含有 I^- / I_3^- 的电解质和对电极(图 6-42)。通常由于 TiO_2 的禁带宽度较大(3.2eV)，可见光不能将其直接激发，因此在 TiO_2 表面上吸附了一层对可见光吸收良好的染料分子作为敏化剂。这种染料分子带有发色团，当光照射到染料分子时，染料分子吸收光子后跃迁到激发态。处在激发态的染料分子产生中心离子向配体的电荷转移，电子通过配体很快注入到较低能级的 TiO_2 导带上，电子在导带基底上富集，通过外电路流向对电极。染料分子输出电子后成为氧化态，它们随后被电解质中的 I^- 还原而得以再生。而氧化态的电解质(I_3^-)在 Pt 对电极上得到电子被还原，从而完成一个光电化学反应循环。

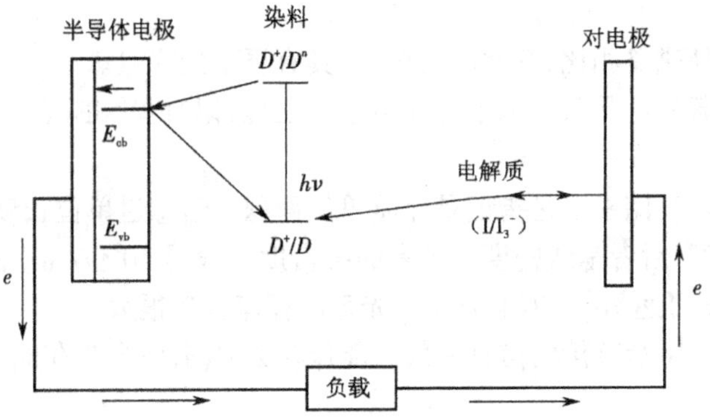

图 6-42　染料敏化纳米晶 TiO_2 太阳能电池的工作原理
(E_{cb} 半导体的导带；E_{vb} 半导体的价带)

理想的染料敏化剂应对可见光具有良好的吸收，其吸收光谱与太阳能光谱能很好地匹配。此外，应能够牢固地联结到半导体 TiO_2 的表面，并且以一致的量子产率的方式将电子注入到导带上。

4.太阳能电池的应用

太阳能电池的应用范围正逐渐扩大，目前主要应用在以下几个方面。

1)家用电子用品

太阳能电池可以作为计算器、手表、收音机、汽车、游艇等的电源。例如，德国大众汽车公司将太阳能电池用于汽车，当汽车停放时，太阳能电池工作，使车内空调运转，这样即使汽车在阳光暴晒下停留很长时间，不用开动发动机，车内也可保持舒适的温度，既节约能源又无污染。

2)组合发电及并网

在有电网的地方使用太阳能电池，可完全摆脱蓄电池的设立，大幅度降低成本。太阳能电池可作为白昼用电高峰期的补充电源。

3)发电

在草原、高原等地区用电量不大,用户分散,铺设电网成本高,管理维护困难,使用太阳能电池有显著的优势。我国在西藏、青海、内蒙古、新疆、甘肃等地已安装光伏发电系统480余套,发电功率达10 MW。在城市中可将太阳能电池与建筑物相结合。例如:德国慕尼黑商贸中心在其6座大厦的屋顶共安装了7 812个组件,每个组件有84个单晶硅太阳能电池,总和峰值功率为1.016 MW,预计寿命20年,可减少2万吨 CO_2 的排放量。

6.5.3 光存储材料

光信息存储是利用激光的单色性和相干性,将要存储的信息、模拟量或数字量,通过调制激光聚焦到记录介质上,使介质的光照微区(线度一般在1 μm以下)发生物理或化学的变化,以实现记录。这就是信息的"写入"。取出信息时,用低功率密度的激光扫描信息轨道,其反射光通过光电探测器检测、解调,以取出所要的信息。这就是信息的"读出"。记录介质是光存储材料的敏感层,制备时需用保护层将它封闭起来,以避免氧化和吸潮。因此,光存储材料是由记录介质层、保护层以及反射层等构成的,具有光学匹配的多层结构。多层膜通常用物理或化学方法沉积在衬盘上。这种在衬盘上沉积了光存储材料的盘片称为光盘。

1.光盘的优点

光盘与软盘或硬磁盘相比,存储潜力更大,具有更多的优点。

①高载噪比。载噪比是载波电平与噪声电平之比,以分贝(dB)表示。光盘的载噪比可做到50 dB以上。

②高存储密度。存储密度是指记录介质单位面积或信息道单位长度所能存储的二进制位数。前者是面密度,后者是线密度。光盘的线密度一般是 10^4 位/cm,信息道的密度约为6 000道/cm,故面密度可达 $10^7 \sim 10^8$ 位/cm²。光盘的存储容量很大。

③长存储寿命。磁盘存储的信息一般只能保存2~3 a,而光盘存储的信息,寿命至少10年以上。

④非接触式读、写信息。从光学头目镜的出射面到激光聚焦点的距离通常有2 mm,也就是说,光学头的飞行高度较大,这种"非接触式读、写"不会让光学头或盘面磨损、划伤,并能自由地更换光盘。使光盘驱动器便于和计算机联机使用。

⑤低信息位价格。光盘(或衬盘)易于大量复制,容量又大,因此存储单位信息的价格低廉。

2.光盘材料

1)只读存储光盘材料

只读存储光盘的记录介质是光刻胶。记录时将音频、视频调制的激光聚焦在涂有光刻胶的玻璃衬底上,经过曝光显影,使曝光部分脱落,因而制成具有凹凸信息结构的正像主盘,一般称为Master。然后利用喷镀及电镀技术,在主盘表面生成一层金属负像副盘,它与主盘脱离后即可作为原模(又称Stamper),用于复制只读光盘。

常用的复制方法是"PP"复制过程。PP是光致聚合作用Photopolymerization一词的缩写。复制时将PP溶液中注入原模和衬盘之间,然后用紫外光照射,使PP溶液中的单体混合物因光聚合作用固化并黏结在衬盘上,固化后的PP胶膜带有原来录制的声、光信息。将衬盘从原模取出,在有信息结构的一面喷镀一层银(或铝)作为金属反射层,再在反射层上沉积保护膜作为覆盖层，就成了一张只读存储光盘。若将两片这样的盘片，在有保护膜的一面黏结在一起，就是一张双面电视录像盘或数字音响唱盘。

光盘的衬盘材料通常用聚甲基丙烯酸甲酯(Polymethymethacrylate，简称 PMMA)或聚碳酸酯(Polycarbonate，简称 PC)，也可用转变温度较高的聚烯烃类非晶材料(Amorphous Polyolefine，简称 APO)。使用前须用注塑法将材料压制成厚度为 1.2 mm 的高平整度衬盘。衬盘的两面可以都是光滑的，也可以是一面光滑，另一面有一定格式刻好的螺旋线或同心圆沟槽，作为信息道。每条信息道又分为若干扇区，每个扇区的标头都刻有信道号、扇区号及同步信号等预格式化标记。

2)一次写入光盘材料

一次写入光盘利用聚焦激光在介质的记录微区产生不可逆的物理化学变化写入信息。记录介质因记录方式的不同而异，其中比较有特色的有以下 5 种类型。

①挠蚀型。对常用介质(如碲基合金)，利用激光的热效应，使光照微区熔化、冷凝并形成信息凹坑。

②起泡型。由高熔点金属与聚合物两层薄膜制成。光照使聚合物分解排出气体，两层间形成气泡使膜面隆起，与周围形成反射率的差异，以实现反差记录。

③熔绒型。用离子束刻蚀硅表面，使形成绒面结构，光照微区使绒面熔成镜面，实现反差记录。

④合金化型。用 Pt-Si、Rh-Si 等制成双层结构，使光照微区熔成合金，形成反差记录。

⑤相变型。多用硫系二元化合物(如 $As_2Se_3 \cdot Sb_2Se_3$ 等)制成，使光照微区发生相变，可以是非晶相Ⅰ→非晶相Ⅱ，晶相Ⅰ→晶相Ⅱ，或是非晶相→晶相的转变。主要是利用两相反射率的差异鉴别信息。

3)可擦重写磁光光盘材料

目前磁光材料的记录方式有补偿点记录和居里点记录两类。前者以稀土-钴合金为主，如 GdCo、TbCo、GdTbCo 及 GdTb-FeCo 等，目前已经用来制成磁光光盘；后者以稀土-铁合金为主，如 GdFe，GdTbFe 及 TbNiFe 等。

GdCo 薄膜是利用补偿点写入的典型材料。Gd 和 Co 的磁化提高对温度有不同的依赖关系，如图 6-43 所示。在补偿点 T_{comp}，Gd 和 Co 的磁化强度正好等值反向，净磁化强度为零，故将 T_{comp} 称为材料的补偿温度。GdCo 的矫顽力 H_C 随温度变化，在室温附近 H_C 很大。但在室温以上，H_C 随温度的升高以阶跃函数的规律减小。因此制备时应选择 GdCo 的组分，

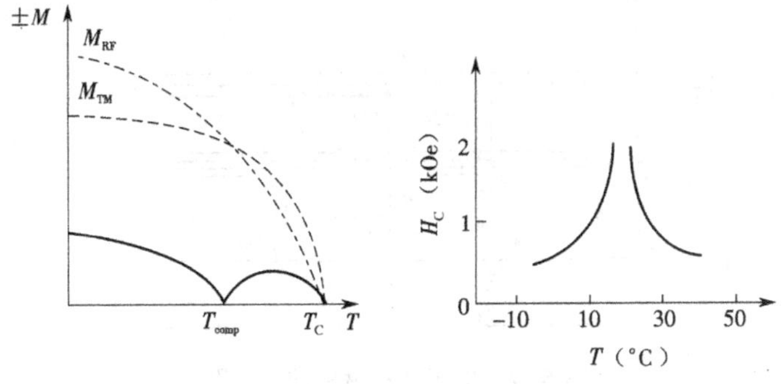

图 6-43　GdCo 的磁化强度 M 及矫顽力 H_C 随温度的变化

(a)磁化强度　(b)矫顽力

使 T_{comp} 正好落在室温以下，这样就可以在比室温略高的情况下(例如在 70～80 ℃之间)，使 H_C降至极小值。补偿点写入正是利用了这一特征。

①信息写入。GdCo 有一垂直于薄膜表面的易磁化轴。在写入信息之前，用强磁场 H_0 对介质进行初始磁化，使各磁畴单元具有相同的磁化方向。写入信息时，磁光读、写头的激光聚焦在介质表面，光照随温升而迅速退磁，此时通过磁光头中绕在读、写头物镜外的线圈，施加一反偏磁场使微区反向磁化。写入脉冲很快拆去反偏磁场。介质中无光照的相邻磁畴，磁化强度仍保持原来的方向，从而实现磁化方向的反差记录。

②信息读出。就是利用 Kerr 效应检测记录单元的磁化方向。1877 年 Kerr 发现，若用直线偏振光射到向上磁化的介质，则经反射后，偏振面会绕反射线向右旋转一个角度 θ_K；反之，若磁化向下，则向左旋转 $-\theta_K$。θ_K一般很小，只有 0.3°～0.5°，称为 Kerr 角，光盘在读取信息时，通过磁光头中的起偏器产生直线偏振光。用此光扫描信息轨道，然后通过检偏器检测各单元的磁化方向。

③信息的擦除。擦除信息时，用原来的写入光斑照射信息道，并施加与初始 H_0 方向相同的偏磁场，记录单元的磁化方向又会复原。由于翻转磁畴的磁化方向速率有限，故磁光光盘一般也需要两次动作来写入信息，即首先擦除信息道上的信息，然后写入新的信息。

对于稀土(RE)-铁合金磁光介质，须用居里点写入，其写、读、擦原理与补偿点记录方式一样，所不同的是，这类介质有一个居里温度 T_C。当温度高于 T_C 时，材料的 H_C 很快下降至极小值。因此在记录时，应使光照微区的温度升至 T_C 以上，再用反偏磁场实现反向磁化。常用的材料，如 GdTbFe，T_C = 150 ℃；TbFe，T_C = 140 ℃。

4)电子俘获光存储材料

美国 Quantex 和 Optex 公司正在开发一种新型可擦重写光存储材料，它是将 A、B 两类稀土元素掺入碱土硫化物晶体中，形成电子俘获的光记录介质。选用碱土硫化物是因为它有较宽的能带隙，例如 4～5 eV。掺入两类稀土元素是让它们在碱土硫化物带隙中形成局域的杂质能带，如图 6-44 所示的 R 能带和 T 能带。R 能带由两类稀土元素提供，位于价带(V_B)以上约 2.5 eV 处，它与 V_B之间是允许跃迁；T 能带位于 R 以下 1～1.5 eV 处，是 A、B 两类元素中的一种元素所具有的电子陷阱能级，或称为电子俘获能级，它与 V_B之间是禁戒跃迁。

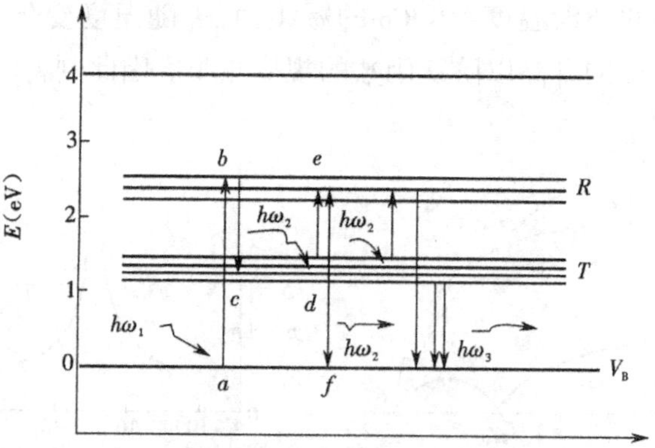

图 6-44　电子俘获材料的能带图

写入信息时，用 $\hbar\omega_1 \approx 2.5$ eV(480 nm 波长)的激光使价带电子在皮秒(ps)的时间内激发

到 R 能级,电子到达 R 能级后很快落入 T 能级的陷阱中。

信息的擦除是利用 $h\omega_1 \approx 1.5$ eV(820 nm 波长)的近红外光激发陷阱中的电子,使电子到达 R 能级后又返回基态,同时发射 $h\omega_2$ 的光(图中的 *def* 过程)。由于这类光激发过程不存在热疲劳问题,因此从原则上讲,这类写、擦循环可以无限次地进行。

读出信息时,只要用较低功率的 $h\omega_2$ 激光,使 T 能级上的电子脱离陷阱返回基态,在返回过程中发射 $h\omega_3$ 的光(也可能有少量 $h\omega_2$ 的光),这就是读出光束。这种信息读出与相变或磁光存储不同,它是利用发光原理读取信息而不是用反射率的改变来拾取信息。

图 6-45 示出了电子俘获材料的写入脉冲、擦除发射脉冲及读出发射脉冲。

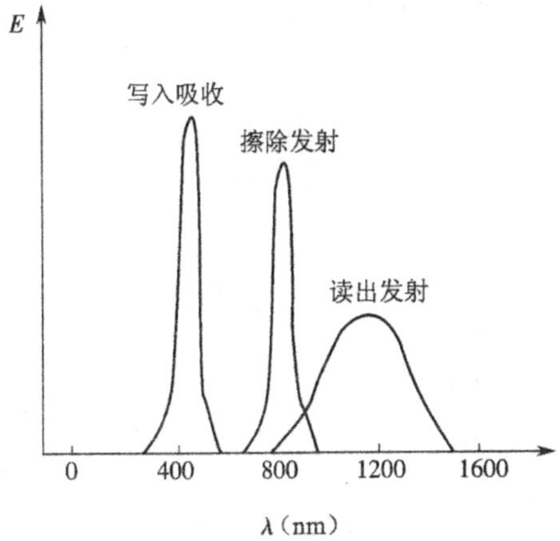

图 6-45　电子俘获材料的写、擦、读的光响应

复习题

1. 一入射光以较小的入射角 θ_1 和折射角 θ_1' 通过一透明玻璃板,若玻璃对光的衰减可忽略不计,试证明透过后的光强系数为 $(1-m)^2$。

2. 一光纤的芯子折射率 $n_1=1.62$,包层折射率 $n_2=1.52$,试计算光发生全反射的临界角 θ_c。

3. 有一材料的吸收系数 $\alpha=0.32\ \text{cm}^{-1}$,透射光强分别为入射光强的 10%、20%、50% 及 80% 时,材料的厚度各为多少?

4. 试解释为什么碳化硅的介电系数与其折射率的平方相同。对 KBr,会满足 $\varepsilon=n^2$ 的关系吗?为什么?所有物质在足够高的频率下,折射率等于 1,试解释之。

5. LiF 及 PbS 之间的折射率及色散有什么不同?说明理由。

6. 一玻璃对水银灯蓝、绿谱线 $\lambda=435.8$ nm 和 546.1 nm 折射率分别为 1.652 5 和 1.624 5,用此数据定出柯希(Cauchy)近似经验公式 $n=A=\dfrac{B}{\lambda^2}$ 的常数 A 和 B,然后计算对钠黄线 $\lambda=589.3$ nm 的折射率 n 及色散率 $\mathrm{d}n/\mathrm{d}r$ 值。

7. 摄影者知道用橙黄色滤色镜拍摄天空时,可增加蓝天和白云的对比。若相机镜头和胶卷底片的灵敏度将光谱范围限制在 390～620 nm 之间,并把太阳光谱在此范围内看成常数,当滤光镜把波长在 550 nm 以后的光全部吸收时,天空的散射光波被它去掉多少?(瑞利(Rayleigh)散射定义认为:散射光强与 λ^4 成反比)

8.发光辐射的波长由材料中的杂质决定,也就是决定于材料的能带结构。

(1) 试确定 ZnS 中使电子激发的光子波子($E_g = 1.38eV$);

(2) ZnS 中杂质形成的陷阱能级为导带下的 1.38eV,试计算发光波长及发光类型。

9.850 nm 波长在光纤中传输,该光纤材料的色散为 0.1ns(km·nm),那么,825 nm 和 875 nm 光源的延时差是多少 ns/km?

10.试举例说明变色材料的种类、变色原理及其应用。

11.光散射在材料中有哪些应用?原理是什么?

12.试说明新型太阳能的应用前景。

第 7 章　材料的热学性能

热学性能是材料的重要性能之一，也是保证材料应用的先决条件。这一章主要从晶格热振动、热容、热膨胀、热导率以及由这些性能决定的材料的抗热振性进行阐述。对于这些理论的分析和理解，有助于新材料的设计和开发，进而推动各行业的发展。尤其在航天航空领域，高温高热下热性能优良的材料将影响着这一领域的进步。

7.1　晶格热振动

组成晶体的粒子(原子、分子、离子等)有规则地排列在空间点阵的阵点上，而且这些粒子都在平衡位置附近不停地振动，这种振动简称晶格热振动。晶格热振动是晶态物质基本的物质运动形态之一，对晶体许多方面的性质有重要的影响，尤其对晶体的热学性质有直接的影响。

实际的晶体都是三维的，但为了简便起见，可以从一维晶格的本征振动这一理想的简单结构入手，而得出的结论很容易引申到三维结构，同时有些重要的晶体材料具有准一维的特性。

1. 一维单原子链

如图 7-1 所示，有某一种质量为 m 的原子，有规则地排列在一无限长的直线上，形成一维单原子链，在平衡时，原子之间的距离为 a。这是一个一维的布拉格晶格，其原胞大小为 a，每个原胞内只有一个原子，每个原子均处于等价的地位，第 s 个原子的平衡位置 x_s^0 可表示为

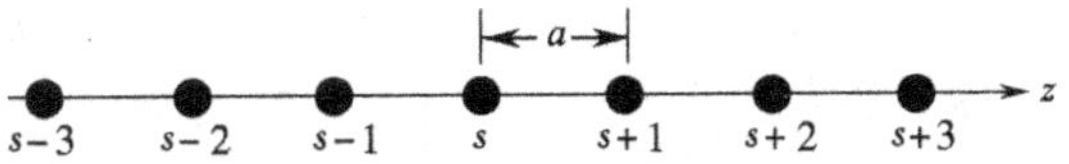

图 7-1　一维单原子链

$$x_s^0 = s \cdot a \tag{7-1}$$

其中 s 取整数 0, ±1, ±2,…第 s 个原胞中的原子沿直线离开平衡点的位移用 U_s 表示，第 s 个原子离开平衡位置后的位矢

$$\boldsymbol{x}_s = \boldsymbol{x}_s^0 + \boldsymbol{U}_s \tag{7-2}$$

整个晶体的势能可看成是所有原子瞬时位置的函数，当每个原子离开平衡位置发生位移时，从平衡位置将晶体势能展开成幂级数

$$\Phi(x_1, x_2, \cdots, x_s, \cdots) = \Phi(x_1^0, x_2^0, \cdots, x_s^0, \cdots) + \sum_s \left(\frac{\partial \Phi}{\partial U_s}\right)_0 U_s + \frac{1}{2}\sum_{s,s'} \Phi(s, s') U_s U_{s'} + \cdots \tag{7-3}$$

其中

$$\Phi(s,s')=\frac{\partial^2\Phi}{\partial U_s\partial U_{s'}}\bigg|_0 \tag{7-4}$$

当 $U_s=0$ 时，晶体处于平衡位置，这就要求

$$\left(\frac{\partial\Phi}{\partial U_s}\right)_0=0 \tag{7-5}$$

这表示在 $U_s=0$ 时取极小值，如果 U_s 很小，则可忽略三次以上的项，因此晶体的势能可表示为

$$\Phi(x_1,x_2,\cdots,x_s,\cdots)=\Phi(x_1^0,x_2^0,\cdots,x_s^0,\cdots)+\frac{1}{2}\sum_{s,s'}\Phi(s,s')U_sU_{s'} \tag{7-6}$$

当原子 s' 产生位移 $U_{s'}$ 时，作用在第 s 个原子上的力可表为

$$F_s=\frac{\mathrm{d}\Phi}{\mathrm{d}U_s}=-\sum_{s'}\Phi(s,s')U_{s'} \tag{7-7}$$

由此看出，量 $\Phi(s,s')$ 的意义为：当原子 s' 作单位位移时，作用在第 s 个原子上的力，亦称为力常数 $\Phi(s,s')$。它有如下性质。

①由定义可知，

$$\Phi(s,s')=\Phi(s',s) \tag{7-8}$$

②由于晶格具有平移对称性，力常数仅与第 s,s' 个原子的相对位移有关，即

$$\Phi(s,s')=\Phi(s-s') \tag{7-9}$$

③当所有原子都有单位位移时，晶体只是发生了一个整体的位移，显然应有

$$\sum_{s'}\Phi(s,s')=0 \tag{7-10}$$

这时整个晶体仍保持平衡态，作用在每一个原子上的总力为零。由此式可得出

$$\Phi(s-s)=\Phi(0)=-\sum{}'\Phi(s-s') \tag{7-11}$$

量 $\Phi(0)$ 表示第 s 个原子位移作用在自身上的力常数。于是作用在第 s 个原子上的力

$$F_s=-\sum_{s'}{}'\Phi(s-s')(U_{s'}-U_s) \tag{7-12}$$

可见，这作用力与两个原子之间的相对位移成正比，这就是胡克定律。

假定原子的运动遵循经典力学，则第 s 个原子的运动方程为

$$m\frac{\mathrm{d}^2U_s}{\mathrm{d}t^2}=\sum_p\beta_p(U_{s+p}-U_s) \tag{7-13}$$

其中，p 取不包括零的正、负整数；$\beta_p=-\Phi(s,s+p)$。可见当 s 取 $0,\pm1,\pm2,\cdots$ 时，可得到整个单原子链所有原子的运动方程，该方程组有行波解

$$U_s=U(0)\exp(\mathrm{i}[-sqa+\omega t]) \tag{7-14}$$

其中，ω 为圆频率；$q=2\pi/\lambda$ 称为波数，λ 为波长。将式(7-14)代入式(7-13)，及由式(7-9)可得出 $\beta_p=\beta_{-p}$，于是

$$m\omega^2=\sum_{p>0}2\beta_p(1-\cos pqa) \tag{7-15}$$

如果假定原子之间的力是短程的，只须考虑最近邻相互作用，取 $\beta_1=\beta,\beta_2=\beta_3=\cdots=0$，便可得出一维单原子链的原子振动的传播形成的行波（简称格波）的频率—波矢关系为

$$\omega^2(\boldsymbol{q})=\frac{2\beta}{m}(1-\cos\boldsymbol{q}a)$$

或

$$\omega(\boldsymbol{q}) = 2\sqrt{\frac{\beta}{m}}\left|\sin\frac{\boldsymbol{qa}}{2}\right| \tag{7-16}$$

这一频率与波矢关系通常又称为色散关系。

在此需要指出的是，如果忽略原子排列的周期性，把晶体看成连续介质，在连续介质力学中，形成沿一定方向传播的弹性波的 ω 与 $\boldsymbol{q}$ 之间的线性关系。对 $\boldsymbol{q}$ 的取值范围没有什么限制，考虑到原子排列的周期性，格波的频率及振动原子的位移在波矢空间中具有倒易点阵的周期性。由于晶格的基矢 $\boldsymbol{a}$ 可引入一个倒易点阵，倒易点阵的基矢 $\boldsymbol{b} = \frac{2\pi}{\boldsymbol{a}}$。这倒易点阵，可作为波矢空间，一个波矢 $\boldsymbol{q}$ 可用波矢空间中的一点来表达

$$\boldsymbol{q} = \varepsilon\boldsymbol{b}$$

ε 为一系数。可以看到，当用 $\boldsymbol{q} \pm n2\pi/\boldsymbol{a}$（$n$ 为整数）代替波矢 $\boldsymbol{q}$ 时

$$\begin{aligned} U_s &= U(0)\exp\left\{\mathrm{i}\left[-\left(\boldsymbol{q} \pm \frac{n2\pi}{\boldsymbol{a}}\right)s\boldsymbol{a} + \omega t\right]\right\} \\ &= U(0)\exp[\mathrm{i}(-\boldsymbol{q}s\boldsymbol{a} \pm 2\pi ns + \omega t)] \\ &= U(0)\,exp[\mathrm{i}(-\boldsymbol{q}s\boldsymbol{a} + \omega t)] \end{aligned}$$

$$\omega(\boldsymbol{q}) = 2\left(\frac{\beta}{m}\right)^{1/2}\left|\sin\left(q + \frac{n2\pi}{\boldsymbol{a}}\right)\frac{\boldsymbol{a}}{2}\right| = 2\left(\frac{\beta}{m}\right)^{1/2}\left|\sin\left(\frac{\boldsymbol{qa}}{2} \pm n\pi\right)\right| = 2\left(\frac{\beta}{m}\right)^{1/2}\left|\sin\frac{\boldsymbol{qa}}{2}\right|$$

即有

$$\omega(\boldsymbol{q}) = \omega\left(\boldsymbol{q} \pm \frac{n2\pi}{\boldsymbol{a}}\right) \tag{7-17}$$

$$U_s(\boldsymbol{q}) = U_s\left(\boldsymbol{q} \pm \frac{n2\pi}{\boldsymbol{a}}\right) \tag{7-18}$$

则频率 ω 及振动位移 U_s 既可用波矢 $\boldsymbol{q}$ 也可用波矢 $\boldsymbol{q}' = \boldsymbol{q} \pm \frac{n2\pi}{x}$ 进行描述，即具有倒易点阵的周期性。这样为了给出真正不同的格波，波矢的取值范围可限于第一布里渊区内（图 7-2），即

$$-\frac{\pi}{\boldsymbol{a}} < \boldsymbol{q} \leqslant \frac{\pi}{\boldsymbol{a}} \tag{7-19}$$

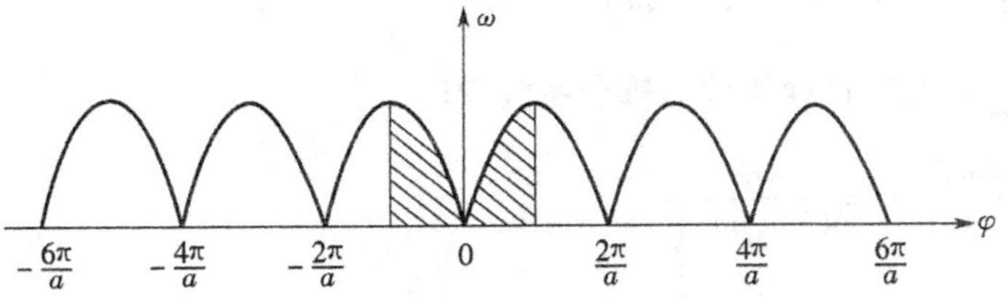

图 7-2　一维单原子链的色散关系

2. 一维双原子链

如图 7-3 所示，在一无限长的直线上相间地排列着质量为 m 与 M 的原子（$m < M$），相邻的原子之间的平衡距离为 $\boldsymbol{a}$，同种原子的平衡距离为 $2\boldsymbol{a}$，即原胞的大小，在一个原胞内包含两个原子，因此这是一个复式晶格。每个原子有沿着原子链的直线运动的自由度，以 $U_s(1)$ 表示第 s 个原胞内质量为 m 的原子离开平衡位置 $s2\boldsymbol{a}$ 的位移，以 $U_s(2)$ 表示第 s 个原

胞内质量为 M 的原子离开平衡位置 $(s+\frac{1}{2})2\boldsymbol{a}$ 的位移，力常数为 β，与一维单原子链相似。在简谐近似及只考虑最近邻相互作用的情形下，在第 s 个原胞内两个原子的运动方程为

$$\left.\begin{aligned} M\frac{d^2U_s(1)}{dt^2} &= \beta[U_s(2)-U_s(1)]+\beta[U_{s-1}(2)-U_s(1)] \\ &= \beta[U_s(2)+U_{s-1}(2)-2U_s(1)] \\ m\frac{d^2U_s(2)}{dt^2} &= \beta[U_{s+1}(1)+U_s(1)-2U_s(2)] \end{aligned}\right\} \tag{7-20}$$

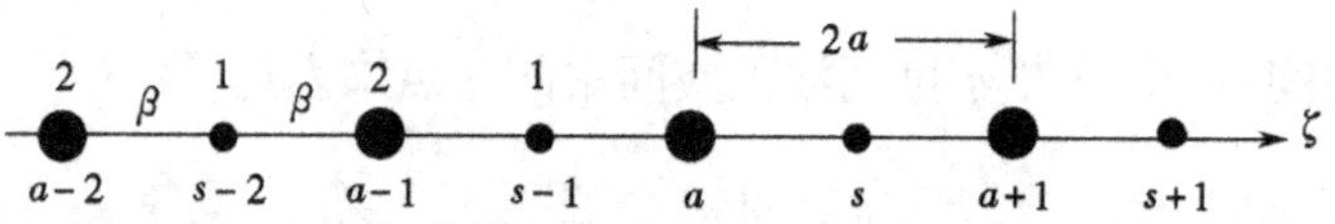

图 7-3 一维双原子链

其他原胞内原子的运动方程与上面的方程组是一样的，只需令 $s=0,\pm1,\pm2,\cdots$ 此方程组的行波为

$$\left.\begin{aligned} U_s(1) &= Ae^{i(\omega t-qs2a)} \\ U_s(2) &= Be^{i\left[\omega t-q\left(s+\frac{1}{2}\right)2a\right]} \end{aligned}\right\} \tag{7-21}$$

将式(7-21)代入式(7-20)给出

$$\left.\begin{aligned} m\omega^2A &= 2\beta(A-B\cos\boldsymbol{qa}) \\ M\omega^2B &= 2\beta(B-A\cos\boldsymbol{qa}) \end{aligned}\right\} \tag{7-22}$$

方程组(7-22)中 A、B 有非零解的条件是 A 与 B 的系数的行列式必须为零，即

$$\begin{vmatrix} 2\beta-m\omega^2 & -2\beta\cos\boldsymbol{qa} \\ -2\beta\cos\boldsymbol{qa} & 2\beta-M\omega^2 \end{vmatrix}=0 \tag{7-23}$$

给出

$$\omega^2=\beta\left(\frac{1}{m}+\frac{1}{M}\right)\pm\beta\left[\left(\frac{1}{m}+\frac{1}{M}\right)^2-\frac{4\sin^2\boldsymbol{qa}}{mM}\right]^{1/2} \tag{7-24}$$

可进一步写成

$$\omega^2=\frac{1}{2}\omega_0^2[1+\sqrt{1-C\sin^2\boldsymbol{qa}}] \tag{7-25}$$

其中，$\omega_0^2=2\beta\left(\frac{1}{m}+\frac{1}{M}\right)$；$C$ 通常称为耦合系数，有

$$\left.\begin{aligned} C &= \frac{4mM}{(m+M)^2}=\frac{4\rho}{(1+\rho)^2} \\ \rho &= \frac{m}{M} \end{aligned}\right\} \tag{7-26}$$

由式(7-24)及式(7-25)可见，对于一维复式晶格存在着两种不同的色散关系，对应于每一个波矢 $\boldsymbol{q}$ 值有相互独立的两个不同频率的格波。

与一维单原子链相类似，由于原子在正晶格中周期性地排列，原子振动形成的格波的频率与振动位移有倒易点阵的周期性，倒易点阵的基矢 $\boldsymbol{b}=\frac{\pi}{\boldsymbol{a}}$，则

$$\omega(\boldsymbol{q})=\omega\left(\boldsymbol{q}\pm\frac{n\pi}{\boldsymbol{a}}\right) \tag{7-27}$$

$$U_s(\boldsymbol{q}) = U_s\left(\boldsymbol{q} \pm \frac{n\pi}{\boldsymbol{a}}\right) \tag{7-28}$$

因此为了给出不同频率的格波，只能取一个简约布里渊区中的波矢 $\boldsymbol{q}$ 的值，即

$$-\frac{\pi}{2\boldsymbol{a}} < \boldsymbol{q} \leqslant \frac{\pi}{2\boldsymbol{a}} \tag{7-29}$$

3.光频支与声频支

一维复式晶格存在二支频率不同的格波。频率较小的一支称为声频支，有

$$\omega_1^2 = \frac{1}{2}\omega_0^2[1 - \sqrt{1 - C\sin^2 \boldsymbol{qa}}] \quad (\boldsymbol{q} = 0, \omega_1^2 = 0, \omega_1 = 0) \tag{7-30}$$

当 q 很小时，$\sin \boldsymbol{qa} \approx \boldsymbol{qa}$，由式(7－30)可得出

$$\omega_1 = \left(\frac{2\beta}{m + M}\right)^{1/2} \boldsymbol{qa} \tag{7-31}$$

在 $\boldsymbol{q}$ 很小时，ω 与 $\boldsymbol{q}$ 成正比，波速为一常数。当 $\boldsymbol{q} = \pm\frac{\pi}{2\boldsymbol{a}}$ 时，$\boldsymbol{q} = \frac{2\pi}{\lambda} = \frac{\pi}{2\boldsymbol{a}}$，$\lambda = 4\boldsymbol{a}$，即格波波长的最短值为 $4\boldsymbol{a}$，这时频率最大值为

$$\omega_1^2 = \frac{1}{2}\omega_0^2[1 - \sqrt{1 - C}] = \frac{2\beta}{M} \tag{7-32}$$

由式(7-22)的第一式可得出

$$\frac{A}{B} = \frac{\cos \boldsymbol{qa}}{-\frac{m\omega^2}{2\beta} + 1} \tag{7-33}$$

因为 $|\boldsymbol{qa}| < \frac{\pi}{2}$，即

$$\cos \boldsymbol{qa} > 0$$

对于声频支，$\omega_1^2 < \frac{2\beta}{m}$，得出 $\frac{A}{B} > 0$，即对于声频支的格波，相邻两个原子的振动相位相同。

当 $\boldsymbol{q} \to 0$ 时

$$\frac{A}{B} \to 1 \tag{7-34}$$

所以，长的声学波代表了原胞质心的运动。

当 $\boldsymbol{q} \to \pm\frac{\pi}{2\boldsymbol{a}}$ 时

$$\frac{A}{B} \to 0 \tag{7-35}$$

频率较大的一支，称为光频支，有

$$\omega_2^2 = \frac{1}{2}\omega_0^2(1 + \sqrt{1 - C\sin^2 \boldsymbol{qa}}) \tag{7-36}$$

可见，当 $\boldsymbol{q} = 0, \omega_2^2 = \frac{1}{2}\omega_0^2 = 2\beta\left(\frac{1}{m} + \frac{1}{M}\right)$ 时，光频支的频率有最大值。

当 $\boldsymbol{q} = \pm\frac{\pi}{2\boldsymbol{a}}$ 时

$$\omega_2^2 = \frac{1}{2}\omega_0^2(1 + \sqrt{1 - C}) = \frac{2\beta}{m} \tag{7-37}$$

这时光频支的频率具有最小值。以最大频率值代入式(7-33)，得出

$$\frac{A}{B}=\frac{\cos\, qa}{-\frac{m}{2\beta}\left(\frac{2\beta}{m}+\frac{2\beta}{M}\right)+1}=-\frac{M}{m}\cos\, qa<0 \tag{7-38}$$

可见光频支的晶格振动,同一原胞内不同原子发生相反振动,但原胞的质量中心保持不变,当 $q=\pm\frac{\pi}{2a}$时,$\cos\, qa\approx 0$,则

$$\frac{B}{A}=0 \tag{7-39}$$

以上结果如图 7-4 所示。

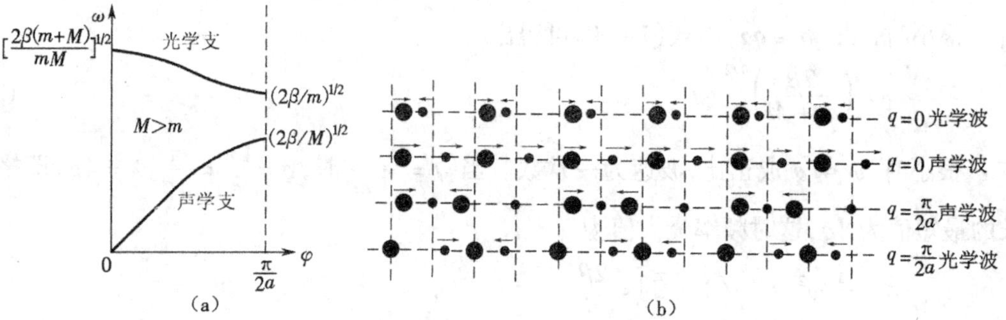

图 7-4　两支格波的色散关系及相应原子振动特征
(a)两支格波的色散关系　(b)一维双原子振动特征

现在分析耦合常数 C,当 $m\to M$, $C\to 1$ 时,色散关系为

$$\omega^2=\frac{1}{2}\omega_0^2(1\pm|\cos\, qa|)=\omega_0^2\begin{cases}\left(\cos\frac{qa}{2}\right)^2\\ \left(\sin\frac{qa}{2}\right)^2\end{cases} \tag{7-40}$$

可知,当双原子链的两种原子的质量趋于相等时,格波的两支色散曲线在布里渊区界面处连接起来了。反过来说,单原子链上质量为 m 的原子相间地被另一质量为 M 的原子所替代时,便成为一双原子链。两种不同质量的原子耦合的结果,$\rho<1$, $C>1$,导致格波的色散关系分裂成为二支,一支为光频支,另一支为声频支,两支谱带之间出现一个间隙,这可理解为耦合常数 $C>1$ 的结果,如图 7-5 所示。当双原子链中的两种原子的质量相等时,实际上已变为单原子链,每个原子的地位是等价的,只能形成声频支格波,色散关系应为

$$\omega^2=\omega_0^2\left(\sin\frac{qa}{2}\right)^2 \tag{7-41}$$

q 的取值应在第一布里渊区 $-\frac{\pi}{a}<q\leqslant\frac{\pi}{a}$内。其实式(7-40)与式(7-41)是一致的,因为式(7-40)是在双原子链的两种原子质量相等,原胞的大小仍取为 $2a$,倒格点阵原胞的大小为 $\frac{\pi}{a}$,取第一布里渊区 $-\frac{\pi}{2a}<q\leqslant\frac{\pi}{2a}$中的波矢 q 来描述所有不同频率的格波情形下得出的。而式(7-41)中的原胞大小为 a,倒易点阵的原胞大小为 $2\pi/a$,取第一布里渊区 $-\frac{\pi}{a}<q\leqslant\frac{\pi}{a}$内的波矢 q 来描述有不同频率的格波。立刻可看出,在区间 $-\frac{\pi}{2a}<q\leqslant\frac{\pi}{2a}$内,式(7-41)给出的频率 ω 的值与式(7-40)的第二式给出的相一致。若将区间$\frac{\pi}{2a}<q\leqslant\frac{\pi}{a}$, $-\frac{\pi}{2a}<q\leqslant-\frac{\pi}{a}$

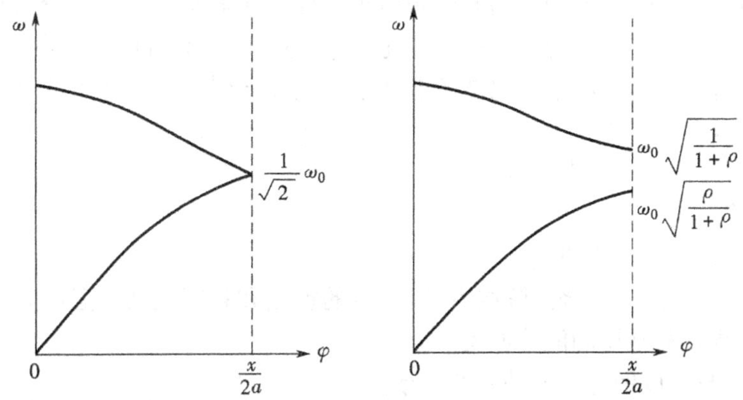

图 7-5　两种不同质量原子耦合导致色散关系分裂

中的 $\boldsymbol{q}$ 给出的频率平移一个倒格矢，$\frac{\pi}{\boldsymbol{a}}$ 便移到区间 $-\frac{\pi}{2\boldsymbol{a}}<\boldsymbol{q}\leqslant\frac{\pi}{2\boldsymbol{a}}$ 中，便是式(7-40)的第一式给出的结果(见图 7-6)。

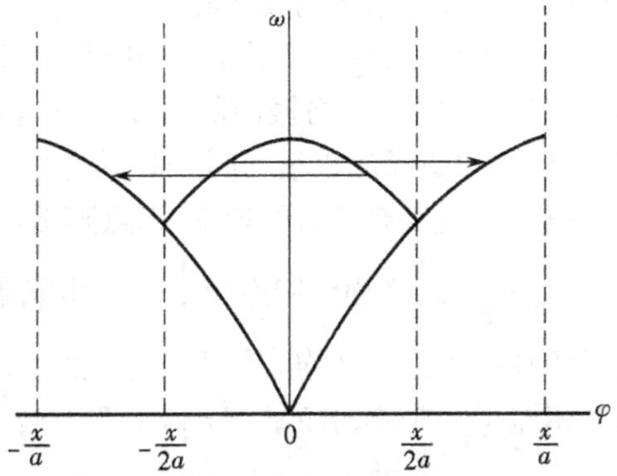

图 7-6　当 $\rho=1$ 时一维双原子链的色散曲线

7.2　材料的热容

7.2.1　热容的概念

热容作为物质的基本热物理性质，不仅是评价材料(特别是防热、隔热材料)的重要物理量，而且是对热过程和热系统进行热计算和热设计的重要参数之一。对于瞬时或短期使用的高温防热材料以及使用时间较长的蓄热材料，都希望具有高的热容，以期在使用过程中吸收更多的热量。因此，了解物质或材料的热容理论，正确测定热容数据，是十分必要的。

热容的定义是：物质的温度升高 1 ℃所需要的热量。它又可分为平均热容 $\bar{C}$ 和真热容 C'。

平均热容 $\bar{C}$ 是物质在温度 T_1 到 T_2 的范围内，升高 1 ℃所需的热量。真热容 C' 是物质在给定温度 T 下升高 1 ℃所需要的热量。

为表示单位质量的物质的热容，热容又可分为比热(容)、摩尔分子热容和摩尔原子热容。

热容又分恒压热容 C_p 和恒容热容 C_V。但是对于液体和固体来说，温度升高 1 ℃时，体积几乎不变，所以在一般温度下它们的 C_p 值与 C_V 值接近相等。在高温下，C_p 就不再等于 C_V 了。

C_V 值一般不能由实验直接测定，所有热容测试方法测出的都是 C_p。在工程计算中，应用的比热数据一般都是 C_p 值。

物体的温度决定于物体内质点热运动的强度。在固体中，质点以不同的振幅围绕振动中心——空间点阵的结点振动。

热容和热焓的测定，对于固体物质内部组织的变化尤其是相转变十分重要。在研究热焓温度的关系时，可以确定热容和潜热的变化。在加热或冷却的过程中，测出各个时间的温度，就可以在温度—时间曲线上找出转折点及水平线段，根据这些点和线就可确定临界点。

7.2.2 固体热容理论揭示

1.经典理论

物质能量由以下几方面决定。

①晶格振动能。原子围绕点阵结点，以一定的振幅和频率振动。温度升高引起振动频率和振幅增大，导致晶格振动能的增大。

②具有转动自由度的分子转动能的贡献。

③电子运动能量。

④原子位置改变所引起的内能增加。例如无序化现象、形成 Sohottky 或 Frenkel 缺陷、在转变范围内玻璃结构的改变等。

计算热容时，只考虑晶格振动能量和电子运动能量，不考虑转变潜热。一般情况下，在各个温度范围内，晶格振动能量和电子运动能量的变化都对热容有贡献，只是在不同的温度，它们所作贡献的权重不同。下面只讨论晶格振动对比热的贡献。

根据热的经典动力学理论，以点阵结点为中心作振动的原子，在一个自由度所具有的平均动能为$\frac{1}{2}kT$，平均势能亦为$\frac{1}{2}kT$。由能量均分定律可知，一个具有三个自由度的原子，振动时所具有的总的平均能量为$3kT$。如一摩尔原子物质内的原子数为$N(N=6.023\times10^{23})$，每摩尔原子物质总的能量$E=3NkT$，则每摩尔原子热容

$$C_V=\left(\frac{\partial E}{\partial T}\right)_V=3Nk=24.9\ \mathrm{J/(mol\cdot K)} \tag{7-42}$$

这就是熟知的杜隆-珀蒂定律。式(7-42)表明，热容是一个和温度无关的常数。在室温附近，该定律对于大多数金属都是正确的，但对其他一些物质(如金刚石、硼、铍等)则在温度足够高时才正确。当温度较低时，实验表明，热容随着温度下降将明显减小，与杜隆-珀蒂定律就不一致了。因此杜隆-珀蒂定律以及热的经典理论都不能在所有温度范围内解释热容的本质。为了克服这个局限，必须应用晶格振动的量子理论。

2.热容的量子理论

根据量子理论，晶格振动的能量是量子化的。频率为ω的晶格振动能

$$E_n=\left(n+\frac{1}{2}\right)\hbar\omega \tag{7-43}$$

式中：n为每个原胞中的原子数；$\hbar$为普朗克常数。

$\frac{1}{2}\hbar\omega$是能量的最小单位，且是常数。为讨论方便起见，常把它略去。于是

$$E_n=n\hbar\omega \tag{7-44}$$

根据玻尔兹曼统计理论，在温度为T时，以频率ω振动着的原子(更正确地说应是离子)的平均能量

$$\bar{E}=\frac{\sum\limits_{n=0}^{\infty}n\hbar\omega \mathrm{e}^{-\frac{n\hbar\omega}{kT}}}{\sum\limits_{n=0}^{\infty}\mathrm{e}^{-\frac{n\hbar\omega}{kT}}}=\hbar\omega\frac{\sum\limits_{n}n\mathrm{e}^{-nx}}{\sum\limits_{n}\mathrm{e}^{-nx}} \tag{7-45}$$

其中

$$x=\frac{\hbar\omega}{kT}$$

$$\frac{\sum\limits_{n} n\mathrm{e}^{-nx}}{\sum\limits_{n}\mathrm{e}^{-nx}}=-\frac{\mathrm{d}}{\mathrm{d}x}\ln\sum_{n}\mathrm{e}^{-nx}=-\frac{\mathrm{d}}{\mathrm{d}x}\ln\frac{1}{1-\mathrm{e}^{-x}}=\frac{1}{\mathrm{e}^{x}-1}$$

则式(7-45)可写成

$$\bar{E}(\omega)=\frac{\hbar\omega}{\mathrm{e}^{\frac{\hbar\omega}{kT}}-1} \tag{7-46}$$

由于晶体中有 N 个原子，每个原子有 3 个自由度，因此晶体就有 3 N 个谐振频率，平均能量

$$\bar{E}=\sum_{i=1}^{3N}\bar{E}(\omega_i)=\sum_{i=1}^{3N}\frac{\hbar\omega_i}{\mathrm{e}^{\frac{\hbar\omega}{kT}}-1} \tag{7-47}$$

式中，ω_i 无法测定，若想进一步计算 $\bar{E}$，需寻找其他的条件。

1)爱因斯坦模型

假定晶格中所有的原子都以相同的频率 ω 振动，则式(7-47)可简化为

$$\bar{E}=3N\frac{\hbar\omega}{\mathrm{e}^{\frac{\hbar\omega}{kT}}-1} \tag{7-48}$$

$$C_V=\left(\frac{\hbar\omega}{kT}\right)_V=3Nk\left(\frac{\hbar\omega}{kT}\right)^2\frac{\mathrm{e}^{\frac{\hbar\omega}{kT}}}{(\mathrm{e}^{\frac{\hbar\omega}{kT}}-1)^2} \tag{7-49}$$

设 $f_e\left(\frac{\hbar\omega}{kT}\right)=\left(\frac{\hbar\omega}{kT}\right)^2\frac{\mathrm{e}^{\frac{\hbar\omega}{kT}}}{(\mathrm{e}^{\frac{\hbar\omega}{kT}}-1)^2}$，则

$$C_V=3Nk\cdot f_e\left(\frac{\hbar\omega}{kT}\right) \tag{7-50}$$

其中 $f_e\left(\frac{\hbar\omega}{kT}\right)$ 称为爱因斯坦比热函数。

通常用爱因斯坦温度 Θ_{E} 代替频率 ω。Θ_{E} 由下式确定：

$$\Theta_{\mathrm{E}}=\frac{\hbar\omega}{k} \tag{7-51}$$

所以得

$$C_V=3Nk\left(\frac{\Theta_{\mathrm{E}}}{T}\right)^2\cdot\frac{\mathrm{e}^{\frac{\Theta_{\mathrm{E}}}{T}}}{(\mathrm{e}^{\frac{\Theta_{\mathrm{E}}}{T}}-1)^2} \tag{7-52}$$

由上式可见，热容是温度敏感的物理量。

当 $kT\gg\hbar\omega$ 时，则 $f_e(\Theta_{\mathrm{E}}/T)\to1$，故 $C_{\mathrm{m}V}\approx3Nk=24.9\ \mathrm{J/(mol\cdot K)}$。这一结论与经典杜隆-珀替定律相吻合。当 $kT\ll\hbar\omega$ 时，则

$$C_{\mathrm{m}V}=3Nk\left(\frac{\hbar\omega}{kT}\right)^2\mathrm{e}^{\left(\frac{\hbar\omega}{kT}\right)}$$

实验结果表明，大多数固体物质在比热发生显著变化的宽广温度范围内，理论曲线值与实验数据能相当好地吻合。可是在极低温度下，由于比热和 T^3 成正比，因此导致与实验数据很大的偏差。这正是爱因斯坦模型的局限。其原因是爱因斯坦模型忽略了每个原子与它邻近的原子之间的联系，而这一点在极低温度下是十分明显和重要的。此外，爱因斯坦模型假定所有原子振动的频率相同，似乎过于简化了，这也是导致与实验数据偏差的另一个原因。

2)德拜模型

德拜模型的主要特点是:把布拉格晶格看作是各向同性的连续介质,即把格波看作是弹性波。此外,它还假定弹性波在纵向和横向的波速相等。德拜认为,原子振动具有很宽的振动频谱,并假设存在最大振动频率 ω_{max}。而某频率可能具有的谐振数,由频率分布函数 $g(\omega)$决定,则频率从 ω 到$\omega+\mathrm{d}\omega$ 之间的振子数为$g(\omega)\mathrm{d}\omega$,所以得出德拜假设的振动谱区间内共有的振子数表达式

$$\int_0^{\omega_{max}} g(\omega)\mathrm{d}\omega = 3N \tag{7-53}$$

式中:N 为单位体积内的原子数。

根据固体物理中弹性波在晶体内的传播计算,可得其频率分布函数

$$g(\omega)=\frac{24\pi^2\omega^2}{\omega_0^3} \tag{7-54}$$

ω_0由式$\frac{3(2\pi)^2}{\omega_0^3}=\frac{1}{v_l^3}+\frac{1}{v_t^3}$而定,其中 v_l、v_t 分别为纵波传播速率及横波传播速率,因而具有频率为 ω 的一个振子的平均能量

$$\bar{E}(\omega)=\frac{\hbar\omega}{e^{\frac{\hbar\omega}{kT}}-1} \tag{7-55}$$

一摩尔晶体的振动能量

$$\begin{aligned} E &= \int_0^{\omega_{max}} E(\omega)g(\omega)\mathrm{d}\omega \\ &= \int_0^{\omega_{max}} \frac{\hbar\omega}{e^{\frac{\hbar\omega}{kT}}-1}\cdot\frac{24\pi^2}{\omega_0^3}\omega^2\mathrm{d}\omega \end{aligned} \tag{7-56}$$

令德拜温度 $\Theta_D=\frac{\hbar\omega_{max}}{k}$,则 $\omega_0^3=\left(\frac{\Theta_D k}{\hbar}\right)^3\cdot\frac{8\pi^2}{3N}$,故

$$\begin{aligned} \bar{E} &= \int_0^{\omega_{max}} \frac{\hbar\omega}{e^{\frac{\hbar\omega}{kT}}-1}\cdot\frac{24\pi^2}{\left(\frac{\Theta_D k}{\hbar}\right)^3\times\frac{8\pi^2}{3N}}\omega^2\mathrm{d}\omega \\ &= \frac{\hbar^3}{\Theta_D k^3}\cdot 9N\int_{max0}^{\omega}\frac{\hbar\omega^3}{e^{\frac{\hbar\omega}{kT}}-1}\mathrm{d}\omega \end{aligned} \tag{7-57}$$

则

$$C_V=\frac{\mathrm{d}\bar{E}}{\mathrm{d}T}=9Nk\left(\frac{T}{\Theta_D}\right)^3\int_0^{\Theta_D/T}\frac{\left(\frac{\hbar\omega}{kT}\right)^4 e^{\frac{\hbar\omega}{kT}}}{(e^{\frac{\hbar\omega}{kT}}-1)^2}\mathrm{d}\frac{\hbar\omega}{kT} \tag{7-58}$$

将式(7-58)简写成

$$C_V=3Nkf_D\left(\frac{\Theta_D}{T}\right) \tag{7-59}$$

①当 $T\gg\Theta_D$时,则

$$e^{\frac{\hbar\omega}{kT}}\approx 1+\frac{\hbar\omega}{kT}$$

$$f_D(\Theta_D/T)=1+\frac{3\Theta_D}{4T}$$

$$C_V\approx 3Nk$$

②当 $T \ll \Theta_D$时，则

$$\int_0^\infty \frac{e^x x^4}{(e^x-1)^2}dx = \frac{4}{15}\pi^4$$

$$C_V = \frac{12}{5}\pi^4 Nk(T/\Theta_D)^3$$

即

$$C_V \propto T^3 \tag{7-60}$$

德拜模型在一般温度下与实验结果能较好吻合，特别是在极低温度下吻合得更好。总之，温度越低，德拜模型理论值与实验结果越吻合。

式(7-60)表明，热容和温度 T^3 成正比，这就是德拜定律。它与实验测定的热容与温度的关系一致。在非常低的温度下，只有长波的激发是主要的，而对于长波，晶格可以作为连续介质处理，与德拜模型所作的假设一致。由图 7-7 可见，德拜模型与爱因斯坦模型的趋势相一致。

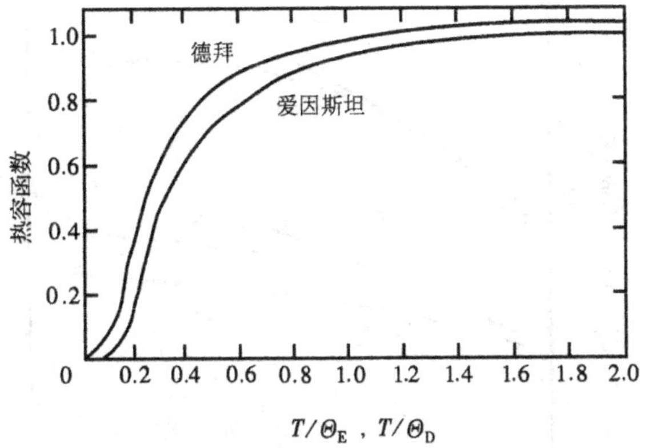

图 7-7　德拜热容函数和爱因斯坦热容函数

7.2.3 材料的德拜温度及其相变

不同材料其德拜温度也不同，它取决于材料化学键的强度、弹性常数和熔点。其德拜温度一般约为它的熔点(K)的$\frac{1}{5}\sim\frac{1}{2}$。德拜温度一般都是由它的热容实验数据确定的。

许多金属和盐类晶体的德拜特征温度并不高，一般接近室温或在室温以下(表 7-1)。耐火氧化物和碳化物等高温陶瓷材料，由于其熔点很高，它们的特征温度也相应地比室温高得多。德拜温度反映了原子结合力的强弱，即材料原子结合力强，Θ_D便高，尤其是相对原子质量小的金属更为突出。选用高温材料时，Θ_D也是参考的参数之一。

表 7-1　几种金属和陶瓷晶体的 Θ_D 值

物　质	T(K)	Θ_D(K)	备　注
NaCl	10	308	Θ_D 均由热容实验数据求得
KCl	3	230	
Ag	4	255	
Zn	4	308	

Θ_D可以由不同方法求出,如从热容计算或从金属中弹性波传播速率与Θ_D的关系式中计算。

由德拜热容理论可知,材料的热容,一般都是从低温下的一个很低的值,随温度的升高增加到1 000 ℃左右的24.9 J/(mol·K),温度再升高,热容值并不会有明显的增大,并且与晶体结构也没有密切的关系。当材料发生相变时,热容曲线将在相变温度发生突变,如图7-8所示。图中热容曲线的突变是由于石英晶体中$\alpha \rightarrow \beta$的相变引起的。由图7-8可知,在德拜温度以上,热容仍随温度升高而以中等速率增大。方程(7-42)求出的常数值24.9 J/(mol·K),主要考虑振动对恒容热容的贡献,在低温下这是一个主要因素。在较高温度下,恒压热容将随温度升高而较快增大,从而与恒容热容的偏离增大。在较高温度下,热容的增大是由于Frenkel和Schottky缺陷扩大、磁无序化以及电子能量贡献的结果。

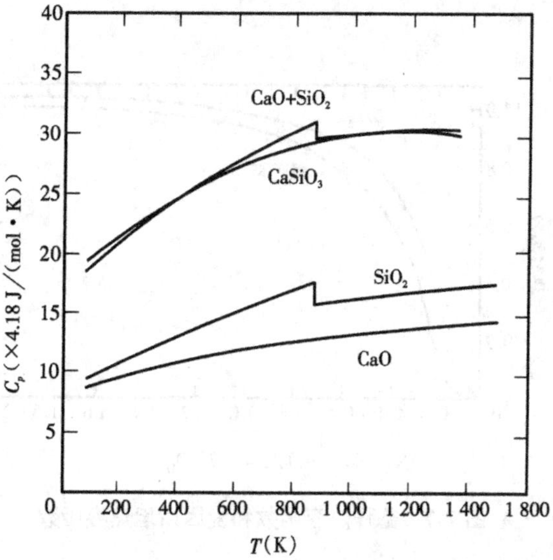

图7-8 摩尔分子比都为1:1的$CaO+SiO_2$不同形式的热容曲线

一般来说,在较高温度下,在实验测定的准确度范围内,物质的C_p与温度的关系可以用正的线性关系来表示。图7-9所示的高温下石墨的热容曲线就是一个典型的例证。

热容对于材料内部发生的如有序到无序这一类结构转变特别敏感,接近转变温度时,热容—温度曲线上将出现明显的尖峰,热容很快增大。当材料内部发生磁性转变和铁电转变时,也会出现类似的情况。KH_2PO_4和Fe_3O_4在发生有序到无序转变时的热容曲线示于图7-10。陶瓷材料内部发生多晶转变时,热焓曲线也会发生不连续的突变,与其他类型的转变相比,多晶转变时热容曲线的不连续突变要小一些,也就是材料在发生相变时,形成新相的热效应大小与形成新相的形成热有关。其一般规律是:以化合物相形成热最高,中间相形成热居中,固溶体形成热最小。在化合物中以形成稳定化合物的形成热最高。

物质摩尔热容对气孔的变化不敏感。但是,气孔的出现和增减将明显地影响容积热容值。因为气孔的存在将使材料单位容积内的质量减小,从而导致容积热容的减小。

大多数氧化物玻璃在接近其软化温度时的热容为0.7~0.95倍的3 Nk(24.9J/(mol·K))。随着温度升高,当玻璃由固态转变成液态时,其热容值将增大30%,甚至200%。热容

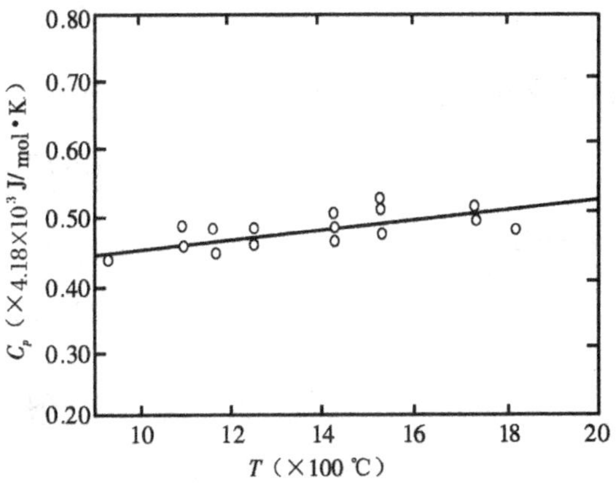

图 7-9　石墨在 1 000 ℃以上的热容曲线

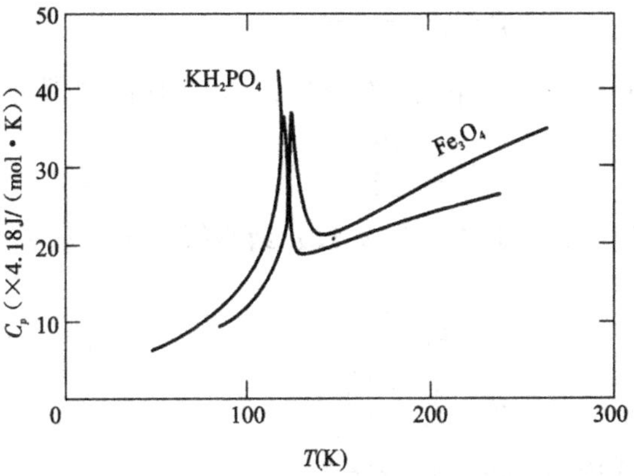

图 7-10　有序－无序转变的热容曲线

的增大也是结构熵增大的一种反映。图 7-11 是 0.15 Na_2O-0.85B_2O_3玻璃发生熔融前后热容变化的曲线。

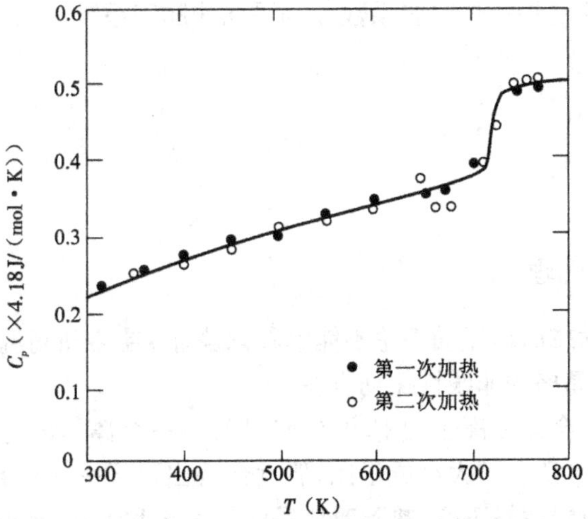

图 7-11　0.15Na_2O-0.85B_2O_3 玻璃热容随温度的变化

7.3　材料的热膨胀性能

7.3.1　热膨胀系数

表征物体受热时长度或体积增大程度的热膨胀系数，是材料的重要热物理性能之一。在工程技术中，对于那些处于温度变化条件下使用的结构材料，热膨胀系数不仅是材料的重要使用性能，而且是进行结构设计的关键参数。材料的热膨胀性能的重要性还表现在它与材料抗热振的能力、受热后的热应力分布和大小密切相关。此外，通过对材料热膨胀系数随温度变化曲线的测定，还可进行材料相变、微裂纹的愈合和扩展等基础理论的研究。

当物质被加热后，温度从 T_1上升到 T_2，体积也相应地从 V_1变化到 V_2，则该物质在 T_1到 T_2的温度范围内，平均体膨胀系数

$$\bar{\beta}=\frac{V_2-V_1}{V_1(T_2-T_1)} \tag{7-61}$$

在恒压条件下，当 $T_1 \to T_2$，上式的极限值即为真体膨胀系数 β，其值为

$$\beta=\frac{1}{V}\left(\frac{\partial V}{\partial T}\right)_P \tag{7-62}$$

物质的平均线膨胀系数 $\bar{\alpha}$ 或真线膨胀系数 α，分别表示为

$$\bar{\alpha}=\frac{L_2-L_1}{L_1(T_2-T_1)} \tag{7-63}$$

$$\alpha=\frac{1}{T_1}\left(\frac{\partial L}{\partial T}\right)_P \tag{7-64}$$

式中：L 表示物质的长度。

对于各向同性的晶体物质，真体膨胀系数 β 与真线膨胀系数 α 之间的关系可表示为

$$\beta=3\alpha+3\alpha^2(T_1+T_2)+\alpha^3(T_2^2+T_2\cdot T_1+T_2) \tag{7-65}$$

上式中第二项和第三项很小，可予忽略，则

$$\beta\approx 3\alpha \tag{7-66}$$

各向同性晶体物质的平均体膨胀系数 $\bar{\beta}$ 与平均线膨胀系数 $\bar{\alpha}$ 之间的关系为

$$\bar{\beta}\approx 3\bar{\alpha}[1+\bar{\alpha}(T_2-T_1)] \tag{7-67}$$

对于各向异性晶体，则有

$$\beta\approx\alpha_1+\alpha_2+\alpha_3$$

$$\beta\approx 2\alpha_1+\alpha_3 \tag{7-68}$$

7.3.2 固体热膨胀机理

用晶格的线性振动或简谐振动理论不能解释热膨胀、导热和高温时比热增大等一类热学现象，因为它们都与晶格的非线性振动有关。

如果认为热运动不会改变离子的平均平衡位置，每一个离子的运动所受的力是简谐振动的力，力与离子偏离平衡点的大小成正比，那就会得出这样一个错误的结论：在各种温度下晶体中离子的平衡位置始终不变，热不改变晶体的大小和形状，即固体受热不会产生热膨胀，其热阻将等于零即导热系数为无穷大。很明显，以上结论是与实验结果完全相违背的。

事实上，离子作线性振动只是一种近似的假定，是忽略了位能中位移的高次方项。随着温度的升高离子振动的振幅将增大，位能中位移的高次方项也越来越重要，已不容忽略。

下面以一维空间为例，讨论考虑位能中位移的高次方项以后的热膨胀系数的关系式。

在一维空间中，一个离子的振动动能

$$E=\frac{1}{2}mx^2 \tag{7-69}$$

一个离子振动的位能

$$U=\frac{1}{2}m\omega^2x^2-gx^3 \tag{7-70}$$

式中：x 为离子振动时的位移；m 为质量；ω 为角频率，$\omega=2\pi\nu$。$\frac{1}{2}m\omega^2x^2$ 表示简谐振动的位能，gx^3 为高次项的纠正。如果不考虑这纠正项，则运动方程式应为

$$m(x''+\omega^2x)=0 \tag{7-71}$$

其解为

$$x_0 = A\cos(\omega t + \alpha) \tag{7-72}$$

式中：A 为振幅；α 为初相，是决定物体在 $t=0$ 时的位置及运动方向的一个角度；$\omega t+\alpha$ 为振动相位。从式(7-71)可知 $\bar{x}=0$，即离子振动的平衡位置在原点。

考虑 gx^3 纠正项以后，离子振动的运动方程为

$$m(x'' + \omega^2 x) - 3gx^2 = 0$$

用微扰法，使 $x = x_0 + \Delta x$，代入上式求出 Δx 的一次近似

$$x = A\cos(\omega t + \alpha) - \frac{gA^2}{2m\omega^2}\cos 2(\omega t + \alpha) + \frac{3gA^2}{2m\omega^2}$$

则 x 的平均值

$$\bar{x} = \frac{3gA^2}{2m\omega^2} \tag{7-73}$$

这说明考虑了高次项 gx^3 的纠正，使得原点发生了移动。

离子振动时的平均能量

$$\overline{W} = \frac{m}{2}\overline{(x^2 + \omega^2 x^2)} = \frac{m}{2}A^2\omega^2 \tag{7-74}$$

把式(7-74)代入式(7-73)，得

$$\bar{x} = \frac{3g}{m^2\omega^4}\overline{W} \tag{7-75}$$

即三次项的作用使原点移动，其移动大小与振动的平均能量 $\overline{W}$ 成正比关系。

如果所研究的振动是热振动，则振动的热容为 $\mathrm{d}\overline{W}/\mathrm{d}T$。对式(7-75)微分后，得

$$\frac{\mathrm{d}\bar{x}}{\mathrm{d}T} = \frac{3g}{m^2\omega^4}\cdot\frac{\mathrm{d}\overline{W}}{\mathrm{d}T} = \frac{3g}{m^2\omega^4}C_V \tag{7-76}$$

$\frac{\mathrm{d}\bar{x}}{\mathrm{d}T}$即为热膨胀系数。它与固体的热容 C_V 成正比，这正好是格律乃森实验定律。说明热膨胀系数随温度变化的规律与比热随温度变化的规律相近。

下面再以双原子分子为例，从其位能曲线定性地对固体的热膨胀进行讨论。假定相邻的两个原子中，一个原子固定不动，另一个可以自由地振动。如果原子位能曲线对原子的平衡位置对称，那么当原子振动后，其平均位置将和振动振幅的大小无关。如果这种振动就是热振动，则两个相邻原子之间的距离将和温度无关，这当然是不可能的。实际上，两个相邻原子之间相互作用的位能曲线并不是严格的抛物线，而是如图 7-12 所示的不对称的复杂函数。当振动的原子通过其平衡位置时，它的位能 $u=0$，只具有动能。随着振动原子对平衡位置的偏离，即当振动原子与相邻原子接近或远离时，它的位能将增大，动能则减小。

在图 7-12 的位能曲线上，每一个位能的值($u_1, u_2, u_3, \cdots$)都相应有两个不同的原子距离值 r。例如 u_5相应的原子距离为 r_1和 r_2。其中 r_1表示相邻原子最接近时的距离，r_2表示相邻原子最远离时的距离。而 a_5则表示 r_1和 r_2的平均值，为与位能 u_5相应的原子间的平均距离。对于不同的位能，同样有 $a_1, a_2, a_3, \cdots$，并可画出曲线 a_1a_6。当物质的温度升高时，原子振动的振幅增大，它的位能也相应地由 u_1向 $u_2, u_3, \cdots, u_6$增大，同时伴随着原子间平均间距 a_1向 $a_2, a_3, \cdots, a_6$的增大，即物质随温度的上升产生了热膨胀。

以上关于固体热膨胀的双原子模型可以直接应用于一维晶格，也可以推广到具有较多原子的三维晶体中。

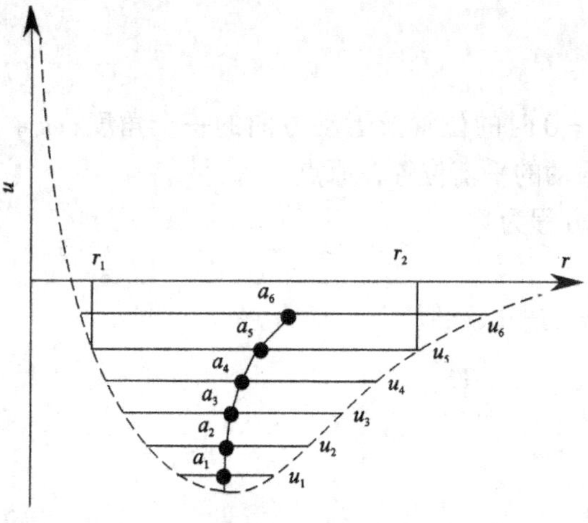

图 7-12　原子位能的变化与原子间距的关系

7.3.3　热膨胀系数的影响因素

1.热容的影响

物质的热膨胀系数和热容都是由热振动的振幅所决定的。实验结果表明，在几乎所有温度下，物质的热膨胀系数与热容的比值都接近于一个常数。在绝对零度时，α 和 C_V都等于零，低温下它们都与 T^3 成正比，在德拜温度以上又都趋向于一常数。

格律乃森建立的体热膨胀系数 β 与热容的关系为

$$\beta = \frac{C_V \cdot \sigma \cdot x}{V_0} \tag{7-77}$$

式中：x 为压缩系数；V_0为分子体积；σ 为格律乃森常数，它与晶体中的吸力和斥力有关，对于许多材料来说，$\sigma \approx 2$。

许多耐火氧化物和其他高温化合物的德拜温度约为 1 000℃。因此，在室温下测定的 β 或 C_V 值不能代表其他温度下的数据。同时在德拜温度以上，由于热膨胀系数趋向于一常数，因此由实测的德拜温度附近的 β 数据，可以外推到更高的温度，条件是在高温下该材料不存在同质多晶转变或其他不连续的变化。

2.熔点的因素

热膨胀系数与物质内原子间的斥力、引力大小以及原子间的键能大小直接有关。具有强键的材料热膨胀系数一般比较小，而具有弱键的材料的热膨胀系数则比较大。物质的熔点是其结合键强度的表征之一。由此可知，熔点高的材料热膨胀系数也较小。图 7-13 示出了金属元素热膨胀系数与熔点之间的内在联系。

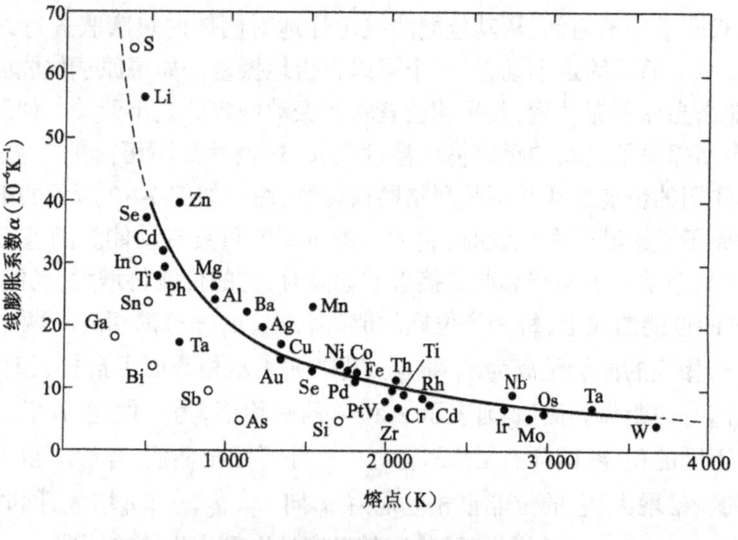

图 7-13　元素的线膨胀系数与熔点的关系

具有体心立方、面心立方和密堆积六方结构的金属和非金属元素，与图 7-13 曲线能很好吻合,其他结构的材料和具有明显非金属键型的元素,则与曲线有较大的偏离。一般来说,离子晶体亦有类似的情况。

元素线膨胀系数 α 与熔点 T_m 的关系为

$$\alpha = \frac{0.02}{T_m}$$

而氧化物、卤化物线膨胀系数 α 与 T_m 的关系可表示为

$$\alpha = \frac{0.038}{T_m} \times 10^{-6}$$

此外,格律乃森还给出了一个方程来确定固体体积热膨胀的极限值。对于所有纯金属,这一方程为

$$\frac{V_T - V_0}{V_0} = 0.06 \tag{7-78}$$

式中:V_T为固态金属在熔点温度的体积;V_0为固态金属在绝对零度的体积。

由方程(7-78)可以看出,当金属体积增大6%时,金属空间点阵的原子间的内聚力已很弱,以致金属将熔化。严格地说,具有立方及六方结构的不同金属,体积热膨胀的极限值在6%到6.7%之间。具有四方结构的金属如In和Sn等,极限值降到2.76%,这些金属接近于非金属共价结合的特征。

此外,从式(7-78)也可发现,熔点愈低,则热膨胀系数愈大,因为体积膨胀6%发生在由绝对零度到熔点的较窄温度区间内。

3.键强度对膨胀的反应

表征物质键强度的物理量除了熔点以外,还有生成热、结晶能等。这些量与热膨胀系数之间也可建立类似于式(7-76)或式(7-77)的关系。一般来说,对于具有简单结构的离子晶体材料,这样的关系式较易建立,与实验结果吻合得较好;而对于结构复杂的材料和非离子链晶体,所建立的热膨胀系数与表征键强度的物理量之间的关系,与实验结果则有较大的偏离。这主要是因为复杂结构的键角较易改变,但至今还缺乏预测键角发生变化的方法,也不能满意地确定各个晶轴方向热膨胀系数之间的关系。此外,复杂结构材料的键型各不相同,键强度的可靠数据还比较缺乏。

同类型结构的材料往往具有相似的热膨胀行为和相近的热膨胀系数。大多数材料在高温下热膨胀系数不会保持恒定不变,而是连续地有所增大,这是由于随着温度的升高,点阵空位的形成对键强度的影响还不能精确测量和计算。

4.原子量的大小对膨胀的关系

热膨胀系数随元素原子量的不同而成周期性变化,如图7-14所示。

7.3.4　多晶体复合材料热膨胀

对于各向同性晶体组成的多晶体(致密且无液相),它的热膨胀系数与单晶体相同。假如晶体是各向异性的或复合材料中各相的膨胀系数是不相同的,则它们在烧成后的冷却过程中会产生内应力

$$\sigma_i = K(\bar{\beta} - \beta_i)\Delta T \tag{7-79}$$

式中:σ_i为第i部分的应力;$\bar{\beta}$为复合体的平均体积膨胀系数;β_i为第i部分组成的体膨胀系数;K为体积模量,$K = \dfrac{E}{3(1-2\mu)}$ (E为弹性模量,μ为泊松比);ΔT为从应力松弛状态算

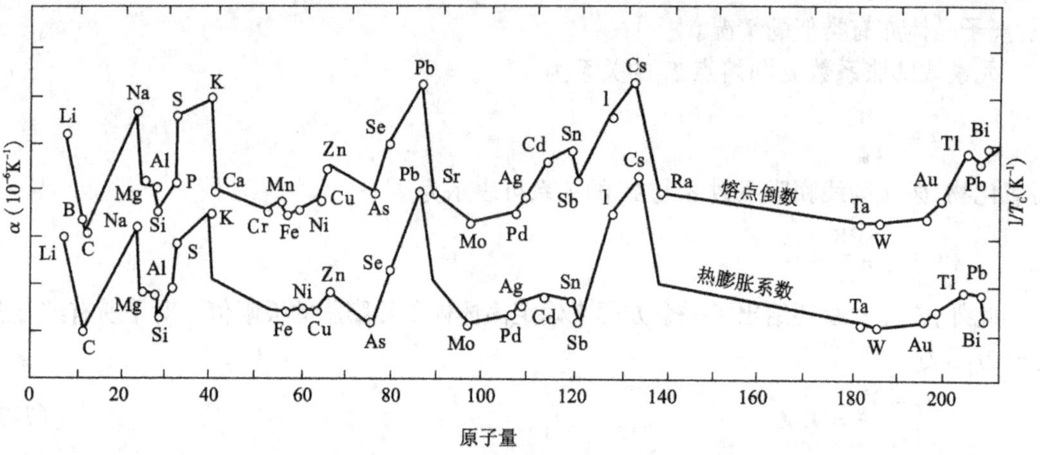

图 7-14 元素热膨胀系数、熔点与原子量的关系

起的温度变化。

如果因材料内部的应力而使材料的结构开裂，那么材料内任意面上或整个体积内的应力之和等于零。由于整体的内应力之和为零，则

$$\sum \sigma_i = \sum K_i(\bar{\beta} - \beta_i) V_i \Delta T = 0 \tag{7-80}$$

因为

$$V_i = \frac{W_i \bar{\rho} V}{\rho_i}$$

$$\bar{\beta} = \frac{\sum \beta_i K_i W_i / \rho_i}{\sum K_i W_i / \rho_i} \tag{7-81}$$

式中：W_i 为第 i 部分的重量分教；$\bar{\rho}$ 为复合体的平均密度；V 为复合体的体积，$V = \sum V_i$；ρ_i 为第 i 部分的密度。

以上是把微观的内应力都看成是纯的张应力和压应力，对交界面上的剪应力忽略而不计，这是由 Turner 首先提出的，所以叫 Turner 方程。对于某些金属和陶瓷的复合材料，如 W-MgO 和 Al-SiO_2玻璃，由 Turner 方程计算的结果与实验值相当吻合。

描述复合材料热膨胀行为的另一种模型及其经验方程是由 Kerner 提出的。它考虑了复合材料内晶界或相间的剪切效应，并假定复合材料总的热膨胀为 $\beta_r \Delta T$，其中 β_r 为复合材料总的体膨胀系数，ΔT 为复合材料在无应力的初始状态和有应力的最终状态时的温度差。因为要计入剪应力的影响，情况要复杂得多，所以只考虑仅为二相复合的情况，公式如下：

$$\bar{\beta} = \beta_i + V_2(\beta_2 - \beta_1)\frac{K_1(3K_2 + 4G)^2 + (K_2 - K_1)(16G_1^2 + 12G_1K_2)}{(4G_1 + 3K_2)[4V_2G_1(K_2 - K_1) + 3K_1K_2 + 4G_1K_1]} \tag{7-82}$$

式中：$G_i(i = 1,2)$分别为两相的剪切模量。当复合材料中不同相间或晶粒的不同方向上膨胀系数差别很大时，内应力甚至会发展到使复合体产生微裂纹，因此有时会测得一个多晶聚集体或复合体出现热膨胀的滞后现象。例如，某些含有 TiO_2的复合体和多晶氧化钛，因从烧成后的冷却过程中，坯体内存在着微裂纹，这样在再加热时，这些裂纹又趋于闭合，所以在不太高的温度时，可观察到反常的低的膨胀系数，只有到达高温时(1 300 K 以上)，由于微裂纹已基本闭合,因此膨胀系数与单晶时的数值又一致了。微裂纹带来的影响,突出的例子是石墨,它垂直于 c 轴的膨胀系数约为 $1\times10^{-6}\ K^{-1}$,平行于 c 轴的是 $27\times10^{-6}\ K^{-1}$。而对于多晶样品在较低温度下,微观内应力的存在牵制了热膨胀。

实验结果表明:对某些复合材料,Turner 经验方程的计算值与实验值能很好吻合;对另一些复合材料,Kerner 经验方程的计算值则比 Turner 方程更符合实验结果。还有一种情况是,Turner 方程和 Kerner 方程的计算值之间的偏差比预期的要大,而实验值则落在这两个计算值之间。

Turner 方程和 Kerner 方程推导过程中均假定复合材料的各组成相都是杂乱分布的,因此,对于那些沿某一方向规则排列的多相层状复合材料,由于在不同方向具有不同的热膨胀系数,用 Turner 方程或者 Kerner 方程进行计算,都会引起较大的偏差。

7.3.5　固体材料热膨胀的影响因素

1.气孔率

气孔率对材料热膨胀性能的影响,很大程度上决定于气孔在材料中的分布状态。为讨论方便起见,下面阐述气孔在材料内的两种极端分布状态。

一种是气孔弥散分布在连续的固相基体中。这时可以把它看作是气孔(气相)和固相的复合材料。由于空气的体积模量 K 与固相基体的体积模量相比可予忽略,因此代入 Turner 经验方程,计算得到的含有气孔的材料的热膨胀系数与纯粹是固相基体的热膨胀系数接近相等。这说明连续固相中的气孔不会对材料的热膨胀系数带来明显的影响。

材料中气孔分布的另一种极端状态是,材料由相互结合比较弱的颗粒组成,或者材料内的颗粒之间只有很小部分接触,颗粒之间充斥着气体。这种材料的热膨胀性能就难以确定,多数情况下其膨胀系数要比颗粒本身的小,但也有例外。一般来说,含有这种气孔类型的材料的热膨胀系数与颗粒尺寸、颗粒间结合的强弱以及各向异性程度等许多因素有关,因而难于找到一个通用的计算热膨胀系数的经验公式。

2.键型、配位数和化合价

可逆的热膨胀与晶体内离子或原子间键的强度有关,也与结合键的类型有关。纯粹由共价键或离子键形成的晶体,一般情况,其热膨胀系数都比较小;与此相反,以范德华力结合的分子晶体,其热膨胀系数一般都非常大。比较典型的例子如石英的体膨胀系数要比草酸、萘之类的有机物晶体的热膨胀系数小一个量级。由不同类型的键组合形成的晶体也有类似的情况。例如水镁石 $Mg(OH)_2$ 与 a 轴平行的方向的热膨胀系数大致与 MgO 相同,但与 a 轴垂直的方向,因为是范氏键,其膨胀系数就非常大。再如,以 OH 键结合成层状结构的石膏($CaSO_4\cdot2H_2O$),垂直于层的方向的热膨胀系数比平行于层的方向大。

物质的热膨胀通常由两种不同的原因引起:一种是由于键的长度增加,原子或者离子趋于远离;另一种是键的长度虽无变化,但键的方向发生了变化。石英矿物在转变时发生的现象就是后一种情况,键角的较小变化将引起较大的热膨胀。

真正的离子键,在结构上是没有方向性的,而共价键有特定的方向。例如,等轴晶系的金刚石,其共价键之间的角度为了保持对称,必须是四面体的角度。与此相反,对称性低的共价键晶体,例如三方晶系的 SiC,共键角却可以不改变其对称性而进行某些变化。

石英矿物的各种变体,因 Si—O 键的长度增加产生的膨胀不大,它们在转变点发生的膨胀乃是由于键的方向发生变化引起的。熔融石英由于存在坚固的 Si—O 键和无序结构,键与键之间的角度完全没有规律，膨胀纯粹是由于键的长度增加，所以膨胀系数也比较小。

Megaw 从物质结构的观点提出：具有相同结构的晶体，其热膨胀系数与化合价的平方成反比(表 7-2)。

表 7-2 热膨胀系数与原子价 Z 的关系

结构类型	物 质	原子价 Z	$\alpha(\times10^{-6})$	$\alpha Z^2(\times10^{-6})$
岩盐(立方)	NaCl	1	40	40
	MgO	2	10	40
萤石(立方)	CaF_3	2	19	76
	ZrO_2	4	4.5	80
闪锌矿(立方)	CuBr	1	19	19
	ZnS	2	6.7	27
金红石(四方)	MgF_3	2	11	44
	SnO_2	4	3.4	54
方解石(菱面体)	$NaNO_3$	1	47	47
	$MgCO_3$	2	11	44
霰石(斜方)	KNO_3	1	60	60
	$CaCO_3$	2	21	84

表 7-2 中除立方结构外，其他结构的物质，其 α 取体膨胀系数的三分之一。

Megaw 的研究还发现，结构不同但化合价相同的物质，其平均热膨胀系数与配位数的平方成正比。为建立更普遍的关系式，他引用了 Pauling's 关于静电价 q 的概念。q 被定义为化合价与配位数的商。Megaw 建立的描述膨胀系数与配位数、化合价的关系式如下：

$$\alpha = C/q^2 \tag{7-83}$$

式中：C 为常数，$C = 1\times10^6$。

实验表明，式(7-83)对不少物质适用(表 7-3)。

表 7-3 热膨胀系数与静电价 q 之间的关系

物 质	q	$\alpha(\times10^{-6})$	$\alpha q^2(\times10^{-6})$
CsCl	1/8	53	0.83
NaCl	1/6	40	1.11
CaF_3	1/4	19	1.19
CuBr	1/4	19	1.19
MgO	1/3	10	1.11
ZrO_2	1/2	4.5	1.12
ZnS	1/2	6.7	1.67

从表 7-3 中的氯化物来看，配位数高的比配位数低的热膨胀系数大。例如，配位数为 8 的 CsCl 晶体的热膨胀系数为 53×10^{-6}，而配位数为 6 的 NaCl 晶体的热膨胀系数为 40×10^{-6}。

3. 相变

当材料内部发生相变时，其热膨胀系数在相变点会发生突变。例如，同质多晶转变时，材料体积在转变点将产生一个不连续的增大，即膨胀系数在转变点处出现最大值。而对于铁磁体在转变点居里温度处，热膨胀虽然没有发生不连续的变化，但膨胀系数依然会在相变点处出现最大值。

Hummel 在研究了热膨胀性能与结构之间的关系后指出，原子排列与方石英相似的某些无机化合物，其热膨胀行为不仅与方石英极为相似，而且两者发生相变的类型、相变的温度以及由相变引起的热膨胀系数的增大程度亦相当接近。

图 7-15 所示的 $AlPO_4$ 和方石英的热膨胀曲线就是一个例证。

具有同质多晶转变的组分加入到复合材料中后，把复合材料升温到该组分的转变点，其热膨胀系数也会出现突然的增大。

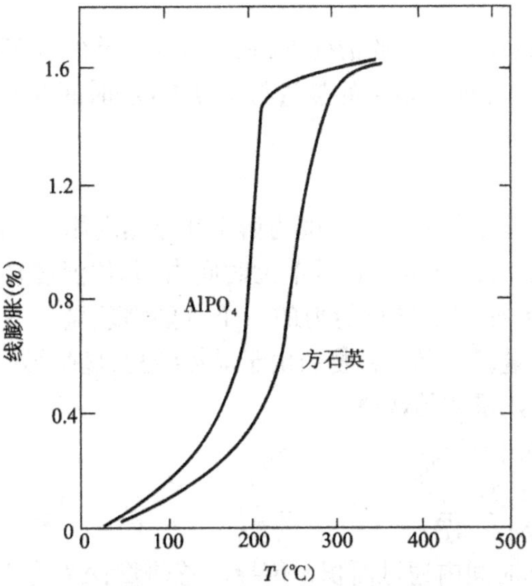

图 7-15　$AlPO_4$ 和方石英热膨胀行为的比较

7.4　材料热传导

7.4.1　基本概念和基本定律

1. 温度场和温度梯度

存在温差是产生热传导过程的必要条件。因此在研究热传导过程时，必须了解和确定物体内的温度分布。从热力学的观点来看，温度是确定一个系统是否与另一个系统处于热平衡的一个量，它是物体状态的参数。在一般情况下，物体的温度 T 是空间(x,y,z)和时间 t 的函数，即

$$T=f(x,y,z,t)$$

物体中某一瞬间的温度分布称为温度场。不随时间变化的温度场称为稳定温度场，其数学表示式为

$$T=f(x,y,z),\ \frac{\partial T}{\partial t}=0 \tag{7-84}$$

这时场内产生的热传导过程属于稳定热传导。

温度场可以是三维的、二维的或一维的。一维而又稳定的温度场的数学式，形式最简单，即

$$T=f(x),\frac{\partial T}{\partial y}=\frac{\partial T}{\partial z}=\frac{\partial T}{\partial t}=0$$

等温面是温度场中在同一瞬间各等温点的轨迹。空间任何点都不能同时具有两个不同的温度，因此温度不同的各等温面绝不会相交。在等温面的法线方向上温度变化最大。温度差 ΔT 与法线 n 方向两等温面之间的距离 Δn 的比值之极限就叫做温度梯度，可表示为

$$\lim_{\Delta n\to 0}\left(\frac{\Delta T}{\Delta n}\right)=\frac{\partial T}{\partial n}=\text{grad } T \tag{7-85}$$

温度梯度是一个向量，它的正方向朝着温度增加的方向，与热的传导方向相反。

2.傅里叶定律

傅里叶定律确定了在稳态传热的情况下，某一材料在单位时间内，通过单位面积上的热量 q 正比于该材料的温度梯度。传导的热量与温度梯度、时间和与导热方向垂直的单位面积之间的关系数学式为

$$q=-\lambda\,\text{grad } T \tag{7-86}$$

式中，负号表示热量向低温处传播。该式即为傅里叶导热定律。λ 称为导热系数(或称热导率)，单位为 W/(m·K)或 J/(m·K·s)，表示单位时间内、单位温度梯度下通过单位面积的热量，是一个向量；是直接表征物质导热能力的一个重要物理量。不同的物质的导热系数不同，有些甚至相差几个数量级。同一种物质由于晶体结构、显微结构、密度、湿度和所处的温度不同，也会明显影响导热系数的数值。

式(7-86)还可写成如下形式：

$$\lambda=-\frac{q}{\text{grad } T}=\frac{Q\cdot L}{S\cdot t\cdot\Delta T} \tag{7-87}$$

式中：S 为面积；Q 为在 t 时间内通过面积 S 传导的总热量；ΔT 为表面温度与沿导热方向 L 深度处温度的差值。

7.4.2 热传导理论

不同的物质以及物质所处的不同状态(固态、液态和气态)，由于结构上的差别，导热的机理当然也不相同，相应的导热能力也大不一样。不过，有一点是共同的，即所有物质的热传导，不管它处于什么状态都是由于物质内部微观粒子相互碰撞和传递的结果。

在气体和液体中，热量的传导通常是通过分子或原子相互作用或碰撞来实现的；在无机介质(许多无机非金属材料)中，热量的传导是通过晶体点阵或者晶格的振动来实现的。由于晶格振动的能量是量子化的，把晶格振动的“量子”称为声子，所以介电物质的热传导就可以看成是声子相互作用和碰撞的结果。

在金属晶体中，热量的传导主要是通过电子的相互作用和碰撞来实现的，声子的相互作用和碰撞也有微小的贡献。

在上述三种热导机构中，热量传导的速度以电子碰撞的机构最快，声子碰撞次之，分子和原子碰撞最小。这就是金属晶体的导热系数一般比介电体大的原因，λ 为 50～415 J/(m·K·s)；导热系数最小的是气体，λ 为 0.007～0.17 J/(m·K·s)；而液体(金属液体除外)的导热系数大多是介于介电体和气体的导热系数之间，λ 为 0.17～0.7 J/(m·K·s)。

由于气体、液体和固体中的导体和非导体的热导机理都是微观粒子如分子、原子、电子

和声子相互的作用或碰撞，因此它们导热系数的数学表示式应具有相同的形式，差别只是表示式中的物理量的含义不同而已。

要从微观的角度建立固体材料导热系数的数学表示式可以从比较简单的气体着手。

1. 分子导热机理

按照理想气体分子运动的理论可以研究气体导热的机理，推导出分子导热机构的数学表示式。

为了避免扩散现象的复杂影响，假设在时间间隔 dt 内，通过面积元 dF，由区域Ⅰ到区域Ⅱ和由区域Ⅱ到区域Ⅰ的分子数 M 是相同的(见图 7-16)，并有

$$M=\frac{1}{6}n\bar{v}\mathrm{d}\tau\cdot\mathrm{d}F \tag{7-88}$$

式中：n 为单位体积内的分子数；$\bar{v}$ 为分子的平均速度。

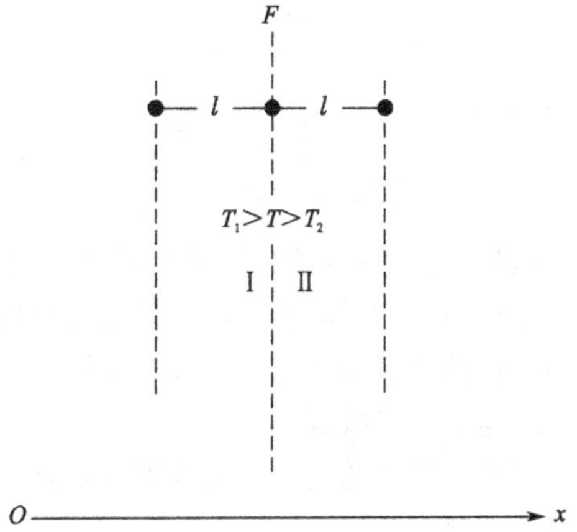

图 7-16　分子导热机构示意图

每个分子所储备的热量为

$$W=\frac{i}{2}KT \tag{7-89}$$

式中：T 为分子原来所在处的温度；K 为玻尔兹曼常数；i 为分子的自由度数。

如果沿与面积元 dF 垂直的 x 方向的温度不同，即 $T_1>T>T_2$，那么，从区域Ⅰ来到区域Ⅱ中的每一分子都将比从相反方向运动的分子输运更多的热能。由式(7-88)和式(7-89)可求出，在 dt 时间内，从区域Ⅰ到区域Ⅱ和从区域Ⅱ到区域Ⅰ沿 x 方向通过面积元 dF 的热能分别为

$$Q_1=\frac{1}{6}\cdot\frac{i}{2}KT_1\cdot n\cdot\bar{v}\mathrm{d}\tau\mathrm{d}F \tag{7-90}$$

$$Q_2=\frac{1}{6}\cdot\frac{i}{2}KT_2\cdot n\cdot\bar{v}\mathrm{d}\tau\mathrm{d}F \tag{7-91}$$

把式(7-90)与式(7-91)相减，可得到从区域Ⅰ输运到区域Ⅱ的总热量 dQ，即

$$Q_1-Q_2=\frac{1}{6}\cdot\frac{i}{2}K(T_1-T_2)\cdot n\cdot\bar{v}\mathrm{d}\tau\mathrm{d}F \tag{7-92}$$

由于

$$(T_1-T_2)=-2\frac{\mathrm{d}T}{\mathrm{d}x}\cdot\bar{l} \tag{7-93}$$

这里，$\bar{l}$ 为区域Ⅰ和Ⅱ的平均宽度，将式(7-93)代入式(7-92)，得

$$\mathrm{d}Q=-\frac{1}{3}\cdot\frac{i}{2}Kn\bar{v}\bar{l}\frac{\mathrm{d}T}{\mathrm{d}x}\cdot\mathrm{d}\tau\cdot\mathrm{d}F \tag{7-94}$$

根据分子物理学的理论，K(玻尔兹曼常数)等于普适气体常数 R 和阿伏加德罗数 N 之比，即 $K=\frac{R}{N}$，$C_V=\frac{i}{2}R$。则 $\frac{i}{2}K=\frac{C_V}{N}$，即一个分子的热容量为 $\frac{i}{2}K$，它乘上单位体积内的分子数 n 后得 $\frac{i}{2}Kn$，就等于单位体积气体的热容 C_V，即

$$\frac{i}{2}Kn=C_V$$

把上式代入式(7-94)后得

$$dQ = -\frac{1}{3}C_V\cdot\bar{v}\bar{l}\ \frac{dT}{dx}\cdot d\tau\cdot dF \tag{7-95}$$

根据傅里叶定律

$$dQ = -\lambda\frac{dT}{dx}d\tau\cdot dF \tag{7-96}$$

由式(7-95)和式(7-96)即可得

$$\lambda = \frac{1}{3}C_V\cdot\bar{v}\bar{l} \tag{7-97}$$

式中区域Ⅰ和区域Ⅱ的平均宽度就是气体分子的平均自由程。

前已指出,气体、金属晶体以及介电体的导热机理都是不同微观粒子相互作用或碰撞的结果。因此金属和介电体的导热系数数学表示式都应与式(7-97)具有相同的形式。

2.电子导热机理

由于金属中的电子不受束缚,所以电子间的相互作用或碰撞是金属中导热的主要机制,即电子导热机构。

对于纯金属,电子对导热的贡献远远大于声子对导热的贡献。不过随着温度的降低在低温下声子导热对金属总的导热的贡献将略有增大。半导体陶瓷由于含有弱束缚的电子,电子导热机制对其也有贡献。

金属中电子导热的贡献也可表示为

$$\lambda = \frac{1}{3}C_V\cdot\bar{v}\bar{l} \tag{7-98}$$

式中:C_V为单位体积电子的热容;$\bar{v}$ 为电子的平均速度;$\bar{l}$ 为电子的平均自由程。

式(7-98)还可写成

$$\lambda = \frac{1}{3}n\cdot C_V^0\cdot\bar{v}\bar{l}$$

式中:n 为单位体积的电子数;C_V^0 为每个电子的热容。

3.电子导热与温度的关系

金属中电子导热随温度变化的关系,大体上可按三个温度范围来进行分析。

1)很低温度

这时,电子运动的平均速度 $\bar{v}$ 与温度无关,可近似作常数处理。电子的平均自由程 $\bar{l}$ 主要由晶体本身的位错等固有缺陷决定,因而也可近似作常数处理。电子的热容 C_V^0 与温度成正比。所以,由方程(7-98)可知,在很低温度下电子的导热系数随温度呈线性变化。这相当于图 7-17 中实曲线的最前面一段。

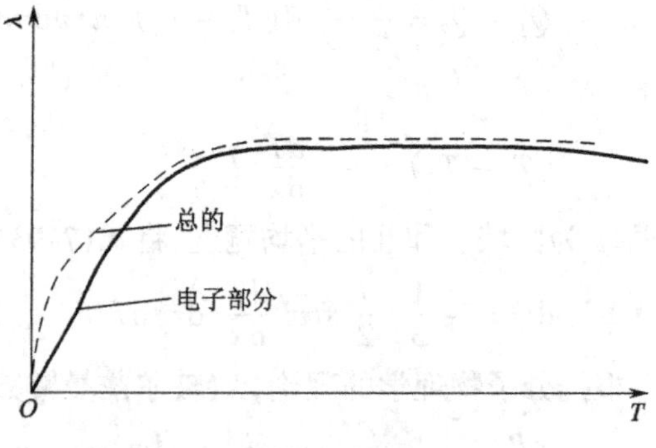

图 7-17 金属导热系数的理论曲线

2)中等温度

这时,电子运动的平均速度 $\bar{v}$ 仍为一常数,电子的热容 C_V^0 也仍与温度成正比。而电子的平均自由程 $\bar{l}$ 由于温度升高和热运动加剧,便与温度成反比。综合考虑了上面三个因素后,便可知在中等温度下电子的导热系数不随温度的变化而变化，接近一常数。这相当于图 7-17 中实曲线中比较平坦的一段。

3)很高温度

这时，电子运动的平均自由程 $\bar{l}$ 仍与温度成反比，电子的热容 C_V^0 则接近一常数。由于电子的动能不再与温度无关，电子运动的平均速度 $\bar{v}$ 与温度的关系为 $\bar{V}\propto\sqrt{T}$。根据方程(7-98)，综合考虑了上面三个因素后，便可知在很高温度下，电子的导热系数随着温度的增加而略有减小。这相当于图 7-17 中实曲线最后的一段。

上面讨论的电子导热机理虽然是金属导热的主要机理，但并不是唯一的机理。金属总的导热系数中，晶格振动导热(即声子导热)也起一定作用。金属的总导热系数曲线是图 7-17 中的虚线部分。比较图 7-17 中的实线和虚线可知，在很低温度下，电子对导热系数的贡献是比较小的，而晶格振动的格波或声子对导热系数的贡献却相当显著。因此在很低温度下，金属导体与无机非金属介电体在导热能力方面的差别并不像中温和高温下那样明显。

4.声子导热机理

在绝大多数无机非金属材料中，由于它的电子是被束缚的，因此不能成为导热的载体，不能用电子导热机构来解释介电体中的导热现象。

在介电体中，热能的传导是靠晶格振动来实现的。根据量子理论，晶格振动的能量是量子化的。通常把晶格振动的“量子”称为“声子”。这样，就可用声子的概念来描述介电体的热传导过程，把晶格振动的格波和物质的相互作用理解为声子和物质的碰撞。格波在晶体中传播时受到散射，可以认为是由于声子与声子以及声子与晶界、点阵缺陷等的碰撞引起的。实践证明，这样的概念不仅是正确的，而且对处理晶体中的导热过程，会带来很大的方便。

根据德拜的设想，认为介电体中的导热过程是声子间的碰撞，它的导热系数的数学表示式应与气体中的导热系数的数学表示式相同，即

$$\lambda=\frac{1}{3}C_V\cdot\bar{v}\cdot\bar{l}\tag{7-99}$$

只是式中 C_V、$\bar{v}$、$\bar{l}$ 分别表示单位体积的声子热容、声子运动的平均速度和声子的平均自由程。

从导热系数的表示式来看，影响介电体导热系数的主要因素是声子的平均自由程 $\bar{l}$。$\bar{l}$ 值的大小基本上是由两个散射过程决定的，即声子间的碰撞引起的散射、声子与晶体的晶界、各种缺陷、杂质作用引起的散射。如果晶格的振动是谐性的，声子间碰撞就不再存在。但在实际晶体中，热能在介电体内的传播是非谐性的弹性波在连续介质的传播，都存在着声子间的相互作用。也就是非谐性作用，使不同的格波之间存在一定的耦合，而且这些格波或声子的振动频率值并不是一个常数。因此声子的散射机构和过程又取决于频率，介电体的导热系数表示式也应反映出与频率 ω 的关系，即

$$\lambda=\frac{1}{3}\int C_V(\omega)\cdot\bar{v}\cdot\bar{l}(\omega)\mathrm{d}\omega\tag{7-100}$$

这表明，当温度下降时，声子的平均自由程 $\bar{l}$ 将迅速地增大。这是由于在低温下，能够影响导热的声子间的相互作用，必须有格波参与，即高能量的格波参与。它的波数可以和倒格子原胞的尺度相比，这样的格波振动随温度下降而急剧下降。

除了声子间的相互作用引起的散射机构外，声子与晶体的不完整性、各种缺陷、晶界、杂质、位错以及晶体表面等作用也会引起散射，从而影响声子平均自由程的大小。这一类声子

散射机构对声子 $\bar{l}$ 的影响也随温度不同而变化。

在较高温度下(一般在室温以上),由晶体不完整性等引起的这一类声子散射与温度无关。在很低温度下,声子间相互作用的散射机构对声子平均自由程的影响迅速减弱,而晶体不完整性、缺陷等引起的这类散射机构则直接影响和决定 $\bar{l}$ 值的大小。

晶体的不完整性、缺陷、晶界、杂质等不仅引起声子的散射,而且也会引起晶格振动的非谐性,从而使声子间作用引起的散射加剧,进一步减小声子的平均自由程,导致晶体导热系数的降低。

5.光子导热机理

在固体电介质中,声子导热虽然是传导热能的主要机构,但并不是唯一的机构。在介电体中除了振动能以外,还有一小部分是较高频率的电磁辐射能。在温度不太高的情况下,由于较高频率的电磁辐射能在总的能量中所占的比重非常小,所以在讨论热容和导热系数时通常都忽略不计。但是当温度升到足够高时,这部分辐射能所占比重就增大了,因为它是与绝对温度的四次方成正比的。

处于温度 T 的黑体每单位体积的能量 E_T 由下式给出:

$$E_T = \frac{4\sigma n^3 T^4}{c}$$

与升高辐射温度的能量相对应的体积热容则由下式给出:

$$C_V = \left(\frac{\partial E}{\partial T}\right) = \frac{16\sigma n^2 T^3}{c} \tag{7-101}$$

式中:σ 为斯蒂芬-玻尔兹曼常数,$\sigma = 5.73\ \mathrm{J/(cm \cdot s \cdot K^4)}$;$c$ 为光速,$c = 3 \times 10^8\ \mathrm{m/s}$;$n$ 为折射率。

辐射的速度 $v = \frac{c}{n}$,把它和式(7-101)一起代入表示导热机构的方程式后,就可得到

$$\lambda_r = \frac{16}{3}\sigma \cdot n^2 T^3 \cdot l_r \tag{7-102}$$

式中:λ_r 为辐射导热系数;l_r 辐射能的平均自由程。

这种由较高频率的电磁辐射所产生的导热过程称为光子导热。λ_r 和 l_r 分别表示光子导热系数和光子的平均自由程。

光子导热的能量分布和平均自由程都与波长密切相关,通常可以用表示声子导热的方程式(7-102)来对光子导热进行定量分析。

光子导热的大小主要决定于它的平均自由程。对于不透明的材料,即 $l_r = 0$,光子导热可以忽略。如果光子平均自由程大到足以与研究的系统尺寸相比拟,则光子导热就成为一个表面或界面的现象。因此只有当光子的平均自由程比试样尺寸小的时候,材料中的光子导热过程才有意义。许多硅酸盐玻璃和单晶体材料在中温时就属于这种情况。在较高温度下,像烧结氧化物这一类半透明的陶瓷材料,光子导热过程也较重要。

一般对于介电材料中的许多单晶体在可见光波段内都具有良好的透明性;在紫外线波段内由于电子的激发往往就变成不透明的了;在红外线波段内由于原子振动,单晶体会出现吸收带。单晶体在不同波段内所具有的不同的透过和吸收特性使它的光子导热在不同波长时也有较大的差别。

大多数陶瓷材料在可见光和近红外波段内都具有较长的光子平均自由程。在 700 ~ 1 500 ℃范围内,由于黑体辐射的辐射光谱的峰值波长在 2 ~ 3 μm 之间,而且随着温度的升

高，峰值波长还将缩短。因此温度升得愈高，陶瓷材料光子的有效平均自由程就愈长。这时光子导热系数随温度升高而增大的程度，将比方程式(7-102)中给出的温度三次方关系还要大些。

由于材料的吸收系数是影响光子平均自由程或光子导热系数值的重要因素，而且吸收系数又随波长和温度的变化而变化，因此在研究材料的光子导热过程时，就必须了解材料在不同温度下对不同波长的吸收系数。

除了材料的吸收系数外，影响光子平均自由程的另一个重要因素是材料中存在的气孔。气孔能使光发生散射，引起光子衰减。由于材料内气孔与固相的折射率相差很大，因此即使只有 0.5% 的气孔率，材料的透射性也会明显降低，进而导致光子的平均自由程和光子导热系数减小。大多数多晶陶瓷材料总有一定的气孔率，因此它们的光子平均自由程及光子导热系数总是比玻璃和单晶体要小得多，一般相差一到三个数量级。所以烧结的多晶陶瓷材料在 1 500 ℃以上的高温，其光子导热过程才开始在总的导热过程中占有相当的比重。

7.4.3　多相复合材料的导热系数

多相复合材料的导热系数不仅与组成相的导热系数有关，而且还与每个相的相对含量以及它们的分布、排列、取向等有关。

Kingery 把相的分布简化为平行板式的相分布，多见于由金属反射屏箔片和玻璃纤维隔离层组合成的多层隔热材料、金属基体上的珐琅涂层或其他涂层。

这类材料的导热系数是各向异性的。当热流方向与平行板的平面平行时，相当于一个并联回路。这时平行板内每一层具有相同的温度梯度，大部分热流通过平行板内导热系数较高的层。这时，平行板总的导热系数

$$\lambda_m = V_1\lambda_1 + V_2\lambda_2$$

式中：V_1 和 V_2 分别为各层所占的体积分数；λ_1 和 λ_2 分别为各层的导热系数。λ_m 主要由导热系数较高的层决定。如果 $\lambda_1 \gg \lambda_2$，则有

$$\lambda_m \approx V_1\lambda_1$$

当热流方向与平行板的平面垂直时，相当于串联回路。这时，通过平行板内每一层的热流相等，但温度梯度不等。平行板总的导热系数 λ_m 由下式获得

$$\frac{1}{\lambda_m} = \frac{V_1}{\lambda_1} + \frac{V_2}{\lambda_2} \tag{7-103}$$

或

$$\lambda_m = \frac{\lambda_1 \cdot \lambda_2}{V_1\lambda_2 + V_2\lambda_1} \tag{7-104}$$

平行板总的导热系数 λ_m 主要由导热系数较低的层决定。如果 $\lambda_1 \gg \lambda_2$，则有

$$\lambda_m \approx \frac{\lambda_2}{V_2} \tag{7-105}$$

7.4.4　导热系数的影响因素

1. 温度对导热系数的影响

下面就温度对晶体和非晶体导热系数的影响分别进行讨论。

1)温度对晶体的导热系数的影响

①由实验数据可知,低温时,给定晶体的 $\bar{l}$ 值的上限约等于晶粒直径的大小。随着温度的升高,$\bar{l}$ 值逐渐减小,一直到很高温度时,$\bar{l}$ 值便趋向常数,约等于几个晶格间距 d,这就是 $\bar{l}$ 的下限值。可见,$\bar{l}$ 值的大小虽与温度有关,但温度对其影响的范围也仅限于上限值和下限值之间。当 $\bar{l}$ 达到下限值时,即使再升高温度,其值也不再减小;当 $\bar{l}$ 达到上限值时,即使再降低温度,其值也不再增大。因此晶体声子的平均自由程 $\bar{l}$ 的上限、下限值与晶体晶粒尺寸和晶格间距的大小密切相关。

②单位体积的声子热容 C_V 可以由德拜比热公式求得。可知,在很低温度和较低温度下,热容与绝对温度的三次方成正比。在德拜温度 Θ 以上,热容基本上不变,近似为常数 24.9 J/(mol·K)。

③声子的平均速度 $\bar{v}$ 值与弹性模量 E 和密度 ρ 等有关,而受温度的影响不大。因此为简化起见,$\bar{v}$ 近似地作为常数项来处理。

基于以上的分析,下面从理论上根据声子导热的机理,分析晶态介电体导热系数随温度变化的曲线。

①在极低温度时,声子平均自由程 $\bar{l}$ 已接近和达到它的上限值——晶粒的直径;声子的热容 C_V 则与 T^3 成正比;光子导热由于温度很低,可忽略不计。因此晶体的导热系数随温度的三次方成正比增大,相当于图 7-18 中的 Oa 段。

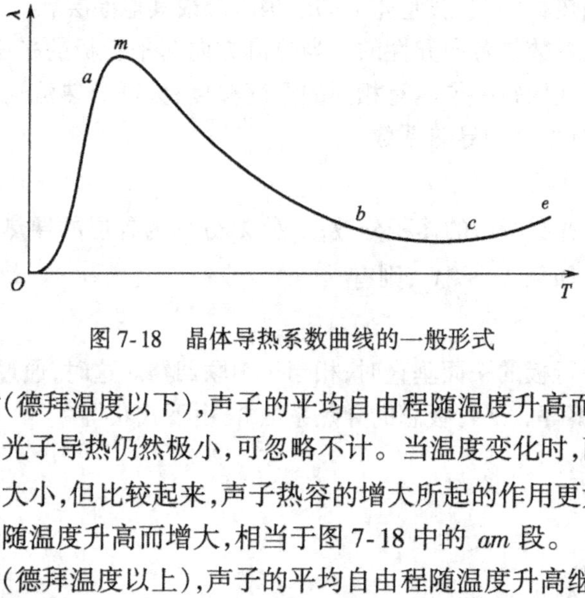

图 7-18 晶体导热系数曲线的一般形式

②在较低温度时(德拜温度以下),声子的平均自由程随温度升高而逐渐减小;声子的热容 C_V 仍与 T^3 成正比,光子导热仍然极小,可忽略不计。当温度变化时,两个作用相反的因素同时影响导热系数的大小,但比较起来,声子热容的增大所起的作用更大些。因此在较低温度下晶体导热系数仍随温度升高而增大,相当于图 7-18 中的 am 段。

③在较高温度时(德拜温度以上),声子的平均自由程随温度升高继续减小,声子热容则基本上不随温度而变化,接近为一常数。除透射性较好的陶瓷以外,大多数多晶材料的光子导热贡献仍可忽略不计。因此,这时晶体的导热系数基本上由声子平均自由程随温度升高而减小的规律决定,相当于图 7-18 中的 mb 段。

由于在德拜温度以下,晶体导热系数随温度升高而增大;在德拜温度以上晶体导热系数随温度升高而减小,那么可以设想在德拜温度附近晶体的导热系数将达到它的最大值,亦即图 7-18 中的 m 点。对许多多晶或单晶体材料导热系数的实验测定,也证明了存在导热系数峰值。然而对于各种物质,由实验测出的导热系数峰值相对应的温度与德拜温度并不都是很好吻合的。这是由于在讨论导热过程的机理或相应的方程式时,总是作了各种简化或者近似的处理，但是有一点可以肯定，对大多数晶体材料，用实验测定的导热系数随温度变化的曲线几乎都与从导热机理分析得到的导热系数曲线(图 7-18)的规律相近。

④在高温时，声子的平均自由程已逐渐接近它的下限值——几个晶格间距值。因此温度继续升高，$\bar{l}$ 值稍有减小或基本上不变；声子的热容则仍为常数；光子导热逐渐有所贡献，即随着温度的升高，光子平均自由程稍有增大。综合以上因素可知，导热系数随温度的升高变化很小，相当于图 7-18 中与横坐标近似平行的曲线段 *bc*。

⑤在很高温度时，声子的平均自由程已达到它的最小值，声子的热容仍为常数，光子的平均自由程则明显增大，即光子导热在总的导热中所占的比重增大。因此，这时晶体导热系数随温度升高而略有增大，相当于图 7-18 中的 *ce* 段。

2)温度对非晶体导热系数的影响

关于非晶体陶瓷材料的导热机理和规律，以玻璃作为实例进行分析。玻璃是具有近程有序、远程无序的结构。在讨论它的导热机理时，通常近似地把它当作只有几个晶格间距大小的极细晶粒组成的“晶体”来处理。这样，同样可以用声子导热机构来描述玻璃的导热行为和规律。从前面晶体的声子导热机构中，已知声子的平均自由程由低温下的晶粒直径大小变化到高温下的几个晶格间距的大小。因此对于其晶粒直径大约只有几个晶格间距的玻璃来说，它的声子平均自由程在不同温度下将基本上是一个常数，其数值近似等于几个晶格间距的值。

根据声子导热的方程式(7-99)可知，玻璃的导热系数随温度变化的关系，在较高温度以下的所有温度范围内，将主要由热容与温度变化的关系来决定；在较高温度以上，则还需考虑光子导热的贡献。

①在中低温以下，光子导热的贡献可忽略不计。声子导热随温度的变化由声子热容随温度变化的规律决定，即随着温度的升高，热容增大，玻璃的导热系数也相应地上升。这相当于图 7-19 中的 *OF* 段。

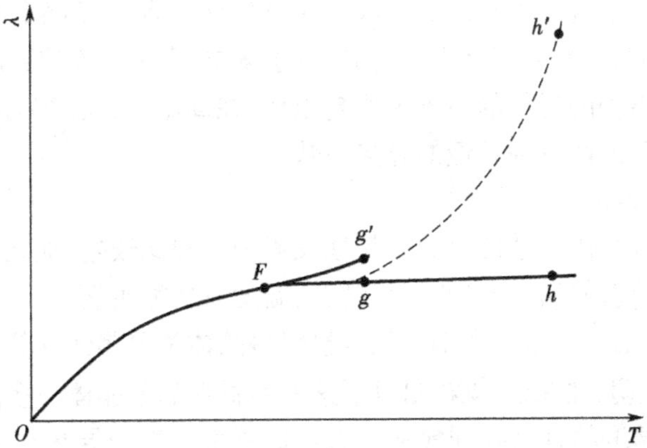

图 7-19　非晶体导热系数曲线的一般形式

②从中温到较高温度，随着温度的不断升高，声子的热容不再增大，逐渐成为一常数。因此声子导热也不再随温度升高而增大，因而玻璃的导热系数曲线呈现出与横坐标接近平行的直线，这相当于图 7-19 中的 *Fg* 段。如果考虑此时光子导热在总的导热中的贡献已开始增大，这相当于图 7-19 中 *Fg'* 段。

③随着温度的进一步升高，声子导热变化仍不大，这相当于图中曲线的 *gh* 段。但由于

光子的平均自由程明显增大，光子导热系数 λ_r 将随温度的三次方增大，这相当于图 7-19 中的虚线 gh' 段。对于那些不透明的非晶体材料，光子导热很小，不会出现 gh' 段。

2. 化学成分和杂质对导热系数的影响

材料的化学组成越复杂，杂质含量越多，它的导热系数降低得越快。这是因为，第二组分和杂质的加入，或固溶体的形成，都破坏了晶体的完整性，容易引起或产生晶格的歪扭、畸变和位错，使晶体结构变得复杂，于是在原来晶格中产生一种类似热运动的附加的"扰乱"，从而引起声子或电子的散射增加，非简谐振动加剧。这都使声子或电子的平均自由程减小，导致导热系数的降低。

对金属材料而言，例如在钢中加入 2% 的铝，它的导热系数几乎要降低 50%；再如金和银形成固溶体时，它的导热系数比纯金和纯银都要低得多。

在无机非金属材料中加入导热系数高的金属，例如在氧化铬中添加铝制备金属陶瓷时，由于形成 Al_2O_3-Cr_2O_3 固溶体，导热系数也明显降低了。

固溶体杂质降低导热系数的程度，取决于所加杂质与原物质在结合能、质量和尺寸上的差别。由于热散射的平均自由程随温度升高而急剧减小，因此，杂质降低导热系数的作用还与所处的温度密切相关。

化学组分的变化对于非化学计量材料影响更大，因为这种材料能形成许多种固溶体。

3. 晶体结构对导热系数的影响

晶体结构对导热系数的影响，主要表现在如下三个方面。

1）结构越复杂，导热系数越低

晶体结构复杂的材料，声子或格波的散射加剧，导热系数减小。即使对于那些结构相类似但复杂程度略有不同的材料，其导热系数值也会出现比较明显的差别。

例如，镁铝尖晶石（$MgAl_2O_4$）与 $Al_2O_3 \cdot MgO$ 的结构相似，而且它们的热容、膨胀系数和弹性模量都比较接近，但由于 $Al_2O_3 \cdot MgO$ 的结构更复杂，因而它的导热系数比 $MgAl_2O_4$ 要低得多。再如，莫来石（$Al_6Si_2O_{13}$）的结构比 $MgAl_2O_4$ 更复杂，因而导热系数更低。晶格结构复杂的程度不仅对导热系数的数值有影响，而且还会影响导热系数随温度变化的曲线。大量实验表明，具有复杂结构的材料的声子平均自由程，在高温下比较容易接近或达到其最小极限值——晶格尺寸值，因而得到较低的导热系数。

2）多晶体和单晶体的影响不同

与单晶体比较，多晶体在结构上的完整性及规则性都比较差，加之晶界上杂质和畸变等的影响，都使声子的散射增加。这种效应在较高温度下更为明显。

图 7-20 中列出了 Al_2O_3、CaF_2 和 TiO_2 三种材料多晶体和单晶体导热系数随温度变化的曲线。图 7-20 的结果表明，在 300～400 ℃以下这三种材料的单晶体与多晶体的导热系数几乎没有差别，但是随着温度的升高差别愈来愈大。这是由于光子导热在单晶体中比较大引起的，同时多晶体晶界对声子的散射也有一定影响。Eucken 和 Birch 等在其他材料中也发现了类似的结果。

从图 7-20 中还可以看出，不同的晶轴方向，单晶导热系数也不同，具有各向异性的特点。这表明单晶体不同的晶轴方向对声子的散射是有差别的。

3）气孔对导绝系数的影响

气孔能引起声子的散射，气孔内的气体导热系数很低，因此气孔总是降低材料的导热能

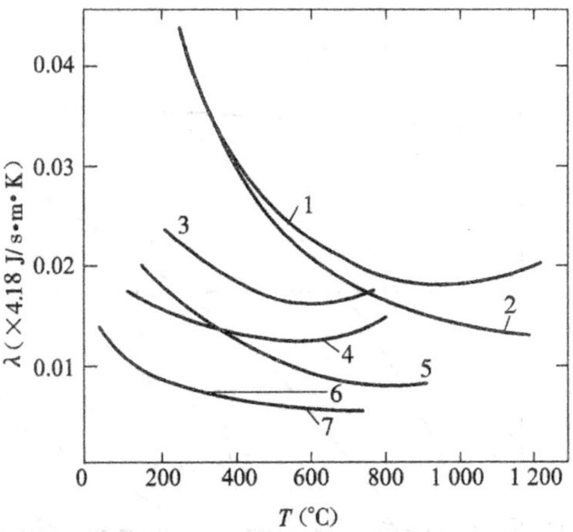

图 7-20　多晶和单晶 Al_2O_3、CaF_2 和 TiO_2 的导热系数曲线

1—单晶 Al_2O_3　2—多晶 Al_2O_2　3—单晶 TiO_2(平行于 c 轴)　4—单晶 TiO_2(垂直于 c 轴)

5—多晶 TiO_2　6—单晶 CaF_2　7—多晶 CaF_2(28 μm)

力,在较高温度下,气孔率越大,材料的导热系数越小。

一般陶瓷材料通常都含有一定的气孔,因此热量传递的三种形式都存在。当气孔的直径较小时,气孔的对流热传递可忽略不计。在温度较低时(室温附近),气孔的辐射热传递也很小,这时气孔的导热系数主要由气孔内的气体导热决定。因此,能明显地降低材料的总的导热系数。

随着温度的升高,气孔中气体的导热和对流热传递也相应地稍有增大,辐射热传递则明显增大。因此在气孔较小、温度较高的条件下,可以近似地把气孔的辐射热传递代表气孔总的热传递。

关于气孔尺寸和温度对气孔的气体导热和对气孔的辐射导热的影响,Kingery 和 Klein 等的研究结果如图 7-21。他们选定的气孔尺寸的变化范围为 0.005 ~ 0.5 cm,因此气孔中对流对导热的贡献可以忽略。选定的温度变化范围为室温到 2 000 ℃。为简化,假定气孔表面的热发射率均等于 0.5;气孔内的气压等于一个大气压。为进行比较,图 7-21 中还列出了 ZrO_2 导热系数曲线。

从图 7-21 可以看出以下三点。

①气孔的气体导热系数一般都是随着温度的升高而增大。当气孔的尺寸为 0.01 ~ 0.1 cm 时,导热系数从室温下的 1.5×10^{-2} J/(s·m·K)增加到 1 800 ℃下的 0.167 J/(s·m·K)。在同样温度下,气孔尺寸越小,导热系数越低,当气孔尺寸小到 0.005 cm 时,从 1 200 ℃开始,其导热系数反而随着温度升高而急剧下降。这是由于随着气孔尺寸的不断减小,气体分子运动的平均自由程逐渐接近于甚至大于气孔的尺寸,从而导致导热系数的降低;其次还由于随着温度的升高,气体分子运动的平均自由程也随着增大,以至于当气孔尺寸足够小而温度又相当高时,就会出现上面讲的 0.005 cm 气孔在 1 200 ℃以上导热系数急剧下降的现象。

②气孔的辐射导热受温度和气孔尺寸的影响较之气体导热更为明显。同样温度下,气孔越大,有效导热系数越大;同样尺寸的气孔,温度越高,其有效导热系数也越大。例如,0.5 cm 的气孔在 1 300 ℃时的有效导热系数已与 ZrO_2 的相等。

③在气孔总的导热中,气体导热和辐射导热所占的比重主要决定于温度,但也与气孔尺寸有关。对于 0.1 cm 的气孔,550 ℃左右或以下气体导热大于辐射导热,550 ℃左右或以上

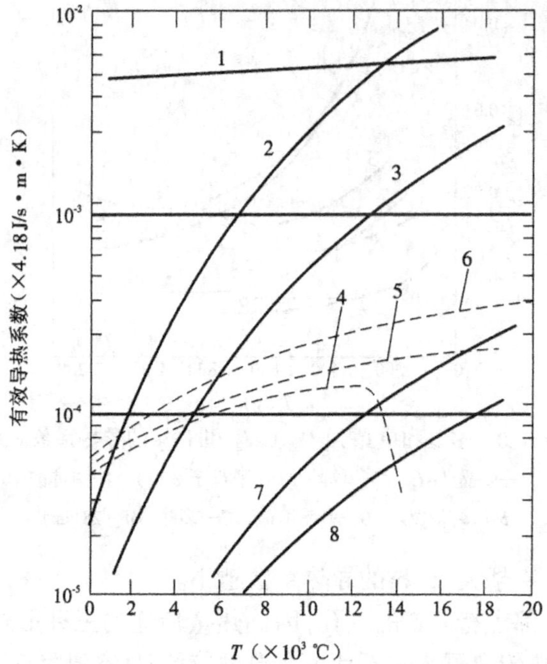

图 7-21　不同气孔尺寸、不同温度对气体导热和辐射导热的影响

1—ZrO_2　2—辐射导热，气孔直径 $d_p=0.5$ cm　3—辐射导热 $d_p=0.1$ cm　4—气体导热 $d_p=0.005$ cm　5—气体导热 $d_p=0.01$ cm　6—气体导热 $d_p>0.1$ cm　7—辐射导热 $d_p=0.01$ cm　8—辐射导热 $d_p=0.005$ cm

则相反；对于0.01 cm 的气孔，1 650 ℃左右或以下气体导热大于辐射导热，1 650 ℃左右或以上则相反。

4. 分子量、密度和弹性模量对导热系数的影响

理论密度 ρ 愈小的物质，Θ_D愈大，$\frac{1}{\lambda}$愈小，则导热系数愈大。因此，比较轻的物质一般具有较大的导热系数。

压缩系数 x 愈小或杨氏模量愈大的物质，Θ_D愈大，$\frac{1}{\lambda}$愈小，则导热系数愈大。因此结合能较大的物质一般总具有较大的导热系数。

原子量 A 愈小的物质，Θ_D愈大，$\frac{1}{\lambda}$愈小，则导热系数也愈大。

由于导热系数和晶体的结合能大小有关，则反应结合能大小的热膨胀系数和热容等，也与导热系数存在着一定的内在联系。一般来说，热膨胀系数较大的物质，其导热系数较小。对于各向异性的物质，热膨胀系数较小的那个方向，导热系数较大；反之，在热膨胀系数较大的那个分向，导热系数则较小。这种规律在石墨、石英和 TiO_2 等许多物质和材料中都得到了证实。

物质的导热系数与其分子量的大小有关，对于化合物来说，其组成元素原子量接近程度也会直接影响化合物的导热系数。组成二元化合物的两种元素的原子量愈接近，晶格振动的非简谐性也愈小，导热系数就愈大；反之，原子量相差得愈大，晶格振动的非简谐性也愈大，导热系数就愈小。

5.缺陷和显微结构对导热系数的影响

缺陷、杂质和显微结构对物质和材料导热系数的影响很大。这是由介电晶体的声子导热机理决定的。

在完全是简谐晶格振动的理想晶体中,不存在热阻,声子的平均自由程和导热系数在数值上是无穷大的。但是,每一种实际晶体的原子排列,总存在着不完整性和不规则性,即存在各种各样的缺陷:点缺陷如空位和间隙原子;线缺陷如位错;面缺陷如晶界和相界面等。各类缺陷都是引起声子散射的中心,因此都会减小声子平均自由程和导热系数。缺陷对总的导热系数的影响,由与倒逆过程的平均自由程相比较的相对声子平均自由程决定。为讨论方便起见,通常把晶体的缺陷或不完整性按其大小分为原子线度的缺陷(如杂质原子和位错)和较大尺寸的缺陷(如晶界和气孔)。

由小尺寸缺陷散射的声子平均自由程很难计算,但是可近似地认为它与温度无关,而与缺陷浓度有关。因此在德拜温度以上,具有这类缺陷的物质的总热阻写成

$$\frac{1}{\lambda} = aT + b$$

式中:b 为由缺陷的浓度和类型决定的常数;a 为由晶格导热系数确定的常数。

在接近绝对零度时,对较大尺寸缺陷(如晶界)的散射效应已进行了研究。低温下晶界散射是晶体总热阻的主要来源;在室温和室温以上,声子在晶界和气孔上的散射小到可予忽略。

晶界面的大小与晶粒尺寸有关。晶粒大小对导热系数的影响可表示为

$$\frac{1}{\lambda_s} = \frac{1}{V \cdot L \cdot T^3} \tag{7-106}$$

晶粒尺寸对导热系数的影响,也和晶界的散射一样,在低温下比较明显。

晶界对导热系数的影响,除了表现在它对声子的散射作用外,还表现在它本身的导热系数与晶粒内部的导热系数的差别上。由于相邻晶粒的位向不同,晶界的原子排列远较晶粒内部不规则和疏松,且易于聚集杂质,因此导热系数比晶粒内部低。对于多晶体来说,晶粒内部、晶界和气孔的导热系数各不相同,这三者决定了多晶体总的导热系数。减小晶界宽度、增大晶粒尺寸以减小晶体中晶界体积的百分比,以及把晶界的非晶态转化为晶态,都将使晶体材料总的导热系数增大,反之则降低。

显微结构对材料导热系数的影响还表现在其他许多方面。例如致密的烧结氧化铝的导热系数要比加发泡剂制成的泡沫氧化铝轻质砖的导热系数高几个量级。而用氧-乙炔焰或等离子弧焰喷涂成的氧化铝涂层的导热系数,则介于氧化铝陶瓷和氧化铝泡沫砖之间。上述三种氧化铝制品的导热系数的明显差别,主要是由它们显微结构上的不同引起的。

7.5　材料的抗热震性

所谓抗热震性,是指材料承受温度的急剧变化而抵抗破坏的能力,也即材料的热稳定性。由于材料在加工和使用过程中经常会受到环境温度起伏的热冲击,有时这样的温度变化还是非常剧烈的,尤其对陶瓷材料,抗热震性是一个非常重要的材料性能。

通常一些脆性材料(像陶瓷材料)的抗热震性是比较差的,它们在热冲击下的损坏有两种类型:一是材料发生瞬时断裂,对这类破坏的抵抗称抗热震断裂性;另一种是指热冲击循

环作用下,材料表面开裂、剥落,并不断发展,以致最终碎裂或变质而损坏,对这类破坏的抵抗称抗热震损伤性。

由于应用的场合不同,使得对材料抗热震性的要求很不相同。例如,对于一般的日用材料,通常只要求能承受温差为 100 K 左右热冲击;对于火箭喷嘴就要求瞬时能承受高达 3 000 ~ 4 000 K 的热冲击,而且还要经受高速气流的机械和化学作用。在这非常苛刻的条件下,材料的抗热震性尤为重要。目前由于材料结构和应用环境的复杂性,还不能用理论计算的方法求出材料的抗热震性,但可通过测定的方法,对材料或制品的抗热震性进行评定。这种方法一般是将试样或制品加热到一定温度,再施冷却,以检验材料的被破坏程度。不同的材料检验的标准不同。总之,对于材料的热稳定性,尚需提出一些评定因子,并建立评定因子与导致材料受热被破坏时的热应力之间的关系。

1.热应力

材料在不受其他外力的作用下,仅因热冲击而使材料对环境或材料内各组分之间产生作用力,当温度变化超过一定限度,材料将损坏,造成开裂和断裂,这是由于材料在温度作用下产生了很大的内应力,并达到或超过材料的强度限所导致的,对于这种内应力的产生和计算,分以下两种方式讨论。

①取一同性的均质的长为 l 的杆件,当它的温度从 T_0 升到 T' 后,杆件有 Δl 的膨胀,假若杆件能够完全自由膨胀,则杆件内不会因热膨胀而产生应力,若杆件的两端是完全刚性约束的(图 7-22),这样杆件的热膨胀便不能实现,在杆件与支撑体之间就会产生很大的应力。杆件所受到的抑制力,相当于把样品自由膨胀后的长度 $(l+\Delta l)$ 压缩为 l 所需要的力。在弹性限度内,杆件所承受的压应力服从胡克定律,则

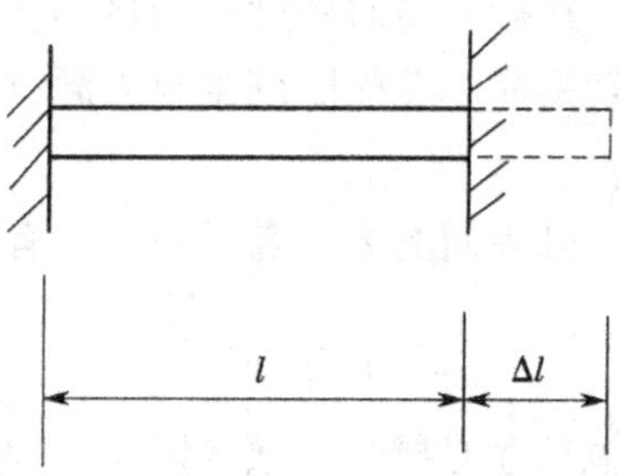

图 7-22 两端固定杆示意图

$$\sigma = E\left(\frac{-\Delta l}{l}\right) = -E\alpha(T' - T_0) \qquad (7\text{-}107)$$

式中:E 为材料的弹性模量;α 为膨胀系数;“-”表示压应力。

若上述情况发生在冷却状态下,即 $T_0 > T'$,则材料中内应力为张应力。

②另外一种情况是材料内各部分之间由于膨胀的差异,而使各部分之间产生牵制力。例如,上釉陶瓷制品中坯、釉间产生热应力;对于各向同性的材料,当材料中存在温度梯度时,也会产生热应力。因为物体在迅速加热或冷却时,外表的温度变化比内部快,外表的尺寸变化比内部大,因而内外体积单元的自由膨胀或自由收缩受到限制,产生热应力。另外,还有各向异性的材料和多相复合的材料,因各相膨胀系数的不同而相互间产生热应力。对于材料内部的这种热应力,可用无限平板模型作简化计算(图 7-23)。

如图 7-23 所示,薄板受冷却时,y 方向的尺寸较小,所以容易均匀,在垂直于 y 轴各平面上的温度是一致的,所以视 y 方向材料可自由膨胀,即 $\sigma_y = 0$。但在 x 轴和 z 轴方向上的表面和内部的温度有差异,外表面温度低,中间温度高,它约束外表面的收缩($\varepsilon_x = \varepsilon_z = 0$),因而产生热应力 $+\sigma_x$ 和 $+\sigma_z$。根据广义胡克定律得

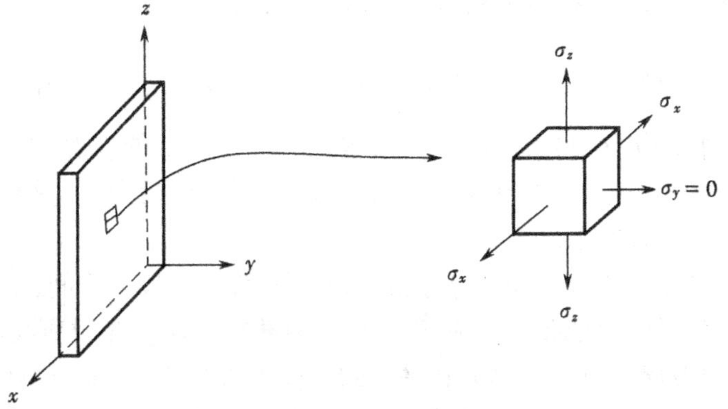

图 7-23　薄板型材料的热应力状态示意图

$$\left.\begin{aligned}\varepsilon_x &= \frac{\sigma_x}{E} - \mu\left(\frac{\sigma_y}{E} + \frac{\sigma_z}{E}\right) - \alpha\Delta T = 0\\ \varepsilon_z &= \frac{\sigma_z}{E} - \mu\left(\frac{\sigma_x}{E} + \frac{\sigma_y}{E}\right) - \alpha\Delta T = 0\\ \varepsilon_y &= \frac{\sigma_y}{E} - \mu\left(\frac{\sigma_x}{E} + \frac{\sigma_z}{E}\right) - \alpha\Delta T\end{aligned}\right\} \tag{7-108}$$

解为

$$\sigma_x = \sigma_z = \frac{\alpha E}{1-\mu}\Delta T \tag{7-109}$$

2. 抗热震断裂因子

根据上述的分析，只要材料中最大热应力值 σ_{max}（一般在表面及中心部位）不超过材料的强度极限 σ_b（对于脆性材料显然应取其抗张强度极限），则材料不致损坏，再根据式(7-108)形式，可得到材料中允许存在的最大温差

$$\Delta T_{max} = \frac{\sigma(1-\mu)}{\alpha E} \tag{7-110}$$

显然 ΔT_{max} 值愈大，说明材料能承受的温度变化愈大，即抗热震性愈好，所以定义 $R \equiv \frac{\sigma(1-\mu)}{\alpha E}$ 为材料的第一热应力断裂抵抗因子，简称为第一热应力因子。

然而实际的情况又要复杂得多，材料是否出现热应力断裂，固然与热应力 σ_{max} 的大小有着密切的关系，但是还与材料中应力的分布、应力产生的速率和持续时间、材料的特性（例如延性、均匀性等）以及原先存在的裂纹、缺陷等情况有关。因此，R 虽能在一定程度反映材料抗热冲击性的优劣，但并不能简单地认为就是材料允许承受的最大温度差，而只能看作 ΔT_{max} 与 R 有一定的关系：

$$\Delta T_{max} = f(R) \tag{7-111}$$

实际上制品中的热应力与材料的热导率、形状大小、材料表面对环境进行热传递的能力等有关。例如热导率 λ 大、制品厚度 b 小、表面对环境的传热系数 h 小等，都有利于制品中温度趋于均匀，而使制品的抗热震性改善。因此式(7-111)是不完整的，根据实验的结果可以整理出如下的形式：

$$\Delta T_{max} = f(R) + f'\left[\frac{\sigma(1-\mu)}{E\alpha}\cdot\frac{\lambda}{bh}\right] \tag{7-112}$$

定义 $R' \equiv \dfrac{\sigma(1-\mu)\lambda}{E\alpha}$为第二热应力断裂抵抗因子。由于 b 和 h 不属于材料本质特性,因此不计入 R'中。对于制品的厚度 b(或半径 r)和 h 很大而 λ 很小时,式中 $f'\left(\dfrac{R'}{bh}\right)$项就很小,可以略去,这时材料的抗热冲击断裂性,可由 R 来评定。相反的情况,如 b(或 r)和 h 都很小,而 λ 很大时,则相比较的结果 $f(R)$项可以忽略,而由 R'来评定。只有在适当的情况下,必须同时结合 R 和 R'来考虑。

另外,表面传热系数 $h(\mathrm{W/(m^2\cdot K)})$是表示材料表面与环境介质间,在单位温度差下、它的单位面积上、单位时间里能传递给环境介质的热量或从环境介质所吸收的热量,显然 h 和环境介质的性质及状态有关。例如在平静的空气中 h 值就小,而材料表面如接触的是高速气流,则气体能迅速地带走材料表面热量,h 值就大,表面层温差就大,材料被损坏的危险性就增大。

对于尺寸因素 b 的影响是比较容易说明的,图 7-24 表示了某些材料在 673 K(其中 Al_2O_3 分别按 373 K 及 1 273 K 计算)时,ΔT_{max}—bh 的计算值曲线。从图中可以看到一般材料在 bh 值较小时,ΔT_{max}与 bh 成反比。当 bh 值较大时 ΔT_{max}趋于一恒定值。另外,要特别注意图中几种材料的曲线是交叉的,其中 BaO 就很突出,它在 bh 很小时具有很大的 ΔT_{max},即抗热震性很好,仅次于石英玻璃和 TiC 金属陶瓷;而在 bh 很大时(如 $bh > l$),抗热震性就显得很差(由于强度低,热膨胀系数大),而仅优于 MgO。因此,实际上并不能简单地排列出各种材料的抗热冲击断裂性能的顺序来。

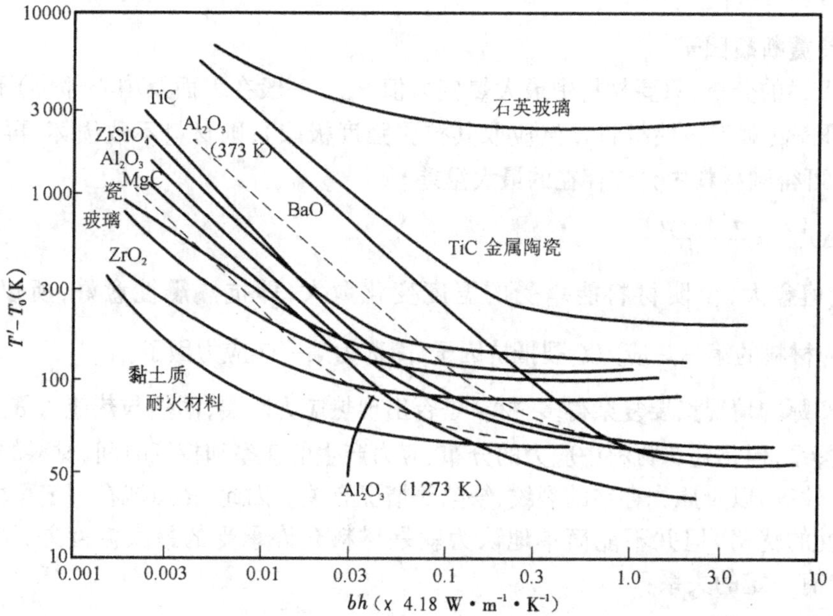

图 7-24 几种材料的 ΔT_{max}—bh 曲线

以上主要是从材料中允许存在的最大温度差的角度来讨论的(如图 7-25(a)的情况)。在一些实际场合中,往往关心的是材料允许的最大冷却(或加热)速率$\dfrac{dT}{dt}$,对于厚度为 $2b$ 的平板,根据图 7-25(b),可推导出

$$\left(\frac{\mathrm{d}T}{\mathrm{d}t}\right)_{\max}=\frac{\sigma(1-\mu)}{\alpha E}\cdot\frac{\lambda}{\rho C}\cdot\frac{3}{b^2} \tag{7-113}$$

式中：ρ 为材料的密度，kg/m^3；C 为热容。

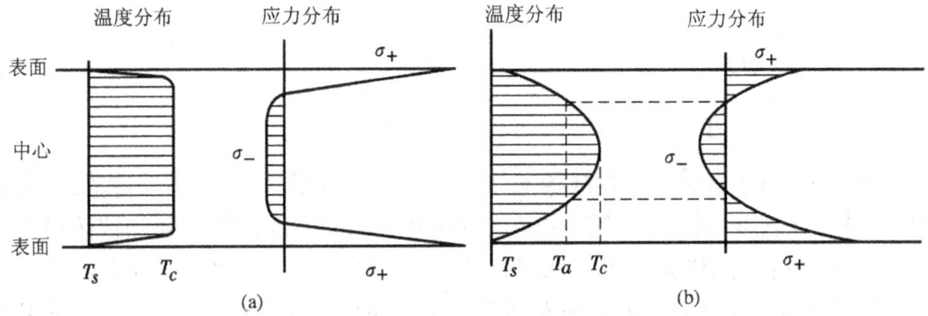

图 7-25　玻璃平板冷却时温度和应力分布示意图
(a)瞬间冷却　(b)缓慢冷却

通常定义 $a=\frac{\lambda}{\rho C}$为导温系数。它表征材料在温度变化时内部各部分温度趋于均匀的能力，λ 愈大，ρ、C 愈小，即热量在材料内部传递得愈快，材料内部温差愈小，这显然对抗热震性有利。因此又定义 $R''\equiv\frac{\sigma(1-\mu)}{\alpha E}\cdot\frac{\lambda}{\rho C}=\frac{R'}{C\rho}=Ra$ 为第三热应力断裂抵抗因子，这样式(7-113)就具有下列的形式：

$$\left(\frac{\mathrm{d}T}{\mathrm{d}t}\right)_{\max}=R''\frac{3}{b^2}$$

3.抗热震损伤性

上面的抗热震断裂因子是从热弹性力学的观点出发，以强度—应力为判据，认为材料中热应力达到抗张强度限后，材料就产生开裂，而一旦有裂纹产生就会导致材料完全破坏。所导出的结果对于一般的玻璃、陶瓷和电子陶瓷等都能较好地适用，但是对于一些含有微孔的材料(如黏土质耐火制品等)和非均质的金属陶瓷等都不适用，这些材料在热冲击下产生裂纹时，即使裂纹是从表面开始，在裂纹的瞬时扩张过程中也可能被微孔、晶界或金属相所中止，而不致引起材料的完全破坏。例如一些耐火砖中，往往在含有一定的气孔率时(如 10% ~20%)反具有较好的抗热冲击损伤性。而气孔的存在却降低材料的强度和热导率，会使 R 和 R' 值都要减小，因此这一现象按强度—应力理论就不能得到解释。实际上凡是热震破坏是以热冲击损伤为主的情况都是如此。因此，对抗热震性问题就发展了第二种处理方式，这就是从断裂力学观点出发，以应变能—断裂能为判据的理论。

在强度—应力理论中，对热应力的计算是假设了材料的外形是完全刚性约束的，所以整个坯体中各处的内应力都处在最大热应力值的状态，这实际上只是一个条件最恶劣的力学模型。它假设材料是完全刚性的，而任何应力释放(松弛)，例如位错运动或黏滞流动等都是不存在的，裂纹产生和扩展过程中的应力释放也没有考虑，因此按此计算的热应力破坏会比实际情况更严重。按照断裂力学的观点，对于材料的损坏，不仅要考虑材料中裂纹的产生情况(包括材料中原先就已有的裂纹状况)，还要考虑在应力作用下裂纹的扩展、蔓延情况。如果裂纹的扩展、蔓延能抑制在一个小的范围内，可能不致使材料完全破坏。

通常在实际材料中都存在一些大小和数量不等的微裂纹。在热冲击情况下，这些裂纹产生、扩展以及蔓延的程度，与材料积存的弹性应变能和裂纹扩展的断裂表面能有关。若材料中可能积存的弹性应变能较小，则原先裂纹的扩展可能性就小；又裂纹蔓延时断裂表面能大，则裂纹蔓延的程度就小，材料抗热震性就好。因此，抗热应力损伤性正比于断裂表面能，反比于应变能，这样提出了两个抗热应力损伤因子 R''' 和 R''''，它们定义为

$$\left.\begin{aligned} R''' &= \frac{E}{\sigma^2(1-\mu)} \\ R'''' &\equiv \frac{EG}{\sigma^2(1-\mu)} \end{aligned}\right\} \tag{7-114}$$

式中：G 为断裂表面能，J/m^2；R''' 为材料中储存的弹性应变能的倒数，用于比较具有相同断裂表面能材料的抗热震损伤性；R'''' 是用来比较具有不同断裂表面能材料的抗热震损伤性。

R''' 或 R'''' 高的材料抗热应力损伤性好。从 R''' 和 R'''' 的表达式可见，对于抗热震性好的材料，应有低的 σ 和高的 E，这与 R 和 R' 的考虑正好相反。原因在于二者的判据的依据不同，在抗热应力损伤性中，认为强度高的材料，原先裂纹在热应力作用下，容易产生过度的扩展蔓延，对抗热震性不利，尤其是在一些晶粒较大的样品中，经常会遇到这样的情况。

4.影响抗热震性的因素

通过对以上各个抗热应力因子的介绍，影响抗热震性的各种因素已很明显，现扼要地总结一下各种因素影响的实质，以便进一步了解各个因子的物理意义。

所包含的材料性能指标主要是 σ、E、α 和 λ，下面分别讨论。

1）强度 σ

从 R 和 R' 因子可以知道，高的强度使材料抗热震断裂性能增强，抗热震性得到改善。对于脆性材料，由于抗张强度小于抗压强度，因此提高抗张强度能起到明显的影响。例如，金属陶瓷因有较高的抗张强度（同时又有较高的热导率 λ），所以 R 和 R' 值都很大，抗热震性较好。烧结致密的细晶粒状态一般比缺陷裂纹较多的粗晶粒状态要有更高的强度，而使抗热震性较好。然而，一般陶瓷材料提高 σ 时，往往对应了较高的 E 值，所以并不能简单地认为 σ 高抗热震性就好。另外，从抗热应力损伤因子 R''' 和 R'''' 考虑，则要求有小的 σ 值和大的 E 值，与 R 和 R' 是相反的。实际上 R'''' 还正比于 G，一般材料高的 G 值也往往对应于高的 σ 值，所以尚不能过于片面地看待 σ 的影响。

2）弹性模量 E

E 值表征材料弹性的大小，E 值大弹性小。在热冲击条件下，材料难以通过变形来部分地抵消热应力，使得材料中存在的热应力较大，而对抗热震性不利。例如，石墨强度很低，但因 E 值极小，同时膨胀系数也不大，所以有很高的 R 值，又因热导率高而 R' 也仍很高，所以抗热震性良好。气孔会降低 E 值，同时又会降低强度、热导率等，因此必须综合地进行比较。

3）膨胀系数 α

热膨胀现象是材料中产生热应力的本质。同样条件下 α 值小，材料中热应力也小，因此对抗热震性来讲，总是希望 α 值愈小愈好。石英玻璃具有优良的抗热震性，突出的一点就是它具有很小的 α 值。通常陶瓷工厂在匣钵料中添加一些滑石就是为了能得到一些 α 很小的堇青石以改善抗热震性。对于具有多晶转化的材料，由于在转化温度下有膨胀系数的突然变化，因此在选用材料或控制热条件时都必须注意。

4）热导率 λ

热导率 λ 值大，材料中温度易于均匀，温差应力就小，所以有利于改善抗热震性。如

BeO 与 Al_2O_3的 R 值相近,但 BeO 因 λ 值大所以 R'值比 Al_2O_3高得多,抗热震性就优良。石墨、碳化硼、氮化硼等有良好的抗热震性,都与它们有着高的 λ 值密切相关。

综上所述,材料的抗热震性的好坏是由各个因素共同起作用的,所以并不能对各因素片面地、单一地来考虑,而必须综合考虑它们的影响。

复习题

1.试述杜隆-珀蒂定律的局限性是什么？为什么德拜定律在低温下与实验值能很好地符合？

2.证明六方晶体的体膨胀系数 $\beta = 2\alpha_1 + \alpha_{11}$。计算镁单晶在 20 ℃时体膨胀系数(已知镁单晶在垂直于[001]或[0001]方向 $\alpha_T = 24 \times 10^{-6}$℃$^{-1}$,镁单晶体在平行于[001]或[0001]方向 $\alpha_T = 27 \times 10^{-6}$℃$^{-1}$)。

3.试分析金属、陶瓷和透明材料导热机制有何不同。

4.康宁 1723 玻璃(硅酸铝玻璃)具有下列性能参数:$\lambda = 2.1$ J/(m·s·K),$\alpha = 4.6 \times 10^{-6}$/℃;$\sigma_p = 70.0$ MPa,泊松比 $\nu = 0.25$。求第一及第二热应力断裂抵抗因子。

5.一氮化硅制品,导热系数 $\lambda = 1.84$ J/(m·s·K),最大厚度为 120 mm。如果表面散热系数 $h = 500$ J/(m^2·s·K),假设形状因子 $S = 1$,计算可使用的最大温差。

第 8 章 材料弹性与阻尼性能

8.1 弹性与广义弹性

弹性模量(E)是材料最常用的力学性质之一,它描述应力与应变之间的比例关系。图 8-1 比较了金属、陶瓷和高分子的弹性模量。不同的弹性行为是由其基本结构决定的。金属与陶瓷材料的晶体结构、缺陷是理解和描述弹性的核心概念;而在高分子材料中,却是分子链的构型、交联与缠绕起了关键的作用。

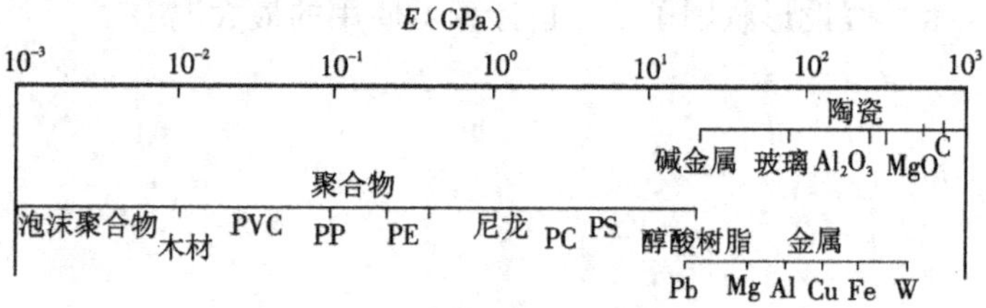

图 8-1 材料的弹性模量

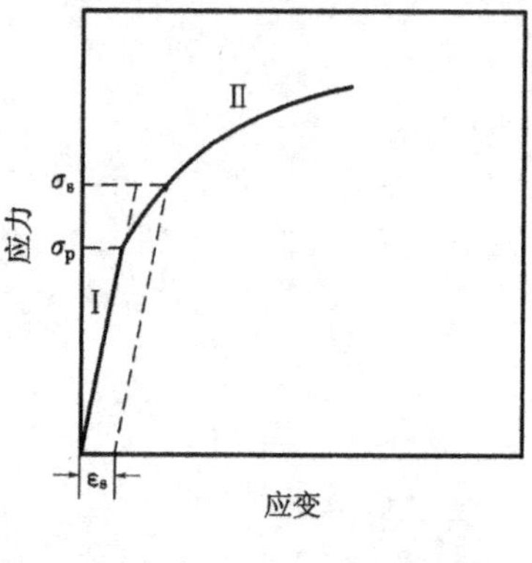

图 8-2 典型的应力—应变曲线

σ_p—屈服强度 σ_s—屈服极限强度

ε_s—卸载后剩余范性应变值

图 8-2 是一个典型的应力—应变曲线,是由应变速率恒定的拉伸机测量所获得的。曲线共分为两个区域。Ⅰ是弹性区,其基本特征是应力与应变间满足胡克定律,其比例系数定义为弹性模量,同时,当外力释放后,材料的变形能够恢复原来的状态;Ⅱ是塑性变形区,其特征是应力与应变间不一定满足正比关系,其特征系数远小于 E,外力释放之后再也回复不到初始材料的长度。

8.1.1 弹性参量

1.应力

为了描述在外力作用下,处于平衡状态的任意形状的介质内任一点处的应力状态,取通过该点的一个无限小的面元 dS(其法线矢量为 $\boldsymbol{n}$),设通过该面元的作用力为 $d\boldsymbol{F}$,则对应于该面元(或方向 $\boldsymbol{n}$)的应力矢量 $\boldsymbol{T}$ 定义为

$$d\boldsymbol{F} = \boldsymbol{T}\cdot dS \tag{8-1}$$

显然应力矢量 $\boldsymbol{T}$ 和 $\boldsymbol{n}$ 的方向不一定相同，即通过该点的应力与所考虑的平面方向有关。想要全面地描述介质中的应力状态，就应该知道通过介质中每一点的任意截面上的应力。为了达到这个目的，一般是在该点附近取一个无限小的体积元(图 8-3)，只要求出该立方体积元六个面上的应力，就可以知道过该点任意截面上的应力。对应于坐标轴向的应力矢量 $\boldsymbol{T}$ 的分量分别用 $\boldsymbol{T}_x$、$\boldsymbol{T}_y$、$\boldsymbol{T}_z$ 来表示，写为分量的形式即

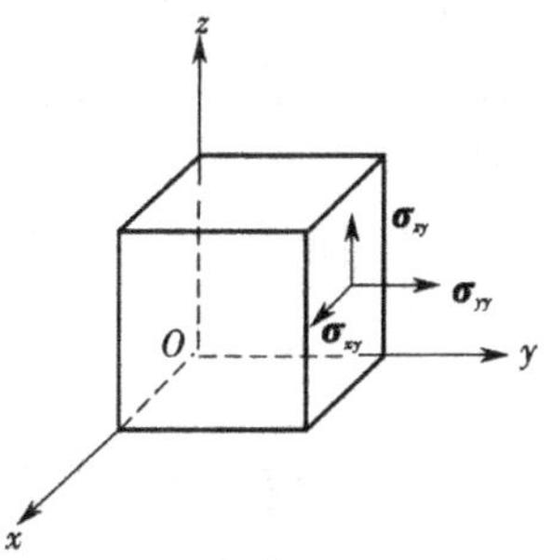

图 8-3　应力张量诸分量的说明

$$\left.\begin{aligned}\boldsymbol{T}_x &= \sigma_{xx}\boldsymbol{i} + \sigma_{yx}\boldsymbol{j} + \sigma_{zx}\boldsymbol{k}\\ \boldsymbol{T}_y &= \sigma_{xy}\boldsymbol{i} + \sigma_{yy}\boldsymbol{j} + \sigma_{zy}\boldsymbol{k}\\ \boldsymbol{T}_z &= \sigma_{xz}\boldsymbol{i} + \sigma_{yz}\boldsymbol{j} + \sigma_{zz}\boldsymbol{k}\end{aligned}\right\} \tag{8-2}$$

式中：σ_{xy} 表示 $\boldsymbol{T}_y$ 的 x 分量，余者类同。σ_{ij} 即构成了应力张量 $\boldsymbol{\sigma}$。在 $\boldsymbol{\sigma}$ 的诸分量中，$\boldsymbol{i}=\boldsymbol{j}$ 的是正应力分量，而 $\boldsymbol{i}\neq\boldsymbol{j}$ 的是切应力分量。

当应力张量 $\boldsymbol{\sigma}$ 的各个分量 σ_{ij} 均已知时，对应于任意方向 $\boldsymbol{n}$ 的应力矢量 $\boldsymbol{T}$ 即可求出。用张量 $\boldsymbol{\sigma}$ 与矢量的并矢积形式可表示为

$$\boldsymbol{T} = \boldsymbol{\sigma} \times \boldsymbol{n} \tag{8-3}$$

由于无限小体积元是处于平衡状态的，因此根据介质中体元所受的力偶矩平衡条件可导出

$$\boldsymbol{\sigma}_{ij} = \boldsymbol{\sigma}_{ji} \tag{8-4}$$

这表明应力张量是对称张量，只有六个独立分量，即三个正应力和三个切应力。知道了这六个应力分量就知道了该体积元的应力状态。

2. 应变

在应力作用下，固体的形状和体积会发生变化。应变就是用来描述固体在应力作用下内部各点相互位置改变的参量。介质中任意一点形变前后的位置可以分别用矢径矢量 $\boldsymbol{r}$ 和 $\boldsymbol{r}'$ 来表示，$\boldsymbol{u}$ 则代表变化的位移矢量，也就是位置的函数可定义为

$$\boldsymbol{u} = \boldsymbol{r} - \boldsymbol{r}' \tag{8-5}$$

如果知道了介质内任意一点的位移矢量，就能够完全地描述其形变状态。在无限小形变的情形下，若忽略刚体式位移，则相邻两点之间的相对位移 $\mathrm{d}\boldsymbol{u}$ 可表示为

$$\begin{aligned}\mathrm{d}\boldsymbol{u} = &\left(\frac{\partial u_x}{\partial x}\mathrm{d}x + \frac{\partial u_x}{\partial y}\mathrm{d}y + \frac{\partial u_x}{\partial z}\mathrm{d}z\right)\boldsymbol{i}\\ &+\left(\frac{\partial u_y}{\partial x}\mathrm{d}x + \frac{\partial u_y}{\partial y}\mathrm{d}y + \frac{\partial u_y}{\partial y}\mathrm{d}z\right)\boldsymbol{j}\\ &+\left(\frac{\partial u_z}{\partial x}\mathrm{d}x + \frac{\partial u_z}{\partial y}\mathrm{d}y + \frac{\partial u_z}{\partial z}\mathrm{d}z\right)\boldsymbol{k}\end{aligned} \tag{8-6}$$

这里的系数是形变张量 β 的分量。形变张量是非对称的，因此可以将它写为对称张量和非对称张量之和，即

$$\beta_{ij} = e_{ij} + w_{ij} \tag{8-7}$$

其中

$$\left.\begin{aligned}e_{ij} &= \frac{1}{2}\left(\frac{\partial u_i}{\partial x_j} + \frac{\partial u_j}{\partial x_i}\right) = e_{ji}\\ w_{ij} &= \frac{1}{2}\left(\frac{\partial u_i}{\partial x_j} + \frac{\partial u_j}{\partial x_i}\right) = -w_{ji}\end{aligned}\right\} \tag{8-8}$$

相对位移$\sum w_{ij}\mathrm{d}x_j$与刚体的旋转相当，使介质内相邻两点间的距离和夹角关系保持不变；而相对位移$\sum e_{ij}\mathrm{d}x_j$则使体元的形状与大小均发生变化。因而对称张量 e 称为应变张量，其中 $i = j$ 的分量称为正应变分量，$i \neq j$ 的分量称为切应变分量。

3. 弹性模量

应力和应变是伴生的，它们之间的关系很复杂。只有理想的弹性体应力和应变之间才有最简单的线性关系。但对一般物体而言，在弹性范围内，作为一级近似，特别是在小形变时，应力与应变也满足广义胡克定律

$$\sigma_{ij} = \sum_{k,l} c_{ijkl} e_{kl} \tag{8-9}$$

c_{ijkl}构成一个四阶张量，称为介质的弹性模量张量，又称弹性刚度张量。可见弹性模量是材料发生单位应变时的应力，它表征材料抵抗形变能力（即刚度）的大小。c 越大，越不容易变形，表示材料的刚度越大。弹性模量的单位与应力的单位相同，皆为 Pa。

由于应力和应变都是对称张量，所以 $\sigma_{ij} = \sigma_{ji}$，$e_{kl} = e_{lk}$，故有

$$c_{ijkl} = c_{jikl} = c_{ijlk} = c_{jilk} \tag{8-10}$$

这意味着弹性模量张量的 81 个分量中只有 21 个独立的分量。而根据晶体不同的对称性，独立分量的数目还会进一步降低。例如三斜晶系有 18 个独立的分量，单斜晶系有 12 个，正交晶系有 9 个，四方和菱面体晶系有 6 个，六角晶系有 5 个，立方晶系有 3 个，而在各向同性的介质中，弹性模量只有两个独立的分量。

下面只讨论各向同性介质中的情况。它有三种不同应变类型的弹性模量，分别称为杨氏模量 E、切变模量 μ 和体积模量 B。

$$E = \frac{\sigma}{\varepsilon} = \frac{F}{A_0} \bigg/ \frac{\Delta l}{l_0} \tag{8-11}$$

$$\mu = \frac{\tau}{\gamma} = \frac{F}{A_0 \tan\theta} \tag{8-12}$$

$$B = \frac{P}{\dfrac{\Delta V}{V_0}} = \frac{PV_0}{\Delta V} \tag{8-13}$$

对于各向同性材料，它们之间存在如下关系

$$E = 2\mu(1+\nu) = 3B(1-2\nu) \tag{8-14}$$

式中：ν 是泊松比（Poisson ratio），定义为在拉伸试验中，材料横向单位面积的减少与纵向单位长度的增加之比值，即

$$\nu = \frac{-\Delta A}{A_0} \bigg/ \frac{\Delta l}{l} = \frac{-\varepsilon_l}{\varepsilon} \tag{8-15}$$

式中：A_0为拉伸前材料的横截面面积；ΔA 为 A_0的减少量；ε_l为横向应变。在 E、μ、B 和 ν 四个参数中只有两个是独立的，只要知道其中两个参数，就足以描述各向同性材料的弹性力学行为。

弹性模量是固体原子之间结合强度的标志之一。原子半径和离子半径越小，原子价越高的物质，其弹性模量和硬度就越大。通常，弹性模量大小的顺序是碳化物（400 ~ 700 GPa）> 硼化物、氮化物 > 氧化物（150 ~ 300 GPa）。表 8-1 列出了一些典型陶瓷材料的弹性模量。烧结形成的陶瓷材料内部存在气孔，导致了其弹性模量随气孔率的增大而降低。

表 8-1　几种典型陶瓷材料的弹性模量

材料	E(Pa)	材料	E(Pa)
刚玉晶体	38×10^{10}	烧结 $MgAl_2O_4$(气孔率 5%)	23.8×10^{10}
烧结氧化铝(气孔率 5%)	36.6×10^{10}	致密 SiC(气孔率 5%)	46.7×10^{10}
高铝瓷(90%～95% Al_2O_3)	36.6×10^{-10}	烧结 TiC(气孔率 5%)	31×10^{10}
烧结氧化铍(气孔率 5%)	31×10^{10}	烧结稳定化 ZrO_2(气孔率 5%)	15×10^{10}
热压 BN(气孔率 5%)	8.3×10^{10}	SiO_2 玻璃	7.2×10^{10}
热压 B_4C(气孔率 5%)	29×10^{10}	奥来石瓷	6.9×10^{10}
石墨(气孔率 20%)	0.9×10^{10}	滑石瓷	6.9×10^{10}
烧结 MgO(气孔率 5%)	21×10^{10}	镁砖	17×10^{10}
烧结 $MoSi_2$(气孔率 5%)	40.7×10^{10}		

弹性模量的测定方法可分为静态法和动态法。静态法的测量原理是测量应力—应变曲线(弹性变形区),然后根据曲线计算弹性模量,这是一种经典的方法。但静态法有不足之处:其载荷大小、加载速度等都影响测试结果。在高温测试时,由于金属材料的蠕变现象而降低了测定的材料弹性模量值。此外,对脆性材料,静态法也遇到极大的困难。与静态法相比,动态法测弹性模量较精确。因动态法测试时试样承受极小的交变应力,试样的相对变形甚小,故用动态法测定杨氏模量 E、剪切模量 G 对在高温和交变复杂负荷条件下工作的金属零件、部件尤其重要。

一般情况下,静态法测定的结果较动态法低。若动态法加载频率很高,可认为是瞬时加载,这时试样与周围的热交换来不及进行,即几乎是在绝热条件下测定的。而静态法的加载频率极低,可认为是在等温条件下进行的。二者弹性模量存在如下关系:

$$\frac{1}{E_i}-\frac{1}{E_a}=\frac{\alpha_l^2 T}{\rho\cdot c} \tag{8-16}$$

式中:E_i表示在等温条件下测得的弹性模量;E_a表示在绝热条件下测得的弹性模量;ρ 是材料的密度;c 表示材料的等压比热;α_l为材料的热膨胀系数。

8.1.2　常规弹性的物理本质

一个系统的平衡状态是由其自由能 $F=U-TS$ 的极小值所决定的。如果加上外力使一个固体拉伸,就会偏离其平衡态,使之自由能增大。通常固体作弹性拉伸时,其原子间距增大,因而外力对抗了原子间作用力做了功,导致固体的内能 U 增加,从而使自由能增大。因此常规弹性来源于内能增加引起的自由能增加。

在简单的情况下,两个固体原子之间相互作用的 Lennard-Jones 势可表示为

$$\Phi(r)=\frac{pq}{p-q}\varepsilon_b\left[\frac{1}{p}\left(\frac{a_0}{r}\right)^p-\frac{1}{q}\left(\frac{a_0}{r}\right)^q\right] \tag{8-17}$$

式中:ε_b 是势能极小值;p 和 q 反映势能变化的趋势。对于惰性元素(如 Ar)、固体和金属,$p=12,q=6$,上式简化为

$$\Phi(r)=\varepsilon_b\left[\left(\frac{a_0}{r}\right)^{12}-2\left(\frac{a_0}{r}\right)^6\right] \tag{8-18}$$

势能曲线见图 8-4。原子间距离为 a_0时,势能最低。当固体受压应力时,固体势能增加,原子之间受排斥力;当受拉应力时,原子之间受吸引力。力的大小为

$$F_{外力}=+\frac{\partial\Phi}{\partial r} \tag{8-19}$$

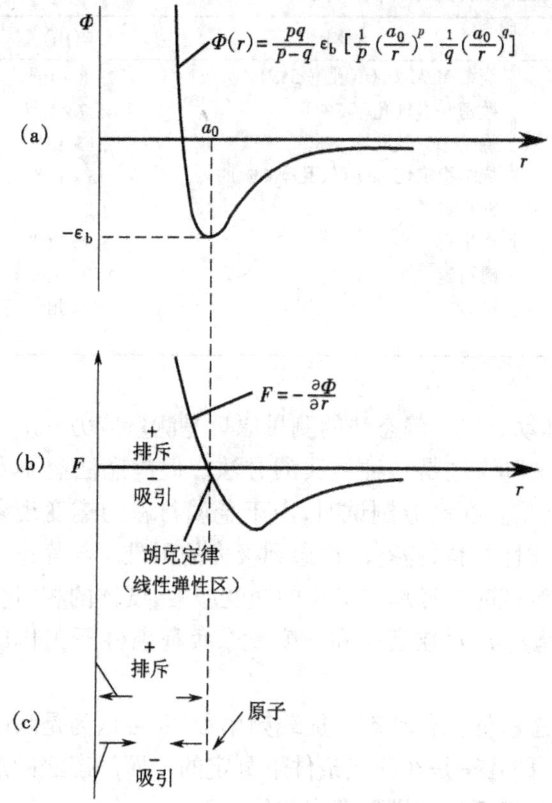

图 8-4 两固体原子之间相互作用的 Lennard-Jones 势

(a)原子间的互作用势函数 Φ 与原子间距 r 的关系 (b)原子间的互作用力与 r 的关系 (c)惯用的互作用力方向和符号

根据式(8-18)和式(8-19)有

$$F_{外力}=\frac{60\varepsilon_b}{91a_0}\cdot\frac{\Delta r}{a_0}=\frac{60\varepsilon_b}{91a_0}\cdot\varepsilon \tag{8-20}$$

结合式(8-11),有

$$E=\frac{60\varepsilon_b}{91a_0} \tag{8-21}$$

因而,势能最小值越低,则势阱越深,改变原子之间的相对距离所做的功越大,弹性模量越大。

从实验中观察到,多数多晶金属材料,不管它们是否遵循 Lennard-Jones 势,其弹性限度仅为 0.2%,超过这个范围便发生塑性变形。原因是因为金属中总有大量的位错存在。由于金属键使得位错滑移很容易发生,从而大大降低了其理论强度。

陶瓷材料的特征是硬而脆,其弹性模量很高(通常是金属的 10 倍),但其变形量很小,以至于很难利用拉伸实验获得弹性模量的数据。这是因为陶瓷通常的键合是离子键或共价键,原子之间的相互作用力很强,相互之间键角十分固定,以至于很难变形。另一方面,材料内部的微观缺陷(如位错、空位、晶界和微裂纹)又显著地降低了理论强度,而且由于键合的特点,使得陶瓷的应力释放以裂纹的扩展为主,而不像金属那样依靠位错的滑移。

8.1.3 高弹性的物理本质

高弹性指物体可以伸长很多倍的性质，它们具有两个特点。一是宏观变形量特别大，很容易发生大的弹性变形，形变量甚至可以达到百分之几百，相对于金属和陶瓷而言，它可谓是巨弹性体。二是弹性模量很小。如果基于上面讨论的弹性模型，这一现象很难得到解释，不可能想象两个原子之间拉伸了几个原子间距还能不发生断裂分离，并且能够在应力释放之后回复到初始的位置。

一般的固体在张力作用下会产生弹性的伸长，当外力撤去，又恢复原状，通常伸长到 1% 左右就到了弹性极限。而一块高弹性材料则可以弹性地拉伸到原来长度的 10 倍。两者差异如此之大，就应归根于机制不同。

根据自由能的表达式可知，系统自由能是由系统的内能和熵两部分组成的。因此增加内能或者减少熵都可以使系统的自由能增大。系统内能的增加带来自由能的增加，导致了常规弹性的产生，而系统熵的减小所引起的自由能的增加，则是高弹性产生的根本原因(图 8-5)。

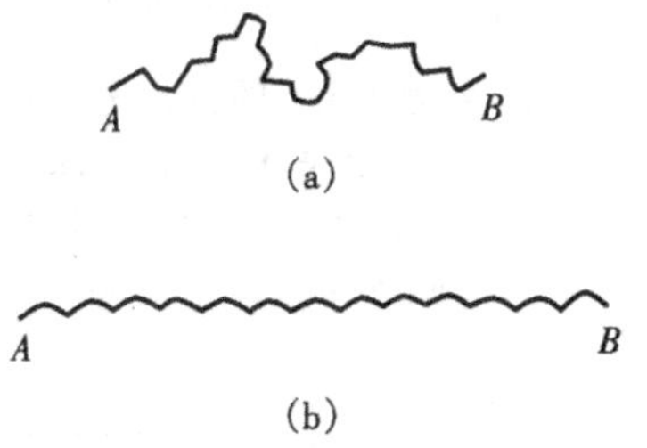

图 8-5　在交联点 A、B 之间的分子状态
(a)松弛状态　(b)完全张开状态

首先来考虑一维柔性长链分子的情形。按柔性长链分子的无规行走模型，长链分子一端到另一端距离为 R 的配分函数是 $P(R)$，它给出了链构型与所有具有 R 的相似链组成的系统的比例。$P(R)$ 具有正态高斯分布形式，即在 $\mathrm{d}R$ 体积内发现 R 矢量长度的长链分子的几率应具有高斯函数形式

$$P(R)\mathrm{d}R = A\mathrm{e}^{-b^2R^2}\mathrm{d}R \tag{8-22}$$

其中，A 为归一化因子。

由上式得到 $R \to R'$ 引起的熵变

$$\begin{aligned}\Delta S &= k_B \ln P(R') - k\ln P(R) \\ &= k_B \ln A\mathrm{e}^{-b^2R'^2} - k\ln A\mathrm{e}^{-b^2R^2} \\ &= -k_B b^2(R'^2 - R^2)\end{aligned} \tag{8-23}$$

对应于自由能变化

$$\begin{aligned}\Delta F &= \Delta H - T\Delta S \\ &= k_B T b^2(R'^2 - R^2)\end{aligned} \tag{8-24}$$

考虑沿 x 轴的一维拉伸，若两端在 x 轴向的间距为 R_x^*(另外两维不受限制)，则作用力

$$f = -T\frac{\partial \Delta S}{\partial R_x^*} \tag{8-25}$$

在作用力不大的情况下就会得到胡克定律。

以前由于技术手段的限制，要对单根柔性分子链进行拉伸试验是困难的。但近年来随着光摄、微探针等新技术的发展，人们成功地实现了对单根 DNA 分子链进行拉伸实验。其结果如图 8-6 所示。在形变初期，曲线与上述高斯链(GC)模型的结果大体吻合。当形变量较大时就有些偏离，这时就需要考虑到作用力对链段的顺向排列作用(类似于磁矩在磁场中排列起来的顺磁性效应)。这样，就提出了自由连接链 (FJC)模型，即将长链分子视为用枢

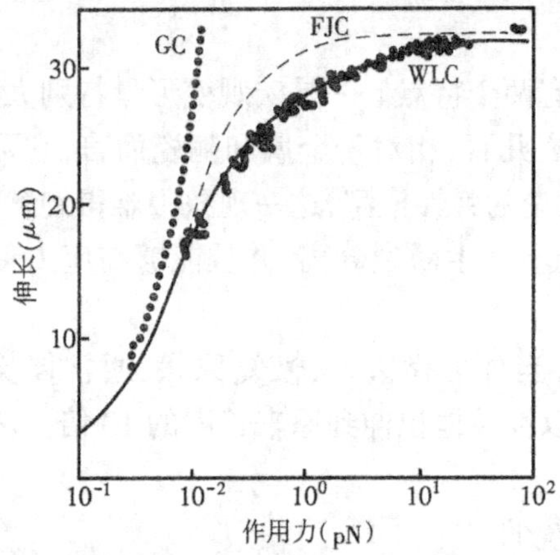

图 8-6 外力作用下的 DNA 分子的弹性性质
GC—高斯链模型的计算值
FJC—自由连接链的计算值
WLC—蠕虫链的计算值

点连接起来的一段段刚性短棒。其结果与实验在中形变区吻合得很好。再进一步假设枢点连续分布在链上,就得到了蠕虫链(WLC)模型,这个模型在大形变区域能很好地说明实验结果。

DNA 分子是一维的柔性链状结构,掺硫的橡胶则是三维的网状结构,同样也具有高弹性。天然橡胶接近于液态,其长链分子的单体为

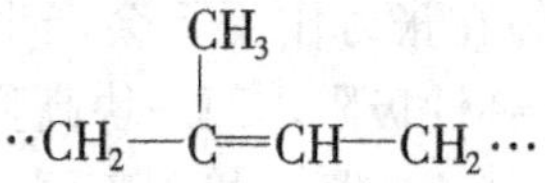

在橡胶中掺入 0.5% ~ 3% 的硫所起的作用是在长链分子间引入了许多交联点,如图 8-7 中所示的黑点。橡胶的拉伸使交联点间的分子线段变直,但基本上不影响分子中的原子间距。将弯曲的分子线团拉直,导致分子线段的位形熵减小,也就是说拉伸结果使有序度增加,因而外力的做

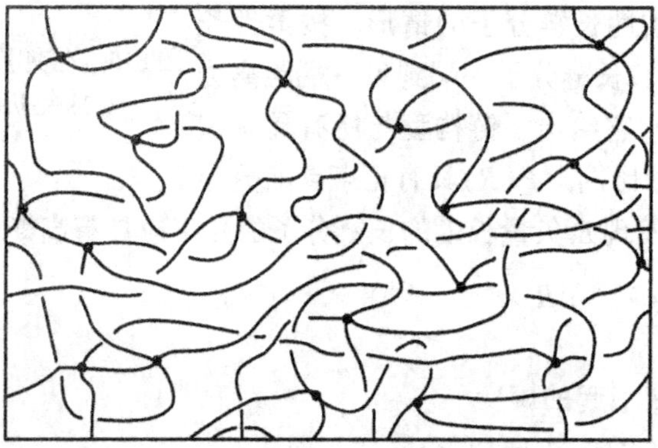

图 8-7 橡胶的交联无规网络模型

功会使熵减小,从而增大了自由能。橡胶的弹性形变是和熵联系在一起的。基于熵变化的弹性理论,可以求出橡胶的弹性模量作为交联点数目的函数(不引入任何经验参量),与实测结果大体相符(准确度约为 25%)。这充分表明上述橡胶形变和结构变化之间的关系是可靠的。这一结果也说明了橡胶作弹性形变反而导致了有序度的增加,X 射线衍射实验也证实了这一点。有迹象表明,形变会导致结晶化。考虑到三维的变形,有

$$R' = (\lambda_1 x, \lambda_2 y, \lambda_3 z)$$

$$\Delta F = kTb^2[(\lambda_1^2 - 1)x^2 + (\lambda_2^2 - 1)y^2 + (\lambda_3^2 - 1)z^2] = kTb^2 R^2(\lambda_1^2 + \lambda_2^2 + \lambda_3^2 - 3) \tag{8-26}$$

若沿 x 方向拉伸,则由 $\lambda_1\lambda_2\lambda_3 = 1$ 和 $\lambda_2 = \lambda_3$,可得

$$\Delta F = kTb^2 R^2\left(\lambda^2 + \frac{2}{\lambda} - 3\right) \tag{8-27}$$

由此试样张力 f 可表达为

$$f = 2kTb^2 R^2\left(\lambda - \frac{1}{\lambda^2}\right) \tag{8-28}$$

根据上式,在比较大的变形情况下($\lambda > 1$)应力—应变关系更接近于线性关系。如果形变量甚大,高斯链模型也就不适用了,而需要采用更加接近现实的 FJC 或 WLC 模型。

材料的弹性行为由胡克定律描述,区分材料弹性特征的参数有两个,一是弹性模量,二是相对变形的量。陶瓷材料具有很高的硬度,但相对变形量很小;橡胶具有很小的弹性模量,但相对变形量很大;金属则介于陶瓷和高分子橡胶之间。

8.1.4 黏弹性

实际上自然界中的任何物体均同时具有弹性和黏性这两种性质,根据外加条件不同(加载时间和温度),或主要显示弹性,或主要显示黏性。弹性体和黏性体的区别主要是:在外力作用下的形变与时间依赖关系不同。理想弹性体的形变与应力作用时间无关,而理想黏性体的形变与应力作用时间呈线性关系,高分子材料则处于二者之间,具有黏弹性。

黏弹性是高聚物材料的一个重要的特性。当温度超过流动转变温度 T_f时,线性高聚物就开始熔融,变为流动态。这时所形成的熔体不但会像牛顿流体那样表现出黏性流动,还会呈现出相当明显的弹性行为。

高聚物的力学性质随时间发生的变化通称为力学松弛,其中高聚物的蠕变和应力松弛都是重要的力学松弛现象。

蠕变描述的是在一定的温度和应力作用下,高聚物的形变随时间的变化。图 8-8 是高聚物典型的蠕变曲线。其中 t_1、t_2分别代表外应力开始作用和解除作用的时间。在外应力作用下,发生蠕变时的总形变可以用下式表示:

$$\varepsilon = \varepsilon_1 + \varepsilon_2 + \varepsilon_3 = \frac{\sigma}{E_1} + \frac{\sigma}{E_2}[1 - \exp(-t/\tau^*)] + \frac{\sigma}{\eta_3}t \tag{8-29}$$

式中:ε_1是由分子链内部键长和键角发生变化所引起的弹性形变;ε_2是高弹性部分,即由于分子链逐渐伸展而带来的弹性性质,与时间呈指数关系;ε_3为分子间的相对滑移造成的黏性流动所带来的形变。ε_1、ε_2是可回复的形变,ε_3是不可回复的形变。另外,式中 τ^* 是松弛时间,η_3为黏度系数。

一般来说,高聚物在玻璃化温度以下时,分子链段运动的松弛时间 τ^* 很长,黏度系数 η_3很大,因此 ε_2和 ε_3都很小,这时形变量主要决定于 ε_1;当温度高于玻璃化温度时,τ^* 随着温度的升高而减小,这时 ε_1和 ε_2是形变的主要组成部分;温度升到黏性流动温度以上时,τ^* 和 η_3都减小,ε_1、ε_2和 ε_3都比较显著。

在温度和形变保持不变的情况下,高聚物内部的应力会逐渐衰减,这就是黏弹性的应力松弛现象。这时,应力和时间呈指数关系,即

$$\sigma = \sigma_0 \exp(-t/\tau^*) \tag{8-30}$$

式中:σ_0是起始应力;τ^* 是松弛时间。图 8-9 是典型的高聚物的应力松弛曲线,图中不同种类的高聚物均显示了应力与时间的指数依赖关系。同蠕变一样,应力松弛也来源于高聚物中分子链段在外应力作用下的运动,即分子链段会沿着外应力的方向运动并排列,从而减小或完全消除了内部的应力。由此可见,松弛时间 τ^* 和温度是密切相关的。

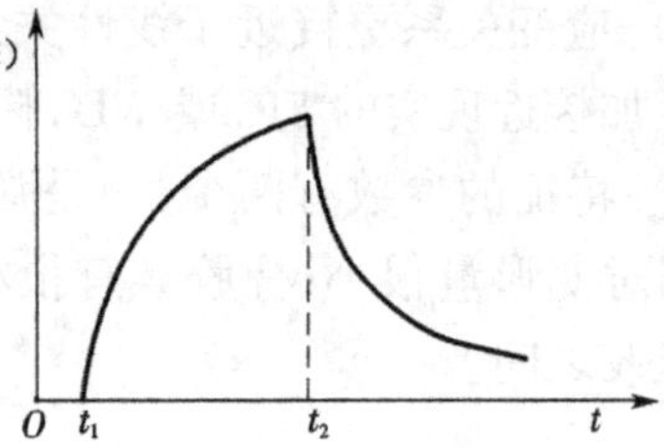

图 8-8 高聚物典型的蠕变曲线

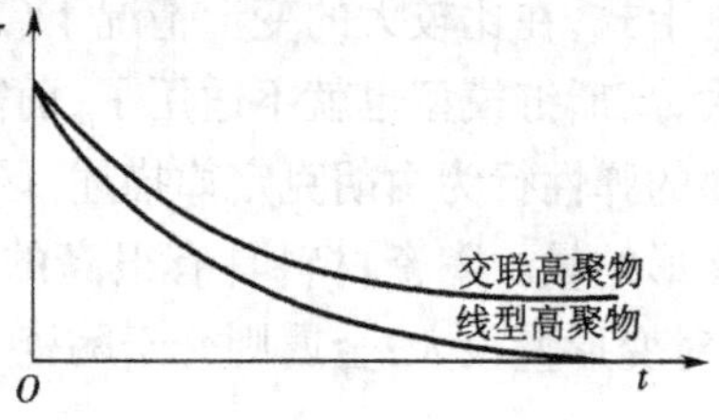

图 8-9 高聚物的应力松弛曲线

8.2 阻尼与阻尼材料

一自由振动的固体,即使与外界完全隔离,它的机械能也会转化成热能,从而使振动停止,要维持振动,则必须不断供给外部能量。这种由于固体内部原因使机械能消耗的现象称为阻尼或内耗。从工程应用的角度上讲,阻尼的产生机理是指一种工程结构如何将广义振动的能量转换成可以耗损的能量,从而抑制振动、冲击和噪声。耗损的能量与机械振动能量的比值称为损耗因子值。表 8-2 列出了各种材料在室温和声频范围内的损耗因子值。可以看到,它们相差达 5 个数量级。

表 8-2 各种材料的损耗因子值

材　料	材料的损耗因子值 β
钢、铁	$1\times10^{-4}\sim6\times10^{-4}$
有色金属	$1\times10^{-4}\sim2\times10^{-3}$
玻璃	$0.6\times10^{-3}\sim2\times10^{-3}$
塑料	$5\times10^{-3}\sim1\times10^{-2}$
有机玻璃	$2\times10^{-2}\sim4\times10^{-2}$
木纤维板	$1\times10^{-2}\sim6\times10^{-2}$
混凝土	$1.5\times10^{-2}\sim5\times10^{-2}$
干沙	$1.2\times10^{-1}\sim6\times10^{-1}$
高分子黏弹性材料	$2\times10^{-1}\sim5\times10^{0}$

自 20 世纪六七十年代以来,阻尼技术已发展成为一门涉及材料学、力学、机械学和环境科学等多学科的新技术,成为控制结构共振和噪声的最有效方法,各种阻尼技术都是围绕如何把受激振动能转化为其他形式的能(如热能、变形能等),而使系统尽快恢复到受激前的状态。阻尼主要有 3 种类型,即系统阻尼、结构阻尼和材料阻尼。系统阻尼是在系统中设置专用阻尼减振器,如减振弹簧、冲击阻尼器等。结构阻尼是在系统的某一振动结构上,附加材料或形成附加结构,增加系统自身的阻尼能力,这类方法包括接合面阻尼、库仑摩擦阻尼和复合结构阻尼等。而材料阻尼是依靠材料本身所具有的高阻尼特性达到减振降噪的目的。研究材料的阻尼行为,开发具有较高阻尼性能的结构材料,对于解决由振动造成的问题具有十分重要的意义,也是材料科学工作者所面临的重要课题。

8.2.1 材料阻尼的产生机理

研究材料的力学性质时,往往把材料看成是纯弹性性质的,即完全遵循胡克定律,特别在低应力情况下是这样。但事实上，即使在低应力条件下，材料的应力和应变也并不完全遵循胡克定律。宏观上连续的材料会在微观上因应力或交变应力的作用，产生分子或晶界之间的位错运动、塑性滑移或其他原因耗损能量产生阻尼。

在低应力状况下，由金属的微观运动产生的阻尼耗能，称为金属的滞弹性，可以由图 8-10 加以说明。当金属材料在周期性的应力和应变作用下，在一次周期的应力循环中，构成了应力—应变的封闭回线 *ABCDA*。产生阻尼耗能的力学现象是应变滞后于应力，才构成这一回线，所以称之为迟滞回线。阻尼耗能量的值正比于封闭回线的面积，这一现象是由金属的滞弹性所造成的。这种滞弹性与应力幅值及疲劳周期无关，而与频率和温度相关。

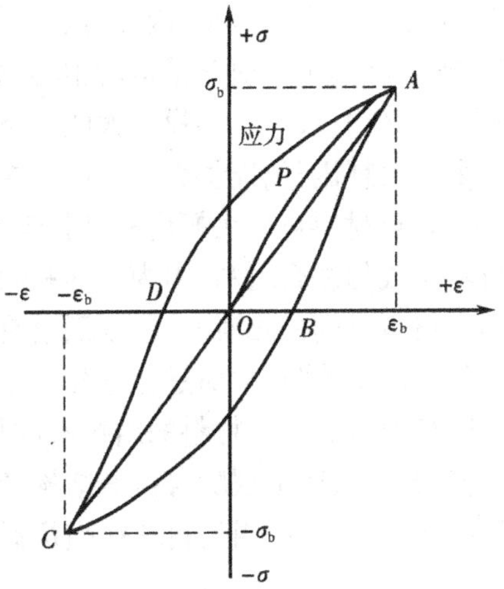

图 8-10　应力—应变迟滞回线

当金属材料承受的应力逐步上升，达到疲劳应力极限 80% 左右的高应力状况时，晶体内部应力的不均匀性及晶界之间的应力集中会使某些部分的应力达到足以引起局部塑性应变的水平。即使宏观的或平均的应力很低时，这种局部的塑性应变也已发生，而在达到高应力状况以至接近疲劳极限时，这种局部塑性应变的体积占总体积的比重便急剧增加，由此而使机械能的耗损大幅度增加，成为产生阻尼的又一个原因。因此，金属在低应力状况下，是其滞弹性产生阻尼；而在应力增大时，局部塑性应变渐渐变得重要起来，以至高应力状况时，成为产生阻尼的主要原因，其间没有明显的分界。另外，因为这两种机理在应力增长过程中都在起作用并发生变化，所以，金属材料的阻尼在应力变化过程中不为常值，而在高应力或大振幅时呈现出较大的阻尼。

对于磁性金属材料（主要是铁磁材料），还有一种重要的阻尼产生机理，即由磁弹效应产生的迟滞耗能。可以认为，铁磁材料是由众多的磁饱和单元体构成的，这个单元体或磁饱和区与邻区之间形成边界，每个单元体具有自身的磁矢量。由于各个单元体的磁矢量排列上的随机性，而使大量单元体构成的金属材料并不呈现磁性态。然而，交变应力所产生的交变应力场可以使各单元体产生转动，并使边界之间产生相对运动。同时磁场或应力场会使磁饱和单元体产生磁致伸缩现象，加剧了各单元体之间的相对运动。显然，维持上述两种运动，必须有能量输入，其中一部分能量是不可逆的，使机械能转变成热能并耗散于环境中，从而产生阻尼。这一产生阻尼的机理，叫磁弹效应，它产生的阻尼值与频率无关。

高分子黏弹材料的分子间是依靠化学键或物理缠结相互连接起来的，在三维方向上如树枝状地联成三维网络，一块未拉伸的高分子聚合物像是一团不规则的长链分子缠结物。高分子聚合物的分子之间很容易产生相对运动，分子内部的化学单元也能自由旋转，因此，受到外力时，曲折状的分子链会产生拉伸、扭曲等变形；另一方面，分子之间的链段会产生相对滑移、扭转。当外力除去后，变形的分子链要恢复原位，分子之间的相对运动也会部分复原，释放外力所做的功，这就是高分子材料的弹性，但分子链段间的滑移、扭转不能完全复原，产生了永久性的变形，这就是高分子材料的黏性。这一部分所做的功转变为热能，耗散于周围环境中，这就是高分子材料产生阻尼的原因。由于这种材料微观结构上众多的耗能环节，在适当的温度及频率条件下，承受交变应力时会有很大的耗能效应。

当聚合物由玻璃态转变成高弹态时,在玻璃化转变温度 T_g 附近具有很大的阻尼。因此可以利用聚合物在玻璃态转变区的高阻尼特性来提高结构阻尼。通常所称的阻尼材料也就是指其玻璃态转变区与使用温度相重合的聚合物材料。这是由于聚合物在玻璃态时模量很高,分子几乎不能运动,因此也就不能散发机械能,而将能量作为位能贮存,并不耗损转变成热能;而在高弹态时分子运动很容易,聚合物又不能吸收足够的机械能。只有在很窄的玻璃态转变区内,聚合物的模量大幅度下降,并伴随着明显的力学阻尼特性,这时聚合物具有足够高的损耗因子,能够大量地吸收振动能量。

复合材料可以大幅度提高材料的阻尼值,其增大阻尼损耗因子的原因是:由两种或多种材料组成的复合材料,因为不同材料的模量不同,承受相同的应力时会有不等的应变,形成不同材料之间的相对应变,因而会有附加的耗能。高分子材料由于模量过低,一般不能成为工程中的结构材料,而是将它黏附于需要作减振降噪处理的机械结构或工程结构件上,这样可以把附有高分子材料的结构看成是一种复合结构,附着的黏弹材料层也称为自由阻尼层。机械振动时,阻尼层随着机械结构产生弯曲振动,使黏弹性材料产生拉伸与压缩的交变应力与应变,并使这种阻尼材料耗损机械振动能量,从而产生减振和降噪效果。

8.2.2 阻尼的数学描述

产生阻尼的机理已经说明了迟滞回线是表现耗能的重要特征,而且迟滞回线包围的面积与阻尼耗能量有直接关系。因此,建立图 8-11 所示的近似的线性模型,就可以对阻尼状况作合理的定量分析。

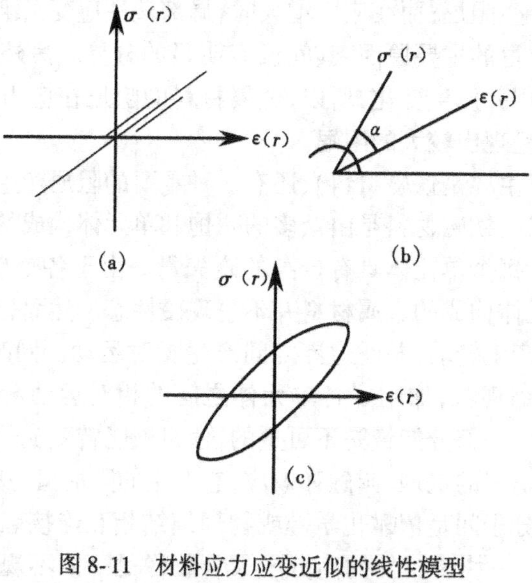

图 8-11 材料应力应变近似的线性模型

(a)弹性材料应力应变曲线 (b)应变滞后应力

(c)黏弹性材料迟滞回线

椭圆形的迟滞回线所包围的面积表示结构振动时阻尼材料耗散的振动能量。如果用数学式表示拉压应力与应变,则有

$$\sigma = \sigma_0 e^{i\omega t} \tag{8-31}$$

$$\varepsilon = \varepsilon_0 e^{i(\omega t - \sigma)} \tag{8-32}$$

根据复模量定义

$$E^* = \frac{\sigma}{\varepsilon} = \frac{\sigma_0}{\varepsilon_n} e^{i\alpha} = E(\cos\alpha + i\sin\alpha) \tag{8-33}$$

或

$$E^* = E' + iE'' = E'(1 + i\beta) \tag{8-34}$$

其中 E^* 为复拉伸模量；β 为阻尼材料的损耗因子（又称损耗正切或阻尼系数），它是衡量阻尼材料耗散振动能量的主要指标之一，它与每周振动所耗损的能量及贮存能量之比成正比。表示为

$$\beta = \frac{E''}{E'} = \tan\alpha \tag{8-35}$$

式中：E' 为复拉伸模量的实部，也称为贮能拉伸模量，$E' = E\cos\alpha$；E'' 为复拉伸模量的虚部，它决定阻尼材料受到拉压变形时转变成热的能量耗损，所以又称为耗能拉伸模量，$E'' = E\sin\alpha = \beta E'$。　(8-36)

对于单位体积的阻尼材料而言，在交变应力及应变下每周所做的功，即在一个振动周期中能量的耗散或阻尼能，表示为

$$\Delta W = \pi\varepsilon_0^2 E'' \tag{8-37}$$

最大弹性能即一周之内总应变能

$$W = -\frac{1}{2}\sigma_0\varepsilon_c\cos\alpha = \frac{1}{2}\varepsilon_0^2 E' \tag{8-38}$$

因此耗散能与贮存能之比

$$\frac{\Delta W}{W} = 2\pi\tan\alpha = 2\pi\beta \tag{8-39}$$

故

$$\beta = \frac{1}{2\pi}\cdot\frac{\Delta W}{W} \tag{8-40}$$

上式说明，阻尼材料的损耗因子 β 表示每周振动所消耗的振动能量与最大应变能量（位能）之比值。每周振动所耗散的振动能即为阻尼能，因此阻尼能愈大则阻尼材料的损耗因子值就愈大。所谓阻尼能，就是材料在承受交变性应变时，以热能方式耗散机械能的本领。

大多数阻尼材料的损耗因子 β 随环境条件变化很大，特别是温度、频率和应变幅值的影响。但是，大多数阻尼结构设计中，应变的幅值比较小，所以，阻尼材料的性能主要受温度和频率的影响。

高分子黏弹阻尼材料在特定温度范围内有较高的阻尼性能。图 8-12 是该阻尼材料在特定频率下其性能随温度变化的典型曲线。由图可见，存在着三个温度区，在不同的区域内，材料的阻尼性能有着明显差别。第 1 区是玻璃态区，在此区内，动态模量 G' 高而损耗因子 β 较小；第 3 区是橡胶态区，在此区内，模量较低而损耗因子也不高；位于第 1 区和第 3 区之间的是所谓转变区，在此区内，材料的模量急剧下降，而损耗因子达到最大值，即所谓阻尼峰值。达到阻尼峰值的温度即为玻璃态转变温度 T_g。

频率对材料阻尼性能的影响虽然重要，但与温度影响比起来通常只占次要地位。频率的影响也有一定的规律，它取决于材料的使用温度区。在温度一定的条件下，阻尼材料的模量大都是随频率的增高而增大，阻尼损耗因子 β 则随频率变化很大，且在一定频率下存在

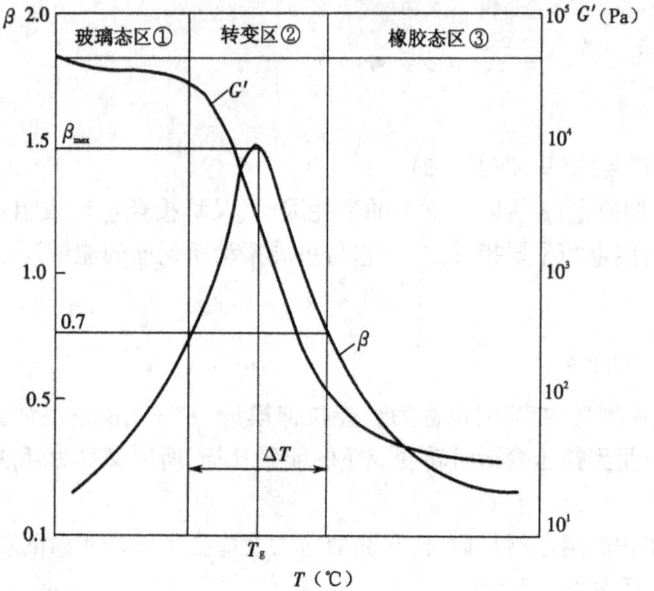

图 8-12 G'与β随温度的变化

着最大值。图 8-13 是材料阻尼性能随频率变化的示意图。

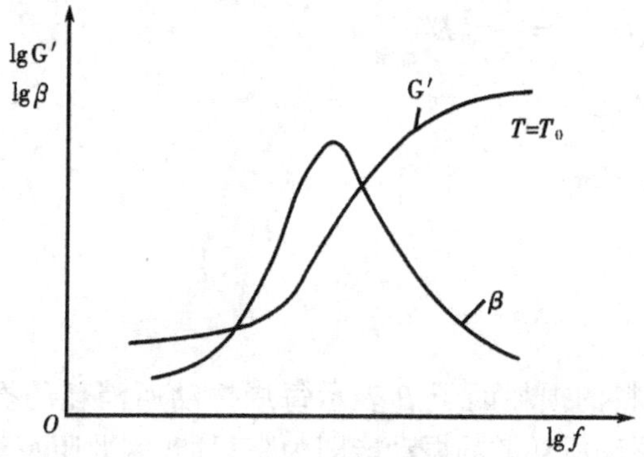

图 8-13 G'与β随频率的变化

对大多数高分子黏弹阻尼材料,温度与频率两个参数之间存在着等效关系。对其性能的影响,高温相当于低频,低温相当于高频。这种温度频率之间的等效关系是十分有用的,可以利用这种关系把这两个参数合成为一个参数,即当量频率 f_{aT}。对于每一种阻尼材料,测量其温度及频率与阻尼性能的关系曲线,求出其温频等效关系,就可以绘制出一张综合反映温度与频率对阻尼性能影响的总曲线图(图 8-14),也叫示性图,用它来表示材料的阻尼性能。

8.2.3 表征材料阻尼性能的参量

表征材料阻尼性能的参量较多,其中最常使用的度量参量有比阻尼能力、相位差角正切、对数衰减率和品质因子的倒数等,现分述如下。

1. 比阻尼能力

给试样施加一交变应力 σ ,由于应变 ε 落后于应力,从而出现应力—应变回线(图 8-15)。

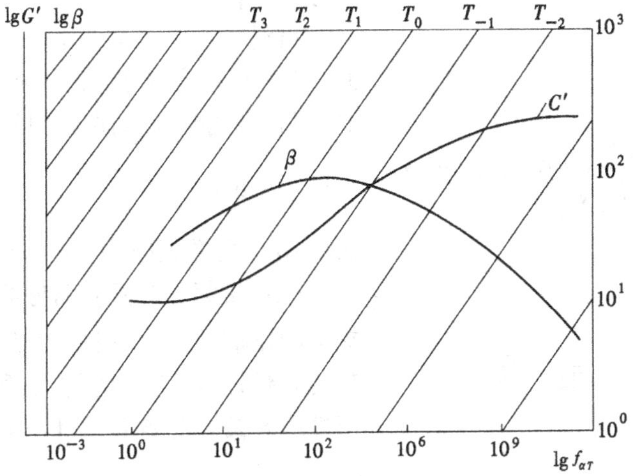

图 8-14　阻尼材料性能总曲线图

这个回线的面积代表了振动一周时单位体积的试样所消耗的能量，因此定义比阻尼能力

$$\psi = \frac{\Delta W}{W} \tag{8-41}$$

式中：ψ 为比阻尼能力；ΔW 为振动一周时单位体积试样所消耗的能量；W 为单位体积的试样在振动当中所贮存的最大弹性能量，亦即外界供给的弹性能。ΔW 正比于迟滞回线面积，W 由应力和应变的乘积决定。这种方法测量的误差来源于应力、应变和回线面积的测量，面积越大，测量越准。该参量常用于测量低频下（小于 0.1 Hz）的阻尼性能。

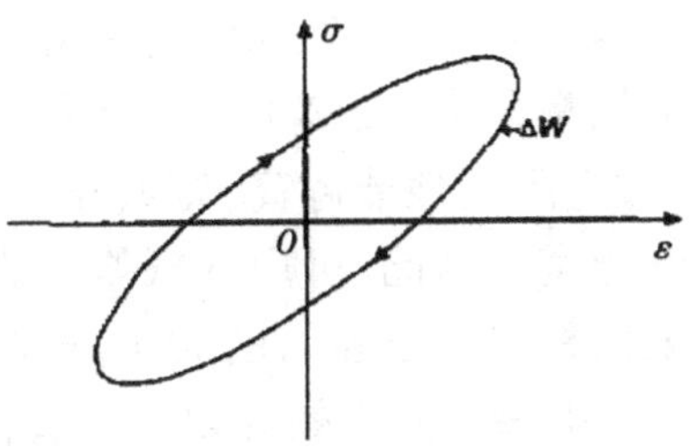

图 8-15　材料的应力—应变迟滞回线

2. 相位差角的正切

材料在周期性应力作用下，会受激发而产生周期性振动，之后如继续施加应力，试样便进行受迫振动。振动达到稳态后，试样便按照外加应力的频率而振动，应变的相位落后于应力的相位，二者的相位之差为 ϕ（图 8-16）。相位差角可以表示为

$$\phi = \frac{\tau}{T} \times 2\pi \tag{8-42}$$

式中：τ 为应变波形滞后应力波形的时间；T 为振动周期。

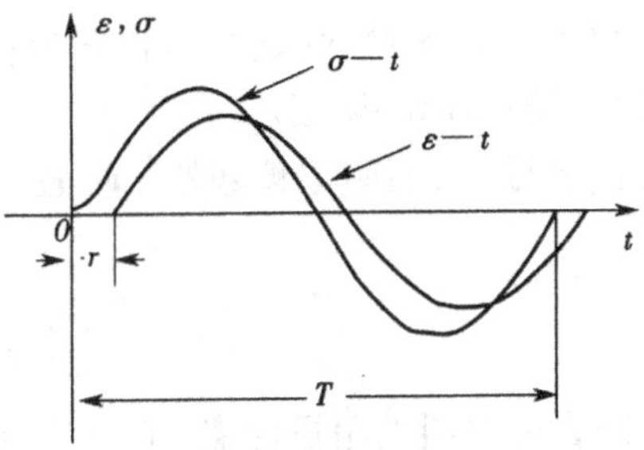

图 8-16　材料在周期性应力作用下的应力—应变关系

相位差角的正切可以表示为

$$\tan\phi = \eta = E''/E' \tag{8-43}$$

式中：η 为损失系数；E''、E' 分别为材料强迫振动下的损失模量和动态模量。

材料的阻尼能力越高，相位差角越大，其正切 $\tan\phi$ 也越大，因此可用相位差角及其正切来表征材料阻尼能力的大小。当内耗很小时，相位差角的测量比较困难，因此该参量仅适用于内耗较大的情形。

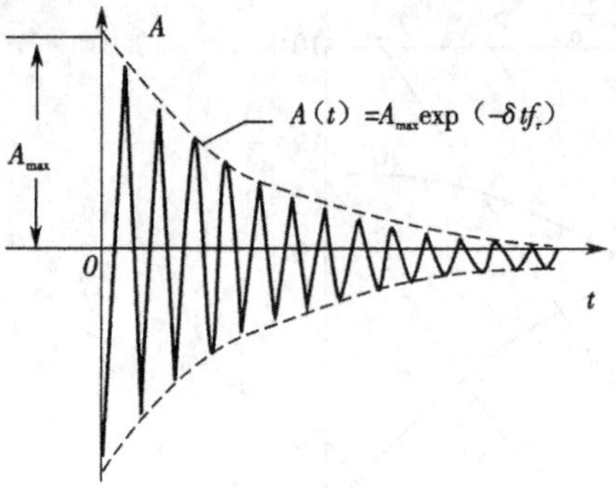

图 8-17 材料的自由振动衰减曲线

3.对数衰减率

材料在自由振动过程中,振动幅度将逐渐衰减(图 8-17),衰减越快,表明材料的阻尼性能越高。阻尼性能与振动振幅间的关系如下:

$$\delta = \frac{1}{n}\ln\left(\frac{A_i}{A_{i+n}}\right) \tag{8-44}$$

式中:δ 为对数衰减率; $n=1,2,3,\cdots$为振动循环次数; A_i 是第 i 次振动的振幅;A_{i+n}是第 $i+n$ 次振动的振幅。由此可见,对数衰减率 δ 表征了振幅的衰减程度,它的值越大,则振幅衰减越大,阻尼性能越高。此参量属于共振法的一种,适于测试声频阻尼。

4.品质因子的倒数

用不同频率的外力来激发试样,当外力的频率等于试样的共振频率时,试样振动的振幅最大(图 8-18)。在相同的情况下,材料阻尼性能越高,则共振振幅越小,振峰越宽。因此,可用共振峰的尖锐程度来表征材料阻尼能力的大小,即材料的阻尼与共振振幅一半处的频率差值和共振频率有如下关系:

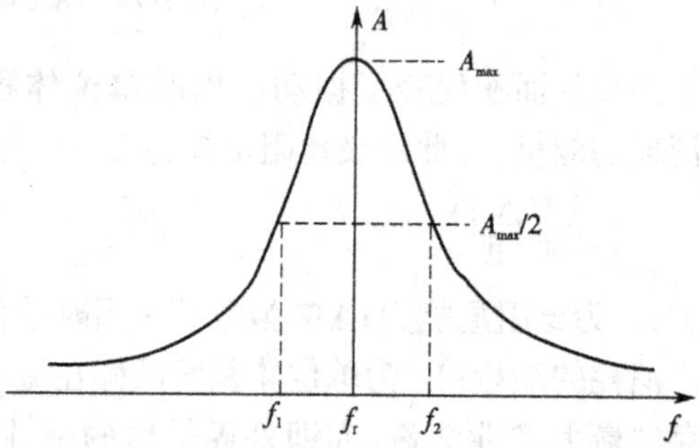

图 8-18 试样在强迫振动中的共振曲线

$$Q^{-1} = \frac{|\Delta f|}{\sqrt{3}f_r} \tag{8-45}$$

式中:Q^{-1}是品质因子的倒数;Δf 是共振振幅一半处的频率差值f_2-f_1;f_r是共振频率。共振峰的宽度表征了材料阻尼能力的大小,当阻尼能力很小时,共振峰很尖锐,共振峰宽不易测定。阻尼性能越高,共振峰越宽,测量越准。此参量适于测试声频阻尼。

以上这些阻尼参量在一定条件下可以相互转换。已经证明,当阻尼值较小,即 $\tan\varphi<0.1$ 时,上述阻尼参量之间有如下关系:

$$\tan\phi \approx \phi = \eta = Q^{-1} = \frac{\psi}{2\pi} = \frac{\delta}{\pi} \tag{8-46}$$

对衰减能较大的场合,例如 $\psi\geqslant 40\%$,通常用 ψ 来表征材料的阻尼性能,此时存在

$$\psi = 1-e^{-2\delta} \tag{8-47}$$

式中:δ 为衰减系数。

8.2.4 阻尼材料的分类

阻尼材料可分为金属类阻尼材料、黏弹性阻尼材料、智能型阻尼材料和阻尼复合材料。

1.金属类阻尼材料

高阻尼合金的阻尼性能比一般金属材料的大得多,并且耐高温,用其制造机械设备或仪器的构件,可以达到从振源和噪声源入手,起到减振降噪的目的。这种减振降噪方法具有工艺简便,适用范围广等特点,是一种积极有效的阻尼技术。如今,高阻尼合金的研究与开发

已成为材料科学的一个热点。迄今为止,人们已开发了以镍、镁、铜、锌、铝和铁等为基材的各种阻尼合金,并已应用于实际中,如用于制造潜艇、鱼雷和舰船螺旋桨的锰铜基 Sonoston 阻尼合金和用于汽车发动机缸盖、皮带轮的锌铝阻尼合金等。目前在市场上的高阻尼合金,按其阻尼机制可以分为 5 类(表 8-3)。阻尼的作用并不只是按单一机制进行,但将结构件的振动弹性能在阻尼合金的内部转变为热能而释放出去,在这一点上却是相同的。各类合金的共同特点归纳在表 8-4 中。

表 8-3　高阻尼合金按阻尼机制的分类

分类	典型合金系	例子及其成分(除 Ti-Ni 外均为质量分数)
复合型	铸铁系	球状、片状石墨铸铁:Fe-3%C-2%Si-0.7Mn
	减振钢板	软钢板 + 塑料
孪晶或界面型	Mn-Cu 系	Cu-40%Mn-2%Al;Mn-37%Cu-4%Al-3%Fe-1.5%Ni
	Ti-Ni 系	Ti-50%Ni;Ti-20%Ni-30%Cu;Ti-47%Ni-3%Fe
	Fe-Mn 系	Fe-17%Mn;Fe-27%Mn-3.5%Si
	Cu-Al 系	Cu-10.6%Al-19.5%Zn;Cu-14.1%Al-4.2%Ni;Cu-17.5%Al-8%Zn-0.4%Si
	Al-Zn 系	Zn-22%Al;Zn-27%Al-2.5%Cu;Zn-9%Al-1%Cu-0.1%Fe
位错型	Mg 系	Mg-0.6Zr;Mg-0.6%Cd-0.2Zn;Mg-0.7%Si
铁磁性型	Fe 系	Fe-12%Cr-3%Al;Fe-15%Cr-2%Mo-0.5%Ti;Fe-12%Cr-1.3%Al-0.8%C; Fe-20%Cr-2%Co-4%Mo
	Co 系	Nivco-10%Co-23%Ni-1.9%Ti-0.2Al
其他(表面裂纹)	不锈钢	Fe-18%Cr-8%Ni

表 8-4　高阻尼合金的特点

分类	热处理	使用极限温度(℃)	时效变化	与应变振幅的关系	与频率的关系(声频)	与磁场的关系	塑性加工性	耐腐蚀性	强度(MPa)	表面硬化处理	焊接性	成本
复合型	不需要	~150	无	小	有	无	不行	差	—	可能	难	低
孪晶型	要(难)	~80	大	中	无	无	容易	稍差	~600	可能	难	高
位错型	不需要	—	无	中	无	无	难	稍差	~200	不行	不行	高
铁磁型	要(容易)	~380	无	大	无	有	容易	好	~450	容易	良好	低

一般认为,金属材料的阻尼机理可以归因于热弹性阻尼、磁性阻尼、黏性阻尼和缺陷阻尼。热弹性阻尼是材料受力不均匀在内部造成温度差,从而产生热流,引起能量耗散,形成阻尼。磁性阻尼是铁磁金属受外力作用,引起磁畴壁的微小移动而产生磁化,从而产生能量损耗引起的。黏性阻尼是当温度很高时,材料具有黏弹性而引起的阻尼,此时应力与应变间不再具有线性,变形也不能完全恢复。缺陷阻尼是由于材料本身对缺陷区域原子运动的阻碍引起的阻尼,是材料的固有阻尼。对于金属材料,缺陷阻尼是总体阻尼的主要组成部分。阻尼合金在减振降噪方面有广阔的应用前景,但目前阻尼合金的阻尼性能普遍偏低,损耗因子仅为 0.01 ~ 0.15,与黏弹性材料相差 2 ~ 4 个数量级,远不能满足很多高阻尼要求的场合使用。

目前得到广泛应用的高阻尼合金主要是以 Mn-Cu 系合金和 Ti-Ni 系合金等为代表的形状记忆合金类。这类材料具有很高的阻尼本领,但由于它们多是有色金属,所以原材料较昂贵,加工工艺也较复杂。今后的发展趋势将是原材料低廉和加工工艺相对成熟的 Fe 基合金逐步占主导地位。如 Fe-Cr-X 合金和 Fe-Mn-X 合金,其中 X 为添加元素。前者的阻尼机制来源于铁磁畴界的应力感生运动，而后者的阻尼机制来源于马氏体相界和层错界面的应力感生运动。通过适当的热处理和成分控制，Fe 基高阻尼合金的阻尼本领也可达到很高的水平。

通常材料的阻尼性能与强度是矛盾的，高强度材料的阻尼性能低，而低强度材料的阻尼性能高。因此，如何使阻尼合金既具有高的阻尼性能，又具有良好的力学性能，是阻尼合金设计、研究和开发中的一个重要问题。在普通工件的表面喷涂一层高阻尼合金（如 Fe-Cr 基合金），可以在不改变原工件强度的前提下较大地增加工件的阻尼本领，这是一个很有发展前途的研究方向。如果涂层的阻尼性能与应力振幅有关，还可以利用涂层的内应力来提高阻尼层的阻尼本领。泡沫金属材料是新近发展起来的一种新型高阻尼合金，它既保留了金属具有一定强度的特性，同时也具有类似于泡沫塑料的高阻尼性能，其阻尼性能高出块体材料的 5 ~ 10 倍，具有 99 % 的吸声能力。泡沫金属材料的高阻尼本领一方面来源于较高的孔隙率，另一方面来源于孔洞周围的高密度缺陷。由于它所具备的多种优异物理性能特别是阻尼性能，将在消声、减振、过滤分离和电磁屏蔽等一些高技术领域获得广泛应用。

2.黏弹性阻尼材料

与金属基阻尼材料相比，在一定环境条件下，黏弹性阻尼材料的损耗因子 β 超出 2 ~ 4 个数量级（表 8-5），表现出良好的阻尼性能。

表 8-5 部分黏弹性材料的损耗因子 β

材料	最大剪切损耗因子 β_{max}	β_{max}对应的频率（Hz）	试验温度（℃）
硫化橡胶	5.00	1 000	25 ± 5
人造橡胶	2.59	3 000	25
丁基树脂	1.80	10 000	20
3M 型阻尼黏性胶	0.73	4 000	10 ± 5

黏弹性阻尼材料之所以具有较高的阻尼性能是与材料的本性有关。黏弹性材料是一种同时具有某些黏性液体和弹性固体特性的聚合物材料。弹性材料虽然能够贮存能量，但是它却不能耗散能量。相反，黏性液体具有耗散能量的本领，然而却又不能贮存能量。因此，只有介于黏性液体和弹性固体之间的黏弹性材料才能二者兼备。黏弹性阻尼材料正是基于高聚物的黏弹性，即在玻璃化转变区域内，由分子链运动产生的内摩擦，将外场作用的机械能或声能部分地转变为热能散逸，而具有减振降噪作用的功能材料。通常此类阻尼材料的评价标准包括两方面：一是玻璃化转变区内的损耗因子（$\tan\delta$）的高低；二是转变区温度范围的大小。对高性能阻尼材料而言，要求其损耗因子 $\tan\delta > 0.3$，转变区温度范围为 60 ~ 80 ℃。

一般均聚物的玻璃化转变的温度范围比较窄，产生有效阻尼的温度范围大致为玻璃化温度（T_g）附近的 ± 10 ~ 15 ℃，材料的使用温度范围有限。橡胶类材料的玻璃化转变区大多发生在室温以下，塑料类材料的玻璃化转变区在室温以上，而阻尼材料使用场合的温度变化却常常很大，时间上可跨越冬夏，空间上可能进入太空，显然这就出现了矛盾。为了研制满足特定使用要求的黏弹性阻尼材料，通常将 T_g 较低和较高的两种聚合物进行共混，其制备方法通常有共混方法和化学方法两种。前者主要有溶液、机械共混法等，后者主要包括嵌段和接枝共聚、互穿网络高聚物（Interpenetrating Polymer Network，IPN）等方法。在诸多制备方法中,IPN 技术是当前制备宽温域高效阻尼材料最有发展前景的方法之一。由于其交联网络之间的相互贯穿,产生强迫相容和协同效应,形成微相分离结构,使互穿聚合物网络(IPN)具有较宽的内耗峰,在很宽的范围内都有阻尼能力。

互穿网络聚合物的内耗可分为两部分:第一部分内耗是高聚物分子链弛豫运动的贡献,第二部分内耗认为是在网络型聚合物中存在一个与分子链交联有关内耗机制,这部分内耗与频率呈正比关系。交联点之间分子链在交变应力作用下,在阻尼介质中作受迫运动。因此,互穿网络聚合物的阻尼作用认为是这两部分内耗相加,有非常好的阻尼效果,将高聚物阻尼材料做成互穿网络聚合物,是阻尼材料设计中重点考虑的方法之一。但设计中要综合考虑阻尼材料的形态结构(相容性)、交联度、各组分聚合物的玻璃化转变温度(T_g)和各组分聚合物阻尼能力大小等可能影响黏弹性阻尼材料阻尼性能的因素。

自 20 世纪 50 年代,西方各国不断研制出高分子黏弹阻尼材料,并已形成工业产品,其中以聚氨酯类、环氧树脂类、丙烯酸酯类为基体的阻尼材料最为常见。到 90 年代初,各种聚合物黏弹阻尼材料已形成了系列化、标准化产品,广泛应用于航空、航天、采矿、汽车、建筑、机械、船舶等工业领域和家用电器、体育器材等方面。该类材料的阻尼损耗因子在 1.1 ~ 2.0 之间,使用温度在 -55 ~ 120 ℃之间。

黏弹性阻尼材料的刚度、强度和抗蠕变性差,不能作为结构材料使用,只有与其他结构材料复合形成一定的阻尼结构后才能发挥作用。黏弹性阻尼材料易于老化,使用期短,同时其阻尼性能受温度影响也很大,在低温和高温下难以使用。此外,黏弹性阻尼材料的动态力学性能不具备可控性,阻尼材料和处理结构形式选定之后,减振结构的动态性能参数就固定不变了。而实际应用中,由于结构共振和环境温度的变化而引起结构振动响应的情况时有发生,人们希望阻尼结构的动态力学性能能随结构振动响应的变化而主动产生与之相应的调整,于是智能型阻尼材料应运而生。

3. 智能型阻尼材料

智能材料是一类对环境刺激信号可感知、处理且可响应的新材料。在实际工程应用中,传统的阻尼材料随结构共振、环境温度的变化而引起振动响应的变化的情况时常发生,这就需要智能型的减振降噪的阻尼材料的设计与制备。智能型阻尼材料包括压电阻尼材料和电流变流体,其最大特点是损耗因子可控。

压电阻尼材料是在高分子材料中填入压电粒子和导电粒子。当材料受到振动时,压电粒子可将振动能量转换成电荷,导电粒子再将其转换成热而散发出去,发挥减振的作用。压电阻尼材料产生的电荷量与材料所受力的大小成比例。这种阻尼材料只能用于兼作承力元件的离散阻尼处理。其工作原理是利用高分子材料的黏弹阻尼特性和压电粒子的压电效应,实现机械能—电能—热能的转变。能量的损耗一部分是通过高聚物材料的内耗、填料颗粒与高聚物的摩擦耗散掉,另一部分是通过电能的转换而耗散掉。压电陶瓷/高分子复合材料就是此类材料的主要代表,在聚合物基体(如聚偏氟乙烯 PVDF、环氧树脂 EP)中加入压电颗粒、导电颗粒、增强材料颗粒等,制得了一类压电陶瓷/高分子智能阻尼材料。研究发现,复合材料组分的比例、压电颗粒的种类(锆钛酸铅 PZT、锆钛酸镧铅 PLZT)、导电颗粒的种类(炭黑 CB、金属粉末等)和含量、界面的作用等因素,对复合材料阻尼减振性能有着不同的影响。例如,体系的导电性能会随着 CB 填充量的增加而增加,当炭黑填充量在某一范围内时,其电导率会有近 10 次方的增大。但此类复合材料中压电陶瓷含量超过 60% 甚至 70%,实质上仍以压电陶瓷作为基体,这使得复合材料力学性能仍然较差,难于加工成型,限制了压电复合材料的实际应用。

电流变流体是在油质基液中加入微小的多孔性固体颗粒组成的易受电场影响的特殊流体。它的最大特点是能够根据所施加电场的变化在很短时间内改变其表观黏度,其损耗因子可在几毫秒内由零急剧增至15~18。流体状态可由液体变为半固体,甚至固体,而且这种变化是可逆的。国外在电流变流体用于振动控制方面做了大量工作。美国已将电流变流体用于高速列车的减振系统;日本、英国、德国等工业发达国家每年都有不少文献和专利涉及电流变流体在汽车、仪表、机械设备及机器人关节等振动控制中的应用。国内也已开展了此类工作,研究了外加电场等对含电流变流体材料的智能复合梁的阻尼特性、衰减系数等影响。结果表明,电场强度的改变可以很快改变复合梁的刚度、振动频率、阻尼等特性,对于较软材料的梁,这种改变更加明显。

多功能的和智能化的新型高阻尼合金也是一个有前途的研究发展方向。通过在结构系统的适当位置安装位移传感器和压电驱动器,再配合微电脑控制,就可以得到很好的减振效果。其基本原理是:通过位移传感器检测到结构系统的振动信息,经过微电脑处理产生一激励信号,使压电驱动器产生一个振动频率与结构系统相同但振动方向相反的振动,从而降低结构系统的振动幅度。在实际应用中,仍须解决诸如如何合理布置传感器和驱动器,以及传感器和驱动器的加入对结构系统性能的影响等问题。但是在对减振效果要求特别高而对结构系统的强度要求较低的场合,这种方法是非常适用的,因为它在理论上可以达到100 %的减振效果。

4.阻尼复合材料

这类材料包括聚合物基阻尼复合材料和金属基阻尼复合材料。聚合物基阻尼复合材料是用纤维增强具有一定强度和较高损耗因子的聚合物而形成的复合材料,主要有环氧树脂阻尼复合材料和短碳纤维增强塑料复合材料等。纤维增强树脂基复合材料具有良好阻尼特性的主要原因是纤维与基体之间存在的相对滑移和基体固有的黏弹性,其影响因素主要有基体特性、纤维体积比、纤维的直径以及铺设角度、铺层顺序以及载荷条件等。纤维增强树脂基复合材料除了具有高的比强度和比刚度,还具有优于常规结构材料的阻尼特性,而复合材料良好的阻尼特性对结构的振动控制和提高结构承受循环载荷和冲击载荷能力是非常有益的,恰好可以满足航空航天、汽车制造以及其他工程领域对具有高强度、高刚度、质量轻、阻尼大的材料的需求。复合材料的阻尼一般比大多数常见的金属高1到2个数量级,它不但在控制结构的振动和噪声方面,而且在延长结构承受循环载荷和冲击的服役时间方面扮演着重要的角色。

纤维增强树脂基复合材料的阻尼机理与常规的阻尼材料有所不同。①基体和纤维材料的固有黏弹性:一般来讲,复合材料阻尼的主要贡献来自于基体,但是,碳纤维和Kevlar纤维相对其他纤维而言,它们本身阻尼较高,因此分析时必须考虑它们的影响。②界面相的阻尼:界面相是指邻近纤维表面具有一定厚度的区域,它具有与纤维和基体不同的性质。作为纤维和基体之间的几何和材料不连续的结果,界面相内存在有相当高的剪切应变,这就为耗散能量提供了前提。③由材料破坏引起的阻尼:包含两种类型,一是纤维和基体之间的界面存在未黏合区域以及分层而引起的摩擦阻尼,二是由于基体开裂和纤维断裂的能量耗散引起的阻尼。④黏塑性阻尼:在大振幅、高应力情形下,特别是热塑性复合材料,由于在纤维之间的局部区域内存在高应力和应变集中而表现出非线性的阻尼特性。⑤热弹性阻尼:这种阻尼是由从复合材料压应力区域到拉应力区域的循环热流动而引起的。

提高复合材料阻尼较为常规的方法是在结构表面作阻尼处理。这种方法是指用黏弹性阻尼材料粘贴在结构表面，上面再覆盖一层约束层，当结构振动时，能量将由黏弹性层的剪切运动所消耗，从而提高了结构的阻尼，但是表面阻尼处理方法却使结构加进了约束层的重量。如果在结构内部夹进黏弹性阻尼层，和上述方法相比，没有增加任何不必要的重量，而且在结构设计的开始阶段就设计了阻尼，考虑的问题是阻尼层的厚度、分布位置以及数量。混杂铺层设计是较新的一个增加结构阻尼的概念，它在最大程度上减小了由于增加阻尼而导致的刚度和强度的下降。例如，聚乙烯纤维增强铺层和石墨纤维增强铺层经过混杂铺叠后，得到了良好的阻尼和刚度性能。这是因为：聚乙烯纤维增强复合材料具有优良的阻尼特性和抗冲击性能，而石墨纤维增强复合材料则具有优良的刚度性能，但阻尼和抗冲击性相对较差，它们的混杂使用将提供良好的总体性能。要增加复合材料结构的阻尼，高阻尼材料和较大剪切应变都是必要的，仅有二者中任何一个都是不够的。因为纤维和基体弹性刚度的不匹配，纤维/基体界面中存在较大的剪切应变，所以在该剪应变区域中加入高阻尼材料也是增加复合材料的一种有效途径。具体方法是在纤维表面覆盖一层高阻尼材料，该涂层具有比基体高的阻尼。如果纤维体积含量保持不变，只增加涂层的体积含量，复合材料的阻尼随之增加。这是从微观角度提高复合材料的一种有效方法。

金属基阻尼复合材料包括在金属基体中添加第二相粒子形成的金属基复合材料，以及两种不同的金属板叠合在一起或金属板和树脂粘合在一起，而形成的复合阻尼金属板等。如在锌基和铝基合金中添加石墨粒子、碳化硅等第二相粒子制成阻尼性能较高的复合材料，把球铁或超塑性合金与软钢经焊接并轧制而形成的多层金属阻尼板及金属板与各类树脂黏合形成的振动阻尼金属板就是这方面的例子。

金属基复合材料(MMCs)具有良好的力学性能和物理性能，已日益成为航空、航天、建筑和国防尖端技术的理想材料，作为新型结构材料有着极为广泛的应用前景。对于结构材料同时需要一定的刚度，这和阻尼性能是一对矛盾因素，因此将高刚度的硬金属钢和塑性性能好的软金属锌复合在一起，形成刚度大、黏弹性好的钢/锌复合材料。钢在材料变形过程中保证材料的刚度，锌通过其塑性变形来消耗外界传输的能量。钢/锌复合材料通过摩擦阻尼、界面阻尼、位错阻尼等主要阻尼机制的作用，表现出比钢优良的阻尼性能。随着锌层数量的增加，发生塑性变形耗能增大，因此阻尼性能也更好。锌层受钢层的约束越多，发生剪切变形就越多，而剪切变形耗能比拉伸变形耗能大得多，所以阻尼性能也越好。

8.2.5　阻尼结构

高分子黏弹阻尼材料不能直接作为承力结构材料使用，必须恰当地与其他结构材料复合，才能发挥其阻尼作用，这就是人们常说的阻尼结构。

1.阻尼的基本结构

阻尼的基本结构大致可分为离散型阻尼处理结构和附加阻尼处理结构。离散阻尼结构主要用于控制框架结构、支架系统、整台设备的结构振动，阻尼减振器是其最常用的处理形式，其结构简单、使用方便、成本低且效果良好。附加阻尼处理结构主要用于厚度不大的构件或薄壁零件振动控制，基本类型有三种。

1)自由阻尼处理结构

在原结构表面附着一层黏弹性阻尼材料就形成了自由阻尼处理结构。黏弹性材料层也称为自由阻尼层。机械振动时，自由阻尼层随着机械结构产生弯曲振动，使黏弹性材料产生

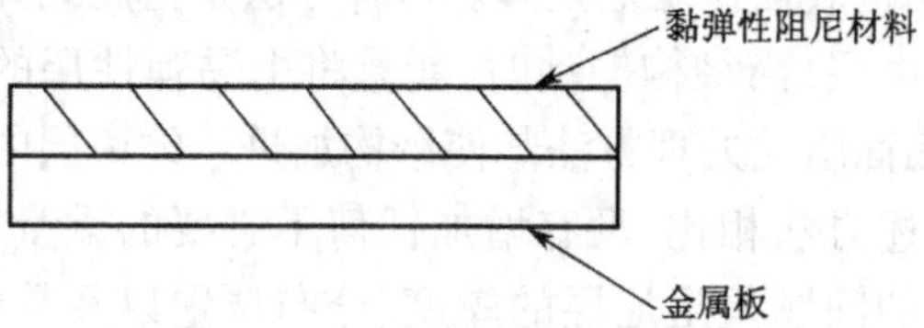

图 8-19　自由阻尼处理结构示意图

拉伸与压缩的交变应力与应变。由于黏弹性阻尼材料的结构特点而使机械振动能量得以耗散，从而产生减振和降噪效果。其结构见图 8-19。

2）约束阻尼处理结构

如果在黏弹性阻尼材料层上下表面再分别粘附一层金属薄板，就构成了约束阻尼处理结构，见图 8-20。当机械结构受弯曲振动而使黏弹性阻尼材料层伸长时，这层金属薄板即阻止黏弹性阻尼层伸长；相反，黏弹性阻尼层随振动结构弯曲振动产生压缩变形时，金属薄板又阻止其压缩，使黏弹性阻尼层内部产生剪切应变和应力。而剪切应变和应力会使黏弹性阻尼材料耗散更多的能量，所以这种阻尼处理结构可以增大材料阻尼的耗能效果。目前在汽车上应用的“减振板”就是这种结构。因此，根据汽车零件所使用的环境，选取适当的黏弹性阻尼材料，进行约束阻尼结构处理，所得到的“减振板”具有高的阻尼能力，可产生良好的减振降噪效果。

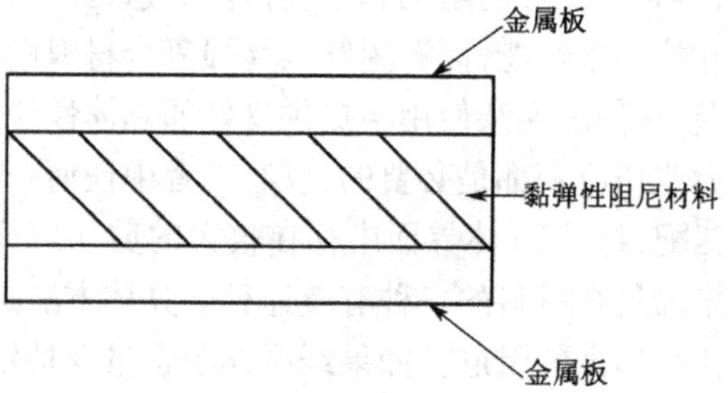

图 8-20　约束阻尼处理结构示意图

3）Stand-off 阻尼结构

用于航天工业的附加阻尼结构，除了有良好的阻尼特性外，还需要质量轻、适用空间工作环境和有良好的散热性。于是在需要减振的基础层上附加了一层 Stand-off 空间，然后在 Stand-off 层上附加阻尼材料和约束层（如图 8-21 所示）。当 Stand-off 阻尼结构的基础层产生弯曲振动时，Stand-off 层起类似于杠杆放大作用，增大阻尼层的剪切变形，从而增大了阻尼材料的阻尼减振效果，但其质量要比能达到同样减振效果的五层结构的约束阻尼处理轻 30%以上。

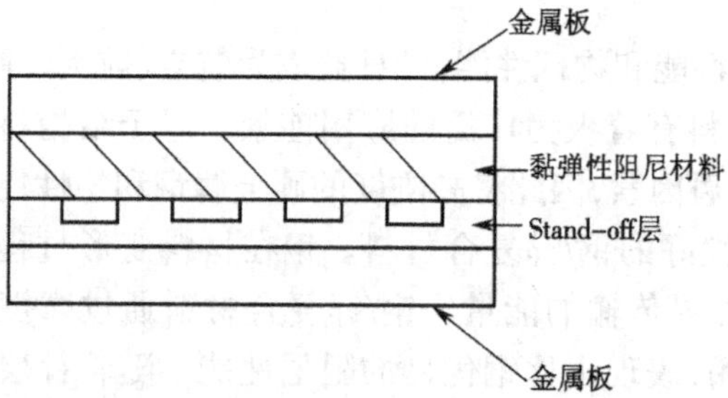

图 8-21　Stand-off 阻尼结构示意图

2. 几种典型的复合阻尼结构

自由阻尼结构、约束阻尼结构和离散型阻尼结构，因其结构比较单一、呆板，因而性能很难满足使用要求。而复合阻尼结构可以将现有的性能较单一的各式阻尼材料进行简单的物理组合，转变成能满足各种不同性能要求的阻尼结构形式。实践证明，使用这种方法，能从有限种类的阻尼材料中派生出具备各种不同性能的阻尼结构。

1）具有隔离层的复合阻尼结构

这种复合阻尼结构如图 8-22 所示。与自由阻尼结构相比，它的不同处在于基本弹性层与阻尼层之间加了隔离层。隔离层的特点是用轻质、高刚度的材料制造（如硬质泡沫塑料、纸蜂窝、铝蜂窝等）。当基本弹性层产生弯曲振动时，此隔离层有类似于杠杆的放大作用，这样便可增加拉压变形，从而增加阻尼层材料能耗，因此，该隔离层又称为扩变层。

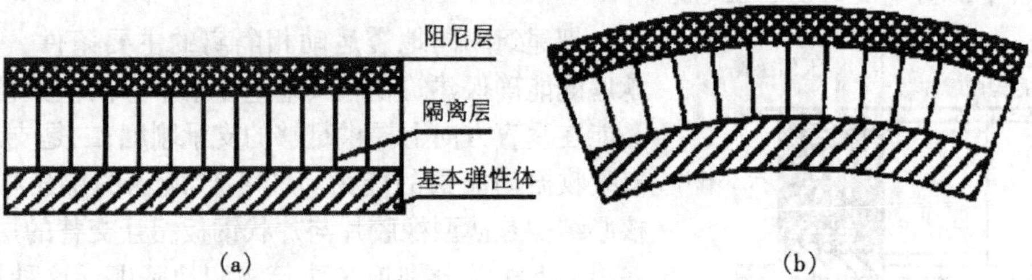

图 8-22　具有隔离层的复合阻尼结构
(a)未受力时　(b)受交变应力时

2)吸收低频振动的复合阻尼结构

一般的阻尼结构是靠它的阻尼层随基本弹性层的伸缩运动而消耗能量,但如果基本弹性层作的是低频振动,这种方法常常失效,于是开发了图 8-23 所示结构。为适应低频振动,结构中增加了泡沫层,该泡沫层就相当于一根很软的弹簧,而普通阻尼层就相当于一个质量块,故其本身就构成质量弹簧减振系统。

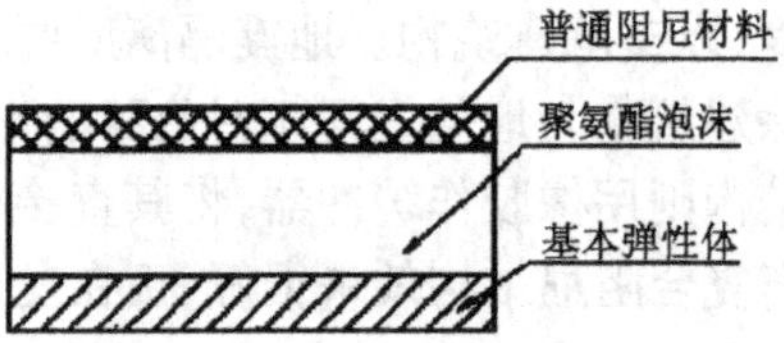

图 8-23　吸收低频振动的复合阻尼结构

3)消声复合阻尼结构

吸收声音的复合阻尼结构的组成原理与上述用于低频振动的复合阻尼结构相同,由几种对声音有特定作用的材料复合而成。一般来说,泡沫型及纤维型阻尼材料内部的空洞结构,使得它具有良好的吸声效果。因为声波进入这些材料后,会引起孔洞内的空气及材料细纤维振动,造成空气与孔壁之间的摩擦,这种摩擦再加上空气分子间的黏性力,使振动能变成热能而衰减,从而具有更好的吸声性能;而普通阻尼材料则具有较好的隔音效果;石材等质地坚硬表面又光滑的材料则具有较强的声反射能力。因此,此类复合阻尼结构一般由它们用各种方式组合而成。

图 8-24(a)所示的复合阻尼结构,在两层较为松软的材料(如石棉或泡沫)中间,夹入一层减振阻尼橡胶,只要各层厚度合适,便可起到很好的消音作用。图 8-24(b)则在两层石板之间夹了一层阻尼材料,声波在石板的反射加上减振阻尼材料的吸收,使得这种复合阻尼结构具有很好的隔音性能。

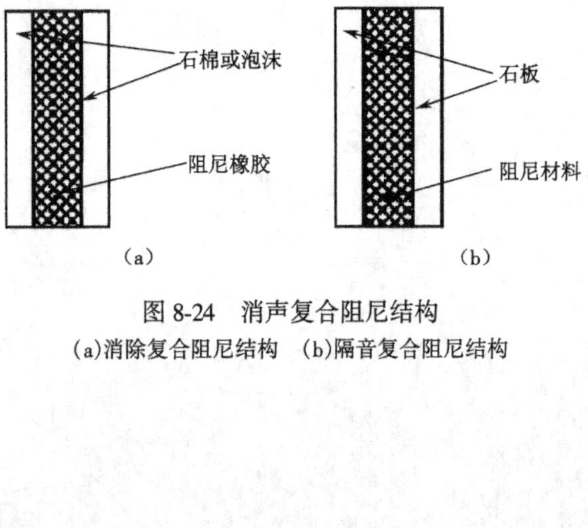

图 8-24　消声复合阻尼结构
(a)消除复合阻尼结构　(b)隔音复合阻尼结构

4)用于隔离地震的复合阻尼结构

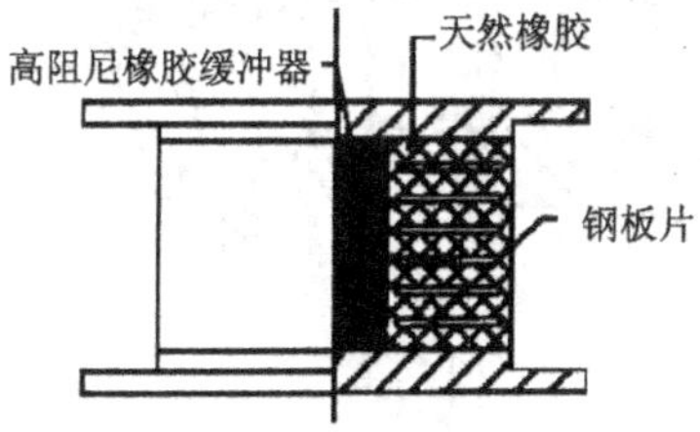

图 8-25 用于隔离地震的复合阻尼结构

把建筑物同地震运动相隔离的主要条件，一是支承座既能确保建筑物和其地基在水平方向上柔性连接，又能在垂直方向上提供足够的支承刚度；二是支承座具有吸收振动能量的能力。图 8-25 所示的层压橡胶垫，核心结构是薄型橡胶片与片状钢板相互交替的层压物，并用上下法兰分别连在建筑物和地基上。这种层压橡胶垫结构的特点就在于它在剪切方向上保持橡胶内在柔性的同时，可提高垂直方向上的压缩刚度。依据这样的设计，垂直刚度可超过水平刚度 1 600 多倍，所以，层压橡胶垫在提供地震隔离所需的水平方向上的柔性的同时，又提供了足够的垂直方向上的刚度，以支承建筑物。地震隔离所要求的另一个重要功能，即吸收振动能量的能力，它起着消除建筑物与地基之间相对位移的作用，以前一般用单独并排放置缓冲器来实现，而在本阻尼结构则用橡胶作缓冲器，将其直接放置于层压橡胶垫内(即中心部分)。据报道，这种地震隔离复合阻尼结构效果很好，正在发达国家迅速被采用，我国也已开始研究和应用。

复习题

1.简述弹性模量的类型及各自的物理意义。

2.用胡克定律描述材料的弹性行为。如何区分三大材料的弹性特征参数?

3.什么是高分子材料的黏弹性? 它与高弹性的本质区别是什么?

4.绘出高聚物典型的蠕变曲线，根据曲线解释高聚物的常规弹性、高弹性和黏弹性的物理本质。

5.分述金属、磁性金属、高分子黏弹材料产生阻尼的机理。

6.比较阻尼各参量的适用范围及相互关系。

7.高阻尼合金的优点体现在哪几个方面?

8.作为结构材料使用，黏弹性阻尼材料有何不足? 如何弥补?

9.论述智能型和复合型阻尼材料的种类与适用范围。

10.试设计一种可望用于航天飞机的消音复合阻尼结构。

参考文献

[1] 关洪. 量子力学基础[M]. 北京:高等教育出版社,1999.

[2] 郭敦仁. 量子力学初步[M]. 北京:人民教育出版社,1978.

[3] 关洪. 量子力学的基本概念[M]. 北京:高等教育出版社,1990.

[4] 方俊鑫,殷之文. 电介质物理学[M]. 北京:科学出版社,2000.

[5] 钟维烈. 铁电体物理学[M]. 北京:科学出版社,1998.

[6] 黄昆,韩汝琪.固体物理学[M].北京:高等教育出版社, 1998.

[7] 顾秉林,王喜坤. 固体物理学[M].北京:清华大学出版社,1984.

[8] 方俊鑫,陆栋.固体物理学[M].上海:上海科学技术出版社,1981.

[9] Charles Kittel . Introduction to solid state physics . 6th ed. New York: John Wiley & Sons, 1986.

[10] 冯端,金国钧. 凝聚态物理学新论[M].上海:上海科学技术出版社,1992.

[11] R.ZALLEN. 非晶态固体物理学[M]. 黄昀,译. 北京:北京大学出版社,1988.

[12] 周公度,郭可信.晶体和准晶体的衍射[M].北京: 北京大学出版社,1999.

[13] 倪尔瑚.材料科学中的介电谱技术[M].北京:科学出版社,1999.

[14] H R ZELLER, TRANS. Break down and pred breale down phenomena in solid dielectrics IEEE on E. I., 1987(22),115-112.

[15] R COELHO, B ALADENIZE.电介质材料及其介电性能[M]. 张治文,陈玲,译.北京:科学出版社,2000.

[16] G W TAYLOR. Electrical properties of Pb(Zr, Sn, Ti)O_3 Ceramics. J. Appl. Phys.. 1967, 38, 4697.

[17] B JAFFE, W R COOK , H JAFFE. Piezoelectricity ceramics[M]. London: Academic Press, 1971.

[18] J C BURFOOT, G W TAYLOR. Polar dielectrics and their applications[M]. California: University of California Press, 1979.

[19] 徐廷献. 电子陶瓷材料[M]. 天津:天津大学出版社 ,1993.

[20] J C Pilipu.半导体中的键能和能带[M]. 张光华,孟福坤,译. 北京:科学出版社,1985.

[21] 何曼军,陈维孝,董西侠.高分子物理[M]. 上海: 复旦大学出版社,1990.

[22] 韩汝珊. 高温超导物理[M]. 北京: 北京大学出版社,1998.

[23] 宗祥福,翁渝民. 材料物理基础[M]. 上海: 复旦大学出版社,2001.

[24] 周馨我. 功能材料学[M]. 北京:北京理工大学出版社, 2002.

[25] 叶良修. 半导体物理学(上册)[M]. 北京:高等教育出版社,1983.

[26] 钟维烈. 铁电体物理学[M]. 北京:科学出版社,1998.

[27] 田莳. 材料物理性能[M]. 北京:北京航空航天大学出版社,2001.

[28] 陈洪荪. 金属材料物理性能手册(1)[M].北京: 冶金工业出版社,1987.
[29] 邱成军,王元化,王义杰 .材料物理性能[M]. 哈尔滨:哈尔滨工业大学出版社,2003.
[30] 关振铎, 张中太,焦金生. 无机材料物理性能[M],北京:清华大学出版社,1992.
[31] 冯端,师昌绪,刘治国.材料科学导论[M].北京:化学工业出版社, 2002.
[32] 何曼君,陈维孝,董西侠.高分子物理[M].上海:复旦大学出版社,2002.
[33] 祖伟.材料科学与技术丛书(第 13 卷):复合材料的结构与性能[M].北京:科学出版社,1998.
[34] 机械工程手册电机工程手册编辑委员会.机械工程手册:工程材料卷[M].第 2 版.北京:机械工业出版社,1996:11-138.
[35] 江东亮,闻建勋,陈国民,等.现代高技术丛书:新材料[M].上海:上海科学技术出版社,1994:25.
[36] 孙庆鸿,张启军,姚慧珠.振动与噪声的阻尼控制[M].北京:机械工业出版社,1992:1－60.
[37] 刘棣华.黏弹阻尼减振降噪应用技术[M].北京:宇航出版社,1990.
[38] 张忠明,刘宏昭,王锦程.材料阻尼及阻尼材料的研究进展[J].功能材料,2001,32(3):227-230.
[39] 杨亦权,杜森,郑强.新型高聚物阻尼材料研究进展[J].功能材料,2002,33 (3):234-236.
[40] 李沛勇,戴圣龙,刘大博.材料阻尼及阻尼合金的研究现状[J].材料工程,1999,8 :44-48.
[41] Plunkett R. Damping analysis: an historical perspective $M^3 D_1$ mechanics and mechanisms of material damping, ASTM STP 1169[M]. Philadelphia: American Society for Testing and Materials, 1992:562-569.
[42] 邱成军,王元化,王义杰,等.材料物理性能[M].哈尔滨:哈尔滨工业大学出版社,2003.
[43] 吴其胜,蔡安兰,杨亚群,等. 材料物理性能[M].上海:华东理工大学出版社,2006.
[44] 陈树川,陈凌冰. 材料物理性能[M]. 上海:上海交通大学出版社,1999.
[45] 何开元. 功能材料导论[M].北京:冶金工业出版社,2002.
[46] 贡长生,张克立.新型功能材料[M].北京:化学工业出版社,2001.
[47] 朱敏, 车晓舟,张利文,等. 功能材料[M]. 北京: 机械工业出版社,2002.
[48] 燕立唐.多相聚合物相结构形成过程的图像分析[D].天津大学材料科学与工程学院,2005.
[49] 欧阳文斌. 剪切场下二元高聚物共混物的相行为研究[D].成都:四川大学材料科学与工程学院,2003.
[50] 金春华,王婕. 光致变色材料及其应用[J].中国商办工业,1997,9:36.
[51] 李天文,刘鸿生. 变色材料的研究和应用[J].现代化工,2004,2(24):62.
[52] 宫永宽,陈拴虎. 热致变色材料及其应用[J].西北大学学报,1995,5(25):537.
[53] 朱泉峣,靳艾平,陈文.智能窗中电致变色材料的研究进展[J].国外建材科技,2006,1(27):4.
[54] 王海滨,刘树信 ,霍冀川. 无机热致变色材料的研究及应用进展[J].中国陶瓷,2006,4(26):12.